机器学习经典算法剖析

基于 OpenCV

赵春江◎编著

人 民 邮 电 出 版 社

北 京

图书在版编目（C I P）数据

机器学习经典算法剖析 : 基于OpenCV / 赵春江编著
. -- 北京 : 人民邮电出版社, 2018.8
ISBN 978-7-115-48213-6

Ⅰ. ①机… Ⅱ. ①赵… Ⅲ. ①图象处理软件－程序设
计 Ⅳ. ①TP391.413

中国版本图书馆CIP数据核字(2018)第064996号

内 容 提 要

机器学习是一种自动分析所构建模型的数据分析方法。通过迭代地从数据中不断学习，机器学习可以使计算机找到一些隐含的信息量，而这些信息量是无法明确通过编程得到的。

本书以 OpenCV 2.4.9 为研究工具，对机器学习经典算法——正态贝叶斯分类器、K 近邻算法、支持向量机、决策树、AdaBoost、梯度提升树、随机森林、极端随机树、期望极大值、神经网络等进行讲解，不仅具体分析了它们的原理和实现方法，还进行了详细的源码解析，并且给出了基于 OpenCV 的程序实现范例，充分体现了理论与实践相结合的特点。

本书适合于机器学习领域的工程技术人员阅读，也可供高等院校相关专业师生参考。

◆ 编　　著　赵春江
责任编辑　张　爽
责任印制　焦志炜
◆ 人民邮电出版社出版发行　　北京市丰台区成寿寺路 11 号
邮编　100164　　电子邮件　315@ptpress.com.cn
网址　http://www.ptpress.com.cn
固安县铭成印刷有限公司印刷
◆ 开本：787×1092　1/16
印张：18.75　　　　　　2018 年 8 月第 1 版
字数：490 千字　　　　　2024 年 7 月河北第 6 次印刷

定价：69.00 元

读者服务热线：(010)81055410　印装质量热线：(010)81055316
反盗版热线：(010)81055315
广告经营许可证：京东市监广登字20170147号

前　言

机器学习通常指的是能够结合人工智能完成各项任务的系统的变化过程。这些任务包括识别、诊断、规划、自动控制、预测等。而“变化”可以增强已有系统的性能，或者重新合成一个新的、更好的系统。

为什么机器必须要学习？或者为什么不从一开始就根据需要让机器完成任务？只有认识到机器学习的重要性，才能回答这两个问题。

- 有些任务只有通过实例的描述才能定义。也就是说，我们也许能够指定输入/输出对，但不能确定输入和它的期望输出之间的简要关系，所以我们就希望机器能够通过调整它的内部结构，从大量数据样本中产生正确的输出，并且这种输入/输出关系还能够反映那些隐含在样本中的信息。
- 隐藏在大量数据中的信息具有非常重要的关联性，机器学习方法能够提取出这些关联（数据挖掘）。
- 人类设计的机器往往在它们的工作环境下不能按照人类期望的那样很好地完成任务，部分原因可能是在设计之初，工作环境的某些特性不被人类所获知，机器学习方法就可以在工作中提高现有机器设计的性能。
- 关于某些任务，可用的知识量对于人类的显式编码来说可能太大了，而能够渐进地学习这些知识的机器可以获得比人类赋予它的更多的知识内容。
- 工作环境时刻都在改变，能够适应这种环境变化的机器可以减少不断重新设计的需要。
- 人类也在不断获取新的知识，为了使机器也掌握这些知识而不断重新设计系统是不现实的，而机器学习方法可以使机器像人类一样也能够跟踪这些新知识。

作为近 30 年兴起的一门交叉学科，机器学习已经成功地应用于许多领域，人们对它的需求也在不断增长。

OpenCV（Open Source Computer Vision）是一个主要应用于实时计算机视觉领域的程序函数库。OpenCV 是以 BSD 许可证授权发行的，程序源码完全对用户开放，它既可以直接免费使用，又可以作为二次开发的工具。OpenCV 函数库不仅包括了超过 500 个优化的图像和视频分析处理的算法，还包括了目前经典的十大机器学习算法——正态贝叶斯分类器、K 近邻算法、支持向量机、决策树、AdaBoost、梯度提升树、随机森林、极端随机树、期望极大值和神经网络。用户可以很方便地调用这些机器学习算法，用于自己的项目开发和科学研究。

对算法学习和理解的最高境界就是能够用编程语言实现它。但实现算法不仅要求对算法的原理一清二楚，还要求对编程语言熟练掌握，因此并不是每个人都能够达到这种境界。退而求其次，如果能够看懂别人写的程序，并且能够用该程序实现具体的应用，那么这也是一种学习算法的方法。OpenCV 这种开源的函数库正是我们学习算法的一个好的工具。

本书就是出于此目的，首先对正态贝叶斯分类器、K 近邻算法、支持向量机、决策树、AdaBoost、梯度提升树、随机森林、极端随机树、期望极大值、神经网络这十大经典的机器学习算法进行具体的原理分析，然后给出 OpenCV 的相关源码的逐句解释，最后完成一个基于 OpenCV 的应用实例。相信读者通过这 3 个步骤的学习，足以实现对算法理解的目的。

本书是作者利用业余时间撰写完成，加之作者水平有限，难免会有对算法和源码理解分析不到位的地方，权当抛砖引玉，恳请读者批评指正。

赵春江

资源与支持

本书由异步社区出品，社区（https://www.epubit.com/）为您提供相关资源和后续服务。

提交勘误

作者和编辑尽最大努力来确保书中内容的准确性，但难免会存在疏漏。欢迎您将发现的问题反馈给我们，帮助我们提升图书的质量。

当您发现错误时，请登录异步社区，按书名搜索，进入本书页面，点击“提交勘误”，输入勘误信息，点击“提交”按钮即可。本书的作者和编辑会对您提交的勘误进行审核，确认并接受后，您将获赠异步社区的 100 积分。积分可用于在异步社区兑换优惠券、样书或奖品。

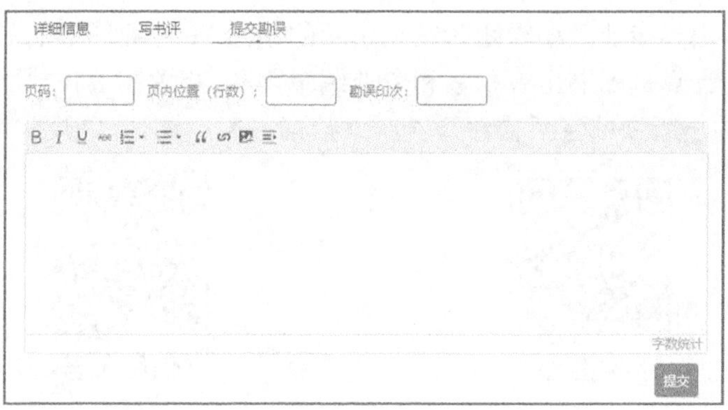

扫码关注本书

扫描下方二维码，您将会在异步社区微信服务号中看到本书信息及相关的服务提示。

与我们联系

我们的联系邮箱是 contact@epubit.com.cn。

如果您对本书有任何疑问或建议，请您发邮件给我们，并请在邮件标题中注明本书书名，以便我们更高效地做出反馈。

如果您有兴趣出版图书、录制教学视频，或者参与图书翻译、技术审校等工作，可以发邮件给我们；有意出版图书的作者也可以到异步社区在线提交投稿（直接访问 www.epubit.com/selfpublish/submission 即可）。

如果您是学校、培训机构或企业，想批量购买本书或异步社区出版的其他图书，也可以发邮件给我们。

如果您在网上发现有针对异步社区出品图书的各种形式的盗版行为，包括对图书全部或部分内容的非授权传播，请您将怀疑有侵权行为的链接发邮件给我们。您的这一举动是对作者权益的保护，也是我们持续为您提供有价值的内容的动力之源。

关于异步社区和异步图书

“异步社区”是人民邮电出版社旗下 IT 专业图书社区，致力于出版精品 IT 技术图书和相关学习产品，为作译者提供优质出版服务。异步社区创办于 2015 年 8 月，提供大量精品 IT 技术图书和电子书，以及高品质技术文章和视频课程。更多详情请访问异步社区官网 https://www.epubit.com。

“异步图书”是由异步社区编辑团队策划出版的精品 IT 专业图书的品牌，依托于人民邮电出版社近 30 年的计算机图书出版积累和专业编辑团队，相关图书在封面上印有异步图书的 LOGO。异步图书的出版领域包括软件开发、大数据、AI、测试、前端、网络技术等。

异步社区

微信服务号

目　录

第1章 正态贝叶斯分类器

1.1 原理分析

OpenCV 实现的贝叶斯分类器不是朴素贝叶斯分类器（Naïve Bayes Classifier），而是正态贝叶斯分类器（Normal Bayes Classifier），两者虽然英文名称很相似，但它们是不同的贝叶斯分类器。前者在使用上有一个限制条件，那就是变量的特征之间要相互独立，而后者没有这个苛刻的条件，因此它的适用范围更广。为了保持理论的系统性和完整性，我们先介绍朴素贝叶斯分类器，然后再介绍正态贝叶斯分类器。

1. 朴素贝叶斯分类器

朴素贝叶斯分类器是一种基于贝叶斯理论的简单的概率分类器，而朴素的含义是指输入变量的特征属性之间具有很强的独立性。尽管这种“朴素”的设计和假设过于简单，但朴素贝叶斯分类器在许多复杂的实际情况下具有很好的表现，并且在综合性能上，该分类器要优于提升树（boosted trees）和随机森林（random forests）。

在许多实际应用中，对于朴素贝叶斯模型的参数估计往往使用的是极大似然法，因此可以这么认为，在不接受贝叶斯概率或不使用任何贝叶斯方法的前提下，我们仍然可以应用朴素贝叶斯模型对事物进行分类。

朴素贝叶斯分类器特别适用于输入变量的维数很高的情况，并且它只需要极少量的训练数据，就可以估计出分类所需的参数。

抽象地说，朴素贝叶斯是一种条件概率模型：要对一个个体进行分类，该个体用代表 n 个特征属性（相互独立的变量）的 n 维向量表示，即 $\boldsymbol{x}=(x_1,\cdots,x_n)^{\mathrm{T}}$，则分配给该个体的概率为：

$$p(C_k \mid x_1,\cdots,x_n) \tag{1-1}$$

式（1-1）表示 K 个可能输出或分类中第 k 个分类的概率，C_k 表示第 k 个响应输出，即分类结果。

如果个体的特征数量 n 很大，或者某个特征有大量的数值，则应用式（1-1）对个体进行分类不可行。因此，应用贝叶斯理论，把条件概率进行分解，使其更利于操作。

$$p(C_k|\boldsymbol{x})=\frac{p(C_k)\,p(\boldsymbol{x}\mid C_k)}{p(\boldsymbol{x})} \tag{1-2}$$

基于认识论的解释，概率是一种置信程度的度量。贝叶斯理论把某个事件在考虑证据之前和之后的置信程度关联了起来。回到式（1-2），$p(C_k)$表示在不考虑个体 $\boldsymbol{x}$ 的情况下，第 k 个分类的概率，我们把它定义为先验概率，而 $p(C_k\mid\boldsymbol{x})$表示在考虑个体 $\boldsymbol{x}$ 的情况下，第 k 个分类的概率，我们把它定义为后验概率，$p(\boldsymbol{x}\mid C_k)$定义为似然度，$p(\boldsymbol{x})$定义为标准化常量。

在实际应用中，我们仅关心式（1-2）中的分子部分，这是因为分母部分不依赖于分类结果 C，并且个体的特征属性 F_i 是给定的，所以分母是一个常数。

再来看式（1-2）中的分子部分，它是联合概率模型 $p(C_k, x_1, \cdots, x_n)$。基于链式法则，并重复应用条件概率的定义，这个联合概率模型可以重写为：

$$\begin{aligned} p(C_k,x_1,\cdots,x_n) &= p(C_k)p(x_1,\cdots,x_n \mid C_k) \\ &= p(C_k)p(x_1 \mid C_k)p(x_2,\cdots,x_n \mid C_k,x_1) \\ &= p(C_k)p(x_1 \mid C_k)p(x_2 \mid C_k,x_1)p(x_3,\cdots,x_n \mid C_k,x_1,x_2) \\ &= p(C_k)p(x_1 \mid C_k)p(x_2 \mid C_k,x_1) \quad p(x_n \mid C_k,x_1,x_2,x_3,\cdots,x_{n-1}) \end{aligned} \tag{1-3}$$

由于是“朴素”的贝叶斯，对于分类 C_k 来说，特征属性 F_i 是有条件的独立于特征属性 F_j 的，其中 $i \neq j$。因此，这意味着 $p(x_i \mid C_k, x_j)=p(x_i \mid C_k)$、$p(x_i \mid C_k, x_j, x_q)=p(x_i \mid C_k)$、$p(x_i \mid C_k, x_j, x_q, x_l)=p(x_i \mid C_k)$，依次类推，其中 $i \neq j, q, l$。则式（1-2）又可重写为：

$$\begin{aligned} p(C_k \mid x_1,\cdots,x_n) &\propto p(C_k,x_1,\cdots,x_n) \\ &\propto p(C_k)p(x_1 \mid C_k)p(x_2 \mid C_k)p(x_3 \mid C_k) \quad \propto p(C_k)\prod_{i=1}^{n}p(x_i \mid C_k) \end{aligned} \tag{1-4}$$

到目前为止，我们得到了特征属性相互独立的朴素贝叶斯概率模型。利用该模型就可以得到具备决策规则的朴素贝叶斯分类器。而应用得最普遍的决策规则是最大后验概率（MAP），即选择最可能的假设，则朴素贝叶斯分类器所指定的分类结果为：

$$\hat{y} = \underset{k \in \{1,\cdots,K\}}{\operatorname{argmax}} \ p(C_k)\prod_{i=1}^{n}p(x_i \mid C_k) \tag{1-5}$$

训练朴素贝叶斯分类器的任务是估计两组参数：先验概率 $p(C_k)$ 和条件概率 $p(x_i \mid C_k)$。

先来计算条件概率 $p(x_i \mid C_k)$，它分为两种情况：一种是样本数据都是离散的形式，即样本的特征属性是离散的形式；另一种是样本数据都是连续的数值形式，即样本的特征属性是数值的形式。

当样本的特征属性是离散的形式时，条件概率 $p(x_i \mid C_k)$ 的估计为：

$$p(x_i = a_{il} | y = C_k) = \frac{\# D\{x_i = a_{il} \wedge y = C_k\}}{\# D\{y = C_k\}}, \qquad l = 1,2,\cdots,S_i \tag{1-6}$$

式中，a_{il} 表示第 i 个特征属性可能取的第 l 个值；S_i 表示第 i 个特征属性可能选取的所有值的数量；$\#D\{X\}$ 表示在由 N 个训练样本构成的集合 D 中，满足条件 X 的样本的数量，因此分式中分母的含义是响应值为 C_k 的样本数，分子的含义是样本具有 a_{il} 值，并且响应值为 C_k 的数量。

式（1-6）给出了特征属性为 a_{il} 并且响应值为 C_k 的条件概率估计，该方法称为极大似然估计。但该方法可能会出现所要估计的概率值为 0 的情况，这时会影响到后验概率的计算结果，使分类产生偏差。采用平滑估计可以解决这个问题，即增加一个平滑系数 λ，则条件概率为：

$$p(x_i = a_{il} | y = C_k) = \frac{\# D\{x_i = a_{il} \wedge y = C_k\} + \lambda}{\# D\{y = C_k\} + S_i\lambda} \tag{1-7}$$

式中，$\lambda \geqslant 0$。显然，$\lambda=0$ 为极大似然估计，当 $\lambda=1$ 时，该平滑方法又称为拉普拉斯平滑。

当样本的特征属性是数值的形式时，条件概率的分布可以被认为是高斯分布，多项式分布或伯努利分布，则它们的朴素贝叶斯分别被称为高斯朴素贝叶斯，多项式朴素贝叶斯和伯努利朴素贝叶斯。这里只介绍高斯朴素贝叶斯方法。

高斯朴素贝叶斯方法是假设对每一个可能的响应值 C_k，特征属性 x_i 是满足高斯正态分布的，即

$$p\left(x_i|y=C_k\right)=\frac{1}{\sqrt{2\pi\sigma_{ik}^2}}\mathrm{e}^{-\frac{\left(x_i-\mu_{ik}\right)^2}{2\sigma_{ik}^2}} \tag{1-8}$$

因此，必须估计出该高斯分布的均值 μ_{ik} 和方差 σ_{ik}^2：

$$\mu_{ik}=E[x_i\mid y=C_k] \tag{1-9}$$

$$\sigma_{ik}^2=E[\left(x_i-\mu_{ik}\right)^2\mid y=C_k] \tag{1-10}$$

这里一共有 $2nK$ 个参数，这些参数都需要独立地去估计。估计的方法仍然可以采用极大似然估计。均值 μ_{ik} 的极大似然估计为：

$$\hat{\mu}_{ik}=\frac{1}{\sum_{j=1}^{N}\delta\left(y^{(j)}=C_k\right)}\sum_{j=1}^{N}x_i^{(j)}\delta\left(y^{(j)}=C_k\right) \tag{1-11}$$

式（1-11）中，上标 j 表示全部 N 个训练样本中的第 j 个样本，函数 $\delta(y=C_k)$表示：

$$\delta\left(y=C_k\right)=\begin{cases}1 & y=C_k\\0 & y\neq C_k\end{cases} \tag{1-12}$$

函数 δ 的作用就是选择那些响应值为 C_k 的训练样本。

方差 σ_{ik}^2 的极大似然估计为：

$$\hat{\sigma}_{ik}^2=\frac{1}{\sum_{j=1}^{N}\delta\left(y^{(j)}=C_k\right)}\sum_{j=1}^{N}\left(x_i^{(j)}-\hat{\mu}_{ik}\right)^2\delta\left(y^{(j)}=C_k\right) \tag{1-13}$$

采用极大似然估计得到的方差是有偏估计，因此往往采用最小方差无偏估计（MVUE）来取代极大似然估计，则此时的 σ_{ik}^2 估计为：

$$\hat{\sigma}_{ik}^2=\frac{1}{\left(\sum_{j=1}^{N}\delta\left(y^{(j)}=C_k\right)\right)-1}\sum_{j=1}^{N}\left(x_i^{(j)}-\hat{\mu}_{ik}\right)^2\delta\left(y^{(j)}=C_k\right) \tag{1-14}$$

下面再来讨论先验概率。贝叶斯分类器只能处理分类问题，即分类结果 C 具有离散的 K 个值，因此先验概率 $p(C_k)$的估计相对较简单。当已知所有的分类结果出现的概率都相等（如投骰子），则先验概率 $p(C_k)$为：

$$p\left(C_k\right)=\frac{1}{K} \tag{1-15}$$

当仅考虑训练样本数据时，则先验概率 $p(C_k)$为：

$$p\left(C_k\right)=\frac{N_k}{N} \tag{1-16}$$

式（1-15）中，N 表示训练样本的数量；N_k 表示分类结果为 C_k 的训练样本数量。式（1-16）这种极大似然估计仍然会有所要估计的概率值为 0 的情况，因此类似于式（1-7）改用平滑估计，得到先验概率为：

$$p(C_k)=\frac{N_k+\lambda}{N+K\lambda} \tag{1-17}$$

如果应用高斯朴素贝叶斯分类器预测样本，则先根据训练样本计算各个分类的先验概率，以及均值和方差，这样就得到了不同分类下的不同特征属性的高斯函数（见式（1-8））。然后把预测样本数据代入这些不同的高斯函数中，得到不同分类的各个特征属性的似然度。最后把同一分类的先验概率和不同特征属性的似然度相乘（见式（1-5）），哪个值大，该预测样本就属于该乘积所对应的分类。

2. 正态贝叶斯分类器

下面介绍正态贝叶斯分类器。该分类器只能处理特征属性是连续数值的分类问题。

正态贝叶斯分类器认为每一个分类的所有特征属性（即特征向量）服从多变量正态高斯分布，即：

$$p(x_1,\cdots,x_n|C_k)=\frac{1}{\sqrt{(2\pi)^n\left|\sum_k\right|}}\exp\left(-\frac{1}{2}(\boldsymbol{x}-\mu_k)^{\mathrm{T}}\sum\nolimits_k^{-1}(\boldsymbol{x}-\mu_k)\right) \tag{1-18}$$

式中，μ_k表示第 k 个分类对应的 n 维均值向量；$|\sum_k|$表示第 k 个分类对应的 $n\times n$ 的协方差矩阵$\sum_k$的行列式的值。

因此，该分类器认为特征属性之间不必是独立的，这比朴素贝叶斯的适用条件要宽。最终包括所有分类的整个分布函数是一个混合高斯分布，而每一个分类就是一个组件（component）。

由贝叶斯规则（见式（1-2））可知，后验概率正比于先验概率与似然度的乘积，但有些情况可以不考虑先验概率，如分类很少或维数较高等情况，即后验概率仅与似然度成正比，这样最大后验问题就变为了极大似然问题，这时只需要得到各个分类的似然度函数（见式（1-18）），代入新的预测样本，哪个值大，该样本就属于该似然度函数对应的分类，即

$$\hat{y}=\underset{k\in\{1,\cdots,K\}}{\operatorname{argmax}}\ p(x_1,\cdots,x_n\mid C_k) \tag{1-19}$$

有时为了计算方法，可以把式（1-18）取对数，成为对数似然函数，即：

$$\begin{aligned}\ln(L_k)&=-\frac{1}{2}\ln\left(\left|\sum\nolimits_k\right|\right)-\frac{1}{2}(\boldsymbol{x}-\mu_k)^{\mathrm{T}}\sum\nolimits_k^{-1}(\boldsymbol{x}-\mu_k)-\frac{n}{2}\ln(2\pi)\\&=-\frac{1}{2}\left[\ln\left(\left|\sum\nolimits_k\right|\right)+(\boldsymbol{x}-\mu_k)^{\mathrm{T}}\sum\nolimits_k^{-1}(\boldsymbol{x}-\mu_k)+n\ln(2\pi)\right]\end{aligned} \tag{1-20}$$

显然，求式（1-20）极大值问题可以转换为求式（1-20）中方括号内的极小值问题，其中最后一项 $n\ln(2\pi)$是常数，可以不用计算。

为了计算式（1-20），需要估计两组参数：均值向量 μ_k 和协方差矩阵$\sum_k$。

均值向量 μ_k 的第 i 个元素（即第 i 个特征属性）μ_{ki} 的极大似然估计为：

$$\hat{\mu}_{ki}=\frac{\sum_{j=1}^{N_k}x_{ki}^{(j)}}{N_k} \tag{1-21}$$

式中，$x_{ki}^{(j)}$表示训练样本中属于分类 k 的第 j 个样本的第 i 个特征属性的值，则最终组成的 n 维（共有 n 个特征属性）均值向量 μ_k 的极大似然估计为：

$$\hat{\mu}_k=(\hat{\mu}_{k1},\hat{\mu}_{k2},\cdots,\hat{\mu}_{kn})^{\mathrm{T}} \tag{1-22}$$

$n\times n$ 的协方差矩阵$\sum_k$的无偏估计形式为：

$$\widehat{\sum}_k = \frac{1}{N_k - 1}\begin{bmatrix} cov_k^{(1,1)} & cov_k^{(1,2)} & \cdots & cov_k^{(1,n)} \\ cov_k^{(2,1)} & cov_k^{(2,2)} & \cdots & cov_k^{(2,n)} \\ \vdots & \vdots & & \vdots \\ cov_k^{(n,1)} & cov_k^{(n,2)} & \cdots & cov_k^{(n,n)} \end{bmatrix} \tag{1-23}$$

其中，第 p 行第 q 列元素 $cov_k^{(p,q)}$ 表示训练样本中第 k 个分类所组成的数据集合中，第 p 个特征属性与第 q 个特征属性的协方差，如果 p 等于 q，则为方差。$cov_k^{(p,q)}$ 的具体形式为：

$$\begin{aligned} cov_k^{(p,q)} &= \sum_{j=1}^{N_k}\left[\left(x_{kp}^{(j)} - \hat{\mu}_{kp}\right)\left(x_{kq}^{(j)} - \hat{\mu}_{kq}\right)\right] \\ &= \sum_{j=1}^{N_k}\left(x_{kp}^{(j)}x_{kq}^{(j)} - x_{kp}^{(j)}\hat{\mu}_{kq} - x_{kq}^{(j)}\hat{\mu}_{kp} + \hat{\mu}_{kp}\hat{\mu}_{kq}\right) \\ &= \sum_{j=1}^{N_k}\left(x_{kp}^{(j)}x_{kq}^{(j)}\right) - \hat{\mu}_{kq}\sum_{j=1}^{N_k}x_{kp}^{(j)} - \hat{\mu}_{kp}\sum_{j=1}^{N_k}x_{kq}^{(j)} + N_k\hat{\mu}_{kp}\hat{\mu}_{kq} \end{aligned} \tag{1-24}$$

下面总结一下正态贝叶斯分类器的执行步骤。首先，由训练样本数据估计每个分类的协方差矩阵（式（1-23））和均值向量（式（1-22））；然后，把这两组变量代入式（1-20）中，从而得到每个分类的完整的对数似然函数。当需要预测样本时，把样本的特征属性分别代入全部分类的对数似然函数中，最大对数似然函数对应的分类就是该样本的分类结果。

下面举一个例子，该例子是维基百科中英文条目 Naive Bayes classifier 列举的例子。

表 1-1 是某国人体特征指标的一组统计数据。

表 1-1　人体特征指标数据

序号	性别	身高（英尺）	体重（磅）	脚掌长（英寸）
1	男	6	180	12
2	男	5.92	190	11
3	男	5.58	170	12
4	男	5.92	165	10
5	女	5	100	6
6	女	5.5	150	8
7	女	5.42	130	7
8	女	5.75	150	9

其中，1 英尺=0.3048m，1 磅=0.453592kg，1 英寸=0.0254m。

表 1-1 中的样本一共有 8 个，分为男和女两类，并各有样本数 4 个，即 $N_{男}=4$，$N_{女}=4$。

由式（1-21）先计算男人的均值向量 $\mu_{男}$：

$$\hat{\mu}_{男身高} = \frac{6+5.92+5.58+5.92}{N_{男}} = \frac{23.42}{4} = 5.855$$

$$\hat{\mu}_{男体重} = \frac{180+190+170+165}{N_{男}} = \frac{705}{4} = 176.25$$

$$\hat{\mu}_{男脚掌长}=\frac{12+11+12+10}{N_{男}}=\frac{45}{4}=11.25$$

则：

$$\hat{\mu}_{男}=\left(\hat{\mu}_{男身高},\hat{\mu}_{男体重},\hat{\mu}_{男脚掌长}\right)^{\mathrm{T}}=(5.855,176.25,11.25)^{\mathrm{T}}$$

再计算女人的均值向量 $\mu_{女}$：

$$\hat{\mu}_{女身高}=\frac{5+5.5+5.42+5.75}{N_{女}}=\frac{21.67}{4}=5.4175$$

$$\hat{\mu}_{女体重}=\frac{100+150+130+150}{N_{女}}=\frac{530}{4}=132.5$$

$$\hat{\mu}_{女脚掌长}=\frac{6+8+7+9}{N_{女}}=\frac{30}{4}=7.5$$

则：

$$\hat{\mu}_{女}=\left(\hat{\mu}_{女身高},\hat{\mu}_{女体重},\hat{\mu}_{女脚掌长}\right)^{\mathrm{T}}=(5.4175,132.5,7.5)^{\mathrm{T}}$$

然后由式（1-23）和式（1-24）计算男人和女人的协方差矩阵，它们都是 3×3 的对称方阵。这里仅以男人的身高和体重为例，计算它们的协方差 $cov_{男}^{(身高,体重)}$：

$$\begin{aligned}cov_{男}^{(身高,体重)}&=(6-5.855)\times(180-176.25)+(5.92-5.855)\times(190-176.25)\\&\quad+(5.58-5.855)\times(170-176.25)+(5.92-5.855)\times(165-176.25)\\&=0.5437+0.8937+1.7188-0.7312=2.425\end{aligned}$$

则最终男人和女人的协方差矩阵分别为：

$$\sum_{男}=\begin{bmatrix}0.035&0.808&-0.065\\0.808&122.917&2.917\\-0.065&2.917&0.917\end{bmatrix}\qquad\sum_{女}=\begin{bmatrix}0.097&6.942&0.388\\6.942&558.333&28.333\\0.388&28.333&1.667\end{bmatrix}$$

把得到的男人和女人的均值向量和协方差矩阵代入式（1-20）中，就得到两个分类的对数似然函数。由于该函数需要的是协方差矩阵的逆矩阵和行列式的值，所以还需要计算这两组值：

$$\left|\sum_{男}\right|=2.225\qquad\left|\sum_{女}\right|=0.669$$

$$\sum_{男}^{-1}=\begin{bmatrix}46.826&-0.418&4.651\\-0.418&0.013&-0.070\\4.651&-0.070&1.642\end{bmatrix}\qquad\sum_{女}^{-1}=\begin{bmatrix}191.004&-0.847&-30.104\\-0.847&0.017&-0.089\\-30.104&-0.089&9.114\end{bmatrix}$$

则对数似然函数为：

$$\ln\left(L_{男}\right)=-\frac{1}{2}\left[\ln2.225+\left(\boldsymbol{x}-\begin{bmatrix}5.855\\176.25\\11.25\end{bmatrix}\right)^{\mathrm{T}}\begin{bmatrix}46.826&-0.418&4.651\\-0.418&0.013&-0.070\\4.651&-0.070&1.642\end{bmatrix}\left(\boldsymbol{x}-\begin{bmatrix}5.855\\176.25\\11.25\end{bmatrix}\right)+3\ln(2\pi)\right]$$

$$\ln\left(L_{女}\right)=-\frac{1}{2}\left[\ln0.669+\left(\boldsymbol{x}-\begin{bmatrix}5.4175\\132.5\\7.5\end{bmatrix}\right)^{\mathrm{T}}\begin{bmatrix}191.004&-0.847&-30.104\\-0.847&0.017&-0.089\\-30.104&-0.089&9.114\end{bmatrix}\left(\boldsymbol{x}-\begin{bmatrix}5.4175\\132.5\\7.5\end{bmatrix}\right)+3\ln(2\pi)\right]$$

已知某人身高 6 英尺，体重 130 磅，脚掌长 8 英寸，利用前面的训练样本预测该人是男，还是女。预测样本向量 $\boldsymbol{x} = (6, 130, 8)^{\mathrm{T}}$，代入 $\ln(L_{男})$和 $\ln(L_{女})$，则分别为−16.314 和−28.730。显然，$\ln(L_{男})$大于 $\ln(L_{女})$，所以这个人可能是男人。

这里要说明的是，维基百科中应用的是高斯朴素贝叶斯分类器，即前面第一部分介绍的内容，它得到的结论是该人为女人。从中可以看出，高斯朴素贝叶斯分类器与正态贝叶斯分类器不同，正态贝叶斯分类器不在乎特征属性之间是否相互独立，本人认为正态贝叶斯分类器应该更准确一些。

实际计算似然度函数时，应用奇异值分解会使程序更简洁。由于协方差矩阵$\sum_k$是对称矩阵，所以它的奇异值分解为：

$$\sum\nolimits_k = \boldsymbol{UWV}^{\mathrm{T}} = \boldsymbol{UWU}^{\mathrm{T}} \tag{1-25}$$

式中，$\boldsymbol{W}$ 是由特征值组成的对角线矩阵；$\boldsymbol{U}$ 是由特征向量组成的正交矩阵，具有 $\boldsymbol{U}^{-1}=\boldsymbol{U}^{\mathrm{T}}$ 的性质，则$\sum_k$的逆矩阵为：

$$\sum\nolimits_k^{-1} = \left(\boldsymbol{UWU}^{\mathrm{T}}\right)^{-1} = \left(\boldsymbol{U}^{\mathrm{T}}\right)^{-1}\left(\boldsymbol{UW}\right)^{-1} = \left(\boldsymbol{U}^{-1}\right)^{-1}\boldsymbol{W}^{-1}\boldsymbol{U}^{-1} = \boldsymbol{UW}^{-1}\boldsymbol{U}^{\mathrm{T}} \tag{1-26}$$

设 $\boldsymbol{D} = \boldsymbol{x} - \mu_k$，则$(\boldsymbol{x}-\mu_k)^{\mathrm{T}}\sum_k^{-1}(\boldsymbol{x}-\mu_k)$为

$$\left(\boldsymbol{x}-\mu_k\right)^{\mathrm{T}}\sum\nolimits_k^{-1}\left(\boldsymbol{x}-\mu_k\right) = \boldsymbol{D}^{\mathrm{T}}\boldsymbol{UW}^{-1}\boldsymbol{U}^{\mathrm{T}}\boldsymbol{D} = \left(\boldsymbol{U}^{\mathrm{T}}\boldsymbol{U}\right)\boldsymbol{W}^{-1}\left(\boldsymbol{U}^{\mathrm{T}}\boldsymbol{D}\right) = \left(\boldsymbol{D}^{\mathrm{T}}\boldsymbol{U}\right)\boldsymbol{W}^{-1}\left(\boldsymbol{D}^{\mathrm{T}}\boldsymbol{U}\right)^{\mathrm{T}} \tag{1-27}$$

式中，$\boldsymbol{D}^{\mathrm{T}}$ 是行向量；$\boldsymbol{U}$ 是方阵，则 $\boldsymbol{D}^{\mathrm{T}}\boldsymbol{U}$ 为行向量，设该行向量的元素为 a_i，则$(\boldsymbol{D}^{\mathrm{T}}\boldsymbol{U})^{\mathrm{T}}$为列向量，因为 W 是对角线矩阵，设该矩阵对角线上的元素为 w_i，由矩阵的知识可知，$\boldsymbol{W}^{1}$ 也是对角线矩阵，并且其对角线上的元素为 $1/w_i$，则式（1-27）改写为：

$$\begin{aligned}
\left(\boldsymbol{x}-\mu_k\right)^{\mathrm{T}}\sum\nolimits_k^{-1}\left(\boldsymbol{x}-\mu_k\right) &= \left(\boldsymbol{D}^{\mathrm{T}}\boldsymbol{U}\right)W^{-1}\left(\boldsymbol{D}^{\mathrm{T}}\boldsymbol{U}\right)^{\mathrm{T}} \\
&= \begin{bmatrix} a_1 & a_2 & \cdots & a_n \end{bmatrix} \begin{bmatrix} w_1^{-1} & 0 & \cdots & 0 \\ 0 & w_2^{-1} & \cdots & 0 \\ \vdots & \vdots & & \vdots \\ 0 & 0 & \cdots & w_n^{-1} \end{bmatrix} \begin{bmatrix} a_1 \\ a_2 \\ \vdots \\ a_n \end{bmatrix} \\
&= \begin{bmatrix} a_1 w_1^{-1} & a_2 w_2^{-1} & \cdots & a_n w_n^{-1} \end{bmatrix} \begin{bmatrix} a_1 \\ a_2 \\ \vdots \\ a_n \end{bmatrix} \\
&= \frac{a_1 a_1}{w_1} + \frac{a_2 a_2}{w_2} + \cdots + \frac{a_n a_n}{w_n} \\
&= \sum_{i=1}^{n} \frac{a_i a_i}{w_i}
\end{aligned} \tag{1-28}$$

我们还注意到一个性质，那就是行列式的值等于该矩阵特征值的乘积，前面我们已经得到$\sum_k$的特征值为 w_i，则它的行列式值为：

$$\left|\sum\nolimits_k\right| = \prod_{i=1}^{n} w_i \tag{1-29}$$

1.2 源码解析

下面详细分析 OpenCV 中的贝叶斯分类器的源码。再次强调的是，OpenCV 实现的是正态贝叶斯分类器，不是朴素贝叶斯分类器。

CvNormalBayesClassifier 类的默认构造函数：

```
CvNormalBayesClassifier::CvNormalBayesClassifier()
{
    var_count = var_all = 0;
    var_idx = 0;
    cls_labels = 0;
    count = 0;
    sum = 0;
    productsum = 0;
    avg = 0;
    inv_eigen_values = 0;
    cov_rotate_mats = 0;
    c = 0;
    default_model_name = "my_nb";
}
```

构建正态贝叶斯分类器的函数：

```
bool CvNormalBayesClassifier::train( const CvMat* _train_data, const CvMat* _responses,
                                    const CvMat* _var_idx, const CvMat* _sample_idx, bool
update )
{
    const float min_variation = FLT_EPSILON;    //定义一个很小的数
    bool result = false;    //函数返回的标识变量
    CvMat* responses = 0;    //表示分类结果，即响应值
    const float** train_data = 0;    //表示训练样本数据
    CvMat* __cls_labels = 0;    //表示样本响应值的标签
    CvMat* __var_idx = 0;    //表示特征属性的索引
    CvMat* cov = 0;    //表示某个分类的协方差矩阵

    CV_FUNCNAME( "CvNormalBayesClassifier::train" );

    __BEGIN__;

    int cls, nsamples = 0, _var_count = 0, _var_all = 0, nclasses = 0;
    int s, c1, c2;
    const int* responses_data;    //指向响应值
    //*调用 cvPrepareTrainData 函数，首先判断输入参数_train_data 和_responses 是否正确，然后由
参数_var_idx 和_sample_idx 得到真正要训练的样本数据 train_data，由参数_sample_idx 得到所对应的响
应值 responses，nsamples 为得到的 train_data 中的样本数量，_var_count 为 train_data 中样本特征的
数量，_var_all 为_train_data 中每个样本应该有的特征的数量，__cls_labels 为响应值的分类标签的映射矩
阵，__var_idx 为由参数_var_idx 从_var_all 中提取的每个样本的特征的掩码矩阵*//
    CV_CALL( cvPrepareTrainData( 0,
        _train_data, CV_ROW_SAMPLE, _responses, CV_VAR_CATEGORICAL,
        _var_idx, _sample_idx, false, &train_data,
        &nsamples, &_var_count, &_var_all, &responses,
        &__cls_labels, &__var_idx ));

    if(!update )    //不更新数据，即由样本数据重新建立贝叶斯分类器
    {
        const size_t mat_size = sizeof(CvMat*);
        size_t data_size;

        clear();

        var_idx = __var_idx;    //样本特征的掩码矩阵
        cls_labels = __cls_labels;    //响应值的分类标签矩阵
        __var_idx = __cls_labels = 0;    //清零
        var_count = _var_count;    //真正的训练样本用到的特征数量
```

```
        var_all = _var_all;      //全部样本的特征数量

        nclasses = cls_labels->cols;      //表示分类的数量，即K
        data_size = nclasses*6*mat_size;      //定义所需的全部数据的内存空间大小

        CV_CALL( count = (CvMat**)cvAlloc( data_size ));      //分配空间
        memset( count, 0, data_size );      //清零
        //定义不同的空间
        //count 表示每个分类的样本数量，即变量 Nk
        //sum 表示分类中的每种特征属性值的和，即式（1-21）的分子部分
        sum            = count       + nclasses;
        //productsum 表示式（1-24）中的第一个∑
        productsum     = sum         + nclasses;
        //avg 表示均值向量，即式（1-21）
        avg            = productsum + nclasses;
        //inv_eigen_values 表示每个分类的协方差矩阵∑k 的特征值，最终存储的是特征值的倒数，即式
        （1-28）中的 1/wi
        inv_eigen_values= avg        + nclasses;
        //cov_rotate_mats 表示每个分类的协方差矩阵的特征向量矩阵的转置，即式（1-25）中的 U^T
        cov_rotate_mats = inv_eigen_values           + nclasses;
        //创建矩阵 c，用来表示式（1-20）中的 ln(|∑k|)
        CV_CALL( c = cvCreateMat( 1, nclasses, CV_64FC1 ));
        //遍历所有分类，创建上面 6 个矩阵，并清零
        for( cls = 0; cls < nclasses; cls++ )
        {
            // count 矩阵的大小为 K×n
            CV_CALL(count[cls]          = cvCreateMat( 1, var_count, CV_32SC1 ));
            // sum 矩阵的大小为 K×n
            CV_CALL(sum[cls]            = cvCreateMat( 1, var_count, CV_64FC1 ));
            // productsum 矩阵的大小为 K×n×n
            CV_CALL(productsum[cls]    = cvCreateMat( var_count, var_count, CV_64FC1 ));
            // avg 矩阵的大小为 K×n
            CV_CALL(avg[cls]                = cvCreateMat( 1, var_count, CV_64FC1 ));
            // inv_eigen_values 矩阵的大小为 K×n
            CV_CALL(inv_eigen_values[cls] = cvCreateMat( 1, var_count, CV_64FC1 ));
            // cov_rotate_mats 矩阵的大小为 K×n×n
            CV_CALL(cov_rotate_mats[cls]  = cvCreateMat( var_count, var_count, CV_64FC1 ));
            CV_CALL(cvZero( count[cls] ));
            CV_CALL(cvZero( sum[cls] ));
            CV_CALL(cvZero( productsum[cls] ));
            CV_CALL(cvZero( avg[cls] ));
            CV_CALL(cvZero( inv_eigen_values[cls] ));
            CV_CALL(cvZero( cov_rotate_mats[cls] ));
        }
    }
    else      //在已有的贝叶斯分类器的基础上，添加新的训练样本
    {
        // check that the new training data has the same dimensionality etc.
        if( _var_count != var_count || _var_all != var_all || !((!_var_idx && !var_idx) ||
            (_var_idx && var_idx && cvNorm(_var_idx,var_idx,CV_C) < DBL_EPSILON)) )
            CV_ERROR( CV_StsBadArg,
            "The new training data is inconsistent with the original training data" );

        if( cls_labels->cols != __cls_labels->cols ||
            cvNorm(cls_labels, __cls_labels, CV_C) > DBL_EPSILON )
            CV_ERROR( CV_StsNotImplemented,
            "In the current implementation the new training data must have absolutely"
            "the same set of class labels as used in the original training data" );

        nclasses = cls_labels->cols;
    }

    responses_data = responses->data.i;      //指向训练样本的响应值矩阵
    //创建 cov 矩阵，表示协方差矩阵
    CV_CALL( cov = cvCreateMat( _var_count, _var_count, CV_64FC1 ));

    /* process train data (count, sum , productsum) */
    //遍历所有的训练样本，计算式（1-21）的分子和分母部分，以及式（1-24）中的第一个∑部分
    for( s = 0; s < nsamples; s++ )
```

```
    {
        cls = responses_data[s];      //得到该训练样本的响应值，即分类
        //定义 3 个矩阵 count、sum 和 productsum 的指针
        int* count_data = count[cls]->data.i;
        double* sum_data = sum[cls]->data.db;
        double* prod_data = productsum[cls]->data.db;
        const float* train_vec = train_data[s];      //得到该训练样本数据
        //遍历所有特征
        for( c1 = 0; c1 < _var_count; c1++, prod_data += _var_count )
        {
            //得到该训练样本的第 c1 个特征属性的值，即式（1-21）中的 xki(j)
            double val1 = train_vec[c1];
            sum_data[c1] += val1;      //计算式（1-21）中的分子部分
            count_data[c1]++;      //计算式（1-21）中的分母部分
            //计算式（1-24）中的第一个∑，即∑xkp(j) xkq(j)，该算式组成的矩阵是对称矩阵，所以只计算该对
            //称矩阵的一半即可，这里的 for 循环计算的是该矩阵的右上角部分
            for( c2 = c1; c2 < _var_count; c2++ )
                prod_data[c2] += train_vec[c2]*val1;
        }
    }
    cvReleaseMat( &responses );      //释放 responses 矩阵
    responses = 0;

    /* calculate avg, covariance matrix, c */
    //遍历所有响应值，即分类结果，计算式（1-21）和式（1-23），即均值向量和协方差矩阵，以及式（1-20）
    //中的 ln(|∑k|)
    for( cls = 0; cls < nclasses; cls++ )
    {
        double det = 1;      //表示协方差矩阵∑k 的行列式值
        int i, j;
        CvMat* w = inv_eigen_values[cls];      //表示协方差矩阵|∑k|的特征值，即 wi
        //定义 3 个矩阵 count、avg 和 sum 的指针
        int* count_data = count[cls]->data.i;
        double* avg_data = avg[cls]->data.db;
        double* sum1 = sum[cls]->data.db;
        //productsum 矩阵是对称矩阵，前面只计算了该矩阵的右上角部分，这里调用 cvCompleteSymm 函数，
        //完成最终的对称矩阵，即把右上角的数据对称复制到左下角
        cvCompleteSymm( productsum[cls], 0 );
        //遍历所有特征属性
        for( j = 0; j < _var_count; j++ )
        {
            int n = count_data[j];      //得到当前分类的第 j 个特征的数量，即 Nk
            avg_data[j] = n ? sum1[j] / n : 0.;      //得到均值向量，即式（1-21）
        }
        //指针重新指向矩阵的首地址
        count_data = count[cls]->data.i;
        avg_data = avg[cls]->data.db;
        sum1 = sum[cls]->data.db;

        for( i = 0; i < _var_count; i++ )      //遍历所有特征
        {
            double* avg2_data = avg[cls]->data.db;      //指向均值向量
            //该指针指向的变量表示的含义是式（1-24）中的∑xkq(j)
            double* sum2 = sum[cls]->data.db;
            //指向 productsum 矩阵，即式（1-24）中的∑xkp(j) xkq(j)
            double* prod_data = productsum[cls]->data.db + i*_var_count;
            double* cov_data = cov->data.db + i*_var_count;      //指向协方差矩阵
            double s1val = sum1[i];      //表示式（1-24）中的∑xkp(j)
            double avg1 = avg_data[i];      //表示式（1-24）中的 μkp 的估计
            //当前分类的第 i 个特征的数量，即式（1-24）中的 Nk
            int _count = count_data[i];
            //遍历前 i 个特征，即只计算了协方差矩阵（式（1-23））的左下角部分
            for( j = 0; j <= i; j++ )
            {
                double avg2 = avg2_data[j];      //表示式（1-24）中的 μkq 的估计
                //式（1-24）
                double cov_val = prod_data[j] - avg1 * sum2[j] - avg2 * s1val + avg1 *
                avg2 * _count;
                //得到协方差，即式（1-23）中的元素
```

```
                cov_val = (_count > 1) ? cov_val / (_count - 1) : cov_val;
                cov_data[j] = cov_val;     //协方差赋值
            }
        }
        //协方差矩阵是对称矩阵，在前面只得到该矩阵 cov 的左下角部分，这里调用 cvCompleteSymm 函数，
        //完成最终的对称矩阵，即把左下角数据对称复制到右上角
        CV_CALL( cvCompleteSymm( cov, 1 ));
        //调用 cvSVD 函数，进行奇异值分解：A=UWV^T，这里的 cov 是 A，w 是 W，cov_rotate_mats[cls]
        //是 U 的转置（因为 CV_SVD_U_T），即式（1-25）的 U^T
        CV_CALL( cvSVD( cov, w, cov_rotate_mats[cls], 0, CV_SVD_U_T ));
        //特征值向量 w 与常数 min_variation 比较，选取大值，该代码的作用是去掉那些太小的特征值
        CV_CALL( cvMaxS( w, min_variation, w ));
        //特征值相乘，作用是得到该分类的协方差矩阵的行列式的值，即式（1-29）
        for( j = 0; j < _var_count; j++ )
            det *= w->data.db[j];
        //调用 cvDiv 函数，计算 w=1/w，得到特征值的倒数，即式（1-28）的 1/w_i
        CV_CALL( cvDiv( NULL, w, w ));
        c->data.db[cls] = det > 0 ? log(det) : -700;     //计算式（1-20）中的 ln(|∑k|)
    }

    result = true;     //标识变量

    __END__;

    if( !result || cvGetErrStatus() < 0 )
        clear();
    //释放内存空间
    cvReleaseMat( &cov );
    cvReleaseMat( &__cls_labels );
    cvReleaseMat( &__var_idx );
    cvFree( &train_data );

    return result;     //返回
}
```

正态贝叶斯分类器的预测函数 predict 可以对一个样本进行预测，也可以同时对多个样本进行预测，但预测样本不能缺失任何一个特征属性。当只预测一个样本时，该函数的返回值就是预测分类结果。当预测多个样本时，样本以行的形式存储在参数矩阵 samples 中，而返回的预测结果存储在参数向量 results 中，因此这种情况 results 必须被定义。

```
float CvNormalBayesClassifier::predict( const CvMat* samples, CvMat* results ) const
{
    float value = 0;     //单一预测样本的返回值
    //判断输入参数矩阵 samples 的正确性
    if(!CV_IS_MAT(samples)||CV_MAT_TYPE(samples->type)!=CV_32FC1||samples->cols!=var_all)
        CV_Error( CV_StsBadArg,
        "The input samples must be 32f matrix with the number of columns = var_all" );
    //如果是预测多个样本，输入参数 results 必须被定义
    if( samples->rows > 1 && !results )
        CV_Error( CV_StsNullPtr,
        "When the number of input samples is>1,the output vector of results must be passed" );
    //判断输入参数 results 的正确性，该向量的元素数量必须等于预测的样本数
    if( results )
    {
        if( !CV_IS_MAT(results) || (CV_MAT_TYPE(results->type) != CV_32FC1 &&
        CV_MAT_TYPE(results->type) != CV_32SC1) ||
        (results->cols != 1 && results->rows != 1) ||
        results->cols + results->rows - 1 != samples->rows )
        CV_Error( CV_StsBadArg, "The output array must be integer or floating-point vector "
        "with the number of elements = number of rows in the input matrix" );
    }
    //表示训练样本中全部特征属性中的真正用到的特征，这里 vidx 为 0
    const int* vidx = var_idx ? var_idx->data.i : 0;
    //调用 predict_body 函数，并行处理各个预测样本，该语句需要 TBB 库支持
    cv::parallel_for_(cv::Range(0, samples->rows),
                      predict_body(c, cov_rotate_mats, inv_eigen_values, avg, samples,
                                   vidx, cls_labels, results, &value, var_count));
```

```
    return value;
}
```

预测样本的主体结构：

```
struct predict_body : cv::ParallelLoopBody {
   predict_body(CvMat* _c, CvMat** _cov_rotate_mats, CvMat** _inv_eigen_values, CvMat**
_avg,
       const CvMat* _samples, const int* _vidx, CvMat* _cls_labels,
       CvMat* _results, float* _value, int _var_count1
   )
   {
     c = _c;//表示各个分类的式（1-20）中的 ln(|∑k|)
     cov_rotate_mats = _cov_rotate_mats;     //表示式（1-25）中的 U^T
     inv_eigen_values = _inv_eigen_values;   //表示式（1-28）中的 1/wi
     avg = _avg;//表示各个分类的均值向量的估计
     samples = _samples;//表示预测样本数据
     vidx = _vidx;//表示特征属性
     cls_labels = _cls_labels;//表示样本的分类标签
     results = _results;//表示预测多个样本的分类结果
     value = _value; //表示预测单个样本的分类结果
     var_count1 = _var_count1;//表示特征属性的数量
   }

   CvMat* c;
   CvMat** cov_rotate_mats;
   CvMat** inv_eigen_values;
   CvMat** avg;
   const CvMat* samples;
   const int* vidx;
   CvMat* cls_labels;

   CvMat* results;
   float* value;
   int var_count1;
   //重载()运算符
   void operator()( const cv::Range& range ) const
   {

     int cls = -1;
     int rtype = 0, rstep = 0;
     int nclasses = cls_labels->cols;     //分类的数量，即响应值的数量
     int _var_count = avg[0]->cols;     //特征属性的数量

     if (results)
     {
           rtype = CV_MAT_TYPE(results->type);     //数据类型
           //步长
           rstep = CV_IS_MAT_CONT(results->type) ? 1 : results->step/CV_ELEM_SIZE(rtype);
     }
     // allocate memory and initializing headers for calculating
     cv::AutoBuffer<double> buffer(nclasses + var_count1);     //开辟一块内存空间
     //定义矩阵 diff，前期代表 x−μk，即式（1-27）中的 D，后期代表式（1-27）中的 D^T U
     CvMat diff = cvMat( 1, var_count1, CV_64FC1, &buffer[0] );
     //遍历 samples 矩阵的所有行，即遍历所有预测样本数据
     for(int k = range.start; k < range.end; k += 1 )
     {
         int ival;
         double opt = FLT_MAX;     //定义一个很大的数
         //遍历所有的响应值
         for(int i = 0; i < nclasses; i++ )
         {

              double cur = c->data.db[i];     //得到当前分类的 ln(|∑k|)
              CvMat* u = cov_rotate_mats[i]; //得到当前分类的协方差矩阵的特征向量矩阵的
                                             //转置，即式（1-25）中的 U^T
              CvMat* w = inv_eigen_values[i];//得到当前分类的协方差矩阵的特征属性值的倒
                                             //数，即式（1-28）中的 1/wi
```

```
                const double* avg_data = avg[i]->data.db;     //指向当前分类的均值向量
                //得到第 k 个预测样本数据
                const float* x = (const float*)(samples->data.ptr + samples->step*k);

                // cov = u w u'  --> cov^(-1) = u w^(-1) u'
                //遍历所有特征，计算式（1-27）中的 D=x-μk，这里虽然是 μk-x，但并不影响最终的结果
                for(int j = 0; j < _var_count; j++ )
                 diff.data.db[j] = avg_data[j] - x[vidx ? vidx[j] : j];
                //*调用 cvGEMM 函数，执行矩阵相乘，即 diff=diff*u^T，由于这里的变量 u 是式（1-25）
中的 U^T，因此两次转置后又是原值 U，之所以要进行两次转置，是为了加快运行速度。最终 diff 为 D^TU，即
[a1,a2,…,an]*//
                cvGEMM( &diff, u, 1, 0, 0, &diff, CV_GEMM_B_T );
                //遍历特征属性,计算 ln(|∑k |) + (x-μk)^T∑k^-1(x-μk),即式(1-20)方括号内除了 nln(2π)
                //的剩下部分
                for(int j = 0; j < _var_count; j++ )
                {
                    double d = diff.data.db[j];      //得到 D^TU
                    // d*d*w 为式（1-28），另外，cur 的初始值为 ln(|∑k |)
                    cur += d*d*w->data.db[j];
                }
                //得到不同分类的最小值
                if( cur < opt )
                {
                    cls = i;      //最小值对应的分类
                    opt = cur;    //更新最小值
                }
                /* probability = exp( -0.5 * cur ) */
            }

            ival = cls_labels->data.i[cls];      //预测结果的分类标签对应的响应值
            //如果是预测多个样本，则把预测结果放入 results 向量的相应位置上
            if( results )
            {
                if( rtype == CV_32SC1 )
                    results->data.i[k*rstep] = ival;
                else
                    results->data.fl[k*rstep] = (float)ival;
            }
            //如果是预测一个样本，则赋值该预测结果
            if( k == 0 )
                *value = (float)ival;
        }
    }
};
```

1.3 应用实例

以前面预测男人或女人为例，用程序实现预测：

```
#include "opencv2/core/core.hpp"
#include "opencv2/highgui/highgui.hpp"
#include "opencv2/imgproc/imgproc.hpp"
#include "opencv2/ml/ml.hpp"

#include <iostream>
using namespace cv;
using namespace std;

int main( int argc, char** argv )
{
    //训练样本
    float trainingData[8][3] = { {6, 180, 12}, {5.92, 190, 11}, {5.58, 170, 12}, {5.92,
165, 10},
                                    {5, 100, 6}, {5.5, 150, 8},{5.42, 130, 7},
                                    {5.75, 150, 9}};
```

```
    Mat trainingDataMat(8, 3, CV_32FC1, trainingData);

    float responses[8] = {'M', 'M', 'M', 'M', 'F', 'F', 'F', 'F'};  //训练样本的响应值
    Mat responsesMat(8, 1, CV_32FC1, responses);

    CvNormalBayesClassifier nbc;     //实例化 CvNormalBayesClassifier 类
    nbc.train(trainingDataMat, responsesMat);     //训练

    float myData[3] = {6, 130, 8};     //待预测的样本
    Mat myDataMat(1, 3, CV_32FC1, myData);
    float r = nbc.predict( myDataMat );     //预测

    cout<<endl<<"result:  "<<(char)r<<endl;     //预测结果输出

    return 0;
}
```

得到的结果为：

```
result:  M
```

与前面的计算结果一致。

需要说明的是，机器学习是需要大量样本的，而本书中的实例都是在极少样本下的简单例子，不具备任何真实机器学习的条件，得到的预测也许并不准确。但程序的实现过程相同，只要略加改进，就可以实现具体的机器学习。

第 2 章　K 近邻算法

2.1 原理分析

K 近邻算法（K-Nearest Neighbors，KNN）是一种非常简单的机器学习方法，既可以处理分类问题，也可以处理回归问题，而且它的执行效果非常好。

KNN 是一种懒惰学习算法（lazy learning algorithm）。所谓懒惰学习算法，指的是直到有了新的测试样本，该算法才开始依据训练样本进行样本的预测处理工作。也就是说，该算法事先不会对训练样本进行任何处理，只会“懒散”地等待测试样本的到来，然后才开始工作。与懒惰学习算法对应的是渴望学习算法（eager learning algorithm），它会在测试之前利用训练样本建立一个统一的、与输入量相独立的目标函数，测试样本就是利用该函数进行预测，因此一旦目标函数创建完成，训练样本数据就可以完全抛弃掉。与渴望学习算法相比，懒惰学习算法构建的目标函数能够更近似测试样本数据本身，但同时它需要更大的存储空间用于存储训练样本数据。总之，懒惰学习算法非常适用于那些需要处理具有较少特征属性的大型数据库的问题。

下面给出 KNN 算法的原理。

在训练样本集中，每个样本都是一个具有 n 个特征属性的向量，即 $\boldsymbol{x}=(x_1, x_2,\cdots, x_n)$，因此可以认为每个样本在 n 维特征空间，或度量空间内分布。每个样本还有一个唯一属于它的标签 y，机器学习的目的就是找到这样的一个函数 f，使 $y=f(\boldsymbol{x})$，这样，当有一个新的样本 $\boldsymbol{u}$ 时，就可以通过该目标函数确定它的标签。

既然样本可以被认为是在度量空间内的分布，那么就可以用距离测度来衡量它们的相似程度。常用的距离测度包括欧氏距离和曼哈顿距离，以及更一般的明氏距离。式（2-1）～式（2-3）分别给出了测试样本 $\boldsymbol{u}$ 和训练样本 $\boldsymbol{x}$ 的这 3 种距离公式。

$$D_{Eu}(\boldsymbol{x},\boldsymbol{u})=\sqrt{\sum_{i=1}^{n}(x_i-u_i)^2} \tag{2-1}$$

$$D_{Man}(\boldsymbol{x},\boldsymbol{u})=\sum_{i=1}^{n}|x_i-u_i| \tag{2-2}$$

$$D_{Min}(\boldsymbol{x},\boldsymbol{u})=\sqrt[q]{\sum_{i=1}^{n}|x_i-u_i|^q} \tag{2-3}$$

上述 3 个距离测度只适用于特征属性是连续变量的情况，当特征属性是离散变量时，如对文本进行分类，就需要用汉明距离：

$$D_{Ham}(\boldsymbol{x},\boldsymbol{u})=\sum_{i=1}^{n}|x_i-u_i|,\quad \begin{cases}当\, x_i=u_i, |x_i-u_i|=0\\ 当\, x_i\neq u_i, |x_i-u_i|=1\end{cases} \tag{2-4}$$

KNN 的任务就是在训练样本集中，依据距离测度找到与测试样本 $\boldsymbol{u}$ 最相似的那 K 个训练样本。对于分类问题，我们采用“多数表决”的方式来确定 $\boldsymbol{u}$ 的最终分类，即这 K 个训练样本中，哪个分类的样本数多，$\boldsymbol{u}$ 就属于哪个分类。而对于回归问题，$\boldsymbol{u}$ 的预测值 v 为：

$$v = \frac{\sum_{i=1}^{K} y_i}{K} \tag{2-5}$$

对于 KNN 来说，有一个最重要的参数需要事先确定，那就是 K 值。选择不同的 K 值，最终的预测结果可能会不同。K 值选取得过小，会引入误差；而 K 值过大，虽然更准确，但会使在特征空间内明确的分类边界变得模糊。因此，K 值既要足够大，以保证预测结果的正确性，又要尽可能小，以使 K 个训练样本与测试样本具有一定的相似性。目前，选择 K 值比较常用的方法是交叉验证方法（cross-validation）。

另一个需要讨论的问题是，在前面的计算中，我们认为这 K 个与测试样本距离最相似的训练样本对测试样本具有相同的影响，也就是我们并没有考虑训练样本与测试样本之间距离大小的影响。对于这个问题，可以使用距离权值来解决，即让距离更小的样本具有更大的权值。K 个最邻近样本中第 i 个样本 $\boldsymbol{x}_i$ 与测试样本 $\boldsymbol{u}$ 的权值可以定义为：

$$w(\boldsymbol{x}_i, \boldsymbol{u}) = \frac{\exp(-D(\boldsymbol{x}_i, \boldsymbol{u}))}{\sum_{i=1}^{K} \exp(-D(\boldsymbol{x}_i, \boldsymbol{u}))} \tag{2-6}$$

式中，$D(\boldsymbol{x}_i,\boldsymbol{u})$表示式（2-1）～式（2-4）中的任一距离。对于回归问题，最终的预测结果 v 为：

$$v = \sum_{i=1}^{K} w(\boldsymbol{x}_i, \boldsymbol{u}) y_i \tag{2-7}$$

而对于分类问题，最终的分类结果为权值最大的那个类。

需要说明的是，OpenCV 并没有采用交叉验证和距离权值的方法。

2.2 源码解析

CvKNearest 类的两个构造函数：

```
CvKNearest::CvKNearest()
{
    samples = 0;     //表示训练样本数据
    clear();   //主要是清空变量 samples
}
CvKNearest::CvKNearest( const CvMat* _train_data, const CvMat* _responses,
                        const CvMat* _sample_idx, bool _is_regression, int _max_k )
//_train_data 表示训练样本数据
//_responses 表示训练样本数据的响应值
//_sample_idx 表示训练样本数据的索引，即只使用该索引所指定的那些样本
//_is_regression 表示 KNN 的类型，即是分类问题，还是回归问题，默认为 false，是分类问题
//_max_k 表示近邻的最大数量，默认为 32
{
    samples = 0;
    train( _train_data, _responses, _sample_idx, _is_regression, _max_k, false );
}
```

KNN 算法的训练函数 train。因为 KNN 是懒惰学习算法，因此该函数的实际作用是初始化训练样本数据，为真正的测试样本做准备。

```
bool CvKNearest::train( const CvMat* _train_data, const CvMat* _responses,
                        const CvMat* _sample_idx, bool _is_regression,
                        int _max_k, bool _update_base )
//*_update_base 表示该 KNN 模型是不是仅仅需要更新样本数据，_update_base 为 true 表示使用新的样本数据更新原有的 KNN 模型，_update_base 为 false（默认）表示应用该样本数据构建新的 KNN 模型*//
```

```
{
    bool ok = false;      //该函数返回标识变量，表示是否训练成功
    CvMat* responses = 0;     //表示样本响应值

    CV_FUNCNAME( "CvKNearest::train" );

    __BEGIN__;

    CvVectors* _samples = 0;
    float** _data = 0;      //表示完整的样本数据
    //_count 表示训练样本的数量，_dims 和_dims_all 都表示特征属性的数量，_rsize 表示样本响应值的大小
    int _count = 0, _dims = 0, _dims_all = 0, _rsize = 0;

    if( !_update_base )      //重新构建 KNN 模型，则清空原有样本数据 samples
        clear();

    // Prepare training data and related parameters.
    // Treat categorical responses as ordered - to prevent class label compression and
    // to enable entering new classes in the updates
    //*调用 cvPrepareTrainData 函数，为 KNN 算法准备样本数据，即初始化样本。首先检查样本_train_data，
该变量矩阵一定要是 CV_ROW_SAMPLE，即矩阵的行表示样本，列表示特征属性，并且不能有缺失的属性；然后根据
_sample_idx 确定那些真正要用到的样本数据；再确定样本的响应值，它必须为 CV_VAR_ORDERED；最终得到完整
的样本数据_data*//
    CV_CALL( cvPrepareTrainData( "CvKNearest::train", _train_data, CV_ROW_SAMPLE,
        _responses, CV_VAR_ORDERED, 0, _sample_idx, true, (const float***)&_data,
        &_count, &_dims, &_dims_all, &responses, 0, 0 ));
    //确保变量 responses 正确
    if( !responses )
        CV_ERROR( CV_StsNoMem, "Could not allocate memory for responses" );
    //确保应用所有的特征属性
    if( _update_base && _dims != var_count )
        CV_ERROR( CV_StsBadArg, "The newly added data have different dimensionality" );

    if( !_update_base )      //如果是重新构建 KNN 模型
    {
        if( _max_k < 1 )      //确保参数_max_k 必须是正数
            CV_ERROR( CV_StsOutOfRange, "max_k must be a positive number" );
        //赋值
        regression = _is_regression;
        var_count = _dims;
        max_k = _max_k;
    }

    _rsize = _count*sizeof(float);      //定义样本响应值的大小
    CV_CALL( _samples = (CvVectors*)cvAlloc( sizeof(*_samples) + _rsize ));     //分配空间
    //为样本数据赋值
    _samples->next = samples;
    _samples->type = CV_32F;
    _samples->data.fl = _data;
    _samples->count = _count;
    total += _count;

    samples = _samples;
    //复制样本响应值 responses
    memcpy( _samples + 1, responses->data.fl, _rsize );

    ok = true;

    __END__;

    if( responses && responses->data.ptr != _responses->data.ptr )
        cvReleaseMat(&responses);

    return ok;
}
```

实现 KNN 算法的 find_nearest 函数：

```
float CvKNearest::find_nearest( const CvMat* _samples, int k, CvMat* _results,
```

```
    const float** _neighbors, CvMat* _neighbor_responses, CvMat* _dist ) const
//_samples 表示待测试的样本数据，该变量必须是矩阵形式，行表示样本，列表示特征属性，数据类型为 CV_32FC1，而且该样本的特征属性的数量必须与训练样本的特征属性的数量一致
//k 表示 KNN 算法的参数 K，它的值应该在 1 和 max_k 之间
//_results 表示测试样本的预测结果，为向量的形式，向量中元素的数量必须为测试样本的数量，即如果是一次预测多个样本，则预测结果用该变量表示。如果是分类问题，数据类型为 CV_32SC1；如果是回归问题，则数据类型为 CV_32FC1
//_neighbors 表示返回测试样本的 k 个最邻近的训练样本
//_neighbor_responses 表示返回测试样本的 k 个最邻近训练样本的响应值，该参数为矩阵形式，数据类型为 CV_32FC1，矩阵的行表示测试样本，矩阵的列表示 k 个响应值
//_dist 表示返回测试样本的 k 个最邻近训练样本与测试样本的距离，该参数为矩阵形式，数据类型为 CV_32FC1，矩阵的行表示测试样本，矩阵的列表示 k 个距离
{
    //该变量为该函数的返回值，它表示如果只有一个测试样本，则该函数就用该变量返回预测结果
    float result = 0.f;
    //用于开辟一块内存空间的最大常数
    const int max_blk_count = 128, max_buf_sz = 1 << 12;
    //确保训练样本数据已准备好
    if( !samples )
        CV_Error( CV_StsError,"The search tree must be constructed first using train method" );
    //确保参数_samples 的正确性
    if( !CV_IS_MAT(_samples) ||
        CV_MAT_TYPE(_samples->type) != CV_32FC1 ||
        _samples->cols != var_count )
        CV_Error( CV_StsBadArg, "Input samples must be floating-point matrix
        (<num_samples>x<var_count>)" );
    //确保参数_results 的正确性
    if( _results && (!CV_IS_MAT(_results) ||
        (_results->cols != 1 && _results->rows != 1) ||
        _results->cols + _results->rows - 1 != _samples->rows) )
        CV_Error( CV_StsBadArg,
        "The results must be 1d vector containing as much elements as the number of samples" );
    //确保参数_results 的数据类型的正确性
    if( _results && CV_MAT_TYPE(_results->type) != CV_32FC1 &&
        (CV_MAT_TYPE(_results->type) != CV_32SC1 || regression))
        CV_Error( CV_StsUnsupportedFormat,
        "The results must be floating-point or integer (in case of classification) vector" );
    //确保参数 k 在正确区间范围内
    if( k < 1 || k > max_k )
        CV_Error( CV_StsOutOfRange, "k must be within 1..max_k range" );
    //确保参数_neighbor_responses 的正确性
    if( _neighbor_responses )
    {
        if(!CV_IS_MAT(_neighbor_responses)||CV_MAT_TYPE(_neighbor_responses->type)!=CV_32FC1||
            _neighbor_responses->rows != _samples->rows || _neighbor_responses->cols != k )
            CV_Error( CV_StsBadArg,
            "The neighbor responses (if present) must be floating-point matrix of
<num_samples> x <k> size" );
    }
    //确保参数_dist 的正确性
    if( _dist )
    {
        if(!CV_IS_MAT(_dist) || CV_MAT_TYPE(_dist->type) != CV_32FC1 ||
            _dist->rows != _samples->rows || _dist->cols != k )
            CV_Error( CV_StsBadArg,
            "The distances from the neighbors (if present) must be floating-point matrix
            of <num_samples> x <k> size" );
    }

    int count = _samples->rows;     //表示测试样本的数量
    int count_scale = k*2;
    int blk_count0 = MIN( count, max_blk_count );
    int buf_sz = MIN( blk_count0 * count_scale, max_buf_sz );
    blk_count0 = MAX( buf_sz/count_scale, 1 );
    blk_count0 += blk_count0 % 2;
    blk_count0 = MIN( blk_count0, count );
    buf_sz = blk_count0 * count_scale + k;     //表示开辟内存空间的大小
    int k1 = get_sample_count();     //得到训练样本的数量
    //选取 k1 和 k 的最小值，一般来说，最终的 k1 等于 KNN 中的参数 k
```

```
    k1 = MIN( k1, k );
    //调用 P1 函数，并行处理每个测试样本，该语句需要 TBB 库支持
    cv::parallel_for_(cv::Range(0, count), P1(this, buf_sz, k, _samples, _neighbors, k1,
                                                    _results, _neighbor_responses,
_dist, &result)
    );

    return result;
}
```

结构 P1：

```
struct P1 : cv::ParallelLoopBody {
   P1(const CvKNearest* _pointer, int _buf_sz, int _k, const CvMat* __samples, const float**
__neighbors,
      int _k1, CvMat* __results, CvMat* __neighbor_responses, CvMat* __dist, float* _result)
   {
    pointer = _pointer;
    k = _k;
    _samples = __samples;
    _neighbors = __neighbors;
    k1 = _k1;
    _results = __results;
    _neighbor_responses = __neighbor_responses;
    _dist = __dist;
    result = _result;
    buf_sz = _buf_sz;
   }

   const CvKNearest* pointer;
   int k;
   const CvMat* _samples;
   const float** _neighbors;
   int k1;
   CvMat* _results;
   CvMat* _neighbor_responses;
   CvMat* _dist;
   float* result;
   int buf_sz;
   //重载()运算符
   void operator()( const cv::Range& range ) const
   {
     cv::AutoBuffer<float> buf(buf_sz);     //定义一块内存空间
     for(int i = range.start; i < range.end; i += 1 )     //遍历所有测试样本
     {
          float* neighbor_responses = &buf[0];     //定义 neighbor_responses 所用空间
          float* dist = neighbor_responses + 1*k;     //定义 dist 所用空间
          Cv32suf* sort_buf = (Cv32suf*)(dist + 1*k);     //定义 sort_buf 所用空间
          //调用 find_neighbors_direct 函数，得到 k 个最邻近的训练样本_neighbors、训练样本响应值
          //neighbor_responses 以及距离 dist
          pointer->find_neighbors_direct( _samples, k, i, i + 1,
                      neighbor_responses, _neighbors, dist );
          //调用 write_results 函数，得到最终的测试样本的响应值，即预测结果，该函数的返回值为只有
          //一个测试样本时的响应值，如果是多个测试样本，则响应值为_results
          float r = pointer->write_results( k, k1, i, i + 1, neighbor_responses, dist,
                                  _results, _neighbor_responses, _dist, sort_buf );

          if( i == 0 )     //如果只有一个测试样本，则赋值该样本的响应值
                *result = r;
     }
   }
};
```

计算测试样本的 KNN，得到这 k 个训练样本 neighbors、它们的响应值 neighbor_responses 以及距离值 dist。

```
void CvKNearest::find_neighbors_direct( const CvMat* _samples, int k, int start, int end,
```

```
                    float* neighbor_responses, const float** neighbors, float* dist ) const
{
    //count 表示测试样本的数量，其实该值为 1，d 表示特征属性的数量
    int i, j, count = end - start, k1 = 0, k2 = 0, d = var_count;
    CvVectors* s = samples;     //表示训练样本
    //遍历所有集合的训练样本，在前面训练样本时，不同时期得到的训练样本是放到不同的集合中的
    for( ; s != 0; s = s->next )
    {
        int n = s->count;     //表示该集合内的训练样本的数量
        for( j = 0; j < n; j++ )     //遍历该集合内的所有训练样本
        {
            for( i = 0; i < count; i++ )     //遍历测试样本
            {
                // sum 表示距离，即式（2-1）的结果，这里为了减小误差，并没有对距离进行开方运算，
                //也就是只计算了根号内的值
                double sum = 0;
                Cv32suf si;
                const float* v = s->data.fl[j];     //得到当前训练样本
                //得到当前测试样本
                const float* u = (float*)(_samples->data.ptr + _samples->step*(start + i));
                //dd 表示当前测试样本与 k 个最邻近的训练样本的距离，该 dd 数组是按照由小到大的距离顺
                //序排列的，即 dd[0]距离最小，dd[k-1]最大
                Cv32suf* dd = (Cv32suf*)(dist + i*k);
                float* nr;
                const float** nn;
                int t, ii, ii1;
                //应用式(2-1)计算距离，这里为了加快运算速度，按照每 4 个特征属性为一组进行一次 for
                //循环计算，不够 4 个的则应用下一个 for 循环
                for( t = 0; t <= d - 4; t += 4 )
                {
                    double t0 = u[t] - v[t], t1 = u[t+1] - v[t+1];
                    double t2 = u[t+2] - v[t+2], t3 = u[t+3] - v[t+3];
                    sum += t0*t0 + t1*t1 + t2*t2 + t3*t3;
                }

                for( ; t < d; t++ )
                {
                    double t0 = u[t] - v[t];
                    sum += t0*t0;
                }

                si.f = (float)sum;     //赋值
                //*对数组 dd 由后往前依次与当前计算的距离（sum）比较，由于 dd 的存储顺序是从小到大
的顺序，因此当满足 si.i > dd[ii].i 时，此时的索引 ii 对应的距离正好是小于 si.i 的最大的值*//
                for( ii = k1-1; ii >= 0; ii-- )
                    if( si.i > dd[ii].i )
                        break;
                //当 ii >= k-1 时，说明数组 dd 中已有 k 个距离值，并且当前计算的距离 sum 都大于这 k
                //个距离值，所以对此次计算的距离不做任何处理，直接舍弃
                if( ii >= k-1 )
                    continue;
                //nr 表示测试样本的 k 个最邻近训练样本的响应值
                nr = neighbor_responses + i*k;
                //nn 表示测试样本的 k 个最邻近的训练样本
                nn = neighbors ? neighbors + (start + i)*k : 0;
                //*dd、nr 和 nn 分别对应于参数_dist、_neighbor_responses 和_neighbors，它们的
排列顺序都是一致的，完全按照测试样本的 k 个最邻近训练样本的距离值，从小到大排列*//
                //把索引 ii 以后的数组 dd、nr 和 nn 的值依次向后移一位
                for( ii1 = k2 - 1; ii1 > ii; ii1-- )
                {
                    dd[ii1+1].i = dd[ii1].i;
                    nr[ii1+1] = nr[ii1];
                    if( nn ) nn[ii1+1] = nn[ii1];
                }
                //把当前计算的距离 si.i 放到数组 dd 中的第 ii+1 的位置上，则数组 dd 仍然是按照从小到
                //大的顺序排列的
                dd[ii+1].i = si.i;
                //把当前距离对应的训练样本的响应值放到数组 nr 中的第 ii+1 的位置上，与数组 dd 中的元素对应
                nr[ii+1] = ((float*)(s + 1))[j];
```

```
                //把当前距离对应的训练样本放到数组nn中的第ii+1的位置上，与数组dd中的元素对应
                if( nn )
                    nn[ii+1] = v;
            }
            //同时逐一更新k1和k2值，即k1等于k2，直至k1大于k时，则k1始终为k，k2始终为k-1
            k1 = MIN( k1+1, k );
            k2 = MIN( k1, k-1 );
        }
    }
}
```

计算测试样本的最终响应值，即预测结果：

```
float CvKNearest::write_results( int k, int k1, int start, int end,
     const float* neighbor_responses, const float* dist,
     CvMat* _results, CvMat* _neighbor_responses,
     CvMat* _dist, Cv32suf* sort_buf ) const
{
     float result = 0.f;
     //count表示测试样本的数量，其实该值为1
     int i, j, j1, count = end - start;
     // inv_scale表示k的倒数，即式（2-5）中的分母部分
     double inv_scale = 1./k1;
     int rstep = _results && !CV_IS_MAT_CONT(_results->type) ? _results->step/sizeof(result) : 1;
     //遍历测试样本
     for( i = 0; i < count; i++ )
     {
          //得到当前测试样本的k个最邻近训练样本的响应值
          const Cv32suf* nr = (const Cv32suf*)(neighbor_responses + i*k);
          float* dst;
          float r;
          //_results有值表示有多个测试样本，start+i为0表示只有一个测试样本
          if( _results || start+i == 0 )
          {
               if( regression )     //回归问题
               {
                    double s = 0;
                    //得到k个最邻近训练样本的响应值之和，即式（2-5）中的分子部分
                    for( j = 0; j < k1; j++ )
                         s += nr[j].f;
                    //式（2-5）
                    r = (float)(s*inv_scale);
               }
               else     //分类问题
               {
                    int prev_start = 0, best_count = 0, cur_count;
                    Cv32suf best_val;
                    //k个最邻近训练样本的响应值重新赋值给数组sort_buf
                    for( j = 0; j < k1; j++ )
                         sort_buf[j].i = nr[j].i;
                    //对这k个响应值按照由小到大的顺序进行排序
                    for( j = k1-1; j > 0; j-- )
                    {
                         bool swap_fl = false;
                         for( j1 = 0; j1 < j; j1++ )
                              if( sort_buf[j1].i > sort_buf[j1+1].i )
                              {
                                   int t;
                                   CV_SWAP( sort_buf[j1].i, sort_buf[j1+1].i, t );
                                   swap_fl = true;
                              }
                         if( !swap_fl )
                         break;
               }

               best_val.i = 0;     //表示表决结果，即最佳响应值
               //按照“多数表决”的原则，选择相同的响应值的数量最多的那个响应值
               for( j = 1; j <= k1; j++ )     //遍历所有k个样本
                    //*j == k1 说明表决结束，应该给出一个结果；sort_buf[j].i !=
```

```
sort_buf[j-1].i 说明相邻的两个样本的响应值不相同，这时需要统计与前一个响应值相同的样本数量*//
                        if( j == k1 || sort_buf[j].i != sort_buf[j-1].i )
                        {
                              //得到与前一个响应值相同的样本数量
                              cur_count = j - prev_start;
                              //比较当前得到样本数量 cur_count 和以前得到的相同响应值最多的样本数
                              //量 best_count，如果当前的样本数量多，则更新 best_count
                              if( best_count < cur_count )
                              {
                                   best_count = cur_count;     //更新 best_count
                                   best_val.i = sort_buf[j-1].i;     //得到表决结果
                              }
                              prev_start = j;     //更新 prev_start，即计数值的起始索引
                        }
                  r = best_val.f;     //得到最终的表决结果
            }

            if( start+i == 0 )     //只有一个测试样本
                  result = r;     //赋值

            if( _results )     //有不止一个的测试样本，则响应值依次放入_results 中
                  _results->data.fl[(start + i)*rstep] = r;
        }
        //把 k 个最邻近的训练样本的响应值放入 dst 中
        if( _neighbor_responses )
        {
            dst = (float*)(_neighbor_responses->data.ptr +
                  (start + i)*_neighbor_responses->step);
            for( j = 0; j < k1; j++ )
                  dst[j] = nr[j].f;
            for( ; j < k; j++ )
                  dst[j] = 0.f;
        }
        //把 k 个最邻近的训练样本与测试样本的距离放入 dst 中
        if( _dist )
        {
            dst = (float*)(_dist->data.ptr + (start + i)*_dist->step);
            for( j = 0; j < k1; j++ )
                  dst[j] = dist[j + i*k];
            for( ; j < k; j++ )
                  dst[j] = 0.f;
        }
    }

    return result;     //返回只有一个测试样本时的响应值
}
```

2.3 应用实例

下面给出一个具体的应用实例。已知有两种指标可以用于评价纸巾的好坏：耐酸性和强度。表 2-1 给出一组调查数据。

表 2-1　　调查数据

耐酸性（s）	强度（kg • m^{-2}）	分类（好：G；差：B）
4	3	B
1	3	B
3	3	B
3	7	B
3	4	B
4	1	B
1	4	B

续表

耐酸性（s）	强度（kg・m^{-2}）	分类（好：G；差：B）
5	6	B
3	7	B
6	2	B
4	6	G
4	4	G
5	8	G
7	8	G
7	7	G
10	5	G
7	6	G
4	10	G
9	7	G
5	4	G
8	5	G
6	6	G
7	4	G
8	8	G

依据表 2-1 预测某一样本，它的耐酸性和强度分别为 4 和 5，具体程序如下所示：

```
#include "opencv2/core/core.hpp"
#include "opencv2/highgui/highgui.hpp"
#include "opencv2/imgproc/imgproc.hpp"
#include "opencv2/ml/ml.hpp"

#include <iostream>
using namespace cv;
using namespace std;

int main( int argc, char** argv )
{
    //训练样本
    float trainingData[24][2]={ {4, 3},{1, 3},{3, 3},{3, 7},
                                 {3, 4},{4, 1},{1, 4},{5, 6},
                                 {3, 7},{6, 2},{4, 6},{4, 4},
                                 {5, 8},{7, 8},{7, 7},{10, 5},
                                 {7, 6},{4, 10},{9, 7},{5, 4},
                                 {8, 5},{6, 6},{7, 4},{8, 8}  };
    CvMat trainingDataCvMat = cvMat( 24, 2, CV_32FC1, trainingData );
    //训练样本的响应值
    float responses[24] = {'B','B','B','B','B','B','B','B','B','B',
                     'G','G','G','G','G','G','G','G','G','G','G','G','G','G'};
    CvMat responsesCvMat = cvMat( 24, 1, CV_32FC1, responses );
    //参数 false 表示分类问题
    CvKNearest knn( &trainingDataCvMat, &responsesCvMat, 0, false, 32 );    //实例化

    int K = 7;     //KNN 算法的参数 K 值
    float myData[2] = {4, 5};     //测试样本
    CvMat myDataCvMat = cvMat(1, 2, CV_32FC1, myData);
    //nearests 表示 k 个最邻近样本的响应值
    CvMat* nearests = cvCreateMat( 1, K, CV_32FC1);
    float r = knn.find_nearest(&myDataCvMat, K, 0, 0, nearests, 0);     //测试

    cout<<"result:  "<<(char)r<<endl;     //输出预测的分类结果
    cout<<K<<" nearest responses:";     //输出 K 个最邻近的、样本的分类结果
```

```
    for (int i=0 ;i<K;i++)
          cout<<"  "<<(char)nearests->data.fl[i];

    return 0;
}
```

最终的结果为：

```
result:  G
7 nearest responses:  G  G  G  B  B  B  G
```

第3章　支持向量机

3.1 原理分析

支持向量机（Support Vector Machine，SVM）是一种监督的学习算法，它不仅可以用于分类问题（称之为 SVC），还可以用于回归问题（称之为 SVR）。该算法最早由 Vapnik 等人于 1963 年首次提出，然而经过了将近 30 年的时间后，在 1992 年由 Boser、Guyon 和 Vapnik 等人撰写的一篇论文——A Training Algorithm for Optimal Margin Classifiers，才最终奠定了 SVM 在机器学习领域的重要地位。SVM 算法的重要性不仅体现在理论上，还体现在它的实效性。理论性好主要表现为以下 3 点：①对含有大量特征属性的小样本具有很强的鲁棒性；②对简单和复杂分类模型都具有很强的学习能力；③如果采用复杂的数学模型，可以有效地避免过拟合的现象。实效性强主要表现为在目前应用 SVM 的许多场合中，SVM 都能给出很满意的结果，并普遍好于其他机器学习算法。

SVM 最主要的分类方法有 C-SVC 和 ν-SVC，它们不仅可以处理两类问题，还可以处理多类问题。SVM 最主要的回归方法有 ε-SVR 和 ν-SVR。另外，SVM 类型中还包括单类 SVM 算法。在求解SVM算法中，SMO算法的性能比较突出，并且林智仁等人还在此基础上提出了广义的SMO算法。上述提到的各种算法，我们都将一一详细给出介绍。

1. C-SVC 算法

在训练样本集中一共有 N 个样本，每个样本可以用含有 p 个元素的向量 $\boldsymbol{x}_i \in \mathbf{R}^p$，$i=1,\cdots,N$ 表示，即 $\boldsymbol{x}_i=(x_1,x_2,\cdots,x_p)$，这 p 个元素分别表示样本 $\boldsymbol{x}_i$ 的 p 个特征属性。每个样本 $\boldsymbol{x}_i$ 又分别对应一个标签 $y_i \in \{+1,-1\}$，用于表示该样本的分类，即 $\boldsymbol{x}_i$ 要么属于用+1 表示的类（称之为正例），要么属于用−1 表示的类（称之为负例）。

如果该训练样本集可以用超平面正确地分隔开，即属于正例的样本全部在超平面的同一侧，而属于负例的样本全部在超平面的另一侧，则称该样本集线性可分。图 3-1 直观地表现了只含有两个特征属性的样本集的线性可分情况。对于二维空间，超平面是一条直线。对于三维空间，超平面是一个平面，也就是在 p 维空间内，用于线性分隔的超平面是 p−1 维的。图 3-1 中的细直线就是线性可分的超平面。

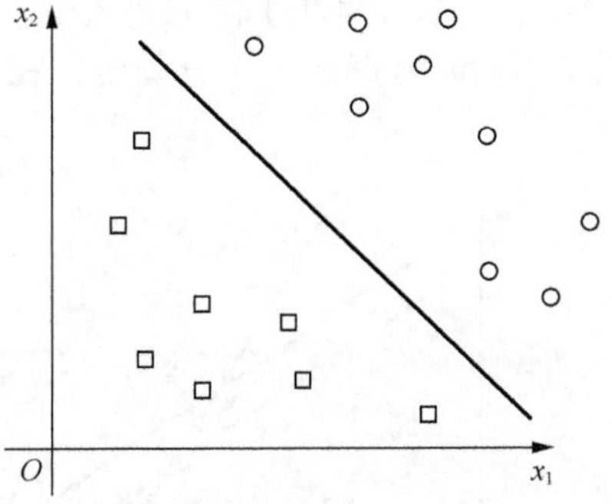

▲图 3-1　二维空间的线性可分

超平面的方程可以表示为：

$$\boldsymbol{w}\cdot\boldsymbol{x}+b=0 \tag{3-1}$$

式中，$\boldsymbol{w}$ 表示向量 $\boldsymbol{x}$ 的权向量，即 $\boldsymbol{w}=(w_1,w_2,\cdots,w_p)$，$b$ 表示偏移量，$\boldsymbol{w}\cdot\boldsymbol{x}$ 表示向量 $\boldsymbol{w}$ 和 $\boldsymbol{x}$ 点乘。因此，线性可分的判别式可以表示为：

$$\begin{cases} w \cdot x_i + b > 0, & \text{如果 } y_i = 1 \\ w \cdot x_i + b < 0, & \text{如果 } y_i = -1 \end{cases} \tag{3-2}$$

对于一个新的样本，只需代入式（3-3）的决策函数中，就可以判断它的分类情况。

$$f(x) = \text{sgn}(w \cdot x + b) \tag{3-3}$$

式中，sgn(x)为符号函数，x 大于 0，函数值为 1，x 小于 0，函数值为−1。

对于超平面来说，w 的含义是法向量。一个超平面的法向量有无数条，但它的单位法向量只有一个，超平面到原点的距离也是唯一的。如果 w_1 和 w_2 都是式（3-1）表示的超平面的法向量，则它们一定是平行的，即它们一定满足下列条件：

$$w_1 = k w_2 \tag{3-4}$$

式中，k 为任意实数。而它们的单位法向量 $\overline{w}$ 是相同的，即：

$$\overline{w} = \frac{w}{\|w\|} = \frac{w_1}{\|w_1\|} = \frac{w_2}{\|w_2\|} \tag{3-5}$$

式中，$\|w\|$表示 w 的 L_2 范数。式（3-1）表示的超平面到原点的距离 $\overline{b}$ 为：

$$\overline{b} = \frac{b}{\|w\|} \tag{3-6}$$

对式（3-1）除以$\|w\|$，则该超平面就可用 $\overline{w}$ 和 $\overline{b}$ 表示为：

$$\frac{w}{\|w\|} \cdot x + \frac{b}{\|w\|} = \overline{w} \cdot x + \overline{b} = 0 \tag{3-7}$$

通过比较式（3-1）和式（3-7）可以看出，（w, b）和（kw, kb）表示的是同一个超平面（在式（3-7）中，$kw = \overline{w}$，$kb = \overline{b}$，$k = 1/\|w\|$），因此可以得出这样的结论：无论 k 为多少，它们的单位法向量和到原点的距离都是相等的。也就是说，超平面与 k 无关。

从图 3-2 可以看出，分隔两类的超平面可能有无数个，那么我们就需要选择一个最佳的超平面用于分隔。这个最佳分隔超平面不仅要能够正确地对样本数据进行分类，更重要的是分类的确信度要大。超平面离两侧的样本数据的间隔（margin）越大，分类的确信度就越大。因此，SVC 本质上是最大间隔分类器。

如图 3-3 所示，我们得到了最大间隔，其中超平面 H_1 和 H_2 分别是+1 和−1 的间隔边界超平面，它们与分隔超平面 H 平行，并且等间距。因此，只要 H_1 和 H_2 已知，H 就会唯一地确定下来。H_1 和 H_2 形成一个分隔带，在分隔带内没有任何样本数据，但在 H_1 和 H_2 上会有一些样本

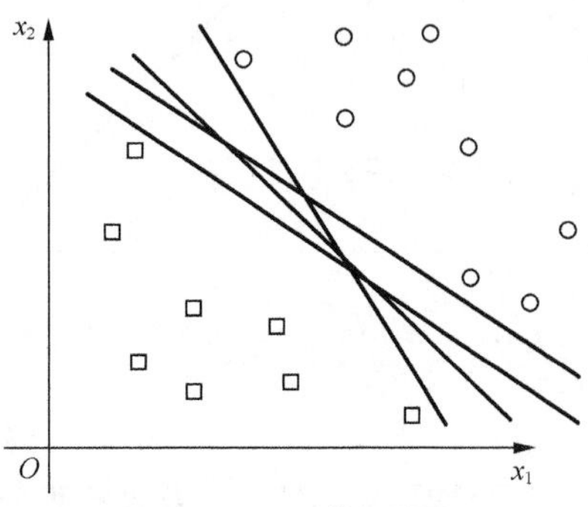

▲图 3-2　不同的超平面

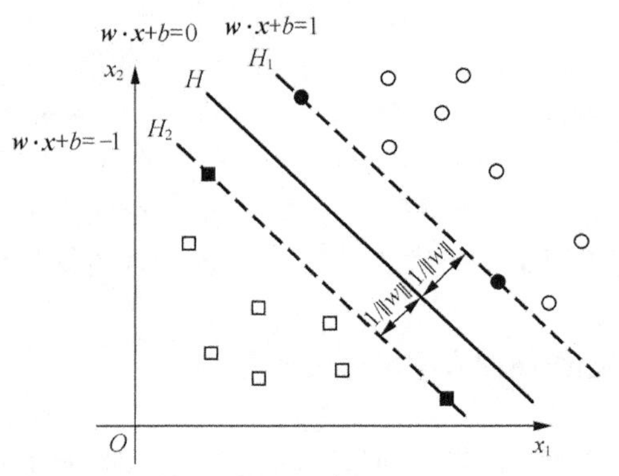

▲图 3-3　间隔

数据（实心部分），这些样本非常重要，因为 H_1 和 H_2 的形成完全取决于这些样本。当这些样本的全部、甚至一部分改变位置时，H_1 和 H_2 就要重新确定。而其他的样本数据就变得无足轻重，移动位置（只要不移动到分隔带内），甚至把它们去掉，都不会影响 H_1 和 H_2 的位置。因此，我们把 H_1 和 H_2 上的样本称为“支持向量”。事实上，支持向量的样本数量会远远小于非支持向量的样本数量。

式（3-1）表示的是分隔超平面 H，由于 H 和 H_1 平行，因此它们的法向量可以是相同的，但偏移量不同，所以可以用式（3-8）表示 H_1。

$$\boldsymbol{w}\cdot\boldsymbol{x}+b=c \tag{3-8}$$

其中，H_1 的偏移量为 $b-c$，因此（$\boldsymbol{w}$, $b-c$）这两组参数表示了 H_1。由前面的分析可知，只要对（$\boldsymbol{w}$, $b-c$）等比例地缩放，最终得到的超平面仍然是 H_1。所以，对式（3-8）除以 c，得到：

$$\frac{\boldsymbol{w}}{c}\cdot\boldsymbol{x}+\frac{b}{c}=1 \tag{3-9}$$

为了符号统一，仍然使用 $\boldsymbol{w}$ 和 b，则式（3-9）重新写为：

$$\boldsymbol{w}\cdot\boldsymbol{x}+b=1 \tag{3-10}$$

之所以要得到式（3-10），主要是要使等式的右边为 1，这样做便于后面的公式推导。由于 H 与 H_1 和 H_2 等间距，因此依据式（3-10），H_2 的表示形式为：

$$\boldsymbol{w}\cdot\boldsymbol{x}+b=-1 \tag{3-11}$$

即 H_1 和 H_2 相对于 H 的偏移量都为 1 个单位长度，一个是向左偏移，一个是向右偏移。

我们已经有了 H_1 和 H_2，因此可以用它们来实现对样本数据的分类，即：

$$\begin{cases}\boldsymbol{w}\cdot\boldsymbol{x}_i+b\geqslant 1, & \text{如果 } y_i=1\\ \boldsymbol{w}\cdot\boldsymbol{x}_i+b\leqslant -1, & \text{如果 } y_i=-1\end{cases} \tag{3-12}$$

如果对式（3-12）的两个不等式的两边都乘以 y_i，则这两个不等式可以合并为一个，即：

$$y_i\left(\boldsymbol{w}\cdot\boldsymbol{x}_i+b\right)\geqslant 1 \qquad i=1,2,\cdots,N \tag{3-13}$$

下面计算 H_1 和 H_2 的距离 D，即分隔带的宽度，它应该等于 H_1 和 H_2 到原点距离之差的绝对值，即：

$$D=\frac{\left|(b+1)-(b-1)\right|}{\|\boldsymbol{w}\|}=\frac{2}{\|\boldsymbol{w}\|} \tag{3-14}$$

由前面的分析可知，线性可分的 SVM 的目标是使 D 最大，即：

$$\max\frac{2}{\|\boldsymbol{w}\|} \tag{3-15}$$

而式（3-15）与式（3-16）是等价的。

$$\min\frac{1}{2}\|\boldsymbol{w}\|^2=\min\frac{1}{2}\sum_{i=1}^{p}w_i^2 \tag{3-16}$$

式中，1/2 是为了方便后面的求导。式（3-16）是最大间隔分类器的最终目标，即它是目标函数，我们要得到权向量 $\boldsymbol{w}$ 的每个元素 w_i。式（3-13）是约束条件，它保障了分类的正确，把式（3-16）和式（3-13）写到一起，就得到了线性可分 SVM 的原公式（primal formulation，线性可分 SVM 的原始模型）。

$$\min\frac{1}{2}\|\boldsymbol{w}\|^2=\min\frac{1}{2}\sum_{i=1}^{p}w_i^2,\ \text{受限于}\,y_i\left(\boldsymbol{w}\cdot\boldsymbol{x}_i+b\right)\geqslant 1 \qquad i=1,2,\cdots,N \tag{3-17}$$

如果 S 为凸集，f 是 S 上的凸函数，$g_i(i=1,2,\cdots,m)$是 S 上的凹函数，则：

$$\min f(x)\text{，受限于}\quad g_i(x)\geqslant 0\qquad i=1,2,\cdots,m \tag{3-18}$$

上式为凸规划问题，它具有的一个重要性质是 $\min f(x)$的局部极小点就是全局极小点，并且唯一存在。下面来判断式（3-17）：由于 $\mathbf{R}^p\subseteq\mathbf{R}^n$（整个欧式空间），因此它属于凸集，$\frac{1}{2}\sum w_i^2$ 是凸函数，$y_i(\boldsymbol{w}\cdot\boldsymbol{x}_i+b)-1$ 是基于 $\boldsymbol{w}$ 的线性函数，它既是凹函数，又是凸函数，所以式（3-17）是一个凸规划问题，它的解存在且唯一，而且是全局最优解。

再来看式（3-19）：

$$\min\frac{1}{2}\boldsymbol{x}^{\mathrm{T}}Q\boldsymbol{x}+\boldsymbol{c}^{\mathrm{T}}\boldsymbol{x}\text{，受限于}\quad A\boldsymbol{x}\leqslant\boldsymbol{b} \tag{3-19}$$

式中，$\boldsymbol{x}$ 表示含有 n 个元素的待求向量；$\boldsymbol{c}$ 和 $\boldsymbol{b}$ 分别为 n 维和 m 维的实数向量；$\boldsymbol{Q}$ 为 $n\times n$ 的实对称矩阵，$\boldsymbol{A}$ 为 $m\times n$ 的实矩阵，上标 T 表示转置，$A\boldsymbol{x}\leqslant\boldsymbol{b}$ 表示向量 $A\boldsymbol{x}$ 的每个元素都小于或等于向量 $\boldsymbol{b}$ 中的相对应元素。式（3-19）的含义就是二次规划（quadratic programming）问题。把式（3-19）与式（3-17）进行比较就会发现，如果式（3-19）中的未知量 $\boldsymbol{x}$ 为式（3-17）中的 $\boldsymbol{w}$，$\boldsymbol{Q}$ 为 $p\times p$ 的单位矩阵，$\boldsymbol{c}$ 为 p 维元素值为 0 的向量，并使 $\boldsymbol{b}-A\boldsymbol{x}$ 中的每一个元素对应 $y_i(\boldsymbol{w}\cdot\boldsymbol{x}_i+b)-1$，$i=1,2,\cdots,N$，则式（3-17）又是一个二次规划问题。又已知当 $Q\geqslant 0$ 时，$\frac{1}{2}\boldsymbol{x}^{\mathrm{T}}Q\boldsymbol{x}+\boldsymbol{c}^{\mathrm{T}}\boldsymbol{x}$ 为凸函数，因为单位矩阵的行列式的值为 1，所以$\frac{1}{2}\sum w_i^2$ 为凸函数，这也回答了前面提到的为什么$\frac{1}{2}\sum w_i^2$ 是凸函数的原因。

综合分析可知，式（3-17）是一个满足凸二次规划的线性可分 SVM 的原公式，它需要求解 $\boldsymbol{w}=(w_1,w_2,\cdots,w_p)$这 p 个最优值，p 为样本特征属性的数量。求解这类带约束的最小值问题，最方便、有效的方法就是应用拉格朗日方程。下面直接给出了式（3-17）的拉格朗日方程。

$$\begin{aligned}L_P(\boldsymbol{w},b,\boldsymbol{\alpha})&=\frac{1}{2}\|\boldsymbol{w}\|^2-\sum\nolimits_{i=1}^{n}\alpha_i\left[y_i(\boldsymbol{w}\cdot\boldsymbol{x}_i+b)-1\right]\\&=\frac{1}{2}\|\boldsymbol{w}\|^2-\sum\nolimits_{i=1}^{N}\alpha_iy_i\boldsymbol{w}\cdot\boldsymbol{x}_i-\sum\nolimits_{i=1}^{N}\alpha_iy_ib+\sum\nolimits_{i=1}^{N}\alpha_i\end{aligned} \tag{3-20}$$

式中，向量 $\boldsymbol{\alpha}=(\alpha_1,\alpha_2,\cdots,\alpha_N)$表示 N 个训练样本的拉格朗日乘子，其中 $\alpha_i\geqslant 0$，L_P 中的下标 P 表示的是该公式为原公式（primal formulation）。函数 L_P 的求解必须是先进行基于变量 $\boldsymbol{w}$ 和 b 的最小化，然后在 $\alpha_i\geqslant 0$ 的约束条件下，基于参数 α_i 的最大化，即：

$$\max_{\alpha_i\geqslant 0}\min_{\boldsymbol{w},b}L_P(\boldsymbol{w},b,\boldsymbol{\alpha}) \tag{3-21}$$

式（3-21）的求解等价于 Wolfe 对偶问题（Wolfe dual problem），即在约束条件下，使 L_P 对参数 $\boldsymbol{w}$ 和 b 的偏导数都为 0，以及在 $\alpha_i\geqslant 0$ 的情况下，使 L_P 最大化。

先给出 L_P 对参数 $\boldsymbol{w}$ 和 b 的偏导数，然后求极值。因为是凸规划问题，所以局部极值点也是全局极值点。

$$\frac{\partial L_P(\boldsymbol{w},b,\boldsymbol{\alpha})}{\partial\boldsymbol{w}}=\boldsymbol{w}-\sum\nolimits_{i=1}^{N}\alpha_iy_i\boldsymbol{x}_i=0 \tag{3-22}$$

$$\frac{\partial L_P(\boldsymbol{w},b,\boldsymbol{\alpha})}{\partial b}=-\sum\nolimits_{i=1}^{N}\alpha_iy_i=0 \tag{3-23}$$

由式（3-22）得：

$$\boldsymbol{w}=\sum_{i=1}^{N}\alpha_i y_i \boldsymbol{x}_i \tag{3-24}$$

把式（3-24）代入式（3-20）中，并利用式（3-23）的结果，得：

$$\begin{aligned}L_P\left(\boldsymbol{w},b,\boldsymbol{\alpha}\right)&=\frac{1}{2}\sum_{i=1}^{N}\sum_{j=1}^{N}\alpha_i\alpha_j y_i y_j\left(\boldsymbol{x}_i\cdot\boldsymbol{x}_j\right)-\sum_{i=1}^{N}\alpha_i y_i\left(\sum_{j=1}^{N}\alpha_i y_j \boldsymbol{x}_j\right)\cdot\boldsymbol{x}_i+\sum_{i=1}^{N}\alpha_i\\&=-\frac{1}{2}\sum_{i=1}^{N}\sum_{j=1}^{N}\alpha_i\alpha_j y_i y_j\left(\boldsymbol{x}_i\cdot\boldsymbol{x}_j\right)+\sum_{i=1}^{N}\alpha_i\end{aligned} \tag{3-25}$$

则从线性可分的 SVM 的原公式得到了线性可分的 SVM 的对偶公式（dual formulate）L_D，即：

$$L_D\left(\boldsymbol{w},b,\boldsymbol{\alpha}\right)=\min_{\boldsymbol{w},b}L_P\left(\boldsymbol{w},b,\boldsymbol{\alpha}\right)=-\frac{1}{2}\sum_{i=1}^{N}\sum_{j=1}^{N}\alpha_i\alpha_j y_i y_j\left(\boldsymbol{x}_i\cdot\boldsymbol{x}_j\right)+\sum_{i=1}^{N}\alpha_i \tag{3-26}$$

把式（3-26）代入式（3-21）中，并附加约束条件，则得到对偶优化问题：

$$\begin{aligned}&\max_{\boldsymbol{\alpha}}\ -\frac{1}{2}\sum_{i=1}^{N}\sum_{j=1}^{N}\alpha_i\alpha_j y_i y_j\left(\boldsymbol{x}_i\cdot\boldsymbol{x}_j\right)+\sum_{i=1}^{N}\alpha_i\\&\text{受限于}\sum_{i=1}^{N}\alpha_i y_i=0\text{ 和 }\alpha_i\geqslant 0\qquad i=1,2,\cdots,N\end{aligned} \tag{3-27}$$

式（3-17）和式（3-27）都是从相同的目标函数推导得到的二次规划问题，但它们的约束条件不一样。

拉格朗日乘子 α_i 与训练样本是一一对应的关系，即有多少个训练样本，α_i 就有多少个。只需求得 α_i，就可以得到分隔超平面的法向量 $\boldsymbol{w}$ 和偏移量 b。

原公式（式（3-17））的拉格朗日方程的一个 KKT（Karush-Kuhn-Tucker）条件为：

$$\alpha_i(y_i\left(\boldsymbol{w}\cdot\boldsymbol{x}_i+b\right)-1)=0\qquad i=1,2,\cdots,N \tag{3-28}$$

而另两个 KKT 条件为 $y_i\,(\boldsymbol{w}\cdot\boldsymbol{x}_i+b)\ -1\geqslant 0$ 和 $\alpha_i\geqslant 0$。要使式（3-28）成立，$y_i\,(\boldsymbol{w}\cdot\boldsymbol{x}_i+b)\ -1$ 和 α_i 必须至少有一个为 0。如果 $y_i\,(\boldsymbol{w}\cdot\boldsymbol{x}_i+b)\ -1=0$，说明 $\boldsymbol{x}_i$ 在间隔边界超平面上，即 $\boldsymbol{x}_i$ 为支持向量，否则 $y_i\,(\boldsymbol{w}\cdot\boldsymbol{x}_i+b)\ -1$ 必大于 0。因此，非支持向量的样本对应的 α_i 一定为 0。也就是说，当 α_i 大于 0 时，它所对应的样本一定是支持向量。支持向量的样本数要远小于非支持向量的样本数，所以，非零的 α_i 的数量相对较少。

设 $\alpha^*=(\alpha_1^*,\alpha_2^*,\cdots,\ \alpha_N^*)$ 为最终对偶优化问题（式（3-27））的解，则由式（3-24），得到分隔超平面的法向量 $\boldsymbol{w}^*$ 为：

$$\boldsymbol{w}^*=\sum_{i=1}^{N}\alpha_i^* y_i \boldsymbol{x}_i \tag{3-29}$$

为了得到分隔超平面的偏移量 b^*，需要把式（3-29）代入式（3-28）中，任何一个 α_i^* 大于 0 的公式都可以，即 $y_j(\boldsymbol{w}\cdot\boldsymbol{x}_j+b)-1=0$，又由于 $y_j^2=1$，因此有 $\boldsymbol{w}\cdot\boldsymbol{x}_j+b-y_j=0$，则：

$$\sum_{i=1}^{N}\alpha_i^* y_i\boldsymbol{x}_i\cdot\boldsymbol{x}_j+b^*-y_j=0,\qquad\text{其中第}j\text{个样本的}\alpha_j^*>0 \tag{3-30}$$

解式（3-30），得到：

$$b^*=y_j-\sum_{i=1}^{N}\alpha_i^* y_i\boldsymbol{x}_i\cdot\boldsymbol{x}_j,\quad\text{其中第}j\text{个样本的}\alpha_j^*>0 \tag{3-31}$$

则最终的分隔超平面可以写成：

$$\sum_{i=1}^{N}\alpha_i^* y_i(\boldsymbol{x}_i\cdot\boldsymbol{x})+b^*=0 \tag{3-32}$$

因此，可以用下面的决策函数来判断预测样本 $\boldsymbol{x}$ 的类别。

$$f(\boldsymbol{x})=\operatorname{sgn}\left(\sum_{i=1}^{N}\alpha_i^* y_i(\boldsymbol{x}_i\cdot\boldsymbol{x})+b^*\right) \tag{3-33}$$

式（3-33）是通过对偶公式得到的，之所以没有应用原公式，是因为对偶公式主要有以下两个优点：①对偶公式不需要确切地得到分隔超平面的法向量和偏移量，知道样本之间的点乘（内积）结果即可，这为核函数的应用提供了依据；②自由参变量的数量完全取决于支持向量的数量，与样本数量无关，这有利于 SVM 处理高维问题，也为线性 SVM 扩展和非线性 SVM 提供了便利。

以上得到了线性可分的 SVM，但实际上绝大多数情况下，样本数据都是线性不可分的。线性不可分又分为两种情况，如图 3-4 所示，只有少量个别的样本（也可以看成是噪声）不在线性可分的范围内，这种情况仍然可以应用最大间隔分类的概念。下面先介绍这种情况的求解。

为了得到线性不可分数据的最佳线性分类器，对每一个样本 $\boldsymbol{x}_i$，我们引入一个松弛变量（slack variables）$\xi_i\geqslant 0$，该变量是错误分类误差的一种度量，可以被认为是在分类错误的情况下样本与属于它的间隔边界超平面的距离，而如果分类正确，则该变量为 0。也就是说，如果 $\boldsymbol{x}_i$ 属于分类+1，则：

$$\xi_i=\begin{cases}0, & \text{如果 } \boldsymbol{w}\cdot\boldsymbol{x}_i+b\geqslant +1\\ 1-(\boldsymbol{w}\cdot\boldsymbol{x}_i+b), & \text{如果 } \boldsymbol{w}\cdot\boldsymbol{x}_i+b\leqslant +1\end{cases} \tag{3-34}$$

如果 $\boldsymbol{x}_i$ 属于分类−1，则：

$$\xi_i=\begin{cases}0, & \text{如果 } \boldsymbol{w}\cdot\boldsymbol{x}_i+b\leqslant -1\\ 1+(\boldsymbol{w}\cdot\boldsymbol{x}_i+b), & \text{如果 } \boldsymbol{w}\cdot\boldsymbol{x}_i+b\geqslant -1\end{cases} \tag{3-35}$$

这里需要注意的是，即使能够被最佳分隔超平面分类正确，但那些位于两个间隔边界超平面内的样本的 ξ_i 仍然不为 0，而是介于 0 和 1 之间的数，那些被分类错误的 ξ_i 大于 1。把式（3-34）和式（3-35）写成一个公式：

$$\xi_i=\begin{cases}0, & \text{如果} y_i(\boldsymbol{w}\cdot\boldsymbol{x}_i+b)\geqslant +1\\ 1-y_i(\boldsymbol{w}\cdot\boldsymbol{x}_i+b), & \text{如果} y_i(\boldsymbol{w}\cdot\boldsymbol{x}_i+b)\leqslant +1\end{cases} \tag{3-36}$$

把图 3-5 中 H_1 和 H_2 之间的间隔称为软间隔，而图 3-3 中的间隔称为硬间隔。由式（3-36），得到原公式下实现软间隔最大化的约束条件：

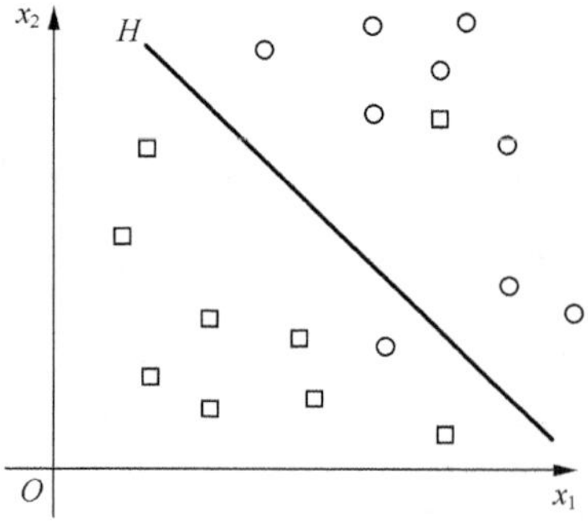

▲图 3–4　有少许样本线性不可分

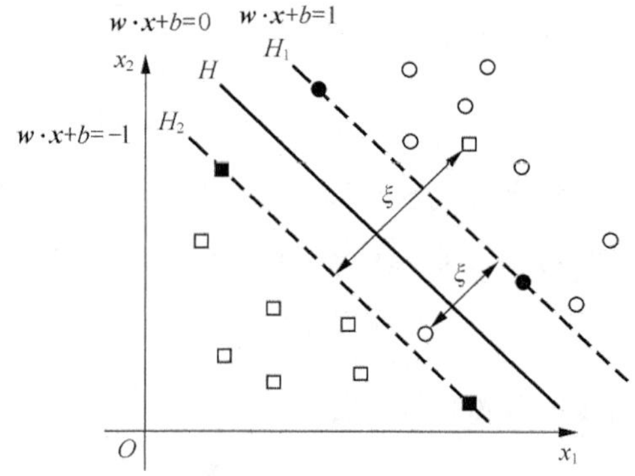

▲图 3–5　软间隔

$$y_i(\boldsymbol{w}\cdot\boldsymbol{x}_i+b)\geqslant 1-\xi_i,\ \ \xi_i\geqslant 0 \qquad i=1,2,\cdots,N \tag{3-37}$$

在软间隔最大化中，那些被软间隔分隔错误的样本应该要受到一定的“惩罚”，这种惩罚要随着 ξ_i 的增大而增加。因此，在软间隔最大化的同时，还要尽可能地减少错误分隔的样本数。式（3-38）

为软间隔最大化的目标函数。

$$\min \frac{1}{2}\|\boldsymbol{w}\|^2 + C\sum_{i=1}^{N}\xi_i \tag{3-38}$$

式（3-38）和式（3-37）合并在一起就构成了软间隔最大化的原公式：

$$\min \frac{1}{2}\|\boldsymbol{w}\|^2 + C\sum_{i=1}^{N}\xi_i，受限于 y_i(\boldsymbol{w}\cdot\boldsymbol{x}_i+b)\geqslant 1-\xi_i 和 \xi_i\geqslant 0 \quad i=1,2,\cdots,N \tag{3-39}$$

式中，C 为非负的惩罚参数，用于对分类错误样本的一定程度的惩罚，该值的大小由用户自行定义。$\sum_i \xi_i$ 可以认为是分类错误的总量，如果把 $C\sum_i \xi_i$ 作为定值，C 越大，分类错误的程度越小；反之，C 越小，分类错误的程度越大。所以，C 小，就相当于对错误分类的惩罚力度小，从而会有更多的样本被软间隔分类错误；C 大，则相当于对错误分类的惩罚力度大。当 C 达到一定程度从而没有错误分类的样本时，软间隔最大化就等价于硬间隔最大化，因此式（3-17）是式（3-39）的一个特例。还需要说明的是，在一个样本集中的不同的分类中，惩罚参数 C 的值可以不同，从而使 SVM 可以更灵活地处理不同的分类。

仍然采用对式（3-17）的优化方法对式（3-39）进行优化处理。首先对式（3-39）构造拉格朗日方程：

$$\begin{aligned} L_P(\boldsymbol{w},b,\boldsymbol{\alpha},\boldsymbol{\xi},\boldsymbol{\mu}) &= \frac{1}{2}\|\boldsymbol{w}\|^2 + C\sum_{i=1}^{N}\xi_i - \sum_{i=1}^{N}\alpha_i\left[y_i(\boldsymbol{w}\cdot\boldsymbol{x}_i+b)-1+\xi_i\right] - \sum_{i=1}^{N}\mu_i\xi_i \\ &= \frac{1}{2}\|\boldsymbol{w}\|^2 - \sum_{i=1}^{N}\alpha_i\left[y_i(\boldsymbol{w}\cdot\boldsymbol{x}_i+b)-1\right] + \sum_{i=1}^{N}(C-\alpha_i-\mu_i)\xi_i \end{aligned} \tag{3-40}$$

式中，向量 $\boldsymbol{\xi}=(\xi_1,\xi_2,\cdots,\xi_N)$ 和 $\boldsymbol{\mu}=(\mu_1,\mu_2,\cdots,\mu_N)$，$\alpha_i\geqslant 0$，$\xi_i\geqslant 0$，$\mu_i\geqslant 0$。再求 L_P 的偏导：

$$\frac{\partial L_P(\boldsymbol{w},b,\boldsymbol{\alpha},\boldsymbol{\xi},\boldsymbol{\mu})}{\partial \boldsymbol{w}} = \boldsymbol{w} - \sum_{i=1}^{N}\alpha_i y_i \boldsymbol{x}_i = 0 \tag{3-41}$$

$$\frac{\partial L_P(\boldsymbol{w},b,\boldsymbol{\alpha},\boldsymbol{\xi},\boldsymbol{\mu})}{\partial b} = -\sum_{i=1}^{N}\alpha_i y_i = 0 \tag{3-42}$$

$$\frac{\partial L_P(\boldsymbol{w},b,\boldsymbol{\alpha},\boldsymbol{\xi},\boldsymbol{\mu})}{\partial \xi_i} = C-\alpha_i-\mu_i = 0 \tag{3-43}$$

由式（3-41）得：

$$\boldsymbol{w} = \sum_{i=1}^{N}\alpha_i y_i \boldsymbol{x}_i \tag{3-44}$$

把式（3-44）代入式（3-40）中，并利用式（3-42）和式（3-43）的结果，得：

$$L_P(\boldsymbol{w},b,\boldsymbol{\alpha},\boldsymbol{\xi},\boldsymbol{\mu}) = -\frac{1}{2}\sum_{i=1}^{N}\sum_{j=1}^{N}\alpha_i\alpha_j y_i y_j(\boldsymbol{x}_i\cdot\boldsymbol{x}_j) + \sum_{i=1}^{N}\alpha_i \tag{3-45}$$

式（3-45）与式（3-25）完全一样。最后把原公式转换为对偶公式，则得到软间隔对偶优化问题：

$$\begin{gathered} \max_{\boldsymbol{\alpha}} \ -\frac{1}{2}\sum_{i=1}^{N}\sum_{j=1}^{N}\alpha_i\alpha_j y_i y_j(\boldsymbol{x}_i\cdot\boldsymbol{x}_j) + \sum_{i=1}^{N}\alpha_i \\ 受限于 \sum_{i=1}^{N}\alpha_i y_i = 0 \quad 和 \quad 0\leqslant\alpha_i\leqslant C \qquad i=1,2,\cdots,N \end{gathered} \tag{3-46}$$

式中，约束条件 $\alpha_i\leqslant C$ 是由式（3-43）得到的，即 C 为 α_i 的上界，而 α_i 的下界为 0。由前面分析可知，C 足够大时，软间隔最大化等价于硬间隔最大化，而两者的对偶优化问题（式（3-27）和式（3-46））也是等价的，因此两者可以统一为式（3-46）。

$$\alpha_i(y_i(\boldsymbol{w}\cdot\boldsymbol{x}_i+b)-1+\xi_i)=0,(C-\alpha_i)\xi_i=0 \qquad i=1,2,\cdots,N \tag{3-47}$$

式（3-47）为两个 KKT 条件，由此我们来分析样本 $\boldsymbol{x}_i$ 与参数 ξ_i、α_i 和 C 之间的关系。

- ❑ $\xi_i=0$，$\alpha_i=0$ 表明样本 $\boldsymbol{x}_i$ 被正确分类，并且这些样本不支持向量，它们不影响最终的解。
- ❑ $\xi_i=0$，$0<\alpha_i<C$ 表明样本 $\boldsymbol{x}_i$ 在间隔超平面上，即这些向量是支持向量。
- ❑ $0<\xi_i\leqslant 1$，$\alpha_i=C$ 表明样本 $\boldsymbol{x}_i$ 能够被分割超平面正确分类，但它落在了软间隔内。
- ❑ $\xi_i>1$，$\alpha_i=C$ 表明样本 $\boldsymbol{x}_i$ 被错误分类。

设 $\alpha^*=(\alpha_1^*,\alpha_2^*,\cdots,\alpha_N^*)$ 为最终对偶优化问题（式（3-46））的解，则由式（3-44），得到分隔超平面的法向量 $\boldsymbol{w}^*$为：

$$\boldsymbol{w}^*=\sum_{i=1}^{N}\alpha_i^* y_i \boldsymbol{x}_i \tag{3-48}$$

由式（3-47）可以计算 b，并把它的平均值作为分隔超平面的偏移量 b^*，则最终的决策函数为:

$$f(\boldsymbol{x})=\operatorname{sgn}\left(\sum_{i=1}^{N}\alpha_i^* y_i(\boldsymbol{x}_i\cdot\boldsymbol{x})+b^*\right) \tag{3-49}$$

该式与式（3-33）的形式完全一样。

以上应用软间隔最大化的方法实现了只有少量个别的样本不在线性可分的范围内的情况，如图 3-6 所示，这样的两类样本无论是用硬间隔最大化，还是用软间隔最大化，都无法实现分隔。下面介绍这种线性不可分的另一种 SVM 方法。

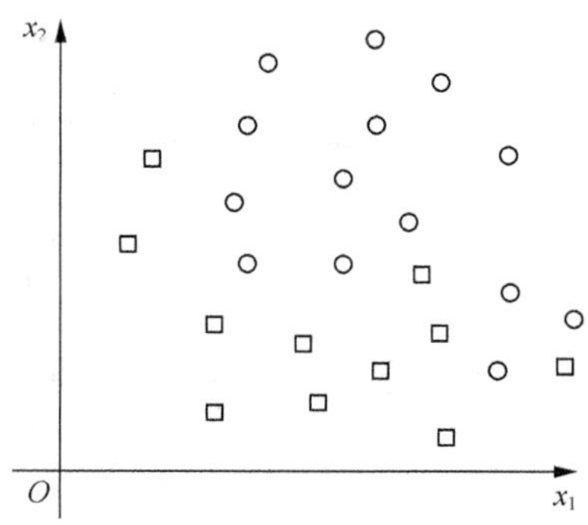

▲图 3-6　线性不可分的例子

样本数据在它的输入空间内可能是线性不可分的，但如果把输入空间映射到一个更高维的特征空间内，它就能够实现线性可分，从而使用前面推导的公式。不失一般性，而且为了更形象地说明问题，这里举一个输入空间为一维空间的例子。

图 3-7(a)中的样本很显然是不能使用一个点进行分隔的，但只要把它映射到二维空间内，其中的纵坐标定义为 x^2，则这些样本可以用一条直线轻松地分隔开。显然，图 3-7（b）所示的分隔情况可以应用前面介绍的线性可分的 SVM 方法，这里需要处理的唯一问题是如何实现线性可分的映射。

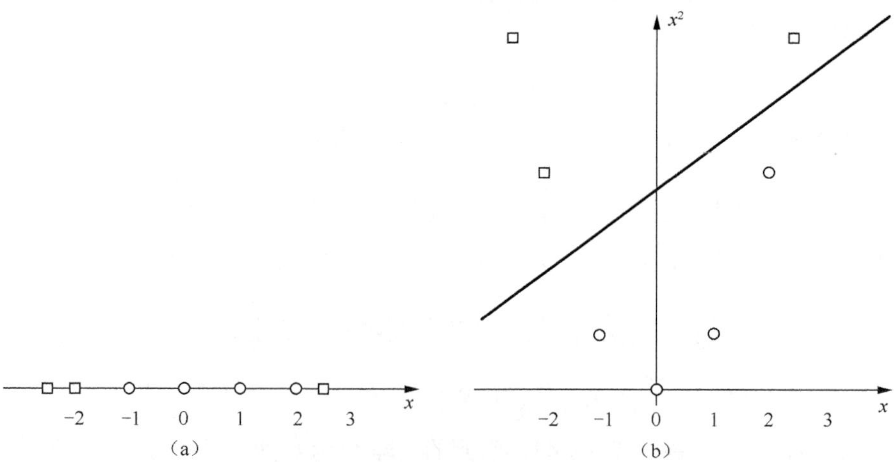

▲图 3-7　线性不可分通过空间映射实现线性可分的图例

设 $\boldsymbol{x}\in\mathbf{R}^p$，即 $\boldsymbol{x}$ 有 p 个特征属性，$\boldsymbol{\Phi}$ 实现了把 $\boldsymbol{x}$ 从输入空间 $\mathbf{R}^p$ 映射到更高维的线性可分的特征空间 $\mathbf{R}^h$ 内，即 $\boldsymbol{\Phi}(\boldsymbol{x})$。把这种映射关系应用到决策函数（式（3-49））中，即:

$$f(\boldsymbol{x}) = \operatorname{sgn}\left(\sum_{i=1}^{N} \alpha_i^* y_i \boldsymbol{\Phi}(\boldsymbol{x}_i) \cdot \boldsymbol{\Phi}(\boldsymbol{x}) + b^*\right) \tag{3-50}$$

由于通过映射 $\boldsymbol{\Phi}(\boldsymbol{x})$变换到了能够线性可分的特征空间内，所以样本 $\boldsymbol{x}$ 可以被式（3-50）正确分类。把式（3-50）定义为非线性分类器。

这种把输入空间映射到更高维的特征空间，并在该空间内应用线性分隔的思想是 SVM 的关键所在。然而，特征空间维数很高，甚至是无穷维的，因此要避免在特征空间内计算点乘。幸运的是，可以通过核函数 K 来实现只需在输入空间内就可以得到特征空间内的点乘的方法，即：

$$K(\boldsymbol{x}_i, \boldsymbol{x}_j) = \boldsymbol{\Phi}(\boldsymbol{x}_i) \cdot \boldsymbol{\Phi}(\boldsymbol{x}_j) \tag{3-51}$$

则式（3-50）可以重写为：

$$f(\boldsymbol{x}) = \operatorname{sgn}\left(\sum_{i=1}^{N} \alpha_i^* y_i K(\boldsymbol{x}_i, \boldsymbol{x}) + b^*\right) \tag{3-52}$$

当然，这样的 K 应该是对称正定函数，并且要满足 Mercer 条件。下面列写一些常用的核函数。

线性核函数：

$$K(\boldsymbol{x}_i, \boldsymbol{x}_j) = \boldsymbol{x}_i \cdot \boldsymbol{x}_j \tag{3-53}$$

多项式核函数：

$$K(\boldsymbol{x}_i, \boldsymbol{x}_j) = (p + \gamma \boldsymbol{x}_i \cdot \boldsymbol{x}_j)^q, \qquad \gamma > 0 \tag{3-54}$$

指数核函数：

$$K(\boldsymbol{x}_i, \boldsymbol{x}_j) = \mathrm{e}^{-\gamma \|\boldsymbol{x}_i - \boldsymbol{x}_j\|}, \qquad \gamma > 0 \tag{3-55}$$

高斯（径向基函数）核函数：

$$K(\boldsymbol{x}_i, \boldsymbol{x}_j) = \mathrm{e}^{-\gamma \|\boldsymbol{x}_i - \boldsymbol{x}_j\|^2}, \qquad \gamma > 0 \tag{3-56}$$

Sigmoid（神经、正切）核函数：

$$K(\boldsymbol{x}_i, \boldsymbol{x}_j) = \tanh(\gamma \boldsymbol{x}_i \cdot \boldsymbol{x}_j + p) = \frac{\mathrm{e}^{\gamma \boldsymbol{x}_i \cdot \boldsymbol{x}_j + p} - \mathrm{e}^{-(\gamma \boldsymbol{x}_i \cdot \boldsymbol{x}_j + p)}}{\mathrm{e}^{\gamma \boldsymbol{x}_i \cdot \boldsymbol{x}_j + p} + \mathrm{e}^{-(\gamma \boldsymbol{x}_i \cdot \boldsymbol{x}_j + p)}} = \frac{1 - \mathrm{e}^{-2(\gamma \boldsymbol{x}_i \cdot \boldsymbol{x}_j + p)}}{1 + \mathrm{e}^{-2(\gamma \boldsymbol{x}_i \cdot \boldsymbol{x}_j + p)}} \tag{3-57}$$

通过比较可以看出，前面介绍的线性可分的 SVM 应用的是式（3-53）的线性核函数，因此线性 SVC 是非线性 SVC 的一个特例，它们的对偶优化公式可以统一写为：

$$\max_{\boldsymbol{\alpha}} -\frac{1}{2}\sum_{i=1}^{N}\sum_{j=1}^{N} \alpha_i \alpha_j y_i y_j K(\boldsymbol{x}_i, \boldsymbol{x}_j) + \sum_{i=1}^{N} \alpha_i$$

$$\text{受限于} \sum_{i=1}^{N} \alpha_i y_i = 0 \ \text{和} 0 \leqslant \alpha_i \leqslant C \qquad i = 1, 2, \cdots, N \tag{3-58}$$

由于这种 SVC 受到参数 C 的制约，因此我们把这种方法称为 C-SVM 或 C-SVC。而参数 C 是最小的训练误差和最大的分类间隔的折中，即最小训练误差和最大分类间隔对于 C 来说是矛盾的，而且 C 的选取没有先验知识可以利用，目前常用的方法是交叉验证法。

2. v-SVC 算法

由于 C-SVC 算法存在无法均衡最小训练误差和最大分类间隔的问题，为此 Schölkopf 等人提出了用 v 参数替代 C 参数，这种带有 v 参数的支持向量分类方法称为 v-SVC。$v \in [0,1]$，它表示支持向量占全部训练样本的比例下限，同时也表示错误分类样本占全部训练样本的比例上限，如 $v=$

0.05，则可以保证最多有 5%的训练样本被错误分类，并且至少有 5%的支持向量。

ν-SVC 的原公式为：

$$\min \frac{1}{2}\|\boldsymbol{w}\|^2 - \nu\rho + \frac{1}{N}\sum_{i=1}^{N}\xi_i$$

$$\text{受限于 } y_i\left(\boldsymbol{w}\cdot\boldsymbol{x}_i + b\right) \geqslant \rho - \xi_i \text{ 和 } \xi_i \geqslant 0,\ \rho \geqslant 0 \quad i = 1,2,\cdots,N \tag{3-59}$$

式（3-59）不再有参数 C，取而代之的是常系数 ν，以及另一个需要被优化的变量 ρ。由式（3-59）中的一个约束条件可以得到 ν-SVC 的软间隔的宽度为 $2\rho/\|\boldsymbol{w}\|$，这说明最大间隔不仅与 $\boldsymbol{w}$ 有关，还与新增加的 ρ 有关。式（3-59）的拉格朗日方程为：

$$L_P\left(\boldsymbol{w}, b, \boldsymbol{\alpha}, \boldsymbol{\xi}, \boldsymbol{\mu}, \rho, \delta\right) = \frac{1}{2}\|\boldsymbol{w}\|^2 - \nu\rho + \frac{1}{N}\sum_{i=1}^{N}\xi_i$$

$$-\sum_{i=1}^{N}\alpha_i\left[y_i\left(\boldsymbol{w}\cdot\boldsymbol{x}_i + b\right) - \rho + \xi_i\right] - \sum_{i=1}^{N}\mu_i\xi_i - \delta\rho \tag{3-60}$$

式中，拉格朗日乘子 α_i、μ_i 和 δ 都不小于 0。同样，要基于原变量 $\boldsymbol{w}$、$\boldsymbol{\xi}$、b 和 ρ 取最小值，并基于对偶变量 $\boldsymbol{\alpha}$、$\boldsymbol{\mu}$ 和 δ 取最大值，为了消除原变量，需要对它们求偏导，并使其导数为 0，则获得了下列等式：

$$\boldsymbol{w} = \sum_{i=1}^{N}\alpha_i y_i \boldsymbol{x}_i \tag{3-61}$$

$$\alpha_i + \mu_i = \frac{1}{N} \tag{3-62}$$

$$\sum_{i=1}^{N}\alpha_i y_i = 0 \tag{3-63}$$

$$\sum_{i=1}^{N}\alpha_i - \delta = \nu \tag{3-64}$$

把式（3-61）和式（3-62）代入式（3-60）中，并利用 α_i、μ_i 和 δ 都不小于 0，以及用核函数替代点乘，则最终得到二次优化问题：

$$\max_{\boldsymbol{\alpha}} -\frac{1}{2}\sum_{i=1}^{N}\sum_{j=1}^{N}\alpha_i\alpha_j y_i y_j K\left(\boldsymbol{x}_i, \boldsymbol{x}_j\right)$$

$$\text{受限于}\sum_{i=1}^{N}\alpha_i y_i = 0, 0 \leqslant \alpha_i \leqslant \frac{1}{N}\text{和}\sum_{i=1}^{N}\alpha_i \geqslant \nu \quad i = 1,2,\cdots,N \tag{3-65}$$

式（3-65）与式（3-46）相比可以看出，式（3-65）多了一个约束条件，并且 max 中的 $\sum_i \alpha_i$ 不再出现。这里需要注意的是，要想使式（3-65）可解，常系数 ν 必须满足下列条件：

$$\nu \leqslant \frac{2\min\left(\# y_i = 1, \# y_i = -1\right)}{N} \tag{3-66}$$

式中，$\# y_i = 1$ 和 $\# y_i = -1$ 分别表示正例和负例的样本数量。

求解式（3-65），得到 $\alpha^* = (\alpha_1^*, \alpha_2^*, \cdots,\ \alpha_N^*)$。虽然 C-SVC 和 ν-SVC 的二次优化公式不同，但如果把 ν-SVC 的原公式（式（3-59））中的目标函数改写为下列形式（如果仍然需要参数 C）：

$$\min \frac{1}{2}\|\boldsymbol{w}\|^2 + C\left(-\nu\rho + \frac{1}{N}\sum_{i=1}^{N}\xi_i\right) \tag{3-67}$$

则最终的决策函数与 C-SVC 的决策函数一样：

$$f\left(\boldsymbol{x}\right) = \operatorname{sgn}\left(\sum_{i=1}^{N}\alpha_i^* y_i K\left(\boldsymbol{x}_i, \boldsymbol{x}_j\right) + b^*\right) \tag{3-68}$$

其中，$\boldsymbol{w}^*$可以由式（3-61）得到，b^*和 ρ^*的求解过程为：设两个集合 S_+和 S_-，集合内的元素分别为正例和负例的支持向量，并且集合的元素数量都是 s，由于是支持向量，它们的 $\xi_i=0$，所以原公式的一个约束条件就变成了一个等式，即 $y_i(\boldsymbol{w}\cdot\boldsymbol{x}_i+b)=\rho$。把集合 S_+和 $S_$内的支持向量代入该式，得到 b^*和 ρ^*：

$$b^*=-\frac{1}{2s}\sum_{x\in S_+\cup S_-}\sum_{i=1}^{N}\alpha_i^* y_i K(\boldsymbol{x},\boldsymbol{x}_i) \tag{3-69}$$

$$\rho^*=\frac{1}{2s}\left(\sum_{x\in S_+}\sum_{i=1}^{N}\alpha_i^* y_i K(\boldsymbol{x},\boldsymbol{x}_i)-\sum_{x\in S_-}\sum_{i=1}^{N}\alpha_i^* y_i K(\boldsymbol{x},\boldsymbol{x}_i)\right) \tag{3-70}$$

3. 多类问题的 SVC 方法

前面介绍了 C-SVC 和 ν-SVC 这两种 SVC 方法，它们都只能处理两类问题，如果是多类问题，又该如何处理呢？本质上，处理多类问题的原则仍然是把多个类转化为若干个两类问题来处理。

对多个分类问题，常用两种方法：“一对其余（One VS Rest）”和“一对一（One VS One）”。设 $y_i\in\{1,\cdots,k\}$，k 表示类的数量。“一对其余”的方法就是用一类与其余的 $k-1$ 类进行比较，如把类 1 作为正例，把类 2、类 3、…、类 k 组合在一起作为负例，通过计算得到一个决策函数 $f_1(\boldsymbol{x})$；然后再把类 2 作为正例，把类 1、类 3、…、类 k 组合在一起作为负例，又得到一个决策函数 $f_2(\boldsymbol{x})$；依次类推，一共得到 k 个决策函数。当对新的样本 $\boldsymbol{x}$ 进行预测时，代入式（3-71）即可得到 $\boldsymbol{x}$ 的分类：

$$\arg\max_i f_i(\boldsymbol{x}) \tag{3-71}$$

这是因为当 $\boldsymbol{x}$ 属于第 i 类时，$f_i(\boldsymbol{x})$一定是不小于 1 的，而其余的 $f_j(\boldsymbol{x})$（这里的 $j\neq i$）一定是小于等于−1 的。

而“一对一”的方法一共可以得到 $k(k-1)/2$ 个决策函数 $f_{i,j}(\boldsymbol{x})$，$0\leqslant i<j\leqslant k$，$f_{i,j}(\boldsymbol{x})$表示第 i 类和第 j 类比较得到的决策函数。当对新的样本 $\boldsymbol{x}$ 进行预测时，需要把 $\boldsymbol{x}$ 代入所有这些 $f_{i,j}(\boldsymbol{x})$中，统计所有类别的胜出次数，得票最多的那个类即为 $\boldsymbol{x}$ 的所属类。

尽管“一对一”方法用到的决策函数要比“一对其余”方法的决策函数多，但已经被证实，“一对一”方法的执行速度更快。

4. 单类 SVM 算法

一般用于处理两类问题的分类器，需要既有正例的样本，又有负例的样本。但有时只有一类样本，如当需要判断在银行业务中是否为欺诈交易时，不可能有足够多的欺诈的例子用于训练，但我们有大量的正常交易可以用于建模。这类问题称为单类分类，或数据域描述问题（the data domain description problem）。单类问题并不是要进行分类，而是要判断新的样本是否属于该类。

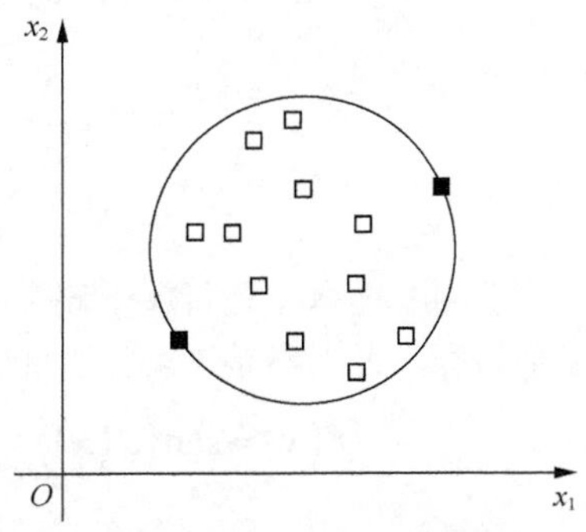

▲图 3-8 Tax & Duin 法的超球体

用于处理单类问题的 SVM 方法称为单类 SVM（one-class SVM）。目前有两种单类 SVM 方法：Tax & Duin 法和 Schölkopf 法（这里都以算法提出者的名字命名）。这两种方法的不同之处在于表示同一类的形式不同，但最终的原理相似。

Tax & Duin 法的目的是在输入空间或特征空间内找到一个体积最小的超球体，它能够包含全部训练样本，如图 3-8 所示。当然，为了防止过拟合，我们仍然需要为每一个样本 $\boldsymbol{x}_i$ 引入一个松弛变量 ξ_i。则带有 ξ_i 的、球心为 a、半径为 R 的超球体的表达式为：

$$F(R,a,\xi_i)=R^2+C\sum_{i=1}^N\xi_i \tag{3-72}$$

式中，常数 C 用于平衡超球体的体积大小和超球体外样本的数量。要使式（3-72）最小化，还应该满足下列约束条件：

$$\|\Phi(\boldsymbol{x}_i)-a\|^2\leqslant R^2+\xi_i,\ \ \xi_i\geqslant 0 \qquad i=1,2,\cdots,N \tag{3-73}$$

式中，$\Phi(\boldsymbol{x})$表示样本 $\boldsymbol{x}$ 从输入空间到特征空间的映射。显然，如果 $\Phi(\boldsymbol{x})=\boldsymbol{x}$，则特征空间就是输入空间。由式（3-72）和式（3-73）可得到原公式的拉格朗日方程：

$$L_P(R,a,\boldsymbol{\alpha},\xi,\boldsymbol{\mu})=R^2+C\sum_{i=1}^N\xi_i-\sum_{i=1}^N\alpha_i\left[R^2+\xi_i-\|\Phi(\boldsymbol{x}_i)-a\|^2\right]-\sum_{i=1}^N\mu_i\xi_i \tag{3-74}$$

式中，拉格朗日乘子 α_i 和 μ_i 都不小于 0。基于变量 R、a 和 ξ_i，对式（3-74）求偏导，并使其为 0，则结果为：

$$\sum_{i=1}^N\alpha_i=1 \tag{3-75}$$

$$a=\sum_{i=1}^N\alpha_i\Phi(\boldsymbol{x}_i) \tag{3-76}$$

$$C-\alpha_i-\mu_i=0 \tag{3-77}$$

由于 α_i 和 μ_i 都不小于 0，所以对于式（3-77），可以消掉变量 μ_i，从而得到 $0\leqslant\alpha_i\leqslant C$。把式（3-75）～式（3-77）代入式（3-74）中，则得到对偶公式：

$$L_D(R,a,\boldsymbol{\alpha},\xi,\boldsymbol{\mu})=\sum_{i=1}^N\alpha_i\Phi(\boldsymbol{x}_i)\cdot\Phi(\boldsymbol{x}_i)-\sum_{i=1}^N\sum_{j=1}^N\alpha_i\alpha_i\Phi(\boldsymbol{x}_i)\cdot\Phi(\boldsymbol{x}_j) \tag{3-78}$$

用核函数替代点乘，则得到二次优化问题：

$$\max_{\boldsymbol{\alpha}}\ \sum_{i=1}^N\alpha_iK(\boldsymbol{x}_i,\boldsymbol{x}_i)-\sum_{i=1}^N\sum_{j=1}^N\alpha_i\alpha_iK(\boldsymbol{x}_i,\boldsymbol{x}_j)$$

$$\text{受限于}\sum_{i=1}^N\alpha_i=1, 0\leqslant\alpha_i\leqslant C \qquad i=1,2,\cdots,N \tag{3-79}$$

在超球体表面上的样本为支持向量，它们的 α_i 不为 0，并且小于 C。超球体的半径 R 可以通过计算球心 a 到任意一个支持向量的距离得到。那些 $\alpha_i=C$ 的样本不在超球体内，它们是离群的样本。解式（3-79），可以得到 $\boldsymbol{\alpha}^*=(\alpha_1^*,\alpha_2^*,\cdots,\ \alpha_N^*)$，则由式（3-76）得到超球体的球心 a 为 $\Sigma_i\alpha_i^*\Phi(\boldsymbol{x}_i)$，设 $\boldsymbol{x}_l$ 为支持向量，则半径 R 为：

$$\begin{aligned}R^2&=\|\Phi(\boldsymbol{x}_j)-a\|^2\\&=\left\|\Phi(\boldsymbol{x}_l)-\sum_{i=1}^N\alpha_i^*\Phi(\boldsymbol{x}_i)^2\right\|\\&=K(\boldsymbol{x}_l,\boldsymbol{x}_l)-2\sum_{i=1}^N\alpha_i^*K(\boldsymbol{x}_l,\boldsymbol{x}_i)+\sum_{i=1}^N\sum_{j=1}^N\alpha_i^*\alpha_j^*K(\boldsymbol{x}_i,\boldsymbol{x}_j)\end{aligned} \tag{3-80}$$

当判断样本 $\boldsymbol{x}$ 是否属于该类时，需要计算 $\boldsymbol{x}$ 与球心的距离 a，并与半径 R 比较，如果小于 R，则是该类，否则不是该类。因此它的决策函数为：

$$\begin{aligned}f(\boldsymbol{x})&=\operatorname{sgn}(d(\boldsymbol{x}))\\&=\operatorname{sgn}\left(R^2-\sum_{i=1}^N\sum_{j=1}^N\alpha_i^*\alpha_j^*K(\boldsymbol{x}_i,\boldsymbol{x}_j)+2\sum_{i=1}^N\alpha_i^*K(\boldsymbol{x}_i,\boldsymbol{x})-K(\boldsymbol{x},\boldsymbol{x})\right)\\&=\operatorname{sgn}\left(K(\boldsymbol{x}_l,\boldsymbol{x}_l)-K(\boldsymbol{x},\boldsymbol{x})-2\sum_{i=1}^N\alpha_i^*\left[K(\boldsymbol{x}_i,\boldsymbol{x}_l)-K(\boldsymbol{x}_i,\boldsymbol{x})\right]\right)\end{aligned} \tag{3-81}$$

式中，$\boldsymbol{x}_l$表示任意一个支持向量，当$f(\boldsymbol{x})$等于1时，表示$\boldsymbol{x}$属于该类。

Schölkopf法的目的是在特征空间内找到一个超平面，该超平面能够分隔全部样本和坐标原点，并且要使该超平面到原点的距离最远，如图3-9所示。要实现上述功能，需要求解下列问题：

$$\min \frac{1}{2}\|\boldsymbol{w}\|^2 + \frac{1}{\nu N}\sum_{i=1}^{N}\xi_i - \rho$$

$$\text{受限于}\left(\boldsymbol{w}\cdot\boldsymbol{\Phi}\left(\boldsymbol{x}_i\right)\right) \geqslant \rho - \xi_i \text{ , } \xi_i \geqslant 0 \quad i = 1,2,\cdots,N \tag{3-82}$$

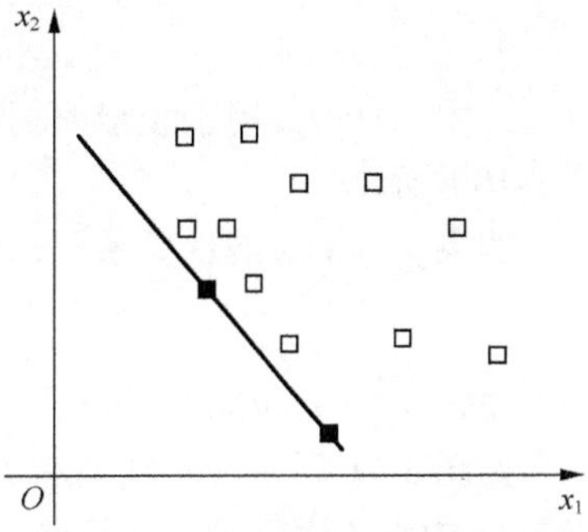

▲图3-9 Schölkopf法的超平面

可以看出，式（3-82）与式（3-59）十分相似。式中，$\nu\in(0,1)$，它表示支持向量占全部训练样本的比例下限，同时也表示错误分类样本占全部训练样本的比例上限。式（3-82）的拉格朗日方程为：

$$L_P\left(\boldsymbol{w},\boldsymbol{\xi},\rho,\boldsymbol{\alpha},\boldsymbol{\mu}\right) = \frac{1}{2}\|\boldsymbol{w}\|^2 + \frac{1}{\nu N}\sum_{i=1}^{N}\xi_i - \rho - \sum_{i=1}^{N}\alpha_i\left(\boldsymbol{w}\cdot\boldsymbol{\Phi}\left(\boldsymbol{x}_i\right) - \rho + \xi_i\right) - \sum_{i=1}^{N}\mu_i\xi_i \tag{3-83}$$

对变量$\boldsymbol{w}$、$\boldsymbol{\xi}$和ρ求偏导，并使其为0，则：

$$\boldsymbol{w} = \sum_{i=1}^{N}\alpha_i\boldsymbol{\Phi}\left(\boldsymbol{x}_i\right) \tag{3-84}$$

$$\alpha_i = \frac{1}{\nu N} - \mu_i \Rightarrow \alpha_i \leqslant \frac{1}{\nu N} \tag{3-85}$$

$$\sum_{i=1}^{N}\alpha_i = 1 \tag{3-86}$$

则对偶问题为：

$$\max_{\boldsymbol{\alpha}} -\frac{1}{2}\sum_{i=1}^{N}\sum_{j=1}^{N}\alpha_i\alpha_i K\left(\boldsymbol{x}_i,\boldsymbol{x}_j\right)$$

$$\text{受限于}\sum_{i=1}^{N}\alpha_i = 1, 0 \leqslant \alpha_i \leqslant \frac{1}{\nu N} \qquad i = 1,2,\cdots,N \tag{3-87}$$

解式（3-87），可以得到$\boldsymbol{\alpha}^* = \left(\alpha_1^*,\alpha_2^*, \quad ,\alpha_N^*\right)$。如果$\alpha_i$和$\mu_i$都不为0，则$\xi_i$必为0，因此：

$$\rho = \left(\boldsymbol{w}\cdot\boldsymbol{\Phi}\left(\boldsymbol{x}_j\right)\right) \tag{3-88}$$

式中，$\boldsymbol{x}_j$为任意一个支持向量，因为α_j不为0。把式（3-84）代入，则：

$$\rho = \left(\boldsymbol{w}\cdot\boldsymbol{\Phi}\left(\boldsymbol{x}_j\right)\right) = \sum_{i=1}^{N}\alpha_i^* K\left(\boldsymbol{x}_i,\boldsymbol{x}_j\right) \tag{3-89}$$

最终的决策函数为：

$$f\left(\boldsymbol{x}\right) = \operatorname{sgn}\left(d\left(\boldsymbol{x}\right)\right) = \operatorname{sgn}\left(\left(\boldsymbol{w}\cdot\boldsymbol{\Phi}\left(\boldsymbol{x}\right)\right) - \rho\right) = \operatorname{sgn}\left(\sum_{i=1}^{N}\alpha_i^* K\left(\boldsymbol{x}_i,\boldsymbol{x}\right) - \sum_{i=1}^{N}\alpha_i^* K\left(\boldsymbol{x}_i,\boldsymbol{x}_j\right)\right) \tag{3-90}$$

式中，$\boldsymbol{x}_j$表示任意一个支持向量；$\boldsymbol{x}$表示待预测的样本，当$f(\boldsymbol{x})$等于1时，表示$\boldsymbol{x}$属于该类。

5. ε-SVR算法

最初SVM被用于分类问题，但Vapnik通过ε不敏感损失函数（ε-insensitive loss function），又把SVM扩展到回归问题的处理中，该损失函数的应用可以保证获得稀疏的支持向量集。

设y_i为样本$\boldsymbol{x}_i$对应的响应值，回归问题就是要估计函数$f(\boldsymbol{x})$，使$y_i=f(\boldsymbol{x}_i)$。估计的质量好坏由ε不敏感损失函数来衡量。

$$Loss_{\varepsilon}=\begin{cases}0, & 如果\left|y-f(\boldsymbol{x})\right|\leqslant\varepsilon\\ \left|y-f(\boldsymbol{x})\right|-\varepsilon, & 其他\end{cases} \tag{3-91}$$

式中，$\varepsilon>0$，用于表示控制误差容限的常量，即如果误差在$[-\varepsilon, +\varepsilon]$范围内，则忽略误差，如图 3-10 所示。

如果 y 与 $\boldsymbol{x}$ 呈线性关系，则估计函数 $f(\boldsymbol{x})$为：

$$f(\boldsymbol{x})=\boldsymbol{w}\cdot\boldsymbol{x}+b \tag{3-92}$$

与式（3-1）相同，$\boldsymbol{w}$ 表示向量 $\boldsymbol{x}$ 的权向量，即每个特征属性的权值，b 表示偏移量。

如图 3-11 所示，实线表示 $f(\boldsymbol{x})$，而以它为圆心，以 ε 为半径，就形成了一个 ε 管（ε-tube），图 3-11 中虚线表示的是 ε 管壁。由式（3-91）和图 3-10 可知，ε 管内的样本误差为 0，而 ε 管外的样本误差与其到管壁的距离有关。由于该方法与 ε 有关，因此称该 SVM 回归方法为 ε-SVR。

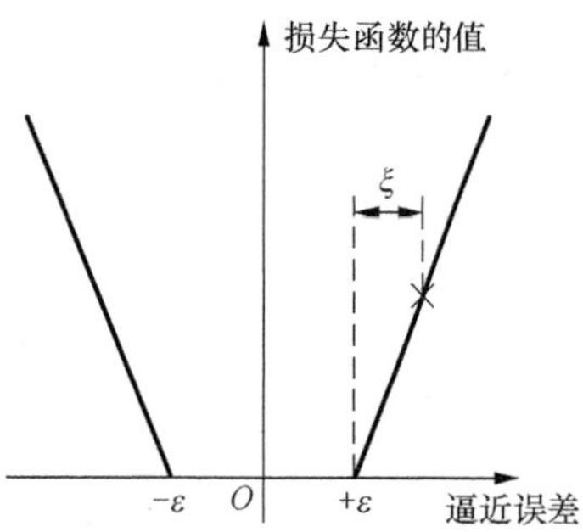

▲图 3-10　ε 不敏感损失函数

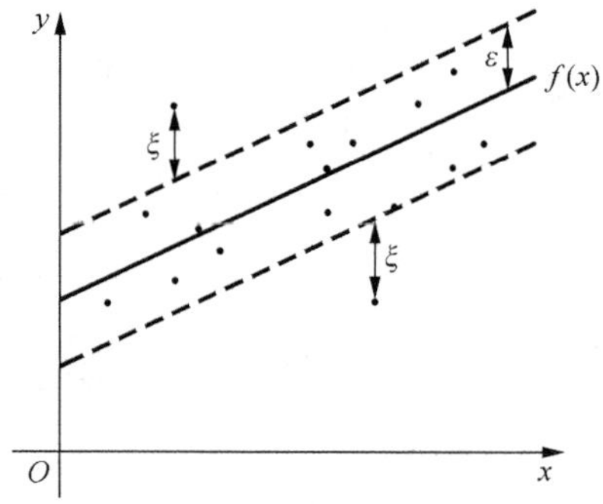

▲图 3-11　一维线性 SVR

在 ε-SVR 中，我们的目标是得到 $f(\boldsymbol{x})$，并且还要满足两个条件：①使 $f(\boldsymbol{x})$与测量值 y_i 的偏差不大于 ε，即让所有的样本都在 ε 管内。也就是说，该算法在保证样本在 ε 管内的前提下，并不关心真正误差的大小，但不接受大于 ε 的偏差；②使 $f(\boldsymbol{x})$尽可能地“平坦（flat）”，这么做的好处是使 ε-SVR 模型简单，而且也能够避免过拟合。而所谓平坦，直观的解释是样本中的各个特征属性对样本的贡献大小应该均衡，即权向量 $\boldsymbol{w}$ 要小。基于上述两个条件，ε-SVR 可以表示为：

$$\min\frac{1}{2}\|\boldsymbol{w}\|^2$$

$$受限于\begin{cases}y_i-\boldsymbol{w}\cdot\boldsymbol{x}_i-b\leqslant\varepsilon\\ \boldsymbol{w}\cdot\boldsymbol{x}_i+b-y_i\leqslant\varepsilon\end{cases}\quad i=1,\cdots,N \tag{3-93}$$

可以证明这个凸优化问题能够保证 $f(\boldsymbol{x})$存在。有时并不能保证所有的样本都在 ε 管内，事实上这不是一个问题，因为可以允许一些误差存在。借鉴 SVC 中软间隔的方法，引入两个松弛变量 ξ_i^+ 和 ξ_i^-，则式（3-93）改写为：

$$\min\frac{1}{2}\|\boldsymbol{w}\|^2+C\sum_{i=1}^{N}\left(\xi_i^++\xi_i^-\right)$$

$$受限于\begin{cases}y_i-\boldsymbol{w}\cdot\boldsymbol{x}_i-b\leqslant\varepsilon+\xi_i^-\\ \boldsymbol{w}\cdot\boldsymbol{x}_i+b-y_i\leqslant\varepsilon+\xi_i^+\end{cases},\begin{cases}\xi_i^-\geqslant 0\\ \xi_i^+\geqslant 0\end{cases}\quad i=1,\cdots,N \tag{3-94}$$

式中，ξ_i^+ 表示那些被高估的样本响应值的误差，ξ_i^- 表示被低估的误差，常数 $C>0$ 均衡着 $f(\boldsymbol{x})$的平坦程度与偏差大于 ε 的样本数量。式（3-91）可以改写为：

$$|\xi|_{\varepsilon}=\begin{cases}0, & 如果|\xi|\leqslant\varepsilon\\ |\xi|-\varepsilon, & 其他\end{cases} \tag{3-95}$$

式（3-94）的拉格朗日方程为：

$$L_P(\boldsymbol{w},b,\boldsymbol{\xi},\boldsymbol{\alpha},\boldsymbol{\mu})=\frac{1}{2}\|\boldsymbol{w}\|^2+C\sum_{i=1}^{N}\left(\xi_i^+ +\xi_i^-\right)-\sum_{i=1}^{N}\left(\mu_i^+\xi_i^+ +\mu_i^-\xi_i^-\right)$$
$$-\sum_{i=1}^{N}\alpha_i^+\left(\varepsilon+\xi_i^+ +y_i-\boldsymbol{w}\cdot\boldsymbol{x}_i-b\right)-\sum_{i=1}^{N}\alpha_i^-\left(\varepsilon+\xi_i^- -y_i+\boldsymbol{w}\cdot\boldsymbol{x}_i+b\right) \tag{3-96}$$

式中，拉格朗日乘子 α_i^+、α_i^-、μ_i^+ 和 μ_i^- 都为非负值。分别对原变量 $\boldsymbol{w}$、b 和 $\boldsymbol{\xi}$ 求偏导，并使其为 0，则

$$\frac{\partial L_P}{\partial \boldsymbol{w}}=\boldsymbol{w}-\sum_{i=1}^{N}\left(\alpha_i^- -\alpha_i^+\right)\boldsymbol{x}_i=0\Rightarrow \boldsymbol{w}=\sum_{i=1}^{N}\left(\alpha_i^- -\alpha_i^+\right)\boldsymbol{x}_i \tag{3-97}$$

$$\frac{\partial L_P}{\partial b}=\sum_{i=1}^{N}\left(\alpha_i^+ -\alpha_i^-\right)=0 \tag{3-98}$$

$$\frac{\partial L_P}{\partial \xi_i^+}=C-\mu_i^+ -\alpha_i^+ =0 \tag{3-99}$$

$$\frac{\partial L_P}{\partial \xi_i^-}=C-\mu_i^- -\alpha_i^- =0 \tag{3-100}$$

把式（3-97）～式（3-100）代入式（3-96）中，则得到对偶优化问题：

$$\max_{\boldsymbol{\alpha}^-,\boldsymbol{\alpha}^+}-\frac{1}{2}\sum_{i=1}^{N}\sum_{j=1}^{N}\left(\alpha_i^- -\alpha_i^+\right)\left(\alpha_j^- -\alpha_j^+\right)\boldsymbol{x}_i\cdot\boldsymbol{x}_j-\varepsilon\sum_{i=1}^{N}\left(\alpha_i^- +\alpha_i^+\right)+\sum_{i=1}^{N}y_i\left(\alpha_i^- -\alpha_i^+\right)$$
$$\text{受限于}\sum_{i=1}^{N}\left(\alpha_i^- -\alpha_i^+\right)=0,\ \ \alpha_i^-,\alpha_i^+\in[0,C] \tag{3-101}$$

如果 y 与 $\boldsymbol{x}$ 呈非线性的关系，那么完全可以把 $\boldsymbol{x}$ 通过某种映射关系 Φ 映射到更高维的特征空间内，使其呈线性，这正是 SVM 的精髓所在。因此，式（3-92）改写为：

$$f(\boldsymbol{x})=\boldsymbol{w}\cdot\Phi(\boldsymbol{x})+b \tag{3-102}$$

则式（3-101）改写为：

$$\max_{\boldsymbol{\alpha}^-,\boldsymbol{\alpha}^+}-\frac{1}{2}\sum_{i=1}^{N}\sum_{j=1}^{N}\left(\alpha_i^- -\alpha_i^+\right)\left(\alpha_j^- -\alpha_j^+\right)K(\boldsymbol{x}_i,\boldsymbol{x}_j)-\varepsilon\sum_{i=1}^{N}\left(\alpha_i^- +\alpha_i^+\right)+\sum_{i=1}^{N}y_i\left(\alpha_i^- -\alpha_i^+\right)$$
$$\text{受限于}\sum_{i=1}^{N}\left(\alpha_i^- -\alpha_i^+\right)=0,\ \ \alpha_i^-,\alpha_i^+\in[0,C] \tag{3-103}$$

求解式（3-103），得到 $\boldsymbol{\alpha}^*=\left(\alpha_1^{-*},\alpha_1^{+*},\ \ ,\alpha_N^{-*},\alpha_N^{+*}\right)$，则：

$$\boldsymbol{w}=\sum_{i=1}^{N}\left(\alpha_i^{-*}-\alpha_i^{+*}\right)\Phi(\boldsymbol{x}_i) \tag{3-104}$$

把式（3-104）代入式（3-102）中，则得到样本 $\boldsymbol{x}$ 的回归值：

$$f(\boldsymbol{x})=\sum_{i=1}^{N}\left(\alpha_i^{-*}-\alpha_i^{+*}\right)K(\boldsymbol{x}_i,\boldsymbol{x})+b^* \tag{3-105}$$

式（3-105）中的 b^* 可以由 KKT 条件得到：

$$b^*=y_j-\sum_{i=1}^{N}\left(\alpha_i^{-*}-\alpha_i^{+*}\right)K(\boldsymbol{x}_i,\boldsymbol{x}_j)+\varepsilon \tag{3-106}$$

或

$$b^*=y_k-\sum_{i=1}^{N}\left(\alpha_i^{-*}-\alpha_i^{+*}\right)K(\boldsymbol{x}_i,\boldsymbol{x}_k)-\varepsilon \tag{3-107}$$

式中，$(\boldsymbol{x}_j, y_j)$ 为任意一个样本对应的 $\alpha_i^{+*}\in(0,C)$，$(\boldsymbol{x}_k, y_k)$ 为任意一个样本对应的 $\alpha_k^{-*}\in(0,C)$。

由 KKT 条件，还可以知道 α_i^{-*} 或 α_i^{+*} 等于 C 的样本在 ε 管外，而且 α_i^{-*} 和 α_i^{+*} 不可能同时为非 0，这也意味着一个样本不能够拥有两个方向的松弛变量 ξ，即样本只能向一个方向偏离。

6. ν-SVR 算法

Schölkopf 不仅提出了 ν-SVC 算法，还提出了 ν-SVR 算法。而事实上，ν-SVC 是由 ν-SVR 扩展得到的。

ν-SVR 原公式为：

$$\min \frac{1}{2}\|\boldsymbol{w}\|^2 + C\left(\nu\varepsilon + \frac{1}{N}\sum_{i=1}^{N}\left(\xi_i^+ + \xi_i^-\right)\right)$$

$$\text{受限于}\begin{cases} y_i - w\cdot\Phi(\boldsymbol{x}_i) - b \leqslant \varepsilon + \xi_i^- \\ w\cdot\Phi(\boldsymbol{x}_i) + b - y_i \leqslant \varepsilon + \xi_i^+ \end{cases},\begin{cases} \xi_i^- \geqslant 0 \\ \xi_i^+ \geqslant 0 \end{cases},\ \varepsilon \geqslant 0 \quad i = 1,\cdots,N \tag{3-108}$$

与 ε-SVR 的原公式（式（3-94））相比，我们会发现，式（3-108）的目标函数增加了变量 ε。我们知道，在 ε-SVR 中，参数 ε 往往通过经验选取，而在 ν-SVC 中，我们把 ε 作为目标函数的一个变量来进行求解，从而避免了人为选取的麻烦。而 C 和 ν 为常数，C 表示正值常数，$\nu\in[0,1]$，它表示支持向量占全部训练样本的比例下限，同时也表示错误估计样本占全部训练样本的比例上限。式（3-108）的拉格朗日方程为：

$$\begin{aligned} L_P(\boldsymbol{w},b,\beta,\varepsilon,\boldsymbol{\xi},\boldsymbol{\alpha},\boldsymbol{\mu}) &= \frac{1}{2}\|\boldsymbol{w}\|^2 + C\nu\varepsilon + \frac{C}{N}\sum_{i=1}^{N}\left(\xi_i^+ + \xi_i^-\right) - \beta\varepsilon - \sum_{i=1}^{N}\left(\mu_i^+\xi_i^+ + \mu_i^-\xi_i^-\right) \\ &-\sum_{i=1}^{N}\alpha_i^+\left(\varepsilon + \xi_i^+ + y_i - \boldsymbol{w}\cdot\Phi(\boldsymbol{x}_i) - b\right) - \sum_{i=1}^{N}\alpha_i^-\left(\varepsilon + \xi_i^- - y_i + \boldsymbol{w}\cdot\Phi(\boldsymbol{x}_i) + b\right) \end{aligned} \tag{3-109}$$

对原变量 **w**、ε、b 和 **ξ** 求偏导，并使其为 0，则：

$$\frac{\partial L_P}{\partial \boldsymbol{w}} = \boldsymbol{w} - \sum_{i=1}^{N}\left(\alpha_i^- - \alpha_i^+\right)\Phi(\boldsymbol{x}_i) = 0 \Rightarrow \boldsymbol{w} = \sum_{i=1}^{N}\left(\alpha_i^- - \alpha_i^+\right)\Phi(\boldsymbol{x}_i) \tag{3-110}$$

$$\frac{\partial L_P}{\partial \varepsilon} = C\nu - \sum_{i=1}^{N}\left(\alpha_i^+ + \alpha_i^-\right) - \beta = 0 \tag{3-111}$$

$$\frac{\partial L_P}{\partial b} = \sum_{i=1}^{N}\left(\alpha_i^+ - \alpha_i^-\right) = 0 \tag{3-112}$$

$$\frac{\partial L_P}{\partial \xi_i^+} = \frac{C}{N} - \mu_i^+ - \alpha_i^+ = 0 \tag{3-113}$$

$$\frac{\partial L_P}{\partial \xi_i^-} = \frac{C}{N} - \mu_i^- - \alpha_i^- = 0 \tag{3-114}$$

把式（3-110）～式（3-114）代入式（3-109）中，则得到对偶优化问题：

$$\max_{\boldsymbol{\alpha}^-,\boldsymbol{\alpha}^+} -\frac{1}{2}\sum_{i=1}^{N}\sum_{j=1}^{N}\left(\alpha_i^- - \alpha_i^+\right)\left(\alpha_j^- - \alpha_j^+\right)K\left(\boldsymbol{x}_i,\boldsymbol{x}_j\right) + \sum_{i=1}^{N}y_i\left(\alpha_i^- - \alpha_i^+\right)$$

$$\text{受限于}\sum_{i=1}^{N}\left(\alpha_i^- - \alpha_i^+\right) = 0,\ \alpha_i^-,\alpha_i^+ \in \left[0,\frac{C}{N}\right],\ \sum_{i=1}^{N}\left(\alpha_i^+ + \alpha_i^-\right) \leqslant C\nu \tag{3-115}$$

求解式（3-115），得到 $\boldsymbol{\alpha}^* = (\alpha_1^{-*}, \alpha_1^{+*}, \cdots, \alpha_N^{-*}, \alpha_N^{+*})$，则我们得到了样本 $\boldsymbol{x}$ 的回归值：

$$f(\boldsymbol{x}) = \sum_{i=1}^{N}\left(\alpha_i^{-*} - \alpha_i^{+*}\right)K(\boldsymbol{x}_i,\boldsymbol{x}) + b^* \tag{3-116}$$

式中，b^* 可以由 KKT 条件得到：

$$b^* = \frac{1}{2}\left[y_j + y_k - \sum_{i=1}^{N}\left(\alpha_i^{-*} - \alpha_i^{+*}\right)K(\boldsymbol{x}_i, \boldsymbol{x}_j) - \sum_{i=1}^{N}\left(\alpha_i^{-*} - \alpha_i^{+*}\right)K(\boldsymbol{x}_i, \boldsymbol{x}_k)\right] \tag{3-117}$$

式中，$(\boldsymbol{x}_j, y_j)$为任意一个样本对应的 $\alpha_j^{+*} \in (0, C/N)$，$(\boldsymbol{x}_k, y_k)$为任意一个样本对应的 $\alpha_k^{-*} \in (0, C/N)$。最终的解 ε^*为：

$$\varepsilon^* = \sum_{i=1}^{N}\left(\alpha_i^{-} - \alpha_i^{+}\right)K(\boldsymbol{x}_i, x_j) - y_j + b^* \tag{3-118}$$

或

$$\varepsilon^* = y_k - \sum_{i=1}^{N}\left(\alpha_i^{-} - \alpha_i^{+}\right)K(\boldsymbol{x}_i, x_k) - b^* \tag{3-119}$$

这两个公式中（$\boldsymbol{x}_j, y_j$）和（$\boldsymbol{x}_k, y_k$）的含义与式（3-117）相同。

7. SMO 算法

从前面的分析可以看出，无论是哪种 SVM，归根到底都需要求解对偶优化问题，而通常的方法是利用二次规划的优化工具。但这种方法对于处理大量样本数据，就显得力不从心，因为它不仅耗时，还需要占用大量的内存空间。目前已有一些技术解决这个问题，其中最常用的方法是通过迭代处理一些更少数量的二次规划子问题，来减小原二次规划问题的规模。

1998 年，由微软研究院的 Platt 提出的序列最小优化（Sequential Minimal Optimization，SMO）算法是目前解决二次规化优化算法的最快方法，它处理的二次规划子问题只需要两个拉格朗日乘子。

式（3-58）是我们需要解决的 C-SVC 的二次规划对偶问题，它一共有 N 个拉格朗日乘子 α_i，但一次迭代中只优化两个 α_i（这已是一次优化的最少数量），而其他的 α_i 固定不变，这样经过无数次迭代后，直到满足精度要求 ε 为止。

不失一般性，选取 α_1 和 α_2 作为优化对象，α_1^{old} 和 α_2^{old} 定义为本次迭代优化之前的值，而 α_1^{new} 和 α_2^{new} 定义为本次迭代优化之后的值。由于约束条件 $\Sigma_i \alpha_i y_i = 0$，所以 α_1 和 α_2 在该次迭代的优化前后有如下关系：

$$\alpha_1^{\text{new}} y_1 + \alpha_2^{\text{new}} y_2 = \alpha_1^{\text{old}} y_1 + \alpha_2^{\text{old}} y_2 = -\sum_{i=3}^{N} \alpha_i y_i = \text{const} \tag{3-120}$$

式中，const 表示一常数。因为 $y_i \in \{-1,1\}$，对式（3-120）等式两边乘以 y_1，则：

$$\alpha_1^{\text{new}} + s\alpha_2^{\text{new}} = \alpha_1^{\text{old}} + s\alpha_2^{\text{old}} = \gamma \tag{3-121}$$

式中，γ 也表示一常数，$s = y_1 y_2$。由于约束条件 $0 \leqslant \alpha_i \leqslant C$，优化后的 α_1^{new} 和 α_2^{new} 并不是任意的，它们一定是限制在一定区间范围内的。例如，α_2^{new} 的值受到 γ 和 α_1^{new} 的限制，当 $y_1 = y_2$ 时，则 $s = 1$，此时 $\alpha_1^{\text{new}} + \alpha_2^{\text{new}} = \gamma$。当 $\gamma > C$，则 α_2^{new} 的最大值只能为 C，而 α_2^{new} 的最小值为 $\gamma - C$；当 $\gamma < C$，则 α_2^{new} 的最大值只能为 γ，而 α_2^{new} 的最小值为 0。同理，当 $y_1 \neq y_2$，则 $s = -1$，此时 $\alpha_1^{\text{new}} - \alpha_2^{\text{new}} = \gamma$。当 $\gamma > 0$，则 α_2^{new} 的最大值只能为 $C - \gamma$，而 α_2^{new} 的最小值为 0；当 $\gamma < 0$，则 α_2^{new} 的最大值只能为 C，而 α_2^{new} 的最小值为 $-\gamma$。综上所述，得到 α_2^{new} 的上下界：

$$\begin{cases} y_1 \neq y_2 \begin{cases} L = \max(0, -\gamma) = \max(0, \alpha_2^{\text{old}} - \alpha_1^{\text{old}}) \\ H = \min(C, C - \gamma) = \min(C, C + \alpha_2^{\text{old}} - \alpha_1^{\text{old}}) \end{cases} \\ y_1 = y_2 \begin{cases} L = \max(0, \gamma - C) = \max(0, \alpha_2^{\text{old}} + \alpha_1^{\text{old}} - C) \\ H = \min(C, \gamma) = \min(C, \alpha_2^{\text{old}} + \alpha_1^{\text{old}}) \end{cases} \end{cases} \tag{3-122}$$

式中，L 表示下界；H 表示上界。

前面只给出硬间隔最大化的 C-SVC 的 KKT 条件（式（3-28）），下面给出完整的 C-SVC 的

KKT 条件：

$$\begin{cases}\alpha_i = 0 \Rightarrow y_i d(\boldsymbol{x}_i) \geqslant 1 \\ 0 < \alpha_i < C \Rightarrow y_i d(\boldsymbol{x}_i) = 1 \\ \alpha_i = C \Rightarrow y_i d(\boldsymbol{x}_i) \leqslant 1\end{cases} \tag{3-123}$$

式中，$d(\boldsymbol{x})$为式（3-52）中的函数 sgn 内的部分，即 $d(\boldsymbol{x}) = \Sigma_i \alpha_i y_i K(\boldsymbol{x}_i, \boldsymbol{x}) + b$ 。

由于只优化 α_1 和 α_2，而其他的 α_i 固定不变，因此对式（3-58）来说，SMO 分解的子问题为：

$$W(\alpha_1, \alpha_2) = \left(\alpha_1 + \alpha_2 + \sum_{i=3}^{N} \alpha_i\right)$$

$$-\frac{1}{2}\left(\alpha_1^2 K_{1,1} + \alpha_2^2 K_{2,2} + 2\alpha_1\alpha_2 y_1 y_2 K_{1.2} + 2\alpha_1 y_1 \sum_{i=3}^{N} \alpha_i y_i K_{1,i} + 2\alpha_2 y_2 \sum_{i=3}^{N} \alpha_i y_i K_{2,i} + \sum_{i=3}^{N}\sum_{j=3}^{N} \alpha_i \alpha_j y_i y_j K_{i,j}\right)$$

$$= \alpha_1 + \alpha_2 - \frac{1}{2}\alpha_1^2 K_{1,1} - \frac{1}{2}\alpha_2^2 K_{2,2} - \alpha_1\alpha_2 s K_{1,2} - \alpha_1 y_1 v_1 - \alpha_2 y_2 v_2 + \text{const} \tag{3-124}$$

式中，const 表示一常数，$K_{i,j}$ 为 $K(\boldsymbol{x}_i, \boldsymbol{x}_j)$的简写，并且：

$$v_i = \sum_{j=3}^{N} \alpha_j y_j k_{i,j} = d^{\text{old}}(\boldsymbol{x}_i) - b^{\text{old}} - \alpha_1^{\text{old}} y_i K_{1,i} - \alpha_2^{\text{old}} y_i K_{2,i} \tag{3-125}$$

式中，上标 old 表示此次迭代优化前的值。再用 $\gamma - s\alpha_2$ 替代 α_1，并代入式（3-125）中，则：

$$W(\alpha_2) = \gamma - s\alpha_2 + \alpha_2 - \frac{1}{2}(\gamma - s\alpha_2)^2 K_{1,1} - \frac{1}{2}\alpha_2^2 K_{2,2}$$

$$-s(\gamma - s\alpha_2)\alpha_2 K_{1,2} - (\gamma - s\alpha_2) y_1 v_1 - \alpha_2 y_2 v_2 + \text{const} \tag{3-126}$$

式（3-126）的一阶和二阶导数分别为：

$$\frac{\mathrm{d}W(\alpha_2)}{\mathrm{d}\alpha_2} = (2K_{1,2} - K_{1,1} - K_{2,2})\alpha_2 + s(K_{1,1} - K_{1,2})\gamma + (v_1 - v_2) y_2 - s + 1 \tag{3-127}$$

$$\begin{aligned}\frac{\mathrm{d}W^2(\alpha_2)}{\mathrm{d}^2\alpha_2} &= 2K_{1,2} - K_{1,1} - K_{2,2} \\ &= 2\boldsymbol{\Phi}(\boldsymbol{x}_1)\boldsymbol{\Phi}(\boldsymbol{x}_2) - \boldsymbol{\Phi}(\boldsymbol{x}_1)\boldsymbol{\Phi}(\boldsymbol{x}_1) - \boldsymbol{\Phi}(\boldsymbol{x}_2)\boldsymbol{\Phi}(\boldsymbol{x}_2) \\ &= -\left\|\boldsymbol{\Phi}(\boldsymbol{x}_2) - \boldsymbol{\Phi}(\boldsymbol{x}_1)\right\|^2\end{aligned} \tag{3-128}$$

在式（3-128）中，只要 $\boldsymbol{x}_2 \neq \boldsymbol{x}_1$，函数 $W(\alpha_2)$的二阶导数就都小于 0，因此函数 $W(\alpha_2)$具有极大值，极大值处即为 $W(\alpha_2)$的一阶导数为 0 时的 α_2。令式（3-127）为 0，则得到 α_2 的优化值 α_2^*：

$$\alpha_2^* = \frac{-s(K_{1,1} - K_{1,2})\gamma - (v_1 - v_2) y_2 + s - 1}{2K_{1,2} - K_{1,1} - K_{2,2}} \tag{3-129}$$

把式（3-121）和式（3-125）代入式（3-129），经整理后得：

$$\begin{aligned}\alpha_2^* &= \frac{\alpha_2^{\text{old}}(2K_{1,2} - K_{1,1} - K_{2,2}) - y_2\left[d^{\text{old}}(\boldsymbol{x}_1) - d^{\text{old}}(\boldsymbol{x}_2)\right] - s + 1}{2K_{1,2} - K_{1,1} - K_{2,2}} \\ &= \frac{\alpha_2^{\text{old}}(2K_{1,2} - K_{1,1} - K_{2,2}) - y_2\left[d^{\text{old}}(\boldsymbol{x}_1) - d^{\text{old}}(\boldsymbol{x}_2)\right] - y_1 y_2 + y_2 y_2}{2K_{1,2} - K_{1,1} - K_{2,2}}\end{aligned}$$

$$
=\frac{\alpha_2^{\text{old}}\left(2K_{1,2}-K_{1,1}-K_{2,2}\right)-y_2\left[\left(d^{\text{old}}\left(\boldsymbol{x}_1\right)-y_1\right)-\left(d^{\text{old}}\left(\boldsymbol{x}_2\right)-y_2\right)\right]}{2K_{1,2}-K_{1,1}-K_{2,2}}
$$

$$
=\alpha_2^{old}-\frac{y_2\left(E_1-E_2\right)}{2K_{1,2}-K_{1,1}-K_{2,2}} \tag{3-130}
$$

式中，$E_i=d^{\text{old}}(\boldsymbol{x}_i)-y_i$，当 $i=1,2$ 时，其中 E_1 为：

$$
E_1=d^{\text{old}}\left(\boldsymbol{x}_1\right)-y_1=\sum_{j=3}^{N}\alpha_j y_j K_{j,1}+\alpha_1^{\text{old}}y_1K_{1,1}+\alpha_2^{\text{old}}y_2K_{2,1}+b^{\text{old}}-y_1 \tag{3-131}
$$

对 α_2 的优化值，我们还需要考虑它的约束条件 $0\leqslant\alpha_2\leqslant C$，因此最终 α_2 的优化值 α_2^{new} 为：

$$
\alpha_2^{\text{new}}=\begin{cases}H，\text{如果}\alpha_2^*\geqslant H\\ \alpha_2^*，\text{如果}L<\alpha_2^*<H\\ L，\text{如果}\alpha_2^*\leqslant L\end{cases} \tag{3-132}
$$

式中的 H 和 L 为式（3-122）中的 H 和 L。把 α_2^{new} 代入式（3-121）中，就得到了 α_1^{new}。

$$
\alpha_1^{\text{new}}=\alpha_1^{\text{old}}+s\left(\alpha_2^{\text{old}}-\alpha_2^{\text{new}}\right) \tag{3-133}
$$

在式（3-128）中，当 $\boldsymbol{x}_2=\boldsymbol{x}_1$ 时，说明 $\boldsymbol{x}_2$ 和 $\boldsymbol{x}_1$ 是两个重复的样本函数，此时 $W(\alpha_2)$的二阶导数等于 0。很显然，$W(\alpha_2)$是一条直线，如果$|W(\alpha_2)-W(0)|>\varepsilon$，这里的 ε 表示可以接受的误差，则：

$$
\alpha_2^{new}=\underset{0,C}{\arg\max}\left\{W\left(0\right),W\left(C\right)\right\} \tag{3-134}
$$

而 α_1^{new} 仍然可以按式（3-133）得到。但如果$|W(\alpha_2)-W(0)|\leqslant\varepsilon$，则没有进一步改进的可能，此时优化必须终止，并且选取两个新的乘子重新执行 SMO。

每次优化更新完两个拉格朗日乘子后，都需要重新计算偏移量 b。仍然以 α_1 和 α_2 为优化对象，当 $0<\alpha_1^{\text{new}}<C$ 时，由 KKT 条件（式（3-123））中的第二条可知 $y_1d(\boldsymbol{x}_1)=1$，又因为 $y_i\in\{-1,1\}$，所以 $y_1=d(\boldsymbol{x}_1)$，则：

$$
b_1^{\text{new}}=y_1-\sum_{j=3}^{N}\alpha_i y_i K_{i,1}-\alpha_1^{\text{new}}y_1K_{1,1}-\alpha_2^{\text{new}}y_2K_{2,1} \tag{3-135}
$$

把式（3-131）代入式（3-135），则：

$$
b_1^{\text{new}}=-E_1-y_1K_{1,1}\left(\alpha_1^{\text{new}}-\alpha_1^{\text{old}}\right)-y_2K_{2,1}\left(\alpha_2^{\text{new}}-\alpha_2^{\text{old}}\right)+b^{\text{old}} \tag{3-136}
$$

同理，当 $0<\alpha_2^{\text{new}}<C$ 时，则：

$$
b_2^{\text{new}}=-E_2-y_1K_{1,2}\left(\alpha_1^{\text{new}}-\alpha_1^{\text{old}}\right)-y_2K_{2,2}\left(\alpha_2^{\text{new}}-\alpha_2^{\text{old}}\right)+b^{\text{old}} \tag{3-137}
$$

如果 $0<\alpha_1^{\text{new}}<C$，并且 $0<\alpha_2^{\text{new}}<C$，则 $b_1^{\text{new}}=b_2^{\text{new}}$；如果 $\alpha_1^{\text{new}}=C$ 或者 $\alpha_1^{\text{new}}=0$，并且 $\alpha_2^{\text{new}}=C$ 或者 $\alpha_2^{\text{new}}=0$，则 b_1^{new} 和 b_2^{new}，以及它们之间的数都是符合 KKT 条件的偏移量，此时选择它们的中点作为 b^{new}，即：

$$
b^{\text{new}}=\begin{cases}b_1^{\text{new}}, & \text{如果}0<\alpha_1^{\text{new}}<C\\ b_2^{\text{new}}, & \text{如果}0<\alpha_2^{\text{new}}<C\\ \dfrac{b_1^{\text{new}}+b_2^{\text{new}}}{2}, & \text{其他}\end{cases} \tag{3-138}
$$

以上完成了每次迭代中参数的优化，但还有一个重要的问题需要解决，那就是如何选取每次迭代中的两个 α_i。选取 α_i 的原则是尽可能地最大化目标函数（即式（3-58）），而对于具有大量样本的实例来说，速度就是一个至关重要的问题，因为对于 N 个样本来说，一共有 $N(N-1)$种可能选取两个 α_i。

首先选择 α_1，把违反 KKT 条件（即式（3-123）中的第二条）中最严重的那个 α_i 作为 α_1。然后再根据 α_1 选择 α_2。由式（3-130）可知，α_2^{new} 依赖于$|E_1-E_2|$。为了加快计算速度，一种简单的做法是选择那个使对应的$|E_1-E_i|$最大的 α_i 作为 α_2。因为 α_1 已定，E_1 也确定了，如果 E_1 是正值，那么选择最小的 E_i 作为 E_2，如果 E_1 是负值，那么选择最大的 E_i 作为 E_2。

8. 广义 SMO 算法

Platt 仅提出了 C-SVC 的 SMO 方法，台湾大学的林智仁及其团队全面提出了 C-SVC、ν-SVC、单类 SVM、ε-SVR 和 ν-SVR 的广义 SMO 算法，并把它应用到 LibSVM 这个 SVM 分类和回归的开源机器学习工具包中，而 OpenCV 中的 SVM 程序正是基于 LibSVM v2.6。因此，下面介绍这种广义 SMO 算法。

式（3-58）为 C-SVC 的目标函数，该式的最大值与式（3-139）的最小值完全等价：

$$\min_{\boldsymbol{\alpha}} \frac{1}{2}\sum_{i=1}^{N}\sum_{j=1}^{N}\alpha_i\alpha_j y_i y_j K\left(\boldsymbol{x}_i,\boldsymbol{x}_j\right)-\sum_{i=1}^{N}\alpha_i$$

$$\text{受限于}\sum_{i=1}^{N}\alpha_i y_i = 0\,, 0\leqslant \alpha_i \leqslant C \qquad i=1,2,\cdots,N \tag{3-139}$$

为简单起见，把式（3-139）写为如式（3-19）那样的标准二次规划问题的表达式：

$$\min_{\boldsymbol{\alpha}} \frac{1}{2}\boldsymbol{\alpha}^{\mathrm{T}}\boldsymbol{U}\boldsymbol{\alpha}-\boldsymbol{e}^{\mathrm{T}}\boldsymbol{\alpha}$$

$$\text{受限于 } \boldsymbol{y}^{\mathrm{T}}\boldsymbol{\alpha}=0\,, 0\leqslant \alpha_i \leqslant C \qquad i=1,2,\cdots,N \tag{3-140}$$

式中，$e=[1,\cdots,1]^{\mathrm{T}}$ 表示单位向量；$\boldsymbol{y}$ 和 $\boldsymbol{\alpha}$ 分别为由 y_i 和 α_i 组成的向量；$\boldsymbol{U}$ 是 $N\times N$ 的半正定矩阵，$\boldsymbol{U}_{ij}=y_iy_jK(x_i, x_j)$。

同理，ν-SVC 的目标函数（式（3-65））写为：

$$\min_{\boldsymbol{\alpha}} \frac{1}{2}\boldsymbol{\alpha}^{\mathrm{T}}\boldsymbol{U}\boldsymbol{\alpha}$$

$$\text{受限于 } \boldsymbol{y}^{\mathrm{T}}\boldsymbol{\alpha}=0\,, 0\leqslant \alpha_i \leqslant \frac{1}{N}, \boldsymbol{e}^{\mathrm{T}}\boldsymbol{\alpha}\geqslant \nu \qquad i=1,2,\cdots,N \tag{3-141}$$

式中，$U_{ij}=y_iy_jK(x_i, x_j)$。式（3-141）中的一个非线性约束条件 $\boldsymbol{e}^{\mathrm{T}}\boldsymbol{\alpha} \geqslant \nu$ 可以替换成线性约束条件 $\boldsymbol{e}^{\mathrm{T}}\boldsymbol{\alpha}=\nu$，并且由于 $\alpha_i \leqslant 1/N$，会使 α_i 非常小，从而产生严重的运算误差，因此对式（3-141）进行适当变换，得到：

$$\min_{\bar{\boldsymbol{\alpha}}} \frac{1}{2}\bar{\boldsymbol{\alpha}}^{\mathrm{T}}\boldsymbol{U}\,\bar{\boldsymbol{\alpha}}$$

$$\text{受限于 } \boldsymbol{y}^{\mathrm{T}}\bar{\boldsymbol{\alpha}}=0\,, 0\leqslant \bar{\alpha}_i \leqslant 1, \boldsymbol{e}^{\mathrm{T}}\bar{\boldsymbol{\alpha}}=\nu N \qquad i=1,2,\cdots,N \tag{3-142}$$

如果 $\boldsymbol{\alpha}$ 是式(3-142)的最优解，b 和 ρ 是式(3-59)的最优解，则该 ν-SVC 的最终输出解 $\boldsymbol{\alpha}^*=\boldsymbol{\alpha}/\rho$，$b^*=b/\rho$。

单类 SVM 的 Schölkopf 法的目标函数（式（3-87））写为：

$$\min_{\boldsymbol{\alpha}} \frac{1}{2}\boldsymbol{\alpha}^{\mathrm{T}}\boldsymbol{U}\boldsymbol{\alpha}$$

$$\text{受限于}\quad 0\leqslant\alpha_i\leqslant\frac{1}{\nu N},\boldsymbol{e}^{\mathrm{T}}\boldsymbol{\alpha}=1\qquad i=1,2,\cdots,N \tag{3-143}$$

式中，$U_{ij}=K(x_i,\ x_j)$。与式（3-142）相似，也对式（3-143）中的 $\boldsymbol{\alpha}$ 放大 νN 倍，因为对 $\boldsymbol{\alpha}$ 进行缩放处理，并不改变单类 SVM 的决策函数的结果，因此有：

$$\min_{\boldsymbol{\alpha}}\frac{1}{2}\boldsymbol{\alpha}^{\mathrm{T}}\boldsymbol{U}\boldsymbol{\alpha}$$

$$\text{受限于}\quad 0\leqslant\alpha_i\leqslant 1,\boldsymbol{e}^{\mathrm{T}}\boldsymbol{\alpha}=\nu N\qquad i=1,2,\cdots,N \tag{3-144}$$

ε-SVR 的目标函数（式（3-103））写为：

$$\min_{\boldsymbol{\alpha}^-,\boldsymbol{\alpha}^+}\frac{1}{2}\left(\boldsymbol{\alpha}^- - \boldsymbol{\alpha}^+\right)^{\mathrm{T}}\boldsymbol{U}\left(\boldsymbol{\alpha}^- - \boldsymbol{\alpha}^+\right)+\varepsilon\sum_{i=1}^{N}\left(\alpha_i^- + \alpha_i^+\right)-\sum_{i=1}^{N}y_i\left(\alpha_i^- - \alpha_i^+\right)$$

$$\text{受限于}\ \boldsymbol{e}^{\mathrm{T}}\left(\boldsymbol{\alpha}^- - \boldsymbol{\alpha}^+\right)=0,\ \ \alpha_i^-,\alpha_i^+\in\left[0,C\right]\qquad i=1,2,\cdots,N \tag{3-145}$$

式中，$U_{ij}=K(x_i, x_j)$。如果 $\boldsymbol{\alpha}^{-*}$ 或 $\boldsymbol{\alpha}^{+*}$ 等是式（3-145）的最优解，则 ε-SVR 的最终输出解 $\alpha=\boldsymbol{\alpha}^{-*}-\boldsymbol{\alpha}^{+*}$。

ν-SVR 的目标函数（式（3-115））写为：

$$\min_{\boldsymbol{\alpha}^-,\boldsymbol{\alpha}^+}\frac{1}{2}\left(\boldsymbol{\alpha}^- - \boldsymbol{\alpha}^+\right)^{\mathrm{T}}\boldsymbol{U}\left(\boldsymbol{\alpha}^- - \boldsymbol{\alpha}^+\right)-\boldsymbol{y}^{\mathrm{T}}\left(\boldsymbol{\alpha}^- - \boldsymbol{\alpha}^+\right)$$

$$\text{受限于}\ \boldsymbol{e}^{\mathrm{T}}\left(\boldsymbol{\alpha}^- - \boldsymbol{\alpha}^+\right)=0,\ \ \alpha_i^-,\alpha_i^+\in\left[0,\frac{C}{N}\right],\ \ \boldsymbol{e}^{\mathrm{T}}\left(\boldsymbol{\alpha}^- + \boldsymbol{\alpha}^+\right)\leqslant C\nu \tag{3-146}$$

式中，$U_{ij}=K(x_i, x_j)$。与式（3-142）相似，我们也对式（3-146）进行调整：

$$\min_{\boldsymbol{\alpha}^-,\boldsymbol{\alpha}^+}\frac{1}{2}\left(\boldsymbol{\alpha}^- - \boldsymbol{\alpha}^+\right)^{\mathrm{T}}\boldsymbol{U}\left(\boldsymbol{\alpha}^- - \boldsymbol{\alpha}^+\right)-\boldsymbol{y}^{\mathrm{T}}\left(\boldsymbol{\alpha}^- - \boldsymbol{\alpha}^+\right)$$

$$\text{受限于}\ \boldsymbol{e}^{\mathrm{T}}\left(\boldsymbol{\alpha}^- - \boldsymbol{\alpha}^+\right)=0,\ \ \alpha_i^-,\alpha_i^+\in\left[0,\bar{C}\right],\ \ \boldsymbol{e}^{\mathrm{T}}\left(\boldsymbol{\alpha}^- + \boldsymbol{\alpha}^+\right)=\bar{C}\nu N \tag{3-147}$$

因为 C 为人为选取的常系数，所以只需把 C 选取得小一些，就转换为式（3-147）中的 $\bar{C}$。与 ε-SVR 相同，ν-SVR 的最终输出解 $\alpha=\boldsymbol{\alpha}^{-*}-\boldsymbol{\alpha}^{+*}$。

最终我们要实现的是式（3-140）、式（3-142）、式（3-144）、式（3-145）和式（3-147）的二次规划问题的求解。根据线性约束条件的数量，把上述 5 个二次规划问题分为两类：具有一个线性约束条件和具有两个约束条件。式（3-140）（C-SVC）、式（3-144）（单类 SVM）和式（3-145）（ε-SVR）属于第一类 SVM，式（3-142）（ν-SVC）和式（3-147）（ν-SVR）属于第二类 SVM。

定义函数 $f(\boldsymbol{\beta})$:

$$f\left(\boldsymbol{\beta}\right)\equiv\frac{1}{2}\boldsymbol{\beta}^{\mathrm{T}}\boldsymbol{Q}\boldsymbol{\beta}+\boldsymbol{p}^{\mathrm{T}}\boldsymbol{\beta} \tag{3-148}$$

式中，$\boldsymbol{Q}$ 是 $N\times N$ 的矩阵；$\boldsymbol{\beta}$ 和 $\boldsymbol{p}$ 都为 N 维向量。函数 $f(\boldsymbol{\beta})$的导数，即它的梯度 $\nabla f(\boldsymbol{\beta})$为:

$$\nabla f\left(\boldsymbol{\beta}\right)\equiv\boldsymbol{Q}\boldsymbol{\beta}+\boldsymbol{p} \tag{3-149}$$

可以看出，式（3-140）、式（3-142）、式（3-144）、式（3-145）和式（3-147）的 min 内的函数都可以写成式（3-148）的形式，这样公式统一，便于用程序实现。

C-SVC 的 $f(\boldsymbol{\beta})$形式为:

$$\min_{\boldsymbol{\beta}}f\left(\boldsymbol{\beta}\right)=\min_{\boldsymbol{\beta}}\frac{1}{2}\boldsymbol{\beta}^{\mathrm{T}}\boldsymbol{Q}\boldsymbol{\beta}+\boldsymbol{p}^{\mathrm{T}}\boldsymbol{\beta}$$

$$\text{受限于}\quad 0 \leqslant \beta_i \leqslant C,\ \boldsymbol{z}^{\mathrm{T}}\boldsymbol{\beta}=0 \qquad i=1,2,\cdots,N \tag{3-150}$$

式（3-150）与式（3-140）对比，有 $\boldsymbol{\beta}=\boldsymbol{\alpha}$，$\boldsymbol{z}=\boldsymbol{y}$，$\boldsymbol{p}=-\boldsymbol{e}$，即 $p_i=-1$，$\boldsymbol{Q}=\boldsymbol{U}$，即 $Q_{ij}=U_{ij}=y_iy_jK(x_i,x_j)=z_iz_jK(x_i,x_j)$。

ν-SVC 的 $f(\boldsymbol{\beta})$形式为：

$$\min_{\boldsymbol{\beta}} f(\boldsymbol{\beta})=\min_{\boldsymbol{\beta}}\frac{1}{2}\boldsymbol{\beta}^{\mathrm{T}}\boldsymbol{Q}\boldsymbol{\beta}+\boldsymbol{p}^{\mathrm{T}}\boldsymbol{\beta}$$

$$\text{受限于}\quad 0 \leqslant \beta_i \leqslant 1,\ \boldsymbol{e}^{\mathrm{T}}\boldsymbol{\beta}=\nu N,\ \boldsymbol{z}^{\mathrm{T}}\boldsymbol{\beta}=0 \qquad i=1,2,\cdots,N \tag{3-151}$$

式（3-151）与式（3-142）对比，有 $\beta=\overline{\alpha}$，$\boldsymbol{z}=\boldsymbol{y}$，$\boldsymbol{p}=0$，$\boldsymbol{Q}=\boldsymbol{U}$，即 $Q_{ij}=U_{ij}=y_iy_jK(x_i,x_j)=z_iz_jK(x_i,x_j)$。

单类 SVM 的 $f(\boldsymbol{\beta})$形式为：

$$\min_{\boldsymbol{\beta}} f(\boldsymbol{\beta})=\min_{\boldsymbol{\beta}}\frac{1}{2}\boldsymbol{\beta}^{\mathrm{T}}\boldsymbol{Q}\boldsymbol{\beta}+\boldsymbol{p}^{\mathrm{T}}\boldsymbol{\beta}$$

$$\text{受限于}\quad 0 \leqslant \beta_i \leqslant 1,\ \boldsymbol{z}^{\mathrm{T}}\boldsymbol{\beta}=\nu N \qquad i=1,2,\cdots,N \tag{3-152}$$

式（3-152）与式（3-144）对比，有 $\boldsymbol{\beta}=\boldsymbol{\alpha}$，$\boldsymbol{z}=\boldsymbol{e}$，即 $z_i=1$，$\boldsymbol{p}=0$，$\boldsymbol{Q}=\boldsymbol{U}$，即 $Q_{ij}=U_{ij}=K(x_i,x_j)=z_iz_jK(x_i,x_j)$。

对于 ε-SVR，式（3-145）的 min 内的函数可以改写为：

$$f\left(\boldsymbol{\alpha}^{-},\boldsymbol{\alpha}^{+}\right)=\frac{1}{2}\left[\left(\boldsymbol{\alpha}^{-}\right)^{\mathrm{T}},\left(\boldsymbol{\alpha}^{+}\right)^{\mathrm{T}}\right]\begin{bmatrix}\boldsymbol{U} & -\boldsymbol{U}\\ -\boldsymbol{U} & \boldsymbol{U}\end{bmatrix}\begin{bmatrix}\boldsymbol{\alpha}^{-}\\ \boldsymbol{\alpha}^{+}\end{bmatrix}+\left[\varepsilon\boldsymbol{e}^{\mathrm{T}}-\boldsymbol{y}^{\mathrm{T}},\varepsilon\boldsymbol{e}^{\mathrm{T}}+\boldsymbol{y}^{\mathrm{T}}\right]\begin{bmatrix}\boldsymbol{\alpha}^{-}\\ \boldsymbol{\alpha}^{+}\end{bmatrix} \tag{3-153}$$

则 ε-SVR 的 $f(\boldsymbol{\beta})$形式为：

$$\min_{\boldsymbol{\beta}} f(\boldsymbol{\beta})=\min_{\boldsymbol{\beta}}\frac{1}{2}\boldsymbol{\beta}^{\mathrm{T}}\boldsymbol{Q}\boldsymbol{\beta}+\boldsymbol{p}^{\mathrm{T}}\boldsymbol{\beta}$$

$$\text{受限于}\ \boldsymbol{z}^{\mathrm{T}}\boldsymbol{\beta}=0, 0 \leqslant \beta_i \leqslant C \qquad i=1,2,\cdots,N \tag{3-154}$$

式（3-154）与式（3-145）对比，有 $\boldsymbol{\beta}=\left[\boldsymbol{\alpha}^{-},\boldsymbol{\alpha}^{+}\right]$，$\boldsymbol{z}=\left[\underbrace{1,\cdots,1}_{N},\underbrace{-1,\cdots,-1}_{N}\right]^{\mathrm{T}}$，即 $\boldsymbol{\alpha}^{-}$对应的 $\boldsymbol{z}$ 为 1，$\boldsymbol{\alpha}^{+}$对应的 $\boldsymbol{z}$ 为−1，$\boldsymbol{p}=[\varepsilon\boldsymbol{e}^{\mathrm{T}}-\boldsymbol{y}^{\mathrm{T}},\varepsilon\boldsymbol{e}^{\mathrm{T}}+\boldsymbol{y}^{\mathrm{T}}]$，$\boldsymbol{Q}=\begin{pmatrix}\boldsymbol{U} & -\boldsymbol{U}\\ -\boldsymbol{U} & \boldsymbol{U}\end{pmatrix}$，即 $Q_{ij}=z_iz_jK(x_i,x_j)$。

对于 ν-SVR，式 3-147 的 min 内的函数可以改写为：

$$f(\boldsymbol{\alpha}^{-},\boldsymbol{\alpha}^{+})=\frac{1}{2}\left[(\boldsymbol{\alpha}^{-})^{\mathrm{T}},(\boldsymbol{\alpha}^{+})^{\mathrm{T}}\right]\begin{pmatrix}\boldsymbol{U} & -\boldsymbol{U}\\ -\boldsymbol{U} & \boldsymbol{U}\end{pmatrix}\begin{pmatrix}\boldsymbol{\alpha}^{-}\\ \boldsymbol{\alpha}^{+}\end{pmatrix}+\left[-\boldsymbol{y}^{\mathrm{T}},\boldsymbol{y}^{\mathrm{T}}\right]\begin{pmatrix}\boldsymbol{\alpha}^{-}\\ \boldsymbol{\alpha}^{+}\end{pmatrix} \tag{3-155}$$

则 ν-SVR 的 $f(\boldsymbol{\beta})$形式为：

$$\min_{\boldsymbol{\beta}} f(\boldsymbol{\beta})=\min_{\boldsymbol{\beta}}\frac{1}{2}\boldsymbol{\beta}^{\mathrm{T}}\boldsymbol{Q}\boldsymbol{\beta}+\boldsymbol{p}^{\mathrm{T}}\boldsymbol{\beta}$$

$$\text{受限于}\ \boldsymbol{z}^{\mathrm{T}}\boldsymbol{\beta}=0,\ \boldsymbol{e}^{\mathrm{T}}\boldsymbol{\beta}=\overline{C}\nu N, 0 \leqslant \beta_i \leqslant \overline{C} \qquad i=1,2,\cdots,N \tag{3-156}$$

式（3-156）与式（3-147）对比，有 $\boldsymbol{\beta}=\left[\boldsymbol{\alpha}^{-},\boldsymbol{\alpha}^{+}\right]$，$\boldsymbol{z}=\left[\underbrace{1,\cdots,1}_{N},\underbrace{-1,\cdots,-1}_{N}\right]^{\mathrm{T}}$，即 $\boldsymbol{\alpha}^{-}$对应的 $\boldsymbol{z}$ 为 1，$\boldsymbol{\alpha}^{+}$对应的 $\boldsymbol{z}$ 为−1，$\boldsymbol{p}=[-\boldsymbol{y}^{\mathrm{T}},\boldsymbol{y}^{\mathrm{T}}]$，$\boldsymbol{Q}=\begin{pmatrix}\boldsymbol{U} & -\boldsymbol{U}\\ -\boldsymbol{U} & \boldsymbol{U}\end{pmatrix}$，即 $Q_{ij}=z_iz_jK(x_i,x_j)$。

再定义变量 a_{ts} 和 b_{ts}：

$$a_{ts} \equiv K_{t,t} + K_{s,s} - 2K_{t,s} \tag{3-157}$$

$$b_{ts} \equiv -z_t \nabla_t f(\boldsymbol{\beta}) + z_s \nabla_s f(\boldsymbol{\beta}) \tag{3-158}$$

式中，$\boldsymbol{z}$ 即为式（3-150）、式（3-151）、式（3-152）、式（3-154）和式（3-156）中的 $\boldsymbol{z}$，并且有：

$$\overline{a}_{ts} = \begin{cases} a_{ts}，\text{如果} a_{ts} > 0 \\ \tau，\text{其他} \end{cases} \tag{3-159}$$

式中，τ 表示一个很小的正数。对于式（3-150）、式（3-151）、式（3-152）、式（3-154）和式（3-156）来说，我们并没有直接应用 K，而是应用 $\boldsymbol{Q}$，因此需要重新定义 a_{ts}。因为无论是 SVC，还是 SVR，$z_i \in \{-1,1\}$，所以当 $z_t \neq z_s$ 时，$Q_{tt} = z_t z_t K(x_t, x_t) = K_{t,t}$，$Q_{ss} = z_s z_s K(x_s, x_s) = K_{s,s}$，$Q_{ts} = z_t z_s K(x_t, x_s) = -K_{t,s}$；当 $z_t = z_s$ 时，$Q_{tt} = z_t z_t K(x_t, x_t) = K_{t,t}$，$Q_{ss} = z_s z_s K(x_s, x_s) = K_{s,s}$，$Q_{ts} = z_t z_s K(x_t, x_s) = K_{t,s}$，因此：

$$\begin{cases} z_t \neq z_s \quad a_{ts} = Q_{t,t} + Q_{s,s} + 2Q_{t,s} \\ z_t = z_s \quad a_{ts} = Q_{t,t} + Q_{s,s} - 2Q_{t,s} \end{cases} \tag{3-160}$$

通过变量 a_{ts} 和 b_{ts}，就可以得到在每次 SMO 迭代优化后的 β_i 和 β_j，$\boldsymbol{\beta}$ 即为式（3-150）、式（3-151）、式（3-152）、式（3-154）和式（3-156）中的 $\boldsymbol{\beta}$。设 β_i^k 和 β_j^k 为第 k 次迭代之前的两个需优化的 $\boldsymbol{\beta}$ 值，优化后的 β_i^{new} 和 β_j^{new} 为：

$$\begin{cases} \beta_i^{\text{new}} = \beta_i^k + z_i b_{ij} / \overline{a}_{ij} \\ \beta_j^{\text{new}} = \beta_j^k - z_j b_{ij} / \overline{a}_{ij} \end{cases} \tag{3-161}$$

当 $z_i \neq z_j$ 时，把变量 a_{ts} 和 b_{ts} 代入式（3-161）中，则（为方便起见，没有考虑式（3-159））：

$$\begin{cases} \beta_i^{\text{new}} = \beta_i^k + \dfrac{-\nabla_i f(\boldsymbol{\beta}^k) - \nabla_j f(\boldsymbol{\beta}^k)}{Q_{i,i} + Q_{j,j} + 2Q_{i,j}} \\ \beta_j^{\text{new}} = \beta_j^k + \dfrac{-\nabla_i f(\boldsymbol{\beta}^k) - \nabla_j f(\boldsymbol{\beta}^k)}{Q_{i,i} + Q_{j,j} + 2Q_{i,j}} \end{cases} \tag{3-162}$$

当 $z_i = z_j$ 时，式（3-161）改写为：

$$\begin{cases} \beta_i^{\text{new}} = \beta_i^k - \dfrac{\nabla_i f(\boldsymbol{\beta}^k) - \nabla_j f(\boldsymbol{\beta}^k)}{Q_{i,i} + Q_{j,j} - 2Q_{i,j}} \\ \beta_j^{\text{new}} = \beta_j^k + \dfrac{\nabla_i f(\boldsymbol{\beta}^k) - \nabla_j f(\boldsymbol{\beta}^k)}{Q_{i,i} + Q_{j,j} - 2Q_{i,j}} \end{cases} \tag{3-163}$$

式（3-162）和式（3-163）的结果还要受到约束条件 $\boldsymbol{z}^{\mathrm{T}}\boldsymbol{\beta} = 0$ 和 $0 \leqslant \beta_i \leqslant C$ 的限制（对于 ν-SVC，不等式约束条件为 $0 \leqslant \beta_i \leqslant 1$；对于 ν-SVR，不等式约束条件为 $0 \leqslant \beta_i \leqslant C/N$），才能得到第 k 次迭代之后的 β_i^{k+1} 和 β_j^{k+1}，即 $\boldsymbol{\beta}$ 值不能超过图 3-12 中的矩形区域。

当 $z_i \neq z_j$ 时，由 $\boldsymbol{z}^{\mathrm{T}}\boldsymbol{\beta} = 0$ 得到：

$$\beta_i^{\text{new}} - \beta_j^{\text{new}} = \beta_i^k - \beta_j^k = T \tag{3-164}$$

如图 3-12（a）所示，矩形区域的外围共分割成 6 个区域：区域Ⅰ～区域Ⅳ，以及两个 NA 区。由式（3-164）可知，$\boldsymbol{\beta}$ 永远不会出现在 NA 区。当 $\beta_i^k - \beta_j^k > C_i - C_j$ 和 $\beta_i^{\text{new}} \geqslant C_i$ 时，β 在区域Ⅰ内，则 $\beta_i^{k+1} = C_i$，$\beta_j^{k+1} = C_i - (\beta_i^k - \beta_j^k)$；当 $\beta_i^k - \beta_j^k \leqslant C_i - C_j$ 和 $\beta_j^{\text{new}} \geqslant C_j$ 时，β 在区域Ⅱ内，则 $\beta_j^{k+1} = C_j$，$\beta_i^{k+1} = C_j + (\beta_i^k - \beta_j^k)$；当 $\beta_i^k - \beta_j^k > 0$ 和 $\beta_j^{\text{new}} < 0$ 时，β 在区域Ⅲ内，则 $\beta_j^{k+1} = 0$，$\beta_i^{k+1} = \beta_i^k - \beta_j^k$；当 $\beta_i^k - \beta_j^k \leqslant 0$ 和 β_i^{new}

<0 时，β 在区域Ⅳ内，则 $\beta_i^{k+1}=0$，$\beta_j^{k+1}=-(\beta_i^k-\beta_j^k)$。

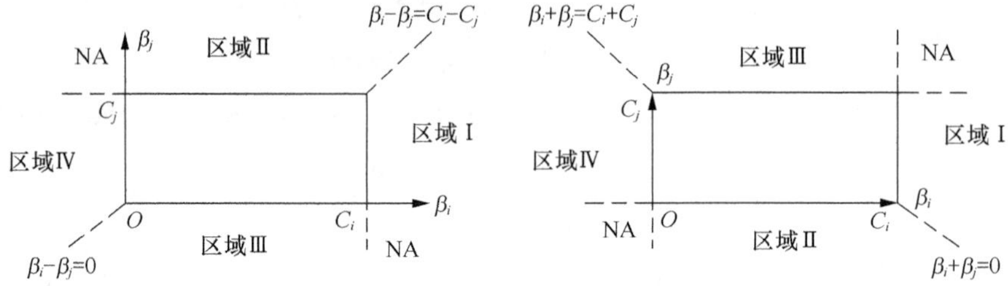

（a）　　　　　　　　（b）

▲图 3-12　$\boldsymbol{\beta}$ 值的约束范围

同理，当 $z_i=z_j$ 时，由 $\boldsymbol{z}^{\mathrm{T}}\boldsymbol{\beta}=0$ 得到：

$$\beta_i^{\text{new}}+\beta_j^{\text{new}}=\beta_i^k+\beta_j^k=S \tag{3-165}$$

如图 3-12（b）所示，当 $\beta_i^k+\beta_j^k>C_i$ 和 $\beta_i^{\text{new}}\geqslant C_i$ 时，β 在区域Ⅰ内，则 $\beta_i^{k+1}=C_i$，$\beta_j^{k+1}=(\beta_i^k+\beta_j^k)-C_i$；当 $\beta_i^k+\beta_j^k\leqslant C_i$ 和 $\beta_j^{\text{new}}<0$ 时，β 在区域Ⅱ内，则 $\beta_j^{k+1}=0$，$\beta_i^{k+1}=\beta_i^k+\beta_j^k$；当 $\beta_i^k+\beta_j^k>C_j$ 和 $\beta_j^{\text{new}}>C_j$ 时，β 在区域Ⅲ内，则 $\beta_j^{k+1}=C_j$，$\beta_i^{k+1}=(\beta_i^k+\beta_j^k)-C_j$；当 $\beta_i^k+\beta_j^k\leqslant C_j$ 和 $\beta_i^{\text{new}}<0$ 时，β 在区域Ⅳ内，则 $\beta_i^{k+1}=0$，$\beta_j^{k+1}=\beta_i^k+\beta_j^k$。

前面已经分析过，C-SVC、单类 SVM 和 ε-SVR 具有一个线性约束条件，属于第一类 SVM，ν-SVC 和 ν-SVR 具有两个线性约束条件，属于第二类 SVM。这两类 SVM 在求解过程中存在差异，具体表现为：①初始化 $\boldsymbol{\beta}$ 不同；②工作集 β_i 和 β_j 的选取不同；③迭代终止条件不同；④决策函数中的偏移量 b 的计算不同。下面逐一给出这些差异。

（1）初始化 $\boldsymbol{\beta}$

在迭代优化之前，需要初始化 $\boldsymbol{\beta}$。对于 C-SVC 和 ε-SVR，初始化为 0 即可，对于单类 SVM，设前 $[\nu N]$ 个 $\beta_i=1$，第 $[\nu N]+1$ 个 $\beta_i=\nu N-[\nu N]$，其余 $\beta_i=0$，其中 $[x]$ 表示对 x 进行四舍五入取整。对于 ν-SVC，$z_i=1$ 的前 $\lfloor \nu N/2\rfloor$ 个 $\beta_i=1$，第 $\lfloor \nu N/2\rfloor+1$ 个 $\beta_i=\nu N/2-\lfloor \nu N/2\rfloor$，其余 $\beta_i=0$；对于 $z_i=-1$ 的 $\boldsymbol{\beta}$ 也做同样的初始化。其中 $\lfloor x\rfloor$ 表示对 x 进行向下取整。ν-SVR，$z_i=1$ 的前 $\lfloor C\nu N/2\rfloor$ 个 $\beta_i=C$，第 $\lfloor \nu N/2\rfloor+1$ 个 $\beta_i=C\nu N/2-\lfloor C\nu N/2\rfloor$，其余 $\beta_i=0$；对于 $z_i=-1$ 的 $\boldsymbol{\beta}$ 也做同样的初始化。

（2）工作集 β_i 和 β_j 的选取

对于第一类 SVM，β_i 和 β_j 的选取公式为：

$$\begin{aligned} i&=\arg\max_t\left(\left\{-\nabla_t f(\boldsymbol{\beta})\mid z_t=1,\beta_t<C\right\},\left\{\nabla_t f(\boldsymbol{\beta})\mid z_t=-1,\beta_t>0\right\}\right)\\ j&=\arg\max_t\left(\left\{-\nabla_t f(\boldsymbol{\beta})\mid z_t=-1,\beta_t<C\right\},\left\{\nabla_t f(\boldsymbol{\beta})\mid z_t=1,\beta_t>0\right\}\right)\end{aligned} \tag{3-166}$$

对于第二类 SVM，β_i 和 β_j 的选取要经过两次计算，比较这两次的结果后再选出最佳的 β。

第一次先由 $z_i=1$ 得到 i_p 和 j_p：

$$\begin{aligned} i_p&=\arg\max_t\left(\left\{-\nabla_t f(\boldsymbol{\beta})\mid z_t=1,\beta_t<C\right\}\right)\\ j_p&=\arg\max_t\left(\left\{\nabla_t f(\boldsymbol{\beta})\mid z_t=1,\beta_t>0\right\}\right)\end{aligned} \tag{3-167}$$

第二次再由 $z_i=-1$ 得到 i_n 和 j_n：

$$i_n=\arg\max_t\left(\left\{-\nabla_t f(\boldsymbol{\beta})\mid z_t=-1,\beta_t<C\right\}\right)$$

$$j_n = \arg\max_t \left(\left\{ \nabla_t f(\boldsymbol{\beta}) \middle| z_t = -1, \beta_t > 0 \right\} \right) \tag{3-168}$$

最后得到 i 和 j:

$$\begin{cases} i = i_p, j = j_p, \text{ 如果} -\nabla_{i_p} f(\boldsymbol{\beta}) + \nabla_{j_p} f(\boldsymbol{\beta}) > -\nabla_{i_n} f(\boldsymbol{\beta}) + \nabla_{j_n} f(\boldsymbol{\beta}) \\ i = i_n, j = j_n, \text{ 其他} \end{cases} \tag{3-169}$$

（3）迭代终止

对于第一类 SVM，终止条件为:

$$\left| \nabla_i f(\boldsymbol{\beta}) \right| + \left| \nabla_j f(\boldsymbol{\beta}) \right| < \varepsilon \tag{3-170}$$

式中，这里的 ε 表示可以接受的误差，i 和 j 分别为式（3-166）中得到的 i 和 j。

对于第二类 SVM，终止条件为:

$$\max\left\{ -\nabla_{i_p} f(\boldsymbol{\beta}) + \nabla_{j_p} f(\boldsymbol{\beta}), -\nabla_{i_n} f(\boldsymbol{\beta}) + \nabla_{j_n} f(\boldsymbol{\beta}) \right\} < \varepsilon \tag{3-171}$$

式中，i_p、j_p、i_n 和 j_n 分别为式（3-167）和式（3-168）中得到的 i_p、j_p、i_n 和 j_n。

（4）决策函数中的偏移量 b 的计算

在第一类 SVM 中，比较 C-SVC、单类 SVM 和 ε-SVR 的决策函数（式（3-50）、式（3-90）和式（3-105））会发现，C-SVC 和 ε-SVR 中的参数 b 与单类 SVM 中的参数 $-\rho$ 起到同样的作用，因此我们定义 $\rho = -b$ 来统一计算 ρ。

$$\rho = \frac{\sum_{i=1}^{M} z_i \nabla_i f(\boldsymbol{\beta})}{M} \tag{3-172}$$

式中，M 表示所有 $0<\beta_i<C$ 的样本数量之和，即 ρ 的计算只与那些 $0<\beta_i<C$ 的样本有关。但当训练集中没有这些样本时，那么 ρ 的计算就只能考虑那些 $\beta_i=0$ 和 $\beta_i=C$ 的样本了。

$$\rho = -\frac{M(\boldsymbol{\beta}) + m(\boldsymbol{\beta})}{2} \tag{3-173}$$

式中，

$$M(\boldsymbol{\beta}) = \max\{ z_i \nabla_i f(\boldsymbol{\beta}) \mid \beta_i = 0, z_i = -1 \text{或} \beta_i = C, z_i = 1 \} \tag{3-174}$$

$$m(\boldsymbol{\beta}) = \min\{ z_i \nabla_i f(\boldsymbol{\beta}) \mid \beta_i = 0, z_i = 1 \text{或} \beta_i = C, z_i = -1 \} \tag{3-175}$$

对于第二类 SVM，首先给出 r_1 和 r_2:

$$r_1 = \frac{\sum_{i=1}^{M^{(+1)}} \nabla_i f(\boldsymbol{\beta})}{M^{(+1)}} \tag{3-176}$$

$$r_2 = \frac{\sum_{i=1}^{M^{(-1)}} \nabla_i f(\boldsymbol{\beta})}{M^{(-1)}} \tag{3-177}$$

式中，$M^{(+1)}$ 和 $M^{(-1)}$ 分别表示 $z_i=1$ 和 $z_i=-1$ 下所有 $0<\beta_i<C$ 的样本数量之和。当样本中不存在 $0<\beta_i<C$ 时，r_1 和 r_2 就需要重新定义。

$$r_1 = \frac{\max\limits_{\beta_i=C, z_i=1} \nabla_i f(\boldsymbol{\beta}) + \min\limits_{\beta_i=0, z_i=1} \nabla_i f(\boldsymbol{\beta})}{2} \tag{3-178}$$

$$r_2 = \frac{\max\limits_{\beta_i=C, z_i=-1} \nabla_i f(\boldsymbol{\beta}) + \min\limits_{\beta_i=0, z_i=-1} \nabla_i f(\boldsymbol{\beta})}{2} \tag{3-179}$$

有了 r_1 和 r_2，则 b 和 ρ 为：

$$\rho = \frac{r_1 + r_2}{2}, \quad b = -\frac{r_1 - r_2}{2} \tag{3-180}$$

式中得到的 b 即为 ν-SVR 的决策函数中所需要的参数 b^*。而对于 ν-SVC 来说，由于对目标函数进行了调整（式（3-142）），因此它的决策函数中所需要的参数 $\boldsymbol{\alpha}^*$和 b^*为 $\boldsymbol{\alpha}/\rho$ 和 b/ρ，这里的 b 和 ρ 即为式（3-180）得到的 b 和 ρ。

下面给出 LibSVM，也就是 OpenCV 的 SVM 算法的一般步骤。

（1）初始化 $\boldsymbol{\beta}$ 值，不同的 SVM，有不同的初始化值。

（2）进入迭代优化过程。

- 工作集 β_i 和 β_j 的选取，第一类 SVM 按式（3-166）选取，第二类 SVM 按式（3-169）选取。
- 按式（3-162）或式（3-163）更新 β_i 和 β_j。
- 判断迭代是否终止，第一类 SVM 按式（3-170）判断，第二类 SVM 按式（3-171）判断。

（3）由 $\boldsymbol{\beta}$ 得到决策函数，其中偏移量 b 按式（3-172）（第一类 SVM）或式（3-180）（第二类 SVM）计算。

3.2 源码解析

OpenCV 2.4.9 的 SVM 程序是基于 LibSVM v2.6 的。LibSVM 是由台湾大学林智仁等人开发的用于 SVM 分类和回归的开源机器学习工具包。

进行源码分析前，先给出用于 SVM 算法的训练参数结构变量 CvSVMParams。

```
struct CvSVMParams
{
    CvSVMParams();
    CvSVMParams( int _svm_type, int _kernel_type,
                 double _degree, double _gamma, double _coef0,
                 double _C, double _nu, double _p,
                 CvMat* _class_weights, CvTermCriteria _term_crit );

    int         sv m_type;
    int         kernel_type;
    double      degree; // for poly
    double      gamma;  // for poly/rbf/sigmoid
    double      coef0;  // for poly/sigmoid

    double      C;  // for CV_SVM_C_SVC, CV_SVM_EPS_SVR and CV_SVM_NU_SVR
    double      nu; // for CV_SVM_NU_SVC, CV_SVM_ONE_CLASS, and CV_SVM_NU_SVR
    double      p; // for CV_SVM_EPS_SVR
    CvMat*       class_weights; // for CV_SVM_C_SVC
    CvTermCriteria term_crit; // termination criteria
};
```

svm_type 表示 OpenCV 能够实现的 SVM 的类型：C-SVC、ν-SVC、单类 SVM、ε-SVR 和 ν-SVR。对应的变量分别为：CvSVM::C_SVC、CvSVM::NU_SVC、CvSVM::ONE_CLASS、CvSVM::EPS_SVR 和 CvSVM::NU_SVR。

kernel_type 表示 OpenCV 能够实现的核函数的类型：线性核函数、多项式核函数、高斯核函数和 Sigmoid 核函数。对应的变量分别为：CvSVM::LINEAR、CvSVM::POLY、CvSVM::RBF 和 CvSVM::SIGMOID。

degree 表示多项式核函数式（3-54）中的参数 q。

gamma 表示多项式核函数式（3-54）、高斯核函数式（3-56）和 Sigmoid 核函数式（3-57）中的参数 γ。

coef0 表示多项式核函数式（3-54）和 Sigmoid 核函数式（3-57）中的参数 p。

C 表示惩罚参数 C。

nu 表示 ν-SVC 和 ν-SVR 的参数 ν。

p 表示 ε-SVR 的参数 ε。

class_weights 表示不同分类的权值，该值与参数 C 相乘后，实现了不同分类的不同惩罚力度，该值越大，该类别的误分类数据的惩罚就越大。

term_crit:SVM 表示广义 SMO 算法的迭代过程的终止条件，该变量是结构数据类型：

```
typedef struct CvTermCriteria
{
    //CV_TERMCRIT_ITER（表示使用迭代次数作为终止条件）和 CV_TERMCRIT_EPS（表示使用精度作为终止条
    //件）二值之一，或者二者组合
    int  type;
    int  max_iter;          //最大迭代次数
    double  epsilon;        //结果的精确性
}
```

下面是类 CvSVM 的缺省构造函数。

```
CvSVM::CvSVM()
{
    decision_func = 0;     //表示决策函数，数据类型为 CvSVMDecisionFunc
    class_labels = 0;      //表示分类问题的类标签
    class_weights = 0;     //表示分类问题的类别权重
    storage = 0;           //表示存储空间
    var_idx = 0;           //表示用到的特征属性的索引
    kernel = 0;            //表示核函数，数据类型为 CvSVMKernel
    solver = 0;            //表示广义 SMO 算法的求解，数据类型为类 CvSVMSolver
    default_model_name = "my_svm";

    clear();               //清空一些全局变量
}
```

下面是 SVM 的训练函数。

```
bool CvSVM::train( const CvMat* _train_data, const CvMat* _responses,
    const CvMat* _var_idx, const CvMat* _sample_idx, CvSVMParams _params )
//_train_data 表示训练样本数据集
//_responses 表示训练样本的响应值
//_var_idx 表示真正用到的特征属性的索引
//_sample_idx 表示真正用到的训练样本的索引
//_params 表示 SVM 算法所需要的一些参数，如 SVM 的类型、核函数的类型等
{
    bool ok = false;     //用于该函数的正确返回标识
    CvMat* responses = 0;     //表示样本的响应值
    CvMemStorage* temp_storage = 0;     //暂存
    const float** samples = 0;     //表示完整的训练样本数据

    CV_FUNCNAME( "CvSVM::train" );

    __BEGIN__;
    //svm_type 表示 SVM 类型，sample_count 表示训练样本的数量，var_count 表示特征属性的数量，
    //sample_size 表示训练样本的存储空间的尺寸大小
    int svm_type, sample_count, var_count, sample_size;
    int block_size = 1 << 16;     //先定义一个很大的存储空间
    //表示拉格朗日乘子 α，但我们在实际计算中，已经把 5 种 SVM 转换为统一的 f(β)形式，因此这里的 alpha
    //表示的是式（3-150）、式（3-151）、式（3-152）、式（3-154）和式（3-156）中的 β，在后面的程序中，
    //涉及拉格朗日乘子 α 的，本质上指的都是 β
    double* alpha;

    clear();     //清空一些全局变量
```

```
    //*调用 set_params 函数，为全局变量 params 赋值（它的数据类型为 CvSVMParams，用于表示 SVM 算法
所需的一些参数），并判断 params 中元素的正确性*//
    CV_CALL( set_params( _params ));

    svm_type = _params.svm_type;      //表示 SVM 的类型

    /* Prepare training data and related parameters */
    //*调用 cvPrepareTrainData 函数,为 SVM 算法准备样本数据,即初始化样本。首先检查样本_train_data,
该变量矩阵一定要是 CV_ROW_SAMPLE，即矩阵的行表示样本，列表示特征属性；然后赋值样本响应值，如果 SVM
类型为 CvSVM::ONE_CLASS，则响应值为 0，否则为_responses，并且如果 SVM 为 CvSVM::C_SVC 或
CvSVM::NU_SVC，则响应值_responses 的类型为 CV_VAR_CATEGORICAL，即分类，否则为 CV_VAR_ORDERED，
即回归；再根据_sample_idx 和_var_idx 确定那些真正要用到的样本数据，以及那些真正要用到的特征属性；最
终得到完整的样本数据 samples*//
    CV_CALL( cvPrepareTrainData( "CvSVM::train", _train_data, CV_ROW_SAMPLE,
                                 svm_type != CvSVM::ONE_CLASS ? _responses : 0,
                                 svm_type == CvSVM::C_SVC ||
                                 svm_type == CvSVM::NU_SVC ? CV_VAR_CATEGORICAL :
                                 CV_VAR_ORDERED, _var_idx, _sample_idx,
                                 false, &samples, &sample_count, &var_count, &var_all,
                                 &responses, &class_labels, &var_idx ));

    //得到训练样本的存储空间大小
    sample_size = var_count*sizeof(samples[0][0]);

    //定义一个足够大的存储空间，用于满足所有的暂存向量和输出支持向量
    block_size = MAX( block_size, sample_count*(int)sizeof(CvSVMKernelRow));
    block_size = MAX( block_size, sample_count*2*(int)sizeof(double) + 1024 );
    block_size = MAX( block_size, sample_size*2 + 1024 );
    //下面 3 条语句虽然略有不同，但基本上实现的功能都是分配内存空间，并初始化
    CV_CALL( storage = cvCreateMemStorage(block_size + sizeof(CvMemBlock) + sizeof
(CvSeqBlock)));
    CV_CALL( temp_storage = cvCreateChildMemStorage(storage));
    CV_CALL( alpha = (double*)cvMemStorageAlloc(temp_storage, sample_count*sizeof(double)));
    //create_kernel 函数的作用是通过参数 params 得到参数 kernel，即得到核函数
    create_kernel();
    //create_solver 函数的作用是实例化 CvSVMSolver 类，得到参数 solver
    create_solver();
    //调用 do_train 函数，真正完成 SVM 训练任务，后面给出了该函数的详细讲解
    if(!do_train(svm_type,sample_count,var_count,samples,responses,temp_storage,alpha))
        EXIT;
    //表示成功得到了 SVM 模型
    ok = true; // model has been trained succesfully

    __END__;
    //释放一些不再使用的变量和内存空间
    delete solver;
    solver = 0;
    cvReleaseMemStorage( &temp_storage );
    cvReleaseMat( &responses );
    cvFree( &samples );

    if( cvGetErrStatus() < 0 || !ok )
        clear();

    return ok;      //返回
}
```

do_train 函数的详细讲解：

```
bool CvSVM::do_train( int svm_type, int sample_count, int var_count, const float** samples,
                      const CvMat* responses, CvMemStorage* temp_storage, double* alpha )
//svm_type 表示 SVM 算法的类型
//sample_count 表示训练样本的数量
//var_count 表示特征属性的数量
//samples 表示完整的训练样本数据
//responses 表示训练样本的响应值
//temp_storage 表示训练所需的内存空间
//alpha 表示拉格朗日乘子 α，实际为式（3-148）中的变量 β
{
    bool ok = false;      //用于该函数的正确返回标识
```

```
    CV_FUNCNAME( "CvSVM::do_train" );

    __BEGIN__;

    CvSVMDecisionFunc* df = 0;     //表示 SVM 的决策函数
    const int sample_size = var_count*sizeof(samples[0][0]);     //定义样本空间大小
    int i, j, k;

    cvClearMemStorage( storage );     //清空 storage 内存空间

    if( svm_type == ONE_CLASS || svm_type == EPS_SVR || svm_type == NU_SVR )
    //如果 SVM 的类型为单类 SVM、ε-SVR 或 ν-SVR
    {
        int sv_count = 0;     //表示支持向量的数量
        //为变量 df（决策函数）分配内存空间，并把它的首地址指针指向变量 decision_func
        CV_CALL( decision_func = df =
            (CvSVMDecisionFunc*)cvAlloc( sizeof(df[0]) ));

        df->rho = 0;     //初始化决策函数中的变量 ρ，ρ 实质为偏移量 b
        //*调用 train1 函数，该函数的作用主要是根据 SVM 类型的不同，参数 solver 实现不同的 SMO 算法
函数：类型为 C_SVC，实现的是 solver->solve_c_svc 函数；类型为 NU_SVC，实现的是 solver->solve_nu_svc
函数；类型为 ONE_CLASS，实现的是 solver->solve_one_class 函数；类型为 EPS_SVR，实现的是
solver->solve_eps_svr 函数；类型为 NU_SVR，实现的是 solver->solve_nu_svr 函数。这 5 个函数后面会
给出详细的讲解*//
        //这里，SVM 的类型只能为 ONE_CLASS、EPS_SVR 或 NU_SVR
        if( !train1( sample_count, var_count, samples, svm_type == ONE_CLASS ? 0 :
                responses->data.i, 0, 0, temp_storage, alpha, df->rho ))
                EXIT;
        //遍历所有训练样本，统计支持向量的数量，只有 αi 大于 0 的向量才是支持向量
        for( i = 0; i < sample_count; i++ )
            sv_count += fabs(alpha[i]) > 0;

        CV_Assert(sv_count != 0);     //确保不能没有支持向量

        sv_total = df->sv_count = sv_count;     //赋值支持向量的数量
        //为支持向量数据 sv 和拉格朗日乘子 df->alpha 开辟一块存储空间
        CV_CALL(df->alpha=(double*)cvMemStorageAlloc(storage,sv_count*sizeof(df->alpha[0])));
        CV_CALL( sv = (float**)cvMemStorageAlloc( storage, sv_count*sizeof(sv[0])));

        for( i = k = 0; i < sample_count; i++ )     //遍历训练样本
        {
            if( fabs(alpha[i]) > 0 )     //拉格朗日乘子 αi 大于 0
            {
                //得到支持向量的样本数据 sv，以及它对应的 αi 值 df->alpha
                CV_CALL( sv[k] = (float*)cvMemStorageAlloc( storage, sample_size ));
                memcpy( sv[k], samples[i], sample_size );
                df->alpha[k++] = alpha[i];
            }
        }
    }
    else     //SVM 类型为 C-SVC 和 ν-SVC，即分类问题
    {
        int class_count = class_labels->cols;     //得到样本的类别数量
        int* sv_tab = 0;     //用于标识某一样本是否为支持向量
        const float** temp_samples = 0;     //表示暂时需要使用的训练样本
        //*class_ranges 表示分类范围，如有 9 个样本，共 3 类，并且已经按照响应值的大小进行了排序，结
果为：1,1,1,2,2,3,3,3,3，则 class_ranges[0]=0, class_ranges[1]=3, class_ranges[2]=5,
class_ranges[3]=9，因此，通过该变量很容易得到每类的样本数，以及它们的分布范围*//
        int* class_ranges = 0;
        schar* temp_y = 0;     //表示暂时需要使用的训练样本的分类标签
        //再次确认是分类问题
        assert( svm_type == CvSVM::C_SVC || svm_type == CvSVM::NU_SVC );
        //如果是 C_SVC 类型，并且初始化了变量 params.class_weights
        if( svm_type == CvSVM::C_SVC && params.class_weights )
        {
            const CvMat* cw = params.class_weights;     //为类别权重赋值
            //判断类别权重 cw 的数据格式是否正确，即 cw 必须是一维的矩阵形式，即向量，向量的元素数量
            //必须等于分类数量，并且数据类型必须为 CV_32FC1 或 CV_64FC1
```

```
        if( !CV_IS_MAT(cw) || (cw->cols != 1 && cw->rows != 1) ||
            cw->rows + cw->cols - 1 != class_count ||
            (CV_MAT_TYPE(cw->type) != CV_32FC1 && CV_MAT_TYPE(cw->type) != CV_64FC1) )
            CV_ERROR( CV_StsBadArg, "params.class_weights must be 1d floating-point vector "
                "containing as many elements as the number of classes" );
        //把 cw 赋值给全局变量 class_weights
        CV_CALL( class_weights = cvCreateMat( cw->rows, cw->cols, CV_64F ));
        CV_CALL( cvConvert( cw, class_weights ));
        //实现了等式：class_weights = class_weights × params.C
        CV_CALL( cvScale( class_weights, class_weights, params.C ));
    }
    //为变量 df（决策函数）分配内存空间，并把它的首地址指针指向变量 decision_func
    CV_CALL( decision_func = df = (CvSVMDecisionFunc*)cvAlloc(
        (class_count*(class_count-1)/2)*sizeof(df[0])));
    //分配内存空间给 sv_tab，并清零
    CV_CALL(sv_tab=(int*)cvMemStorageAlloc(temp_storage,sample_count*sizeof(sv_tab[0])));
    memset( sv_tab, 0, sample_count*sizeof(sv_tab[0]) );
    //分配内存空间给 class_ranges、temp_samples 和 temp_y
    CV_CALL( class_ranges = (int*)cvMemStorageAlloc( temp_storage,
                    (class_count + 1)*sizeof(class_ranges[0])));
    CV_CALL( temp_samples = (const float**)cvMemStorageAlloc( temp_storage,
                    sample_count*sizeof(temp_samples[0])));
    CV_CALL( temp_y = (schar*)cvMemStorageAlloc( temp_storage, sample_count));

    class_ranges[class_count] = 0;     //清零
    //调用 cvSortSamplesByClasses 函数，实现按照响应值对样本进行升序排序，并得到变量
    //class_ranges
    cvSortSamplesByClasses( samples, responses, class_ranges, 0 );
    //check that while cross-validation there were the samples from all the classes
    //确保 class_ranges[class_count]必须大于 0，交叉验证时要用到
    if( class_ranges[class_count] <= 0 )
        CV_ERROR( CV_StsBadArg, "While cross-validation one or more of the classes have "
        "been fell out of the sample. Try to enlarge <CvSVMParams::k_fold>" );

    if( svm_type == NU_SVC )     //如果为 NU_SVC 类型
    {
        // check if nu is feasible
        //得到样本中任意两个类别的样本数，检查 ν-SVC 中的参数 ν 是否满足式（3-66）的条件
        for(i = 0; i < class_count; i++ )     //遍历样本的所有类别
        {
            int ci = class_ranges[i+1] - class_ranges[i];  //得到第 i 个类别的样本数量
            for( j = i+1; j< class_count; j++ )     //遍历当前类别以后的所有类别
            {
                //得到第 j 个类别的样本数量，第 j 个类别在第 i 个类别的排序后面
                int cj = class_ranges[j+1] - class_ranges[j];
                //如果不满足式（3-66）的条件，则退出程序
                if( params.nu*(ci + cj)*0.5 > MIN( ci, cj ) )
                {
                    // !!!TODO!!! add some diagnostic
                    EXIT; // exit immediately; will release the model and return NULL pointer
                }
            }
        }
    }

    // train n*(n-1)/2 classifiers
    //下面的 for 循环实现了一对一的多类 SVC 方法
    //得到 n*(n-1)/2 个 SVM 分类器，这里的 n 表示分类数，即 class_count，每个 SVM 分类器的信息
    //都单独存储在自己的 df 变量中
    for( i = 0; i < class_count; i++ )     //遍历所有类别
    {
        for( j = i+1; j < class_count; j++, df++ )     //遍历当前分类以后的所有类别
        {
            //si 和 sj 分别表示第 i 个类别和第 j 个类别在排序后样本的起始索引值
            //ci 和 cj 分别表示第 i 个类别和第 j 个类别的样本数量
            int si = class_ranges[i], ci = class_ranges[i+1] - si;
            int sj = class_ranges[j], cj = class_ranges[j+1] - sj;
            //Cn 和 Cp 分别表示负例和正例的惩罚参数
            double Cp = params.C, Cn = Cp;
```

```
            //k1 用于计数索引，sv_count 表示支持向量的数量
            int k1 = 0, sv_count = 0;

            for( k = 0; k < ci; k++ )     //遍历第 i 个类别的所有样本
            {
                temp_samples[k] = samples[si + k];     //第 i 个类别的所有样本
                temp_y[k] = 1;     //第 i 个类别的样本分类标签，设为 1
            }

            for( k = 0; k < cj; k++ )     //遍历第 j 个类别的所有样本
            {
                temp_samples[ci + k] = samples[sj + k];     //第 j 个类别的所有样本
                temp_y[ci + k] = -1;     //第 j 个类别的样本分类标签，设为-1
            }

            if( class_weights )     //如果应用了分类权重 class_weights 这个参数
            {
                //Cp 和 Cn 分别为加权后的第 i 个和第 j 个类别的惩罚参数
                Cp = class_weights->data.db[i];
                Cn = class_weights->data.db[j];
            }
            //*调用 train1 函数，该函数的作用主要是根据 SVM 类型的不同，参数 solver 实现不同的
SMO 算法函数：类型为 C_SVC，实现的是 solver->solve_c_svc 函数；类型为 NU_SVC，实现的是
solver->solve_nu_svc 函数；类型为 ONE_CLASS，实现的是 solver->solve_one_class 函数；类型为
EPS_SVR，实现的是 solver->solve_eps_svr 函数；类型为 NU_SVR，实现的是 solver->solve_nu_svr 函数。
这 5 个函数在后面都会给出详细的讲解*//
            //这里，SVM 的类型只能为 C_SVC 或 NU_SVC
            if( !train1( ci + cj, var_count, temp_samples, temp_y,
                         Cp, Cn, temp_storage, alpha, df->rho ))
                EXIT;
            //遍历第 i 个和第 j 个类别的所有样本，得到当前分类器的支持向量数量
            for( k = 0; k < ci + cj; k++ )
                sv_count += fabs(alpha[k]) > 0;

            df->sv_count = sv_count;     //赋值当前分类器的支持向量数量

            //为拉格朗日乘子 df->alpha 和支持向量索引 df->sv_index 开辟一块存储空间
            CV_CALL( df->alpha = (double*)cvMemStorageAlloc( temp_storage,
                                          sv_count*sizeof(df->alpha[0])));
            CV_CALL( df->sv_index = (int*)cvMemStorageAlloc( temp_storage,
                                          sv_count*sizeof(df->sv_index[0])));

            for( k = 0; k < ci; k++ )     //遍历第 i 个类别的样本
            {
                if( fabs(alpha[k]) > 0 )     //拉格朗日乘子 αi 大于 0
                {
                    sv_tab[si + k] = 1;     //标注该样本为支持向量
                    //当前分类器的支持向量在样本序列的索引值
                    df->sv_index[k1] = si + k;
                    df->alpha[k1++] = alpha[k];     //赋值当前分类器的支持向量 αi
                }
            }

            for( k = 0; k < cj; k++ )     //遍历第 j 个类别的样本
            {
                if( fabs(alpha[ci + k]) > 0 )     //拉格朗日乘子 αi 大于 0
                {
                    sv_tab[sj + k] = 1;     //标注该样本为支持向量
                    //当前分类器的支持向量在样本序列的索引值
                    df->sv_index[k1] = sj + k;
                    //赋值当前分类器的支持向量 αi
                    df->alpha[k1++] = alpha[ci + k];
                }
            }
        }
    }     //训练 n*(n-1)/2 个 SVM 分类器结束

    // allocate support vectors and initialize sv_tab
    for( i = 0, k = 0; i < sample_count; i++ )     //遍历所有训练样本
```

```
        {
            //*在前面计算 n*(n-1)/2 个 SVM 分类器的过程中，无论对于哪一个分类器，只要某一样本为支持向量，它的 sv_tab 都为 1，这里 sv_tab 又被赋值为全部样本下支持向量的计数值，即当前支持向量是全部支持向量的第几个支持向量*//
            if( sv_tab[i] )
                sv_tab[i] = ++k;
        }

        sv_total = k;      //得到了支持向量的数量
        //为支持向量数据 sv 分配存储空间
        CV_CALL( sv = (float**)cvMemStorageAlloc( storage, sv_total*sizeof(sv[0])));

        for( i = 0, k = 0; i < sample_count; i++ )      //遍历所有样本
        {
            if( sv_tab[i] )     //如果当前样本是支持向量
            {
                //得到支持向量的样本数据 sv
                CV_CALL( sv[k] = (float*)cvMemStorageAlloc( storage, sample_size ));
                memcpy( sv[k], samples[i], sample_size );
                k++;     //计数值累加
            }
        }

        df = (CvSVMDecisionFunc*)decision_func;     //决策函数的指针重新定位

        // set sv pointers
        //*重新设置 df->sv_index，以前变量 df->sv_index[i]表示的是当前分类器的第 i 个支持向量在当前训练样本序列中的索引值，而现在经过下面多重 for 循环，df->sv_index[i]表示的是当前分类器的第 i 个支持向量在全部训练样本中所有支持向量的第几个支持向量减 1*//
        //再次遍历 n*(n-1)/2 个 SVM 分类器
        for( i = 0; i < class_count; i++ )     //遍历所有分类
        {
            for( j = i+1; j < class_count; j++, df++ )     //遍历当前分类以后的所有分类
            {
                //遍历当前 SVM 分类器的所有支持向量
                for( k = 0; k < df->sv_count; k++ )
                {
                    //为 df->sv_index 重新赋值
                    df->sv_index[k] = sv_tab[df->sv_index[k]]-1;
                    //确保 df->sv_index 的值必须小于所有支持向量的总数
                    assert( (unsigned)df->sv_index[k] < (unsigned)sv_total );
                }
            }
        }
    }
    //*对于使用线性核函数的 SVM 来说，即式（3-53），它们的支持向量是呈线性的，因此用一个支持向量就可以代表所有的支持向量，这样可以简化 SVM 模型，optimize_linear_svm 函数就实现了这个功能，后面有该函数的详细讲解*//
    optimize_linear_svm();
    ok = true;     //返回变量赋值

    __END__;

    return ok;     //函数返回
}
```

用于求解 C-SVC 类型的广义 SMO 算法：

```
bool CvSVMSolver::solve_c_svc( int _sample_count, int _var_count, const float** _samples,
schar* _y,
                               double _Cp, double _Cn, CvMemStorage* _storage,
                               CvSVMKernel* _kernel, double* _alpha,
                               CvSVMSolutionInfo& _si )
{
    int i;
    //调用 create 函数，用于设置广义 SMO 算法的参数，后面会给出该函数的详细讲解
    //*对于 C-SVC，select_working_set_func 函数指针指向 select_working_set，calc_rho_func 函数指针指向 calc_rho，get_row_func 函数指针指向 get_row_svc，_Cp 和_Cn 分别表示正例和负例的惩罚参数 C*//
    if( !create( _sample_count, _var_count, _samples, _y, _sample_count,
```

```
                _alpha, _Cp, _Cn, _storage, _kernel, &CvSVMSolver::get_row_svc,
                &CvSVMSolver::select_working_set, &CvSVMSolver::calc_rho ))
        return false;
    //遍历所有样本，清空 alpha 数组，赋值 b 数组
    for( i = 0; i < sample_count; i++ )
    {
        alpha[i] = 0;      //α 即为式（3-148）中的 β，对于 C-SVC，β 初始化为 0
        b[i] = -1;     //b 即为式（3-148）中的 p，对于 C-SVC 式（3-150），p 为-1
    }
    //调用 solve_generic，执行广义 SMO 算法的迭代过程，在后面给出了该函数的详细讲解
    if( !solve_generic( _si ))
        return false;
    //遍历所有样本，使负例的 β 为负值，当再次用到 alpha[i]时，会取绝对值，因此正负无所谓，这么做的好
    //处是通过 alpha[i]值，就能看出是正例，还是负例
    for( i = 0; i < sample_count; i++ )
        alpha[i] *= y[i];

    return true;
}
```

用于求解 ν-SVC 类型的广义 SMO 算法：

```
bool CvSVMSolver::solve_nu_svc( int _sample_count, int _var_count, const float** _samples,
schar* _y,
                                CvMemStorage* _storage, CvSVMKernel* _kernel,
                                double* _alpha, CvSVMSolutionInfo& _si )
{
    int i;
    double sum_pos, sum_neg, inv_r;
    //调用 create 函数，用于设置广义 SMO 算法的参数，后面会给出该函数的详细讲解
    //对于 ν-SVC，select_working_set_func 函数指针指向 select_working_set_nu_svm,
    //calc_rho_func 函数指针指向 calc_rho_nu_svm，get_row_func 函数指针指向 get_row_svc
    if( !create( _sample_count, _var_count, _samples, _y, _sample_count,
                _alpha, 1., 1., _storage, _kernel, &CvSVMSolver::get_row_svc,
                &CvSVMSolver::select_working_set_nu_svm, &CvSVMSolver::calc_rho_nu_svm ))
        return false;
    // sum_pos = sum_neg =νN/2，用于初始化 β，详见原理部分的解释
    sum_pos = kernel->params->nu * sample_count * 0.5;
    sum_neg = kernel->params->nu * sample_count * 0.5;

    for( i = 0; i < sample_count; i++ )     //遍历所有样本
    {
        if( y[i] > 0 )     //正例下，β 的初始化
        {
            alpha[i] = MIN(1.0, sum_pos);
            sum_pos -= alpha[i];
        }
        else     //负例下，β 的初始化
        {
            alpha[i] = MIN(1.0, sum_neg);
            sum_neg -= alpha[i];
        }
        b[i] = 0;     //b 为式（3-148）中的 p，对于 ν-SVC（式 3-151），p 为 0
    }
    //调用 solve_generic，执行广义 SMO 算法的迭代过程，该函数在后面有详细的讲解
    if( !solve_generic( _si ))
        return false;
    //_si.r 为原理部分式（3-142）下面段落中的 ρ*，则 inv_r 就为 1/ρ*
    inv_r = 1./_si.r;
    //遍历所有拉格朗日乘子，得到 α = α*/ρ*
    for( i = 0; i < sample_count; i++ )
        alpha[i] *= y[i]*inv_r;

    _si.rho *= inv_r;     //得到 b = b*/ρ*
    _si.obj *= (inv_r*inv_r);     //目标函数也要除以 ρ*的平方
    _si.upper_bound_p = inv_r;     //赋值正界
    _si.upper_bound_n = inv_r;     //赋值负界

    return true;
```

```
}
```

用于求解单类 SVM 类型的广义 SMO 算法：

```
boolCvSVMSolver::solve_one_class(int_sample_count,int_var_count,constfloat** _samples,
                                  CvMemStorage* _storage, CvSVMKernel* _kernel,
                                  double* _alpha, CvSVMSolutionInfo& _si )
{
    int i, n;
    double nu = _kernel->params->nu;     //得到参数 ν
    //调用 create 函数，用于设置广义 SMO 算法的参数，后面会给出该函数的详细讲解
    //对于单类 SVM，select_working_set_func 函数指针指向 select_working_set，calc_rho_func 函
    //数指针指向 calc_rho，get_row_func 函数指针指向 get_row_one_class
    if( !create( _sample_count, _var_count, _samples, 0, _sample_count,
                 _alpha, 1., 1., _storage, _kernel, &CvSVMSolver::get_row_one_class,
                 &CvSVMSolver::select_working_set, &CvSVMSolver::calc_rho ))
        return false;
    //为变量 y 分配空间
    y = (schar*)cvMemStorageAlloc( storage, sample_count*sizeof(y[0]) );
    n = cvRound( nu*sample_count );     //定义 n=[νN]

    for( i = 0; i < sample_count; i++ )     //遍历所有样本
    {
        y[i] = 1;     //单类 SVM 的所有样本的响应值都设为 1
        b[i] = 0;     //b 式（3-148）中的 p，对于 ν-SVC（见式（3-152）），p 为 0
        alpha[i] = i < n ? 1 : 0;     //初始化 β，详见原理部分的解释
    }
    //初始化因四舍五入而产生的小数部分对应的 β
    if( n < sample_count )
        alpha[n] = nu * sample_count - n;
    else
        alpha[n-1] = nu * sample_count - (n-1);
    //调用 solve_generic，执行广义 SMO 算法的迭代过程，该函数在后面会有详细的讲解
    return solve_generic(_si);
}
```

用于求解 ε-SVR 类型的广义 SMO 算法：

```
bool CvSVMSolver::solve_eps_svr( int _sample_count, int _var_count, const float**
_samples,
                                 const float* _y, CvMemStorage* _storage,
                                 CvSVMKernel* _kernel, double* _alpha,
CvSVMSolutionInfo& _si )
{
    int i;
    //p 表示 ε-SVR 类型的参数 ε，kernel_param_c 表示惩罚参数 C
    double p = _kernel->params->p, kernel_param_c = _kernel->params->C;
    //调用 create 函数，用于设置广义 SMO 算法的参数，后面会给出该函数的详细讲解
    //对于 ε-SVR，select_working_set_func 函数指针指向 select_working_set，calc_rho_func 函
    //数指针指向 calc_rho，get_row_func 函数指针指向 get_row_svr
    if( !create( _sample_count, _var_count, _samples, 0,
                 _sample_count*2, 0, kernel_param_c, kernel_param_c, _storage, _kernel,
&CvSVMSolver::get_row_svr,
                 &CvSVMSolver::select_working_set, &CvSVMSolver::calc_rho ))
        return false;
    //为 y 和 alpha 开辟内存空间，它们的长度都为样本数量 N 的 2 倍
    y = (schar*)cvMemStorageAlloc( storage, sample_count*2*sizeof(y[0]) );
    alpha = (double*)cvMemStorageAlloc( storage, alpha_count*sizeof(alpha[0]) );

    for( i = 0; i < sample_count; i++ )     //遍历所有样本，初始化参数
    {
        //前 N 个参数
        alpha[i] = 0;     //β 初始化为 0，前 N 个 β 即为 α⁻
        //b 为式(3-148)中的 p，对于 ε-SVR（见式（3-154）），前 N 个 p 为 εeᵀ-yᵀ
        b[i] = p - _y[i];
        //y 对应式（3-154）中的 z，对于 ε-SVR（见式 3-154），前 N 个 z 为 1
        y[i] = 1;
        //后 N 个参数
        alpha[i+sample_count] = 0;     //β 初始化为 0，后 N 个 β 为 α⁺
```

```
        //b 为式（3-148）中的 p，对于 ε-SVR（见式（3-154）），后 N 个 p 为 εe^T-y^T
        b[i+sample_count] = p + _y[i];
        //y 对应式（3-154）中的 z，对于 ε-SVR（见式（3-154）），后 N 个 z 为-1
        y[i+sample_count] = -1;
    }
    //调用 solve_generic，执行广义 SMO 算法的迭代过程，该函数在后面会给出详细的讲解
    if( !solve_generic( _si ))
        return false;
    //遍历所有样本，计算 ε-SVR 的决策函数（见式（3-105））中核函数前的系数 α^- -α^+
    for( i = 0; i < sample_count; i++ )
        _alpha[i] = alpha[i] - alpha[i+sample_count];

    return true;
}
```

用于求解 ν-SVR 类型的广义 SMO 算法：

```
bool CvSVMSolver::solve_nu_svr( int _sample_count, int _var_count, const float**
_samples,
                                const float* _y, CvMemStorage* _storage,
                                CvSVMKernel* _kernel, double* _alpha,
CvSVMSolutionInfo& _si )
{
    int i;
    //kernel_param_c 表示惩罚参数 C
    double kernel_param_c = _kernel->params->C, sum;
    //调用 create 函数，用于设置广义 SMO 算法的参数，后面会给出该函数的详细讲解
    //对于 ν-SVR，select_working_set_func 函数指针指向 select_working_set_nu_svm，
    //calc_rho_func 函数指针指向 calc_rho_nu_svm，get_row_func 函数指针指向 get_row_svr
    if( !create( _sample_count, _var_count, _samples, 0,
                 _sample_count*2, 0, 1., 1., _storage, _kernel, &CvSVMSolver::get_row_svr,
                 &CvSVMSolver::select_working_set_nu_svm, &CvSVMSolver::calc_rho_nu_svm ))
        return false;
    //为 y 和 alpha 开辟内存空间，它们的长度都为样本数量 N 的 2 倍
    y = (schar*)cvMemStorageAlloc( storage, sample_count*2*sizeof(y[0]) );
    alpha = (double*)cvMemStorageAlloc( storage, alpha_count*sizeof(alpha[0]) );
    //sum = CνN/2
    sum = kernel_param_c * _kernel->params->nu * sample_count * 0.5;

    for( i = 0; i < sample_count; i++ )      //遍历所有样本，初始化参数
    {
        //初始化 β，详见原理部分的解释
        alpha[i] = alpha[i + sample_count] = MIN(sum, kernel_param_c);
        sum -= alpha[i];
        //b 为式（3-148）中的 p，对于 ν-SVR（见式（3-156）），前 N 个 p 为-y^T
        b[i] = -_y[i];
        //y 对应式（3-156）中的 z，对于 ν-SVR（见式（3-156）），前 N 个 z 为 1
        y[i] = 1;
        //b 为式（3-148）中的 p，对于 ν-SVR（见式（3-156）），后 N 个 p 为 y^T
        b[i + sample_count] = _y[i];
        //y 对应式（3-156）中的 z，对于 ν-SVR（见式（3-156）），后 N 个 z 为-1
        y[i + sample_count] = -1;
    }
    //调用 solve_generic，执行广义 SMO 算法的迭代过程，该函数在后面有详细的讲解
    if( !solve_generic( _si ))
        return false;
    //遍历所有样本，计算 ν-SVR 的决策函数（见式（3-116））中核函数前的系数 α^- -α^+
    for( i = 0; i < sample_count; i++ )
        _alpha[i] = alpha[i] - alpha[i+sample_count];

    return true;
}
```

create 函数主要用于初始化和设置广义 SMO 算法的一些参数：

```
bool CvSVMSolver::create( int _sample_count, int _var_count, const float** _samples, schar*
_y,int _alpha_count, double* _alpha, double _Cp, double _Cn,
                          CvMemStorage* _storage, CvSVMKernel* _kernel, GetRow _get_row,
                          SelectWorkingSet _select_working_set, CalcRho _calc_rho )
```

```
//_sample_count 表示训练样本的数量
//_var_count 表示特征属性的数量
//_samples 表示训练样本的数据集
//_y 表示样本的响应值
//_alpha_count 表示拉格朗日乘子 αi 的数量
//_alpha 表示拉格朗日乘子 αi 的值
//_Cp 表示对于 SVC 的正例的惩罚参数
//_Cn 表示对于 SVC 的负例的惩罚参数
//_storage 表示一块存储空间
//_kernel 表示核函数
//_get_row 表示得到矩阵 Q 的列的首地址
//_select_working_set 表示选取工作集 βi 和 βj
//_calc_rho 表示计算 ρ
{
    bool ok = false;     //该函数返回的标识变量
    int i, svm_type;     //svm_type 表示 SVM 类型

    CV_FUNCNAME( "CvSVMSolver::create" );

    __BEGIN__;

    int rows_hdr_size;     //矩阵 Q 的列的首地址指针尺寸大小

    clear();     //清空一些全局变量

    sample_count = _sample_count;     //训练样本的数量
    var_count = _var_count;     //特征属性的数量
    samples = _samples;     //训练样本
    y = _y;     //样本响应值
    alpha_count = _alpha_count;     //拉格朗日乘子 αi 的数量
    alpha = _alpha;     //拉格朗日乘子 αi 的值
    kernel = _kernel;     //核函数

    C[0] = _Cn;     //负例的惩罚参数
    C[1] = _Cp;     //正例的惩罚参数
    eps = kernel->params->term_crit.epsilon;     //表示式（3-170）和式（3-171）中的 ε
    max_iter = kernel->params->term_crit.max_iter;     //表示最大迭代次数
    storage = cvCreateChildMemStorage( _storage );     //开辟内存空间
    //为变量 b、alpha_status、G 和 buf 开辟内存空间
    //b 表示式（3-148）中的参数 p; alpha_status 表示拉格朗日乘子 αi（实质是 βi）的状态，即 βi 是下界
    //（βi = 0），βi 是上界（βi = C）; G 表示式（3-149）; buf 在调用函数 get_row 时会用到
    b = (double*)cvMemStorageAlloc( storage, alpha_count*sizeof(b[0]));
    alpha_status = (schar*)cvMemStorageAlloc( storage, alpha_count*sizeof(alpha_status[0]));
    G = (double*)cvMemStorageAlloc( storage, alpha_count*sizeof(G[0]));
    for( i = 0; i < 2; i++ )
        buf[i] = (Qfloat*)cvMemStorageAlloc( storage, sample_count*2*sizeof(buf[i][0]) );
    svm_type = kernel->params->svm_type;     //SVM 类型
    //函数指针赋值，该函数的作用是选择工作集 βi 和 βj
    select_working_set_func = _select_working_set;
    //如果函数指针 select_working_set_func 没有被赋值，则根据 SVM 的类型来确定该函数
    if( !select_working_set_func )
        //如果是 ν-SVC 或 ν-SVR, select_working_set_func = select_working_set_nu_svm; 如果
        是 C-SVC、单类 SVM 或 ε-SVR, select_working_set_func= select_working_set
        select_working_set_func = svm_type == CvSVM::NU_SVC || svm_type == CvSVM::NU_SVR ?
        &CvSVMSolver::select_working_set_nu_svm : &CvSVMSolver::select_working_set;
    //函数指针赋值，作用是计算 ρ，即 b
    calc_rho_func = _calc_rho;
    //如果函数指针 calc_rho_func 没有被赋值，则根据 SVM 的类型来确定该函数
    if( !calc_rho_func )
        //如果是 ν-SVC 或 ν-SVR,calc_rho_func = calc_rho_nu_svm;如果是 C-SVC、单类 SVM 或 ε-SVR,
        //calc_rho_func = calc_rho
        calc_rho_func = svm_type == CvSVM::NU_SVC || svm_type == CvSVM::NU_SVR ?
            &CvSVMSolver::calc_rho_nu_svm : &CvSVMSolver::calc_rho;
    //函数指针赋值，作用是得到矩阵 Q 的列首地址
    get_row_func = _get_row;
    //如果函数指针 get_row_func 没有被赋值，则根据 SVM 的类型来确定该函数
    if( !get_row_func )
        //如果是 ε-SVR 或 ν-SVR,get_row_func = get_row_svr;如果是 C-SVC 或 ν-SVC,get_row_func
      //= get_row_svc; 如果是单类 SVM, get_row_func = get_row_one_class
```

```
        get_row_func = params->svm_type == CvSVM::EPS_SVR ||
                       params->svm_type == CvSVM::NU_SVR ? &CvSVMSolver::get_row_svr :
                       params->svm_type == CvSVM::C_SVC ||
                       params->svm_type == CvSVM::NU_SVC ? &CvSVMSolver::get_row_svc :
                       &CvSVMSolver::get_row_one_class;
    //定义 cache_line_size 和 cache_size 的大小，主要用于 get_row_func 函数
    cache_line_size = sample_count*sizeof(Qfloat);
    // cache size = max(num_of_samples^2*sizeof(Qfloat)*0.25, 64Kb)
    // (assuming that for large training sets ~25% of Q matrix is used)
    cache_size = MAX( cache_line_size*sample_count/4, CV_SVM_MIN_CACHE_SIZE );

    // the size of Q matrix row headers
    //定义 rows_hdr_size 的大小
    rows_hdr_size = sample_count*sizeof(rows[0]);
    if( rows_hdr_size > storage->block_size )
        CV_ERROR( CV_StsOutOfRange, "Too small storage block size" );
    //定义 lru_list 变量
    lru_list.prev = lru_list.next = &lru_list;
    rows = (CvSVMKernelRow*)cvMemStorageAlloc( storage, rows_hdr_size );
    memset( rows, 0, rows_hdr_size );

    ok = true;     //设置正确返回变量

    __END__;

    return ok;     //返回
}
```

广义 SMO 算法的迭代过程：

```
bool CvSVMSolver::solve_generic( CvSVMSolutionInfo& si )
{
    int iter = 0;     //用于记录迭代的次数
    int i, j, k;

    //1. 遍历所有拉格朗日乘子 αi，得到 αi 的状态，程序中的 α 实质是式（3-148）中的 β
    for( i = 0; i < alpha_count; i++ )
    {
/****************
#define update_alpha_status(i) \
    alpha_status[i] = (schar)(alpha[i] >= get_C(i) ? 1 : alpha[i] <= 0 ? -1 : 0)
****************/
        //*宏定义 update_alpha_status，表示得到拉格朗日乘子 αi 的状态：当 αi 等于惩罚参数 C 时，
          alpha_status[i] = 1；当 αi = 0 时，alpha_status[i] = -1；当 0<αi<C 时，alpha_status[i] = 0。
          其中，宏定义 get_C 表示得到正例和负例的惩罚参数 C*//
        update_alpha_status(i);
        G[i] = b[i];     //式（3-149），先初始化梯度为 p，数组 b 已经被赋值为向量 p
        if( fabs(G[i]) > 1e200 )     //确保变量 G[i]不能过大
            return false;
    }

    for( i = 0; i < alpha_count; i++ )     //遍历所有拉格朗日乘子 αi
    {
/******************
#define is_lower_bound(i) (alpha_status[i] < 0)
#define is_upper_bound(i) (alpha_status[i] > 0)
******************/
        //*宏定义 is_lower_bound 用于表示 αi 是否为下界，即是否等于 0，如果等于 0，则 is_lower_bound
          为 1，否则为 0；宏定义 is_upper_bound 用于表示 αi 是否为上界，即是否等于 C，如果等于 C，则
          is_upper_bound 为 1，否则为 0*//
        if( !is_lower_bound(i) )     //如果 αi≠0
        {
            //*函数 get_row 表示得到矩阵 Q 的第 i 列首地址，Q 为式（3-148）中的 Q，虽然 Qij 都可以表
              示为 zizjK(xi, xj)，但不同类型的 SVM 的 zi 含义不同，因此在 get_row 函数内，先通过
              get_row_base 函数得到核函数 K(xi, xj) 的第 i 列，然后再调用 get_row_func 函数，前面
              已经分析过了，不同的 SVM，get_row_func 函数的函数指针会指向不同的函数*//
            const Qfloat *Q_i = get_row( i, buf[0] );
            double alpha_i = alpha[i];     //得到 αi 值，实质为 βi
            //计算式（3-149），得到 f(β) 的梯度向量▽f(β)，G[j]表示▽f(β)向量的第 j 个元素
```

```
                for( j = 0; j < alpha_count; j++ )
                    G[j] += alpha_i*Q_i[j];
            }
        }

        for(;;)      //2. 优化β的迭代死循环
        {
            //Q_i 和 Q_j 分别表示式（3-148）中的 Q 的第 i 列和第 j 列的首地址
            const Qfloat *Q_i, *Q_j;
            //C_i 和 C_j 分别表示第 i 个和第 j 个样本对应的惩罚参数 C，如图 3-12 所示
            double C_i, C_j;
            //old_alpha_i、old_alpha_j、alpha_i 和 alpha_j 分别表示式（3-161）中的 βi^k、βj^k、βi^new 和 βj^new
            double old_alpha_i, old_alpha_j, alpha_i, alpha_j;
            //delta_alpha_i 和 delta_alpha_j 分别表示每次迭代前后的 βi 的差值和 βj 的差值
            double delta_alpha_i, delta_alpha_j;

#ifdef _DEBUG
            for( i = 0; i < alpha_count; i++ )
            {
                if( fabs(G[i]) > 1e+300 )
                    return false;

                if( fabs(alpha[i]) > 1e16 )
                    return false;
            }
#endif
            //当满足终止条件或超过最大迭代次数，则退出迭代死循环
            //*select_working_set_func 函数用于工作集 βi 和 βj 的选取，如果该函数的返回值为 1，则表示终
止迭代循环，max_iter 表示最大迭代次数。前面已经分析过，不同的 SVM，select_working_set_func
函数的函数指针会指向不同的函数，第一类 SVM 指向的是 select_working_set 函数，第二类 SVM 指
向的是 select_working_set_nu_svm，这两个函数在后面都会有详细的讲解*//
            if( (this->*select_working_set_func)( i, j ) != 0 || iter++ >= max_iter )
                break;
            //分别得到矩阵 Q 的第 i 列和第 j 列的首地址
            Q_i = get_row( i, buf[0] );
            Q_j = get_row( j, buf[1] );
            //分别得到第 i 个和第 j 个样本的 C 值
            C_i = get_C(i);
            C_j = get_C(j);
            //分别得到第 i 个和第 j 个样本的 β 值
            alpha_i = old_alpha_i = alpha[i];
            alpha_j = old_alpha_j = alpha[j];

            if( y[i] != y[j] )      //zi≠zj时，式（3-160）中的第 1 行
            {
                double denom = Q_i[i]+Q_j[j]+2*Q_i[j];      //得到式（3-160）中第 1 行的 aij
                //得到式（3-162）中分式的分子部分，即-∇if(β) -∇jf(β)
                double delta = (-G[i]-G[j])/MAX(fabs(denom),FLT_EPSILON);
                double diff = alpha_i - alpha_j;      //得到式（3-164）中的 T
                //得到式（3-162）中的 βi^new 和 βj^new
                alpha_i += delta;
                alpha_j += delta;
                //如图 3-12a 所示，限制 β 的值在矩形区域内
                if( diff > 0 && alpha_j < 0 )      //区域Ⅲ
                {
                    alpha_j = 0;
                    alpha_i = diff;
                }
                else if( diff <= 0 && alpha_i < 0 )      //区域Ⅳ
                {
                    alpha_i = 0;
                    alpha_j = -diff;
                }

                if( diff > C_i - C_j && alpha_i > C_i )      //区域Ⅰ
                {
                    alpha_i = C_i;
                    alpha_j = C_i - diff;
                }
```

```
            else if( diff <= C_i - C_j && alpha_j > C_j )     //区域Ⅱ
            {
                alpha_j = C_j;
                alpha_i = C_j + diff;
            }
        }
        else     //zi = zj时，式(3-160)中的第二行
        {
            double denom = Q_i[i]+Q_j[j]-2*Q_i[j];      //得到式(3-160)中第2行的ats
            //得到式(3-163)中分式的分子部分，即▽if(β) -▽jf(β)
            double delta = (G[i]-G[j])/MAX(fabs(denom),FLT_EPSILON);
            double sum = alpha_i + alpha_j;      //得到式(3-165)中的S
            //得到式(3-163)中的βi^new和βj^new
            alpha_i -= delta;
            alpha_j += delta;
            //如图3-12b所示，限制β的值在矩形区域内
            if( sum > C_i && alpha_i > C_i )      //区域Ⅰ
            {
                alpha_i = C_i;
                alpha_j = sum - C_i;
            }
            else if( sum <= C_i && alpha_j < 0)      //区域Ⅱ
            {
                alpha_j = 0;
                alpha_i = sum;
            }

            if( sum > C_j && alpha_j > C_j )      //区域Ⅲ
            {
                alpha_j = C_j;
                alpha_i = sum - C_j;
            }
            else if( sum <= C_j && alpha_i < 0 )      //区域Ⅳ
            {
                alpha_i = 0;
                alpha_j = sum;
            }
        }

        // 更新alpha
        //更新βi和βj，以及它们的状态
        alpha[i] = alpha_i;
        alpha[j] = alpha_j;
        update_alpha_status(i);
        update_alpha_status(j);

        // 更新G
        //得到迭代前后βi的差值和βj的差值
        delta_alpha_i = alpha_i - old_alpha_i;
        delta_alpha_j = alpha_j - old_alpha_j;

        for( k = 0; k < alpha_count; k++ )      //更新▽f(β)
            G[k] += Q_i[k]*delta_alpha_i + Q_j[k]*delta_alpha_j;
    }    //迭代优化结束

    // 计算rho
    //* calc_rho_func函数计算ρ,即决策函数中的参数b。前面已经分析过,不同类型的SVM,calc_rho_func
      函数的函数指针会指向不同的函数，第一类SVM指向的是calc_rho函数，第二类SVM指向的是
      calc_rho_nu_svm，这两个函数在后面都会有详细的讲解*//
    (this->*calc_rho_func)( si.rho, si.r );

    //计算式(3-148)，得到目标函数f(β)的值
    //f(β) = 0.5×[β^T×(▽f(β)+p)] = 0.5×[β^T×(Qβ+p)+p]] = 0.5×β^TQβ+p^Tβ
    for( i = 0, si.obj = 0; i < alpha_count; i++ )
        si.obj += alpha[i] * (G[i] + b[i]);

    si.obj *= 0.5;

    si.upper_bound_p = C[1];      //正例的惩罚参数C
```

```
    si.upper_bound_n = C[0];      //负例的惩罚参数 C

    return true;
}
```

第一类 SVM（C-SVC、单类 SVM 和 ε-SVR）的选取工作集 β_i 和 β_j 的函数：

```
bool
CvSVMSolver::select_working_set( int& out_i, int& out_j )
//out_i 和 out_j 分别表示 βi 和 βj
{
    // return i,j which maximize -grad(f)^T d , under constraint
    // if alpha_i == C, d != +1
    // if alpha_i == 0, d != -1
    //定义一个最大值
    double Gmax1 = -DBL_MAX;          // max { -grad(f)_i * d | y_i*d = +1 }
    int Gmax1_idx = -1;      //初始化 i = -1
    //定义一个最大值
    double Gmax2 = -DBL_MAX;          // max { -grad(f)_i * d | y_i*d = -1 }
    int Gmax2_idx = -1;      //初始化 j = -1

    int i;

    for( i = 0; i < alpha_count; i++ )      //遍历所有 β
    {
          double t;

          if( y[i] > 0 )      // y= +1, 即式（3-166）中的 zt = 1
          {
                if( !is_upper_bound(i) && (t = -G[i]) > Gmax1 )  // d= +1
                //表示满足式（3-166）中的第一行 max 中的第一项
                {
                    Gmax1 = t;      //更新最大值
                    Gmax1_idx = i;      //得到工作集中第一个 βi 的索引值 i
                }
                if( !is_lower_bound(i) && (t = G[i]) > Gmax2 )  // d= -1
                //表示满足式（3-166）中的第二行 max 中的第二项
                {
                    Gmax2 = t;      //更新最大值
                    Gmax2_idx = i;      //得到工作集中第二个 βj 的索引值 j
                }
          }
          else          // y= -1, 即式（3-166）中的 zt = -1
          {
                if( !is_upper_bound(i) && (t = -G[i]) > Gmax2 )  // d= +1
                //表示满足式（3-166）中的第二行 max 中的第一项
                {
                    Gmax2 = t;      //更新最大值
                    Gmax2_idx = i;      //得到工作集中第二个 βj 的索引值 j
                }
                if( !is_lower_bound(i) && (t = G[i]) > Gmax1 )  // d= -1
                //表示满足式（3-166）中的第一行 max 中的第二项
                {
                    Gmax1 = t;      //更新最大值
                    Gmax1_idx = i;      //得到工作集中第一个 βi 的索引值 i
                }
          }
    }
    //为 βi 和 βj 赋值
    out_i = Gmax1_idx;
    out_j = Gmax2_idx;
    //式（3-170），判断迭代是否终止
    return Gmax1 + Gmax2 < eps;
}
```

第二类 SVM（ν-SVC 和 ν-SVR）的选取工作集 β_i 和 β_j 的函数：

```
bool
CvSVMSolver::select_working_set_nu_svm( int& out_i, int& out_j )
```

```
{
    // return i,j which maximize -grad(f)^T d , under constraint
    // if alpha_i == C, d != +1
    // if alpha_i == 0, d != -1
    //定义一个最大值
    double Gmax1 = -DBL_MAX;     // max { -grad(f)_i * d | y_i = +1, d = +1 }
    int Gmax1_idx = -1;     //初始化 i_p

    double Gmax2 = -DBL_MAX;     // max { -grad(f)_i * d | y_i = +1, d = -1 }
    int Gmax2_idx = -1;     //初始化 j_p

    double Gmax3 = -DBL_MAX;     // max { -grad(f)_i * d | y_i = -1, d = +1 }
    int Gmax3_idx = -1;     //初始化 i_n

    double Gmax4 = -DBL_MAX;     // max { -grad(f)_i * d | y_i = -1, d = -1 }
    int Gmax4_idx = -1;     //初始化 j_n

    int i;

    for( i = 0; i < alpha_count; i++ )     //遍历所有 β
    {
        double t;

        if( y[i] > 0 )     // y = = +1
        //第一次由 z_i = 1 得到 i_p和 j_p
        {
            if( !is_upper_bound(i) && (t = -G[i]) > Gmax1 )  // d = +1
            //式（3-167）的第一行公式
            {
                Gmax1 = t;     //更新最大值
                Gmax1_idx = i;     //得到 i_p
            }
            if( !is_lower_bound(i) && (t = G[i]) > Gmax2 )  // d = -1
            //式（3-167）的第二行公式
            {
                Gmax2 = t;     //更新最大值
                Gmax2_idx = i;     //得到 j_p
            }
        }
        else          // y = = -1
        //第二次由 z_i = -1 得到 i_n和 j_n
        {
            if( !is_upper_bound(i) && (t = -G[i]) > Gmax3 )  // d = +1
            //式（3-168）的第一行公式
            {
                Gmax3 = t;     //更新最大值
                Gmax3_idx = i;     //得到 i_n
            }
            if( !is_lower_bound(i) && (t = G[i]) > Gmax4 )  // d = -1
            //式（3-168）的第二行公式
            {
                Gmax4 = t;     //更新最大值
                Gmax4_idx = i;     //得到 j_n
            }
        }
    }
    //式（3-171），判断迭代是否终止
    if( MAX(Gmax1 + Gmax2, Gmax3 + Gmax4) < eps )
        return 1;
    //得到最终的工作集 β_i和 β_j
    if( Gmax1 + Gmax2 > Gmax3 + Gmax4 )     //式(3-169)的第一行公式
    {
        out_i = Gmax1_idx;
        out_j = Gmax2_idx;
    }
    else    //式（3-169）的第二行公式
    {
        out_i = Gmax3_idx;
        out_j = Gmax4_idx;
```

```
    }
    return 0;
}
```

第一类 SVM（C-SVC、单类 SVM 和 ε-SVR）的计算决策函数中参数 b 的函数：

```
void
CvSVMSolver::calc_rho( double& rho, double& r )
{
    int i, nr_free = 0;
    double ub = DBL_MAX, lb = -DBL_MAX, sum_free = 0;

    for( i = 0; i < alpha_count; i++ )     //遍历所有 β
    {
        double yG = y[i]*G[i];     //式（3-172）的分子中的一项

        if( is_lower_bound(i) )     //βi = 0
        {
            if( y[i] > 0 )
                ub = MIN(ub,yG);     //式（3-175）中 min 的前一项内容
            else
                lb = MAX(lb,yG);     //式（3-174）中 max 的前一项内容
        }
        else if( is_upper_bound(i) )     //βi = C
        {
            if( y[i] < 0)
                ub = MIN(ub,yG);     //式（3-175）中 min 的后一项内容
            else
                lb = MAX(lb,yG);     //式（3-174）中 max 的后一项内容
        }
        else     //0<βi<C
        {
            ++nr_free;     //式（3-172）的分母，即计数
            sum_free += yG;     //式（3-172）的分子求和
        }
    }
    //如果nr_free大于0，说明有样本的βi值在0和C之间，则利用式（3-172）计算ρ；否则利用式（3-173）计算ρ
    rho = nr_free > 0 ? sum_free/nr_free : (ub + lb)*0.5;
    r = 0;
}
```

第二类 SVM（ν-SVC 和 ν-SVR）的计算决策函数中参数 b 的函数：

```
void
CvSVMSolver::calc_rho_nu_svm( double& rho, double& r )
{
    int nr_free1 = 0, nr_free2 = 0;
    double ub1 = DBL_MAX, ub2 = DBL_MAX;
    double lb1 = -DBL_MAX, lb2 = -DBL_MAX;
    double sum_free1 = 0, sum_free2 = 0;
    double r1, r2;

    int i;

    for( i = 0; i < alpha_count; i++ )     //遍历所有 β
    {
        double G_i = G[i];     //得到▽i f(β)
        if( y[i] > 0 )
        {
            if( is_lower_bound(i) )     //式（3-178）分子中的第二项
                ub1 = MIN( ub1, G_i );
            else if( is_upper_bound(i) )     //式（3-178）分子中的第一项
                lb1 = MAX( lb1, G_i );
            else     //式（3-176）
            {
                ++nr_free1;     //式（3-176）的分母，即计数
                sum_free1 += G_i;     //式（3-176）的分子，求和
            }
        }
```

```
        else
        {
            if( is_lower_bound(i) )      //式（3-179）分子中的第二项
                ub2 = MIN( ub2, G_i );
            else if( is_upper_bound(i) )      //式（3-179）分子中的第一项
                lb2 = MAX( lb2, G_i );
            else      //式（3-177）
            {
                ++nr_free2;      //式（3-177）的分母，即计数
                sum_free2 += G_i;      //式（3-177）的分子，求和
            }
        }
    }
    //如果 nr_free1 大于 0，说明在 zi = 1 下有样本的 βi 值在 0 和 C 之间，则利用式（3-176）计算 r1；否则
    //利用式（3-178）计算 r1
    r1 = nr_free1 > 0 ? sum_free1/nr_free1 : (ub1 + lb1)*0.5;
    //如果 nr_free2 大于 0，说明在 zi = -1 下有样本的 βi 值在 0 和 C 之间，则利用式（3-177）计算 r2；否
    //则利用式（3-179）计算 r2
    r2 = nr_free2 > 0 ? sum_free2/nr_free2 : (ub2 + lb2)*0.5;

    rho = (r1 - r2)*0.5;      //式（3-180），得到-b
    r = (r1 + r2)*0.5;      //式（3-180），得到 ρ，该变量用于 ν-SVC
}
```

优化那些使用线性核函数式（3-53）的 SVM，目的是用一个支持向量代表所有的支持向量：

```
void CvSVM::optimize_linear_svm()
{
    // we optimize only linear SVM: compress all the support vectors into one.
    if( params.kernel_type != LINEAR )      //判断是否为线性核函数
        return;
    //如果是 SVC，则得到分类的数量；如果是单类 SVM，则 class_count 为 1；如果是 SVR，则 class_count 为 0
    int class_count = class_labels ? class_labels->cols :
            params.svm_type == CvSVM::ONE_CLASS ? 1 : 0;
    //df_count 为决策函数的数量，在多个分类的 SVC 中，该值为 class_count*(class_count-1)/2，其
    //他情况该值为 1
    int i, df_count = class_count > 1 ? class_count*(class_count-1)/2 : 1;
    CvSVMDecisionFunc* df = decision_func;      //赋值决策函数指针
    //遍历所有的决策函数，如果当前决策函数的支持向量的数量不为 1，则退出该循环
    for( i = 0; i < df_count; i++ )
    {
        int sv_count = df[i].sv_count;
        if( sv_count != 1 )
            break;
    }

    // if every decision functions uses a single support vector;
    // it's already compressed. skip it then.
    //i 为前面 for 循环中的循环次数索引，如果 i 等于 df_count，说明所有的决策函数中的支持向量的数量
    //都为 1 个，所以无须再优化处理，则退出该函数
    if( i == df_count )
        return;

    int var_count = get_var_count();      //得到特征属性的数量
    cv::AutoBuffer<double> vbuf(var_count);      //为 vbuf 分配内存
    double* v = vbuf;      //赋值
    //为 new_sv 变量分配内存，new_sv 表示每个决策函数优化处理后的新的支持向量
    float** new_sv = (float**)cvMemStorageAlloc(storage, df_count*sizeof(new_sv[0]));
    //遍历所有的决策函数，优化处理每个决策函数
    for( i = 0; i < df_count; i++ )
    {
        //为第 i 个决策函数的新的支持向量 new_sv[i]分配内存
        new_sv[i] = (float*)cvMemStorageAlloc(storage, var_count*sizeof(new_sv[i][0]));
        float* dst = new_sv[i];      //赋值
        memset(v, 0, var_count*sizeof(v[0]));      //清零
        int j, k, sv_count = df[i].sv_count;
        //遍历当前决策函数的所有支持向量
        for( j = 0; j < sv_count; j++ )
        {
```

```
                //得到当前支持向量对应的样本
                const float* src = class_count > 1 && df[i].sv_index ? sv[df[i].sv_index[j]] : sv[j];
                double a = df[i].alpha[j];      //得到当前支持向量的 αi
                //遍历该样本的所有特征属性，得到一个新的支持向量 v = ∑i xiαi
                for( k = 0; k < var_count; k++ )
                      v[k] += src[k]*a;
            }
            for( k = 0; k < var_count; k++ )
                  dst[k] = (float)v[k];      //赋值
            df[i].sv_count = 1;      //此时只有一个支持向量 v
            df[i].alpha[0] = 1.;      //根据约束条件，只有一个支持向量时，α = 1
            if( class_count > 1 && df[i].sv_index )
                  df[i].sv_index[0] = i;      //索引赋值
      }

      sv = new_sv;      //新的支持向量
      //支持向量的数量，它等于决策函数的数量，因为此时每个决策函数只有一个支持向量
      sv_total = df_count;
}
```

前面应用 get_row 函数计算矩阵 Q（即式（3-148）中的 $Q=z_iz_jK(x_i, x_j)$）的第 i 列首地址时，涉及计算核函数 $K(x_i, x_j)$，即调用 calc 函数。在用于 SVM 对样本进行预测时，需要计算决策函数，此时也需要计算核函数 $K(x_i, x_j)$。但两者还是有区别的，计算 Q 时，要用到所有的样本，而计算决策函数时，只需要用到支持向量。也就是说，计算 Q 时，用于表示支持向量的变量用全体样本来替代

下面介绍 calc 函数：

```
void CvSVMKernel::calc( int vcount, int var_count, const float** vecs,
                             const float* another, Qfloat* results )
//vcount 表示支持向量的数量
//var_count 表示样本的特征属性的数量
//vecs 表示具体的支持向量
//another 表示核函数需要的另一个样本数据，如果是预测，则为预测样本
//results 表示最终的核函数结果
{
      const Qfloat max_val = (Qfloat)(FLT_MAX*1e-3);
      int j;
      //调用 calc_func 函数
      //*实例化 CvSVMKernel 时，会通过 create 函数为 calc_func 的函数指针赋值：当为线性核函数式（3-53）
时，calc_func 函数为 calc_linear；当为多项式核函数式（3-54）时，calc_func 函数为 calc_poly；当为
高斯核函数式（3-56）时，calc_func 函数为 calc_rbf；当为 Sigmoid 核函数式（3-57）时，calc_func 函
数为 calc_sigmoid。这 4 个函数在后面都有介绍*//
      (this->*calc_func)( vcount, var_count, vecs, another, results );
      //遍历支持向量，确保核函数的向量中不能有太大的元素
      for( j = 0; j < vcount; j++ )
      {
            if( results[j] > max_val )
                  results[j] = max_val;
      }
}
```

计算线性核函数：

```
void CvSVMKernel::calc_linear( int vcount, int var_count, const float** vecs,
                                    const float* another, Qfloat* results )
{
      //调用 calc_non_rbf_base 函数，计算 α xi·xj + β。对于线性核函数来说，α = 1，β = 0，该函数在后
      //面会讲到
      calc_non_rbf_base( vcount, var_count, vecs, another, results, 1, 0 );
}
```

计算多项式核函数：

```
void CvSVMKernel::calc_poly( int vcount, int var_count, const float** vecs,
                                  const float* another, Qfloat* results )
```

```
{
    CvMat R = cvMat( 1, vcount, QFLOAT_TYPE, results );
    //调用 calc_non_rbf_base 函数，计算 α xi·xj + β，对于多项式核函数式（3-54）来说，α = γ，β = p，
    //γ 为 params->gamma，p 为 params->coef0，该函数在后面会讲到
    calc_non_rbf_base(vcount,var_count,vecs,another,results,params->gamma,params->coef0);
    //最终得到式(3-54)，式中的 q 为 params->degree
    if( vcount > 0 )
        cvPow( &R, &R, params->degree );
}
```

计算 Sigmoid 核函数：

```
void CvSVMKernel::calc_sigmoid( int vcount, int var_count, const float** vecs,
                                const float* another, Qfloat* results )
{
    int j;
    //*调用 calc_non_rbf_base 函数,计算-2(γ xi·xj + p),对于 Sigmoid 核函数式(3-57)来说,α = -2γ,
    β = -2p，γ 为 params->gamma，p 为 params->coef0，该函数在后面会讲到*//
    calc_non_rbf_base( vcount, var_count, vecs, another, results,
                       -2*params->gamma, -2*params->coef0 );
    // TODO: speedup this
    for( j = 0; j < vcount; j++ )     //计算式（3-57）
    {
        Qfloat t = results[j];     //得到 e 的指数部分，即-2(γ xi·xj + p)
        double e = exp(-fabs(t));     //得到 e 指数
        //得到双曲正切
        if( t > 0 )
            results[j] = (Qfloat)((1. - e)/(1. + e));
        else
            results[j] = (Qfloat)((e - 1.)/(e + 1.));
    }
}
```

计算高斯（径向基函数）核函数：

```
void CvSVMKernel::calc_rbf( int vcount, int var_count, const float** vecs,
                            const float* another, Qfloat* results )
{
    //定义一个矩阵，作为高斯核函数的结果输出
    CvMat R = cvMat( 1, vcount, QFLOAT_TYPE, results );
    double gamma = -params->gamma;     //得到式（3-55）中的参数-γ
    int j, k;

    for( j = 0; j < vcount; j++ )     //遍历所有支持向量
    {
        const float* sample = vecs[j];     //得到当前支持向量，即样本数据
        double s = 0;
        //以 4 个为一个单位，遍历当前样本的特征属性，计算||xi-xj||
        for( k = 0; k <= var_count - 4; k += 4 )
        {
            double t0 = sample[k] - another[k];
            double t1 = sample[k+1] - another[k+1];

            s += t0*t0 + t1*t1;

            t0 = sample[k+2] - another[k+2];
            t1 = sample[k+3] - another[k+3];

            s += t0*t0 + t1*t1;
        }
        //计算不足 4 个的，也就是剩余的特征属性的||xi-xj||
        for( ; k < var_count; k++ )
        {
            double t0 = sample[k] - another[k];
            s += t0*t0;
        }
        results[j] = (Qfloat)(s*gamma);     //得到-γ||xi-xj||
    }
```

```
        if( vcount > 0 )
              cvExp( &R, &R );     //得到最终的结果，即式(3-56)
}
```

除了 calc_rbf 函数外，calc_linear、calc_poly 和 calc_sigmoid 函数都会调用 calc_non_rbf_base 函数，因为这 3 个核函数都需要计算 $\boldsymbol{x}_i \cdot \boldsymbol{x}_j$。

```
void CvSVMKernel::calc_non_rbf_base( int vcount, int var_count, const float** vecs,
                                      const float* another, Qfloat* results,
                                      double alpha, double beta )
{
    int j, k;
    //遍历所有支持向量
    for( j = 0; j < vcount; j++ )
    {
          const float* sample = vecs[j];     //得到当前的支持向量，即样本数据
          double s = 0;
          //以 4 个为一个单位，遍历当前样本的特征属性，计算 xi·xj
          for( k = 0; k <= var_count - 4; k += 4 )
                s += sample[k]*another[k] + sample[k+1]*another[k+1] +
                      sample[k+2]*another[k+2] + sample[k+3]*another[k+3];
                //计算不足 4 个的，也就是剩余的特征属性的 xi·xj
                for( ; k < var_count; k++ )
                      s += sample[k]*another[k];
                //最终得到α xi·xj+β
                results[j] = (Qfloat)(s*alpha + beta);
    }
}
```

下面介绍 SVM 预测样本函数 predict。该函数有许多形式，如：

```
float CvSVM::predict(const Mat& sample, bool returnDFVal=false )
float CvSVM::predict(const CvMat* sample, bool returnDFVal=false )
float CvSVM::predict(const CvMat* samples, CvMat* results)
```

其中，sample 表示需要预测的样本数据；returnDFVal 定义该函数的返回类型，为 true，并且是两类分类问题时，该函数返回决策函数中 sgn 函数内的具体值，否则该函数返回分类标签（SVC），或返回估计函数（SVR）；results 表示对应样本的预测输出，如果只预测一个样本，则该函数返回预测结果，如果预测多个样本，则必须使用 results 参数来返回预测结果。

不管哪种形式的 predict 函数，最终都会调用下面这个函数：

```
float CvSVM::predict( const float* row_sample, int row_len, bool returnDFVal ) const
//row_sample 表示待预测的一个样本
//row_len 表示该样本的特征属性的数量
//函数返回为预测结果
{
    assert( kernel );     //确保 SVM 模型中核函数的数据形式正确
    assert( row_sample );     //确保预测样本的数据形式正确

    int var_count = get_var_count();     //得到 SVM 模型中样本的特征属性的数量
    //确保 SVM 模型的样本和预测样本的特征属性的数量相同
    assert( row_len == var_count );
    (void)row_len;
    //如果是 SVC，class_count 为分类的数量；如果是单类 SVM，class_count 为 1；如果是 SVR，class_count 为 0
    int class_count = class_labels ? class_labels->cols :
                      params.svm_type == ONE_CLASS ? 1 : 0;

    float result = 0;     //表示预测结果
    cv::AutoBuffer<float> _buffer(sv_total + (class_count+1)*2);     //分配一块内存空间
    float* buffer = _buffer;

    if( params.svm_type == EPS_SVR ||     //ε-SVR 类型
        params.svm_type == NU_SVR ||     //ν-SVR 类型
        params.svm_type == ONE_CLASS )     //单类 SVM 类型
    {
```

```
        CvSVMDecisionFunc* df = (CvSVMDecisionFunc*)decision_func;      //得到决策函数
        int i, sv_count = df->sv_count;     //sv_count 表示支持向量的数量
        double sum = -df->rho;      //得到决策函数的参数 b
        //计算核函数
        kernel->calc( sv_count, var_count, (const float**)sv, row_sample, buffer );
        //遍历所有的支持向量，由决策函数得到最终的预测结果
        for( i = 0; i < sv_count; i++ )
            sum += buffer[i]*df->alpha[i];
        //如果是单类 SVM，则对 sum 取 sgn，即式（3-90）
        result = params.svm_type == ONE_CLASS ? (float)(sum > 0) : (float)sum;
    }
    else if( params.svm_type == C_SVC ||     //C-SVC 类型
             params.svm_type == NU_SVC )     //ν-SVC 类型
    {
        CvSVMDecisionFunc* df = (CvSVMDecisionFunc*)decision_func;      //得到决策函数
        int* vote = (int*)(buffer + sv_total);      //表示记录投票结果
        int i, j, k;
        //为 vote 开辟内存，并清零
        memset( vote, 0, class_count*sizeof(vote[0]));
        //计算核函数
        kernel->calc( sv_total, var_count, (const float**)sv, row_sample, buffer );
        double sum = 0.;

        for( i = 0; i < class_count; i++ )      //遍历所有分类类别
        {
            //对不重复的两个分类进行比较
            for( j = i+1; j < class_count; j++, df++ )
            {
                sum = -df->rho;      //得到决策函数的参数 b
                int sv_count = df->sv_count;
                //遍历所有的支持向量，由决策函数得到最终的预测结果
                for( k = 0; k < sv_count; k++ )
                    sum += df->alpha[k]*buffer[df->sv_index[k]];

                vote[sum > 0 ? i : j]++;      //统计投票结果
            }
        }
        //遍历所有分类类别，得到票数最多的那个分类类别
        for( i = 1, k = 0; i < class_count; i++ )
        {
            if( vote[i] > vote[k] )
                k = i;      //k 表示票数最多的那个分类类别
        }
        //如果 returnDFVal 为 true，并且是 2 类的 SVM，则 result 为决策函数中 sgn 函数内的值，否则
        //result 为预测的分类标签
        result = returnDFVal && class_count == 2 ? (float)sum : (float)(class_
labels->data.i[k]);
    }
    else      //不是以上 5 种 SVM 类型，则提示错误信息
        CV_Error( CV_StsBadArg, "INTERNAL ERROR: Unknown SVM type, "
                                "the SVM structure is probably corrupted" );

    return result;      //返回预测结果
}
```

3.3 应用实例

下面给出一个具体的 SVM 应用实例。本次的实例来源于 http://archive.ics.uci.edu/ml/中的 risi 数据，目的是用于判断样本属于哪类植物：setosa、versicolor、virginica。每类植物各选择 20 个样本进行训练，而每个样本具有以下 4 个特征属性：花萼长，花萼宽，花瓣长，花瓣宽。

```
#include "opencv2/core/core.hpp"
#include "opencv2/highgui/highgui.hpp"
#include "opencv2/imgproc/imgproc.hpp"
#include "opencv2/ml/ml.hpp"
```

```
#include <iostream>
using namespace cv;
using namespace std;

int main( int argc, char** argv )
{
     //60 个训练样本
     double trainingData[60][4]={{5.1,3.5,1.4,0.2}, {4.9,3.0,1.4,0.2}, {4.7,3.2,1.3,0.2},
                                 {4.6,3.1,1.5,0.2}, {5.0,3.6,1.4,0.2}, {5.4,3.9,1.7,0.4},
                                 {4.6,3.4,1.4,0.3}, {5.0,3.4,1.5,0.2}, {4.4,2.9,1.4,0.2},
                                 {4.9,3.1,1.5,0.1}, {5.4,3.7,1.5,0.2}, {4.8,3.4,1.6,0.2},
                                 {4.8,3.0,1.4,0.1}, {4.3,3.0,1.1,0.1}, {5.8,4.0,1.2,0.2},
                                 {5.7,4.4,1.5,0.4}, {5.4,3.9,1.3,0.4}, {5.1,3.5,1.4,0.3},
                                 {5.7,3.8,1.7,0.3}, {5.1,3.8,1.5,0.3},
                                 {7.0,3.2,4.7,1.4}, {6.4,3.2,4.5,1.5}, {6.9,3.1,4.9,1.5},
                                 {5.5,2.3,4.0,1.3}, {6.5,2.8,4.6,1.5}, {5.7,2.8,4.5,1.3},
                                 {6.3,3.3,4.7,1.6}, {4.9,2.4,3.3,1.0}, {6.6,2.9,4.6,1.3},
                                 {5.2,2.7,3.9,1.4}, {5.0,2.0,3.5,1.0}, {5.9,3.0,4.2,1.5},
                                 {6.0,2.2,4.0,1.0}, {6.1,2.9,4.7,1.4}, {5.6,2.9,3.6,1.3},
                                 {6.7,3.1,4.4,1.4}, {5.6,3.0,4.5,1.5}, {5.8,2.7,4.1,1.0},
                                 {6.2,2.2,4.5,1.5}, {5.6,2.5,3.9,1.1},
                                 {6.3,3.3,6.0,2.5}, {5.8,2.7,5.1,1.9}, {7.1,3.0,5.9,2.1},
                                 {6.3,2.9,5.6,1.8}, {6.5,3.0,5.8,2.2}, {7.6,3.0,6.6,2.1},
                                 {4.9,2.5,4.5,1.7}, {7.3,2.9,6.3,1.8}, {6.7,2.5,5.8,1.8},
                                 {7.2,3.6,6.1,2.5}, {6.5,3.2,5.1,2.0}, {6.4,2.7,5.3,1.9},
                                 {6.8,3.0,5.5,2.1}, {5.7,2.5,5.0,2.0}, {5.8,2.8,5.1,2.4},
                                 {6.4,3.2,5.3,2.3}, {6.5,3.0,5.5,1.8}, {7.7,3.8,6.7,2.2},
                                 {7.7,2.6,6.9,2.3}, {6.0,2.2,5.0,1.5} };
      Mat trainingDataMat(60, 4, CV_32FC1, trainingData);
    //训练样本对应的类别，S 表示 setosa，V 表示 versicolor，R 表示 virginica
     float responses[60] = {'S','S','S','S','S','S','S','S','S','S','S','S','S','S',
'S','S','S','S','S','S',
                          'V','V','V','V','V','V','V','V','V','V','V','V','V','V',
'V','V','V','V','V','V',
                          'R','R','R','R','R','R','R','R','R','R','R','R','R','R',
'R','R','R','R','R','R'};
     Mat responsesMat(60, 1, CV_32FC1, responses);

     //设置 SVM 参数
     CvSVMParams params;
     params.svm_type = CvSVM::C_SVC;     //SVM 类型为 C-SVC
     params.C = 10.0;     //C 参数设置为 10
     params.kernel_type = CvSVM::RBF;     //核函数为高斯核函数
     params.gamma = 8.0;     //高斯核函数中的 γ 参数设置为 8
     //迭代的终止条件
     params.term_crit = cvTermCriteria(CV_TERMCRIT_EPS, 1000, FLT_EPSILON);

     //建立 SVM 模型
     CvSVM svm;
     svm.train(trainingDataMat, responsesMat, Mat(), Mat(), params);
     //预测样本数据
     double sampleData[4]={ 6.7, 3.1, 4.7, 1.5};
     Mat sampleMat(4, 1, CV_32FC1, sampleData);
     float r = svm.predict(sampleMat);     //预测结果
     cout<<endl<<"result:  "<<(char)r<<endl;     //输出结果

     return 0;
}
```

输出结果为：

```
result:  V
```

第 4 章　决策树

4.1 原理分析

决策树是一种非参数的监督学习方法，主要用于分类和回归。决策树的目的是构造一种模型，使之能够从样本数据的特征属性中，通过学习简单的决策规则——IF THEN 规则，从而预测目标变量的值。

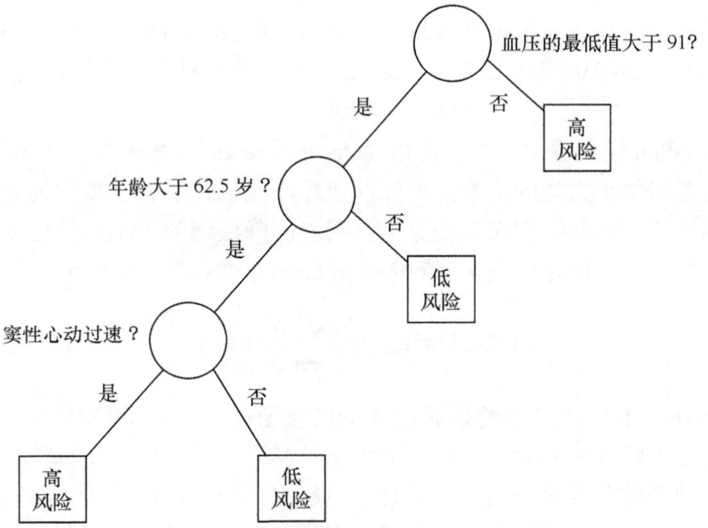

▲图 4-1　决策树

例如，在某医院内，对因心脏病发作而入院治疗的患者，在住院的前 24 小时内，观测记录下他们的 19 个特征属性——血压、年龄，以及其他 17 项可以综合判断病人状况的重要指标，用图 4-1 所示的决策树判断病人是否属于高危患者。图 4-1 中，圆形为中间节点，也就是树的分支，代表 IF THEN 规则的条件；方形为终端节点（叶节点），也就是树的叶，代表 IF THEN 规则的结果。第一个节点也称为根节点。

决策树往往采用的是自上而下的设计方法，每迭代循环一次，就会选择一个特征属性进行分叉，直到不能再分叉为止。因此，在构建决策树的过程中，选择最佳（既能够快速分类，又能使决策树的深度最小）的分叉特征属性是关键所在。这种“最佳性”可以用非纯度（impurity）进行衡量。如果一个数据集合中只有一种分类结果，则该集合最纯，即一致性好；反之有许多分类，则不纯，即一致性不好。有许多指标可以定量地度量这种非纯度，最常用的有熵、基尼指数（Gini Index）和分类误差，它们的公式分别为：

$$\text{Entropy} = \mathrm{E}(D) = -\sum_{j=1}^{J} p_j \log_2 p_j \tag{4-1}$$

$$\text{Gini Index} = \mathrm{Gini}(D) = \sum_{j=1}^{J} p_j (1 - p_j) = \sum_{j=1}^{J} p_j - \sum_{j=1}^{J} p_j^2 = 1 - \sum_{j=1}^{J} p_j^2 \tag{4-2}$$

$$\text{Classification Error} = 1 - \max\{p_j\} \tag{4-3}$$

上述所有公式中，值越大，表示越不纯，这 3 个度量之间并不存在显著的差别。式中，D 表示样本数据的分类集合。设该集合共有 J 种分类，p_j 表示第 j 种分类的样本率：

$$p_j = \frac{N_j}{N} \tag{4-4}$$

式中，N 和 N_j 分别表示集合 D 中样本数据的总数和第 j 个分类的样本数量。把式（4-4）代入式（4-2）中，得到：

$$\mathrm{Gini}(D) = 1 - \sum_{j=1}^{J} \left(\frac{N_j}{N}\right)^2 = 1 - \frac{\sum_{j=1}^{J} N_j^2}{N^2} \tag{4-5}$$

目前常用的决策树的算法包括第三代迭代二叉树（Iterative Dichotomiser 3，ID3）、C4.5、分类和回归树（Classification And Regression Tree，CART）。前两种算法主要应用的是基于熵的方法，第三种应用的是基尼指数的方法。下面逐一介绍这些方法。

ID3 由 Ross Quinlan 首先提出，基于所谓“Occam's razor”（奥卡姆剃刀），即越简单越好。也就是说，小型的决策树优于大型的决策树。如前所述，我们已经有了熵作为衡量样本集合纯度的标准，熵越大，越不纯，因此我们希望在分类以后能够降低熵的大小，使之变纯一些。这种分类后熵变小的判定标准可以用信息增益（Information Gain）来衡量，它的定义为：

$$\mathrm{G}(D, A) = \mathrm{E}(D) - \sum_{i=1}^{n} \frac{N_i}{N} \mathrm{E}(D_i) \tag{4-6}$$

式（4-6）表示在样本集合 D 下特征属性 A 的信息增益。n 表示针对特征属性 A，样本集合被划分为 n 个不同部分，即 A 中包含着 n 个不同的值；N_i 表示第 i 个部分的样本数量；$\mathrm{E}(D_i)$表示特征属性 A 下第 i 个部分的分类集合的熵。信息增益越大，分类后熵的值下降得越快，则分类效果越好。因此，我们在 D 内遍历所有属性，选择信息增益最大的那个特征属性进行分类。在下次迭代循环中，只需对上次分类剩下的样本集合计算信息增益，如此循环，直至不能再分类为止。

C4.5 算法也由 Quinlan 提出，是 ID3 算法的扩展。ID3 应用的是信息增益的方法，但这种方法存在一个问题，那就是它会更愿意选择那些包括很多种类的特征属性，即哪个 A 中的 n 多，这个 A 的信息增益就可能更大。为此，C4.5 使用信息增益率这一准则来衡量非纯度，即：

$$\mathrm{GR}(D, A) = \frac{\mathrm{G}(D, A)}{\mathrm{SI}(D, A)} \tag{4-7}$$

式中，$\mathrm{SI}(D, A)$表示分裂信息值，它的定义为：

$$\mathrm{SI}(D, A) = -\sum_{i=1}^{n} \frac{N_i}{N} \log_2 \frac{N_i}{N} \tag{4-8}$$

式（4-8）中的符号含义与式（4-6）中的相同。同样，我们选择信息增益率最大的那个特征属性作为分类属性。

CART 算法由 Breiman 等人首先提出，包括分类树和回归树两种。下面先来讨论分类树。针对特征属性 A，分类后的基尼指数为：

$$\mathrm{Gini}_{\mathrm{sp}}\left(D,A\right)=\sum_{i=1}^{n}\frac{N_i}{N}\mathrm{Gini}\left(D_i\right) \tag{4-9}$$

式（4-9）中的符号含义与式（4-6）中的相同。与 ID3 和 C4.5 不同的是，我们选择分类基尼指数最小的那个特征属性作为分类属性。当我们每次只想把样本集合分为两类时，即每个中间节点只产生两个分支，但如果特征属性 A 中有多于 2 个的值，即 $n>2$，这时就需要一个阈值 β，它把 D 分割成 D_1 和 D_2 两部分，不同的 β 得到不同的 D_1 和 D_2。重新设 D_1 的样本数为 L，D_2 的样本数为 R，因此有 $L+R=N$，则式（4-9）可简写为：

$$\mathrm{Gini}_{\mathrm{sp}}\left(D,A^{(\beta)}\right)=\frac{L}{N}\mathrm{Gini}\left(D_1\right)+\frac{R}{N}\mathrm{Gini}\left(D_2\right) \tag{4-10}$$

把式（4-5）代入式（4-10）中，得到：

$$\begin{aligned}\mathrm{Gini}_{\mathrm{sp}}\left(D,A^{(\beta)}\right)&=\frac{L}{N}\left(1-\frac{\sum_{j=1}^{J}L_j^2}{L^2}\right)+\frac{R}{N}\left(1-\frac{\sum_{j=1}^{J}R_j^2}{R^2}\right)\\&=\frac{1}{N}\left(L-\frac{\sum_{j=1}^{J}L_j^2}{L}+R-\frac{\sum_{j=1}^{J}R_j^2}{R}\right)\\&=1-\frac{1}{N}\left(\frac{\sum_{j=1}^{J}L_j^2}{L}+\frac{\sum_{j=1}^{J}R_j^2}{R}\right)\end{aligned} \tag{4-11}$$

式中，$\sum L_j=L$，$\sum R_j=R$。式（4-11）只是通过不同特征属性 A 的不同阈值 β 来得到样本集 D 的不纯度，由于 D 内的样本数量 N 是一定的，因此对式（4-11）求最小值问题就可以转换为求式（4-12）的最大值问题：

$$\mathrm{SG}\left(D,A^{(\beta)}\right)=\frac{\sum_{j=1}^{J}L_j^2}{L}+\frac{\sum_{j=1}^{J}R_j^2}{R} \tag{4-12}$$

以上给出的是分类树的计算方法，下面介绍回归树。两者的不同之处是：分类树的样本输出（即响应值）是类的形式，如判断蘑菇是有毒，还是无毒，周末去看电影，还是不去。而回归树的样本输出是数值的形式，如给某人发放房屋贷款的数额就是具体的数值，它可以是 0～120 万元的任意值。为了得到回归树，需要把适合分类的非纯度度量用适合回归的非纯度度量取代。因此我们将熵计算用均方误差替代：

$$\mathrm{LS}\left(D\right)=\frac{1}{N}\sum_{i=1}^{N}\left(y_i-r_i\right)^2 \tag{4-13}$$

式中，N 表示 D 集合的样本数量；y_i 和 r_i 分别为第 i 个样本的输出值和预测值。如果用样本输出值的平均值来替代样本的预测值，则式（4-13）可改写为：

$$\mathrm{LS}\left(D\right)=\frac{1}{N}\sum_{i=1}^{N}\left(y_i-\frac{\sum_{i=1}^{N}y_i}{N}\right)^2$$

$$=\frac{1}{N}\sum_{i=1}^{N}\left[y_i^2-\frac{2y_i\sum_{i=1}^{N}y_i}{N}+\frac{\left(\sum_{i=1}^{N}y_i\right)^2}{N^2}\right]$$

$$=\frac{1}{N}\left[\sum_{i=1}^{N}y_i^2-\frac{2\left(\sum_{i=1}^{N}y_i\right)^2}{N}+\frac{\left(\sum_{i=1}^{N}y_i\right)^2}{N}\right]$$

$$=\frac{1}{N}\left[\sum_{i=1}^{N}y_i^2-\frac{\left(\sum_{i=1}^{N}y_i\right)^2}{N}\right] \tag{4-14}$$

式（4-14）表示了集合 D 的最小均方误差，如果针对某种特征属性 A，我们把集合 D 划分为 s 个部分，则划分后的均方误差为：

$$\mathrm{LS}(D,A)=\sum_{i=1}^{s}\frac{N_i}{N}\mathrm{LS}(D_i) \tag{4-15}$$

式中，N_i 表示被划分的第 i 个集合 D_i 的样本数量。式（4-15）与式（4-14）的差值是划分为 s 个部分后的误差减小量：

$$\Delta\mathrm{LS}(D,A)=\mathrm{LS}(D)-\sum_{i=1}^{s}\frac{N_i}{N}\mathrm{LS}(D_i) \tag{4-16}$$

与式（4-6）表示的信息增益相似，我们寻求的是最大化的误差减小量，此时就得到了最佳的 s 个部分的划分。

同样，当仅考虑二叉树的情况时，即每个中间节点只有两个分支，此时 $s=2$，基于特征属性 A 的值，集合 D 被阈值 β 划分为 D_1 和 D_2 两个集合，每个集合的样本数分别为 L 和 R，则：

$$\Delta\mathrm{LS}\left(D,A^{(\beta)}\right)=\mathrm{LS}(D)-\frac{L}{N}\mathrm{LS}(D_1)-\frac{R}{N}\mathrm{LS}(D_2) \tag{4-17}$$

把式（4-14）代入式（4-17），得：

$$\Delta\mathrm{LS}\left(D,A^{(\beta)}\right)=\frac{1}{N}\left[\sum_{i=1}^{N}y_i^2-\frac{\left(\sum_{i-1}^{N}y_i\right)^2}{N}\right]-\frac{L}{N}\left\{\frac{1}{L}\left[\sum_{i=1}^{L}l_i^2-\frac{\left(\sum_{i-1}^{L}l_i\right)^2}{L}\right]\right\}-\frac{R}{N}\left\{\frac{1}{R}\left[\sum_{i=1}^{R}r_i^2-\frac{\left(\sum_{i=1}^{R}r_i\right)^2}{R}\right]\right\}$$

$$=\frac{1}{N}\left[\sum_{i=1}^{N}y_i^2-\frac{\left(\sum_{i=1}^{N}y_i\right)^2}{N}-\sum_{i=1}^{L}l_i^2+\frac{\left(\sum_{i=1}^{L}l_i\right)^2}{L}-\sum_{i=1}^{R}r_i^2+\frac{\left(\sum_{i=1}^{R}r_i\right)^2}{R}\right]$$

$$=-\frac{\left(\sum_{i=1}^{N}y_i\right)^2}{N^2}+\frac{1}{N}\left[\frac{\left(\sum_{i=1}^{L}l_i\right)^2}{L}+\frac{\left(\sum_{i=1}^{R}r_i\right)^2}{R}\right] \tag{4-18}$$

式中，y_i是属于集合 D 的样本响应值；l_i和 r_i分别是属于集合 D_1和 D_2的样本响应值。对于某个节点来说，它的样本数量以及样本响应值的和是一个定值，因此，式（4-18）的结果完全取决于方括号内的部分，即：

$$\Delta\mathrm{LLS}\left(D,A^{(\beta)}\right)=\frac{\left(\sum_{i=1}^{L}l_i\right)^2}{L}+\frac{\left(\sum_{i=1}^{R}r_i\right)^2}{R} \tag{4-19}$$

因此，求式（4-18）的最大值问题就转变为求式（4-19）的最大值问题。

按照样本响应值是类的形式，还是数值的形式，把决策树分成分类树和回归树，它们对应不同的计算公式。那么，表示特征属性的形式也会有这两种形式，即类的形式和数值的形式，如决定是否出去踢球，取决于两个条件：风力和气温。风力的表示形式是：无风、小风、中风、大风，气温的表示形式是具体的摄氏度，如−10～40℃。风力这个特征属性就是类的形式，而气温就是数值的形式。又如，决定发放房屋贷款，其金额取决于两个条件：是否有车有房和年薪。有车有房的表示形式是：无车无房、有车无房、无车有房、有车有房，而年薪的表示形式就是具体的钱数，如 0～20 万元。有车有房这个特征属性就是类的形式，年薪就是数值的形式。因此，分析样本的特征属性时，要把决策树分为 4 种情况：特征为类的分类树（如决定是否踢球的风力）、特征为数值的分类树（如决定是否踢球的温度）、特征为类的回归树（如发放贷款的有车有房）和特征为数值的回归树（如发放贷款的年薪）。由于特征形式不同，所以计算方法上就会有所不同。

1. 特征为类的分类树

对于两类问题，样本的分类（响应值）只有两种情况：响应值为 0 和 1，按照特征属性的类别的样本响应值为 1 的数量的多少进行排序。例如，采集 20 个样本来构建是否踢球分类树，设出去踢球的响应值为 1，不踢球的响应值为 0，针对风力这个特征属性，响应值为 1 的样本有 14 个，无风有 6 个样本，小风有 5 个，中风 2 个，大风 1 个，则排序的结果为：大风<中风<小风<无风。然后依据这个顺序依次按照二叉树的分叉方式把样本分为左分支和右分支，并代入式（4-12）求使该式为最大值的那个分叉方式，即先把是大风的样本放入左分支，其余的放入右分支，代入式（4-12），得到 A，再把大风和中风放入左分支，其余的放入右分支，代入式（4-12），得到 B，然后把大风、中风和小风放入左分支，无风的放入右分支，计算得到 C。比较 A、B、C，如果最大值为 C，则按照 C 的分叉方式划分左右分支，其中阈值 β 可以设为 3。对于非两类问题，采用的是聚类的方法。

2. 特征为数值的分类树

由于特征属性用数值表示，所以我们就按照数值的大小顺序依次代入式（4-12），计算最大值。如一共有 14 个样本，按照由小至大的顺序为 abcdefghijklmn，第一次分叉为 a|bcdefghijklmn，竖线“|”的左侧被划分到左分支，右侧被划分到右分支，代入式（4-12）计算其值，然后第二次分叉为 ab|cdefghijklmn，同理代入式（4-12）计算其值。依次类推，得到这 13 次分叉的最大值，该种分叉方式为最佳的分叉方式，其中阈值 β 为分叉的次数。

3. 特征为类的回归树

计算每种特征属性各个种类的平均样本响应值，按照该值的大小进行排序，然后依次代入式（4-19），计算其最大值。

4. 特征为数值的回归树

这种情况与特征为数值的分类树相同，按照数值的大小顺序依次代入式（4-19），计算最大值。

训练决策树时，还有 3 个技术问题需要解决。第一个问题是：对于分类树，还需要考虑一种情况，即当用户想要检测一些非常罕见的异常现象时，这是非常难办到的，因为训练可能包含了比异常多得多的正常情况，那么很可能分类结果就认为每种情况都是正常的。为了避免这种情况出现，需要设置先验概率，这样异常情况发生的概率就被人为地增加（可以增加到 0.5，甚至更高），这样被误分类的异常情况的权重就会变大，决策树也能够得到适当的调整。先验概率需要根据各自情况人为设置，但还需要考虑各个分类的样本率，因此这个先验值还不能直接应用，还需要处理。设 Q_j 为设置的第 j 个分类的先验概率，N_j 为该分类的样本数，则考虑了样本率并进行归一化处理的先验概率 q_j 为：

$$q_j = \frac{Q_j / N_j}{\sum_{j=1}^{J}\left(Q_j / N_J\right)} \tag{4-20}$$

把先验概率代入式（4-12）中，则得到：

$$\mathrm{SG}\left(D, A^{(\beta)}, q\right) = \frac{\sum_{j=1}^{J}\left(q_j L_j\right)^2}{\sum_{j=1}^{J}\left(q_j L_j\right)} + \frac{\sum_{j=1}^{J}\left(q_j R_j\right)^2}{\sum_{j=1}^{J}\left(q_j R_j\right)} \tag{4-21}$$

第二个需要解决的问题是：某些样本缺失了某个特征属性，但该特征属性又是最佳分叉属性，那么如何对该样本进行分叉呢？目前有几种方法可以解决该问题：第一种方法是直接把该样本删掉；第二种方法是用各种算法估计该样本的缺失属性值；第三种方法是用另一个特征属性来替代最佳分叉属性，该特征属性被称为替代分叉属性。因此，在计算最佳分叉属性的同时，还要计算该特征属性的替代分叉属性，以防止最佳分叉属性缺失的情况。CART 算法采用的就是该方法，下面介绍该方法。

寻找替代分叉属性总的原则就是使其分叉的效果与最佳分叉属性相似，即分叉的误差最小。我们仍然根据特征属性是类还是数值的形式，把替代分叉属性的计算分为两种情况。当特征属性是类的形式，最佳分叉属性不是该特征属性时，会把该特征属性的每个种类分叉为不同的分支。例如，当最佳分叉属性不是风力时，极有可能把 5 个无风的样本分叉为不同的分支（如 3 个属于左分支，2 个属于右分支），但当最佳分叉属性是风力时，这种情况就不会发生，也就是 5 个无风的样本要么属于左分支，要么属于右分支。因此，我们把被最佳分叉属性分叉的特征属性种类的分支最大样本数量作为该种类的分叉值，计算该特征属性所有种类的这些分叉值，最终这些分叉值之和就作为该替代分叉属性的分叉值。还看前面的例子，无风的分叉值为 3，再计算小风、中风、大风的分叉值，假如它们的值分别为 4、4、3，则把风力作为替代分叉属性的分叉值为 14。按照该方法再计算其他特征属性是类形式的替代分叉值，则替代性由替代分叉值按从大到小的顺序进行排序。用替代分叉属性分叉时，左分支大于右分支样本数的种类被分叉为左分支，反之为右分支。如上面的例子，无风的样本被分叉为左分支。

当特征属性是数值的形式时，样本被分割成 4 个部分：LL、LR、RL 和 RR。前一个字母表示被最佳分叉属性分叉为左右分支，后一个字母表示被替代分叉属性分叉为左右分支，如 LR 表示被最佳分叉属性分叉为左分支，但被替代分叉属性分叉为右分支的样本。因此，LL 和 RR 表示的是被替代分叉属性分叉正确的样本，而 LR 和 RL 是被替代分叉属性分叉错误的样本，在该特征属性下，选取阈值对样本进行分割，使 LL+RR 或 LR+RL 达到最大值，则最终 max{LL+RR, LR+RL}作为该特征属性的替代分叉属性的分叉值。按照该方法再计算其他特征属性是数值形式的替代分叉值，则替代性也由替代分叉值按从大到小进行排序。最终选取替代分叉值最大的那个特征属性作为该最佳分叉属性的替代分叉属性。

为了让替代分叉属性与最佳分叉属性相比较，还需要对替代分叉值进行规范化处理，如果替代分叉属性是类的形式，则替代分叉值需要乘以式（4-12），再除以最佳分叉属性中的种类数量，如果替代分叉属性是数值的形式，则替代分叉值需要乘以式（4-19），再除以所有样本的数量。规范化后的替代分叉属性如果就是最佳分叉属性时，两者的值是相等的。

第三个问题是过拟合。由于决策树的建立完全依赖于训练样本，因此该决策树对该样本能够产生完全一致的拟合效果。但这样的决策树对于预测样本来说过于复杂，对预测样本的分类效果也不够精确。这种现象称为过拟合。

将复杂的决策树进行简化的过程称为剪枝，它的目的是去掉一些节点，包括叶节点和中间节点。剪枝常用的方法有预剪枝和后剪枝两种。预剪枝是在构建决策树的过程中，提前终止决策树的生长，从而避免过多的节点产生。该方法虽然简单，但实用性不强，因为我们很难精确判断何时终止树的生长。后剪枝就是在决策树构建完后再去掉一些节点。常见的后剪枝方法有 4 种：悲观错误剪枝（PEP）、最小错误剪枝（MEP）、代价复杂度剪枝（CCP）和基于错误的剪枝（EBP）。CCP 算法能够应用于 CART 算法中，它的本质是度量每减少一个叶节点所得到的平均错误，这里重点介绍 CCP 算法。

CCP 算法会产生一系列树的序列$\{T_0,T_1,\cdots,T_m\}$，其中 T_0 是由训练得到的最初的完整决策树，而 T_m 只含有一个根节点。序列中的树是嵌套的，也就是序列中的 T_{i+1} 是由 T_i 通过剪枝得到的，即实现用 T_{i+1} 中一个叶节点来替代 T_i 中以该节点为根的子树。这种被替代的原则就是使误差的增加率 α 最小，即：

$$\alpha=\frac{R(n)-R(n_t)}{|n_t|-1} \tag{4-22}$$

式中，$R(n)$表示 T_i 中节点 n 的预测误差，$R(n_t)$表示 T_i 中以节点 n 为根节点的子树的所有叶节点的预测误差之和，$|n_t|$为该子树叶节点的数量，$|n_t|$也被称为复杂度，因为叶节点越多，复杂性就越强。因此，α 的含义就是用一个节点 n 来替代以 n 为根节点的所有$|n_t|$个节点的误差增加的规范化程度。在 T_i 中，选择最小的 α 值的节点进行替代，最终得到 T_{i+1}。依次类推，每需要得到一棵决策树，都需要计算其前一棵决策树的 α 值，根据 α 值来对前一棵决策树进行剪枝，直到最终剪枝到只剩下含有一个根节点的 T_m 为止。

根据决策树是分类树，还是回归树，节点的预测误差的计算也分为两种情况。在分类树下，我们可以应用上面介绍过的式（4-1）～式（4-3）中的任意一个，如果应用式（4-3）来表示节点 n 的预测误差，则：

$$R(n)=\frac{\sum_{j=1}^{m}N_j-\max\{N_j\}}{\sum_{j=1}^{m}N_j}=\frac{N-\max\{N_j\}}{N} \tag{4-23}$$

式中，N_j 表示节点 n 下第 j 个分类的样本数；N 为该节点的所有样本数；$\max\{N_j\}$表示在 m 个分类中，拥有样本数最多的那个分类的样本数量。在回归树下，我们可以应用式（4-14）来表示节点 n 的预测误差：

$$R(n)=\frac{\sum_{i=1}^{N}\left(y_i^2\right)-\frac{\left(\sum_{i=1}^{N}y_i\right)^2}{N}}{N} \tag{4-24}$$

式中，y_i 表示第 i 个样本的响应值；N 为该节点的样本数量。式（4-23）和式（4-24）的分子部分称为节点的风险值。

用全部样本得到的决策树序列为$\{T_0,T_1,\cdots,T_m\}$，其对应的 α 值为 $\alpha_0<\alpha_1<\cdots<\alpha_m$。下一步就是如何从这个序列中最优地选择一颗决策树 T_i。与其说找到最优的 T_i，不如说找到其对应的 α_i。这一步骤通常采用的方法是交叉验证（Cross-Validation）法。

把 L 个样本随机划分为数量相等的 V 个子集 L_v，$v=1,\cdots,V$。第 v 个训练样本集为：

$$L^{(v)} = L - L_v \qquad v = 1,\cdots,V \tag{4-25}$$

则 L_v 被用来做 $L^{(v)}$的测试样本集。对每个训练样本集 $L^{(v)}$按照 CCP 算法得到决策树的序列$\{T_0^{(v)},T_1^{(v)},\cdots,T_m^{(v)}\}$，其对应的 α 值为 $\alpha_0^{(v)}<\alpha_1^{(v)}<\cdots<\alpha_m^{(v)}$。$\alpha$ 值的计算仍然采用式（4-22）。对于分类树来说，第 v 个子集的节点 n 的预测误差为：

$$R^{(v)}(n) = \frac{\sum_{j=1}^{m} N_j^{(v)} - \max\left\{N_j^{(v)}\right\}}{\sum_{j=1}^{m} N_j^{(v)}} = \frac{N^{(v)} - \max\left\{N_j^{(v)}\right\}}{N^{(v)}} \tag{4-26}$$

式中，$N_j^{(v)}$表示训练样本集 $L^{(v)}$中节点 n 的第 j 个分类的样本数；$N^{(v)}$为 $L^{(v)}$中节点 n 的所有样本数；$\max\{N_j^{(v)}\}$表示在 m 个分类中，$L^{(v)}$中节点 n 拥有样本数最多的那个分类的样本数量。对于回归树来说，第 v 个子集的节点 n 的预测误差为：

$$R^{(v)}(n) = \frac{\sum_{i=1}^{N^{(v)}}\left((y_i^{(v)})^2\right) - \frac{\left(\sum_{i=1}^{N^{(v)}} y_i^{(v)}\right)^2}{N^{(v)}}}{N^{(v)}} \tag{4-27}$$

式中，$y_j^{(v)}$表示训练样本集 $L^{(v)}$中节点 n 的第 i 个样本的响应值。我们仍然把式（4-26）和式（4-27）的分子部分称为交叉验证子集中的节点风险值。

由训练样本集得到树序列，然后应用这些树对测试样本集进行测试，测试的结果用错误率来衡量，即被错误分类的样本数量。对于分类树来说，节点 n 的错误率为：

$$e^{(v)}(n) = N_v - N_{v,j} \tag{4-28}$$

式中，N_v 表示测试样本集 L_v 中节点 n 的所有样本数；$N_{v,j}$ 表示 L_v 中第 j 个分类的样本数，这个 j 是式（4-26）中 $\max\{|L_j^{(v)}|\}$对应的 j。对于回归树来说，节点 n 的错误率为：

$$e^{(v)}(n) = \sum_{i=1}^{N_v}\left(y_{v,i}^2\right) - 2\left(\frac{\sum_{i=1}^{N^{(v)}} y_i^{(v)}}{N^{(v)}}\right)\left(\sum_{i=1}^{N_v} y_{v,i}\right) + N_v\left(\frac{\sum_{i=1}^{N^{(v)}} y_i^{(v)}}{N^{(v)}}\right)^2 \tag{4-29}$$

式中，$y_{v,i}$ 表示 L_v 的第 i 个样本响应值。决策树的总错误率 $E^{(v)}$等于该树所有叶节点的错误率之和。

虽然交叉验证子集决策树序列 $T^{(v)}$的数量要与由全体样本得到的决策树序列 T 的数量相同，但两者构建的形式不同，它需要比较两者的 α 值后再来构建。而为了比较由全体样本训练得到 α 值与交叉验证子集的 $\alpha^{(v)}$值之间的大小，我们还需要对 α 值进行处理，即：

$$\acute{\alpha}_i = \sqrt{\alpha_i \alpha_{i+1}} \tag{4-30}$$

其中 $\acute{\alpha}_0 = 0$，而 $\acute{\alpha}_m$ 为无穷大。

设按照式（4-22）得到的初始训练子集 $L^{(v)}$决策树序列为$\{T_0^{(v)},T_1^{(v)},\cdots,T_m^{(v)}\}$，其对应的 $\alpha^{(v)}$值为$\{\alpha_0^{(v)},\alpha_1^{(v)},\cdots,\alpha_m^{(v)}\}$。最终的树序列也由这些 $T^{(v)}$组成，并且也是嵌套的形式，但可以重复，而且必须满足：

$$\acute{\alpha}_k < \max\left\{\alpha_j^{(v)}\right\} \tag{4-31}$$

式（4-31）的含义是 $T^{(v)}$中第 k 个子树的 $\alpha^{(v)}$值要小于 $\acute{\alpha}_k$ 的最大的 $\alpha^{(v)}$对应的子树，因此最终的树序列有可能是这种形式：$T_0^{(v)},T_0^{(v)},T_1^{(v)},T_1^{(v)},T_2^{(v)},T_2^{(v)},T_2^{(v)},T_2^{(v)}$，……，直到序列中树的数量为 m 为止。

子集的决策树序列构建好后，就可以计算 V 个子集中树序列相同的总错误率之和，即：

$$E_j = \sum_{v=1}^{V} E_j^{(v)} \tag{4-32}$$

则最佳的子树索引 J 为：

$$J = \arg\min_j \left(E_j\right) \tag{4-33}$$

最终我们选择决策树序列$\{T_0,T_1,\cdots,T_m\}$中第 J 棵树为最佳决策树，该树的总错误率最小。

如果选择决策树时使用 1-SE（1 Standard Error of Minimum Error）规则，那么有可能最终的决策树不是错误率最小的子树，而是错误率略大，但树的结构更简单的那棵决策树。首先计算误差范围 SE：

$$SE = \sqrt{E_J\left(N - E_J\right)} \tag{4-34}$$

式中，E_J表示最佳子树的总错误率；N 为总的样本数。则最终被选中的决策树的总错误率 E_K 要满足：

$$E_K < E_J + SE \tag{4-35}$$

并且决策树的结构最简单。

以上完整并详细地介绍了构建决策树，也就是训练决策树的过程，在这个过程中我们没有放过任何一个技术细节。而预测样本很简单，只要把样本按照最佳分叉属性（或替代分叉属性）一次一次分叉，直到到达决策树的叶节点为止，则该叶节点的值就是该预测样本的响应值。

4.2 源码解析

OpenCV 中，决策树应用的是 CART 算法，并且分类树和回归树都实现了。而剪枝应用的是 CCP 算法。

下面先给出用于构建决策树的参数：

```
CvDTreeParams::CvDTreeParams() : max_categories(10), max_depth(INT_MAX), min_sample_count(10),
    cv_folds(10), use_surrogates(true), use_1se_rule(true),
    truncate_pruned_tree(true), regression_accuracy(0.01f), priors(0)
{}

CvDTreeParams::CvDTreeParams( int _max_depth, int _min_sample_count,
                              float _regression_accuracy, bool _use_surrogates,
                              int _max_categories, int _cv_folds,
                              bool _use_1se_rule, bool _truncate_pruned_tree,
                              const float* _priors ) :
    max_categories(_max_categories), max_depth(_max_depth),
    min_sample_count(_min_sample_count), cv_folds (_cv_folds),
    use_surrogates(_use_surrogates), use_1se_rule(_use_1se_rule),
    truncate_pruned_tree(_truncate_pruned_tree),
    regression_accuracy(_regression_accuracy),
    priors(_priors)
{}
```

其中参数的含义如下。

max_depth：指定决策树的最大可能深度。但由于其他终止条件或者是被剪枝的缘故，最终的决策树的深度可能要比 max_depth 小。该值不能小于 0，否则报错。如果用户把该值设置为大于 25 的数值，则系统会重新把该值设为 25，即该值不能超过 25。

min_sample_count：如果某个节点的样本数量小于该值，则该节点将不再被分叉。

regression_accuracy：该参数是终止构建回归树的一个条件，表示回归树的响应值的精度如果达到该值，则无需再分叉。该值不能小于 0，否则报错。

use_surrogates：如果该参数为真，则需要产生替代分叉节点。替代分叉节点用于解决缺失特征属性和进行变量重要性的估计。

max_categories：表示特征属性为类的形式的最大的类的数量，如果在训练的过程中，类的数量大于该值，则采用聚类的方法会更高效。该参数只应用于非两类的分类树问题。该值一定要大于或等于 2，否则报错。

cv_folds：如果该参数大于 1，则应该交叉验证进行剪枝，该值表示交叉验证的子集数量。该值一定不能小于 0，否则报错。如果用户把该值设置为 1，则系统会重新把该值设为 0。

use_1se_rule：如果该参数值为真，表示在剪枝的过程中应用 1SE 规则，该规则的应用使决策树更简单，对训练数据的噪声更有抵抗力，但是精度会下降。

truncate_pruned_tree：如果该参数值为真，要被剪掉的节点将被从树上移除，否则它们仍然被保留。

priors：表示分类树的类别标签的先验概率，按类别标签值排序。该参数可以用于针对某个特定的类别。例如，如果用户希望探测到某个比较少见的异常变化，但训练可能包含了比异常多得多的正常情况，那么很可能分类结果就认为每个情况都是正常的。为了避免这一点，先验就必须被指定，异常情况发生的概率需要人为增加（增加到 0.5，甚至更高），这样误分类的异常情况的权重就会变大，树也能够得到适当的调整。

CvDTree 构造函数：

```
CvDTree::CvDTree()
{
    data = 0;     //样本数据
    var_importance = 0;     //重要数据
    default_model_name = "my_tree";     //表明该类型为决策树

    clear();     //清空一些变量
}
```

训练样本，构建决策树函数 CvDTree::train：

```
bool CvDTree::train( const CvMat* _train_data, int _tflag,
                     const CvMat* _responses, const CvMat* _var_idx,
                     const CvMat* _sample_idx, const CvMat* _var_type,
                     const CvMat* _missing_mask, CvDTreeParams _params )
//_train_data 训练样本数据，必须为 32FC1 类型的矩阵形式
//*_tflag 训练数据的特征属性类型，如果为 CV_ROW_SAMPLE，表示样本是以行的形式储存的，即_train_data
矩阵的每一行为一个样本；如果为 CV_COL_SAMPLE，表示样本是以列的形式储存的*//
//_responses 样本的结果，即响应值，该值必须是 32SC1 或 32FC1 类型的一维矩阵（即矢量）的形式，并且元
//素的数量必须与训练样本数据_train_data 的样本数一致
//_var_idx 标识感兴趣的特征属性，即真正用于训练的那些特征属性，该值的形式与_sample_idx 变量相似
//*_sample_idx 标识感兴趣的样本，即真正用于训练的样本，该值必须是一维矩阵的形式，即矢量的形式，并且
类型必须是 8UC1、8SU1 或者 32SC1。如果为 8UC1 或 8SU1，则该值的含义是用掩码的形式表示对应的样本，即 0
表示不感兴趣的样本，其他数为感兴趣的样本。因此，矢量的元素数量必须与训练样本数据_train_data 的样本数
一致；如果为 32SC1，则该值的含义是那些感兴趣的样本的索引，而不感兴趣的样本的索引不在该矢量中出现，因
此该矢量的元素数量可以小于或等于_train_data 的样本数*//
//*_var_type 特征属性的形式，是类的形式，还是数值的形式，用掩码的形式表现对应特征属性的形式，0 表示为
数值的形式，1 表示为类的形式。该值必须是一维矩阵，并且元素的数量必须是真正用于训练的那些特征属性的数量
加 1，多余的一个元素表示的是响应值的形式，即是分类树，还是回归树*//
```

```
//_missing_mask 缺失的特征属性，用掩码的形式表现对应的特征属性，0 表示没有缺失，而且必须与_train_data
//的矩阵尺寸大小一致
//_params 为构建决策树的参数
{
    bool result = false;     //标识变量

    CV_FUNCNAME( "CvDTree::train" );

    __BEGIN__;

    clear();     //清空一些变量
    //*实例化 CvDTreeTrainData 类，并通过 set_data 函数设置训练样本数据，如果需要交叉验证（cv_folds >
    1），则还要随机地把样本均等分 cv_folds 个子集。最后一个参数_share 赋值为 false，表示重新构建一
    个决策树*//
    data = new CvDTreeTrainData( _train_data, _tflag, _responses,
                                 _var_idx, _sample_idx, _var_type,
                                 _missing_mask, _params, false );
    //调用 do_train 函数，对全体样本数据进行训练，该函数在后面有详细解释
    CV_CALL( result = do_train(0) );

    __END__;

    return result;
}
```

下面的 train 函数与上面的 train 函数不同的地方就是矩阵的类型不同，一个是 Mat，另一个是 CvMat。

```
bool CvDTree::train( const Mat& _train_data, int _tflag,
                     const Mat& _responses, const Mat& _var_idx,
                     const Mat& _sample_idx, const Mat& _var_type,
                     const Mat& _missing_mask, CvDTreeParams _params )
{
    CvMat tdata = _train_data, responses = _responses, vidx=_var_idx,
        sidx=_sample_idx, vtype=_var_type, mmask=_missing_mask;
    returntrain(&tdata,_tflag,&responses,vidx.data.ptr?&vidx:0,sidx.data.ptr?&sidx:0,
                vtype.data.ptr ? &vtype : 0, mmask.data.ptr ? &mmask : 0, _params);
}
```

在该 train 函数中，用于决策树的样本数据的一些参数保存在_data 中。

```
bool CvDTree::train( CvMLData* _data, CvDTreeParams _params )
{
   bool result = false;

    CV_FUNCNAME( "CvDTree::train" );

    __BEGIN__;
    //提取出训练样本数据的一些参数
    const CvMat* values = _data->get_values();
    const CvMat* response = _data->get_responses();
    const CvMat* missing = _data->get_missing();
    const CvMat* var_types = _data->get_var_types();
    const CvMat* train_sidx = _data->get_train_sample_idx();
    const CvMat* var_idx = _data->get_var_idx();
    //调用另一个 train 函数
    CV_CALL( result = train( values, CV_ROW_SAMPLE, response, var_idx,
        train_sidx, var_types, missing, _params ) );

    __END__;

    return result;
}
```

该 train 函数多了一个_subsample_idx 参数。

```
bool CvDTree::train( CvDTreeTrainData* _data, const CvMat* _subsample_idx )
{
```

```
    bool result = false;

    CV_FUNCNAME( "CvDTree::train" );

    __BEGIN__;

    clear();
    data = _data;
    data->shared = true;      //表示共享决策树
    //调用 do_train 函数，只对_subsample_idx 指定的由_sample_idx 参数确定的训练样本集的索引进行训练
    CV_CALL( result = do_train(_subsample_idx));

    __END__;

    return result;
}
```

do_train 函数，参数_subsample_idx 表示训练样本集合的索引。

```
bool CvDTree::do_train( const CvMat* _subsample_idx )
{
    bool result = false;

    CV_FUNCNAME( "CvDTree::do_train" );

    __BEGIN__;
    //提取出_subsample_idx 指定的训练样本集合，如果_subsample_idx=0，则取所有样本数据
    //root 表示根节点
    root = data->subsample_data( _subsample_idx );
    //递归调用 try_split_node 函数，构造决策树，该函数在后面有详细的介绍
    CV_CALL( try_split_node(root));

    if( root->split )      //如果得到了决策树
    {
          //分别确保左分支和右分支的正确性
          CV_Assert( root->left );
          CV_Assert( root->right );
          //如果用户设置的交叉验证的子集大于 1，则表示需要对决策树进行剪枝。前面已经提到，实例化
          //CvDTreeTrainData 时，会把 cv_folds = 1 重新设置为 cv_folds = 0
          if( data->params.cv_folds > 0 )
                CV_CALL( prune_cv() );      //剪枝
          //如果决策树的数据不需要共享，则清空训练所需的数据
          if( !data->shared )
                data->free_train_data();

          result = true;      //正确返回标识
    }

    __END__;

    return result;      //返回
}
```

try_split_node 函数的作用是在真正分叉前，先预处理一下节点，试探一下该节点是否能够被分叉，若能，则调用 split_node_data 函数开始分叉；若不能，则退出，然后对得到的左分支和右分支再分别递归。

```
void CvDTree::try_split_node( CvDTreeNode* node )
{
    CvDTreeSplit* best_split = 0;
    //n 表示该节点的样本数，vi 表示特征属性
    int i, n = node->sample_count, vi;
    bool can_split = true;      //标识该节点是否能够被分叉
    double quality_scale;
    //calc_node_value 函数见后面的分析
    calc_node_value( node );
    //如果该节点的样本数量小于所设定的阈值，或者目前决策树的深度超过了所设定的阈值，则该节点不能再被分叉
```

```
if( node->sample_count <= data->params.min_sample_count ||
      node->depth >= data->params.max_depth )
      can_split = false;      //设置标识变量

if( can_split && data->is_classifier )      //分类树
{
      // check if we have a "pure" node,
      // we assume that cls_count is filled by calc_node_value()
      // cls_count 数组存储着每个分类的样本数量，它是由 calc_node_value() 函数得到的
      int* cls_count = data->counts->data.i;
      int nz = 0, m = data->get_num_classes();      //m 表示有多少个分类
      //遍历所有的分类，计算样本数量不为零的分类的个数
      for( i = 0; i < m; i++ )
          nz += cls_count[i] != 0;
      //如果 nz 等于 1，说明只有一个分类，因此该节点无需再分
      if( nz == 1 ) // there is only one class
          can_split = false;      //设置标识变量
}
else if( can_split )      //回归树
{
      // node_risk，即节点的风险值，由 calc_node_value() 函数得到，对 node_risk 开根号并取平
      //均，表示平均误差量，即精度，将其结果与所设定的阈值比较
      if( sqrt(node->node_risk)/n < data->params.regression_accuracy )
           can_split = false;      //设置标识变量
}

if( can_split )      //如果该节点可以被分叉，则找到最佳的分类属性
{
      // find_best_split 函数见后面的分析
      best_split = find_best_split(node);      //得到最佳分叉属性
      // TODO: check the split quality ...
      //通过上面的注释可以看出，OpenCV 的后续版本可能还会对这个最佳分类属性进行进一步的检测
      node->split = best_split;      //赋值
}
//该节点不能被分叉，或没有找到分类属性，也就是达到了叶节点，则退出该函数，结束该分支的递归
if( !can_split || !best_split )
{
      data->free_node_data(node);      //清空该节点数据
      return;
}
//用最佳分叉属性完成对节点的分叉，即标注各个样本的方向信息，calc_node_dir 函数后面给出了讲解，
//其中该函数的返回值 quality_scale 为替代分叉属性值的规范化处理常数
quality_scale = calc_node_dir( node );
if( data->params.use_surrogates )      //表示使用替代分叉属性
{
      // find all the surrogate splits
      // and sort them by their similarity to the primary one
      //遍历所有的特征属性，计算替代分叉属性
      for( vi = 0; vi < data->var_count; vi++ )
      {
          CvDTreeSplit* split;
          //ci 大于 0 表示特征属性是类的形式，ci 小于 0 表示特征属性是数值的形式
          int ci = data->get_var_type(vi);
          //如果当前的特征属性为最佳分叉属性，则进行下一个 vi 的循环
          if( vi == best_split->var_idx )
                continue;

          if( ci >= 0 )      //特征属性是类的形式
                // find_surrogate_split_cat 函数后面有详细的介绍
                split = find_surrogate_split_cat( node, vi );
          else      //特征属性是数值的形式
                // find_surrogate_split_ord 函数后面有详细的介绍
                split = find_surrogate_split_ord( node, vi );

          if( split )
          //得到了替代分叉属性，对现有的替代分叉属性按从大到小的顺序进行排序
          {
                // 插入分裂
                //把替代分叉属性的分叉值保存在 node->split->next 内
```

```
                    CvDTreeSplit* prev_split = node->split;
                    //对替代分叉属性的分叉值进行规范化处理
                    split->quality = (float)(split->quality*quality_scale);
                    //排序
                    while( prev_split->next &&
                            prev_split->next->quality > split->quality )
                        prev_split = prev_split->next;
                    split->next = prev_split->next;
                    prev_split->next = split;
                }
            }
        }
    //完成节点的分叉，得到左分支和右分支，并为下次分叉赋值给各个变量
    split_node_data( node );
    //分别对左分支和右分支递归调用 try_split_node 函数
    try_split_node( node->left );
    try_split_node( node->right );
}
```

计算节点的先验概率、节点的值、节点的风险值和节点的错误率。

```
void CvDTree::calc_node_value( CvDTreeNode* node )
{
    //n 为该节点的样本数，cv_n 为交叉验证的子集数量
    int i, j, k, n = node->sample_count, cv_n = data->params.cv_folds;
    int m = data->get_num_classes();     //分类树的分类数量，即它的响应值的数量
    //为缓存开辟空间，base_size 为基本大小，ext_size 为扩增大小
    //根据是分类树，还是回归树设置不同的大小
    int base_size = data->is_classifier ? m*cv_n*sizeof(int) : 2*cv_n*sizeof(double)+
cv_n*sizeof(int);
    int ext_size = n*(sizeof(int) + (data->is_classifier ? sizeof(int) : sizeof(int)+
sizeof(float)));
    //开辟空间
    cv::AutoBuffer<uchar> inn_buf(base_size + ext_size);
    uchar* base_buf = (uchar*)inn_buf;         //基本空间
    uchar* ext_buf = base_buf + base_size;     //扩展空间

    int* cv_labels_buf = (int*)ext_buf;
    //得到样本对应的交叉验证的子集
    const int* cv_labels = data->get_cv_labels(node, cv_labels_buf);

    if( data->is_classifier )      //分类树
    {
          // in case of classification tree:
          //  * node value is the label of the class that has the largest weight in the node.
          //  * node risk is the weighted number of misclassified samples,
          //  * j-th cross-validation fold value and risk are calculated as above,
          //    but using the samples with cv_labels(*)!=j.     不包括该子集
          //  * j-th cross-validation fold error is calculated as the weighted number of
          //    misclassified samples with cv_labels(*)==j.      仅是该子集

          // compute the number of instances of each class
          //cls_count 数组用于表示每个分类中的样本数量
          int* cls_count = data->counts->data.i;
          // responses_buf 指向的空间为样本数据的响应，即分类结果
          int* responses_buf = cv_labels_buf + n;
          //得到样本的响应值，也就是样本的分类结果
          const int* responses = data->get_class_labels(node, responses_buf);
          // cv_cls_count 数组用于表示交叉验证时的每个子集的每类样本的数量
          int* cv_cls_count = (int*)base_buf;
          double max_val = -1, total_weight = 0;
          int max_k = -1;
          // priors 指向存储着先验概率的内存空间
          double* priors = data->priors_mult->data.db;
          // cls_count 数组清零
          for( k = 0; k < m; k++ )
               cls_count[k] = 0;

          if( cv_n == 0 )      //不需要交叉验证
```

```
    {
        //遍历所有训练样本，得到不同分类结果的样本数量
        for( i = 0; i < n; i++ )
            cls_count[responses[i]]++;
    }
    else    //需要交叉验证
    {
        // cv_cls_count 数组清零
        for( j = 0; j < cv_n; j++ )
            for( k = 0; k < m; k++ )
                cv_cls_count[j*m + k] = 0;

        for( i = 0; i < n; i++ )
        {
            //j 表示第 i 个样本所在的交叉验证的子集，k 表示该样本的分类结果
            j = cv_labels[i]; k = responses[i];
            //对不同交叉验证子集的不同分类结果进行计数
            cv_cls_count[j*m + k]++;
        }
        //统计所有样本的不同分类的数量
        for( j = 0; j < cv_n; j++ )
            for( k = 0; k < m; k++ )
                cls_count[k] += cv_cls_count[j*m + k];
    }
    //如果有先验概率，并且该节点是根节点，计算先验概率
    if( data->have_priors && node->parent == 0 )
    {
        //计算先验概率
        double sum = 0;
        for( k = 0; k < m; k++ )
        {
            int n_k = cls_count[k];  //得到第 k 个分类的样本数量，即式（4-20）中的 Nj
            // data->priors->data.db[k]为式(4-20)中的 Qj，priors[k]为式(4-20)中的 Qj/Nj
            priors[k] = data->priors->data.db[k]*(n_k ? 1./n_k : 0.);
            sum += priors[k];    //累加求和，表示式（4-20）中的∑j(Qj/Nj)
        }
        sum = 1./sum;    //倒数
        //得到归一化的优先率
        for( k = 0; k < m; k++ )
            priors[k] *= sum;    //得到式（4-20）中的 qj
    }
    //遍历所有分类，得到最多的样本数量 max_val，以及对应的分类 max_k
    for( k = 0; k < m; k++ )
    {
        //得到加权后的第 k 个分类的样本数
        double val = cls_count[k]*priors[k];
        total_weight += val;    //累加
        if( max_val < val )     //寻找最大值
        {
            max_val = val;      //得到最大值
            max_k = k;          //最大值对应的分类索引
        }
    }

    node->class_idx = max_k;    //赋值
    //得到该节点的值，它等于拥有最大数量的那个分类的响应值
    node->value = data->cat_map->data.i[
      data->cat_ofs->data.i[data->cat_var_count] + max_k];
    //该节点的风险值，即式（4-23）的分子部分
    node->node_risk = total_weight - max_val;

    for( j = 0; j < cv_n; j++ )    //遍历所有交叉验证的子集
    {
        double sum_k = 0, sum = 0, max_val_k = 0;
        max_val = -1; max_k = -1;
        for( k = 0; k < m; k++ )    //遍历该子集的各个分类
        {
            double w = priors[k];    //该类的先验概率
            //得到加权后第 j 个子集的第 k 个分类的样本数，即式（4-25）中 Lv 中的第 k 个分类
```

```
                //的样本数，v 就是这里的 j，也就是第 j 个测试样本集
                double val_k = cv_cls_count[j*m + k]*w;
                //得到加权后的第 j 个子集中的不包括第 k 个分类的所有样本数，即式(4-25)中 L^(v)
                //中第 k 个分类的样本数，v 就是这里的 j，也就是第 j 个训练样本集
                double val = cls_count[k]*w - val_k;
                sum_k += val_k;     // val_k 的累加，即 L_v 中的样本数
                sum += val;         // val 的累加，即 L^(v) 中的样本数
                //在当前子集下寻找具有最大分类样本数的 val
                if( max_val < val )     //寻找最大值
                {
                    max_val = val;    //最大的 val
                    max_val_k = val_k;     //此时对应的最大 val_k
                    max_k = k;         //此时对应的分类索引
                }
            }
            //赋值
            node->cv_Tn[j] = INT_MAX;     //最大常数
            node->cv_node_risk[j] = sum - max_val;     //风险值，式(4-26)的分子部分
            node->cv_node_error[j] = sum_k - max_val_k;     //错误率，式(4-28)
        }
    }
    else     //回归树
    {
        // in case of regression tree:
        //  * node value is 1/n*sum_i(Y_i), where Y_i is i-th response,
        //    n is the number of samples in the node.
        //  * node risk is the sum of squared errors: sum_i((Y_i - <node_value>)^2)
        //  * j-th cross-validation fold value and risk are calculated as above,
        //    but using the samples with cv_labels(*)!=j.
        //  * j-th cross-validation fold error is calculated
        //    using samples with cv_labels(*)==j as the test subset:
        //    error_j = sum_(i,cv_labels(i)==j)((Y_i - <node_value_j>)^2),
        //    where node_value_j is the node value calculated
        //    as described in the previous bullet, and summation is done
        //    over the samples with cv_labels(*)==j.

        double sum = 0, sum2 = 0;
        float* values_buf = (float*)(cv_labels_buf + n);
        int* sample_indices_buf = (int*)(values_buf + n);
        //得到所有样本的响应值，values 指向该内存
        constfloat*values=data->get_ord_responses(node,values_buf,sample_indices_buf);
        double *cv_sum = 0, *cv_sum2 = 0;
        int* cv_count = 0;

        if( cv_n == 0 )     //不需要交叉验证
        {
            for( i = 0; i < n; i++ )     //遍历所有样本
            {
                double t = values[i];     //得到该样本的响应值
                sum += t;     //响应值累加
                sum2 += t*t;     //响应值平方的累加
            }
        }
        else     //需要交叉验证
        {
            cv_sum = (double*)base_buf;     //表示各个子集的样本响应值的和
            cv_sum2 = cv_sum + cv_n;     //表示各个子集的样本响应值的平方和
            cv_count = (int*)(cv_sum2 + cv_n);     //表示各个子集的样本数量

            for( j = 0; j < cv_n; j++ )     //以上 3 个数组清零
            {
                cv_sum[j] = cv_sum2[j] = 0.;
                cv_count[j] = 0;
            }

            for( i = 0; i < n; i++ )     //遍历所有样本
            {
                j = cv_labels[i];     //得到当前样本所在的交叉验证的子集
                double t = values[i];     //当前样本的响应值
```

```
                    double s = cv_sum[j] + t;      //计算各个子集的样本响应值的和
                    double s2 = cv_sum2[j] + t*t;      //计算各个子集的样本响应值的平方和
                    int nc = cv_count[j] + 1;      //统计各个子集的样本数量
                    //针对当前样本所在的交叉验证的子集
                    cv_sum[j] = s;     //响应值累加
                    cv_sum2[j] = s2;     //响应值平方累加
                    cv_count[j] = nc;     //样本计数
                }

                for( j = 0; j < cv_n; j++ )     //遍历所有交叉验证的子集
                {
                    sum += cv_sum[j];     //所有样本响应值的和
                    sum2 += cv_sum2[j];     //所有样本响应值的平方和
                }
            }
            //该节点的风险值，即式（4-24）的分子部分
            node->node_risk = sum2 - (sum/n)*sum;
            //该节点的值等于所有样本的平均响应值
            node->value = sum/n;
            //遍历所有交叉验证的子集，计算每个子集的风险值和错误率
            for( j = 0; j < cv_n; j++ )
            {
                //s 为该子集的样本响应值之和，即测试样本集的响应值之和；si 为不包括该子集的所有样本
                //的响应值之和，即训练样本集的响应值之和
                double s = cv_sum[j], si = sum - s;
                //s2 为该子集的样本响应值平方之和，即测试样本集的响应值的平方之和；s2i 为不包括该
                //子集的所有样本的响应值平方之和，即训练样本集的响应值的平方之和
                double s2 = cv_sum2[j], s2i = sum2 - s2;
                //c 为该子集的样本数量，即测试样本集的数量；ci 为不包括该子集的所有样本数量，即训练
                //样本集的数量
                int c = cv_count[j], ci = n - c;
                //r 表示训练样本集的平均响应值
                double r = si/MAX(ci,1);
                //该子集的风险值，式（4-27）的分子部分
                node->cv_node_risk[j] = s2i - r*r*ci;
                //该子集的错误率，式（4-29）
                node->cv_node_error[j] = s2 - 2*r*s + c*r*r;
                node->cv_Tn[j] = INT_MAX;     //最大常数
            }
    }
}
```

找到最佳分叉属性 find_best_split 函数：

```
CvDTreeSplit* CvDTree::find_best_split( CvDTreeNode* node )
{
    //实例化 DTreeBestSplitFinder 类，初始化一些变量
    DTreeBestSplitFinder finder( this, node );
    //并行处理，寻找最佳的分类特征属性，它调用 DTreeBestSplitFinder 类的重载运算符()，该函数的分
    //析见下面
    cv::parallel_reduce(cv::BlockedRange(0, data->var_count), finder);

    CvDTreeSplit *bestSplit = 0;
    if( finder.bestSplit->quality > 0 )     //找到了最佳分类特征属性
    {
          bestSplit = data->new_split_cat( 0, -1.0f );
          memcpy( bestSplit, finder.bestSplit, finder.splitSize );     //赋值
    }

    return bestSplit;     //返回最佳分类特征属性
}
```

DTreeBestSplitFinder 类的重载运算符()：

```
void DTreeBestSplitFinder::operator()(const BlockedRange& range)
{
    //vi 表示样本数据的特征属性，vi1 和 vi2 分别为特征属性队列中的首属性和末属性
    int vi, vi1 = range.begin(), vi2 = range.end();
    int n = node->sample_count;     //得到该节点的样本数量
```

```
    CvDTreeTrainData* data = tree->get_data();     //得到全部训练样本数据
    AutoBuffer<uchar> inn_buf(2*n*(sizeof(int) + sizeof(float)));    //开辟一块内存

    for( vi = vi1; vi < vi2; vi++ )     //遍历所有特征属性
    {
        CvDTreeSplit *res;
        //得到该特征属性的类型，如果 ci 大于零，表示特征属性是类的形式，反之则是数值的形式
        int ci = data->get_var_type(vi);
        //如果在该特征属性下只有一个样本，或者没有样本（即缺失），则退出该次 vi 循环
        if( node->get_num_valid(vi) <= 1 )
            continue;

        if( data->is_classifier )     //分类树
        {
            if( ci >= 0 )     //特征为类的分类树
                res=tree->find_split_cat_class(node,vi,bestSplit->quality,split,
                (uchar*)inn_buf);
            else     //特征为数值的分类树
                res=tree->find_split_ord_class(node,vi,bestSplit->quality,split,
                (uchar*)inn_buf);
        }
        else     //归纳树
        {
            if( ci >= 0 )     //特征为类的回归树
                res=tree->find_split_cat_reg(node,vi,bestSplit->quality,split,
                (uchar*)inn_buf);
            else     //特征为数值的回归树
                res=tree->find_split_ord_reg(node,vi,bestSplit->quality,split,
                (uchar*)inn_buf );
        }
        //如果计算得到的分类属性 split 的值大于 bestSplit，则保存该 split 于 bestSplit 中，作为
        //下次循环判断最佳分类属性的依据
        if( res && bestSplit->quality < split->quality )
                memcpy( (CvDTreeSplit*)bestSplit, (CvDTreeSplit*)split, splitSize );
    }
}
```

特征为类的分类树的分叉方法：

```
CvDTreeSplit* CvDTree::find_split_cat_class( CvDTreeNode* node, int vi, float init_quality,
                                             CvDTreeSplit* _split, uchar* _ext_buf )
{
    //得到该节点的特征属性的形式
    int ci = data->get_var_type(vi);
    int n = node->sample_count;     //得到该节点的样本数量
    //得到样本数据的分类数
    int m = data->get_num_classes();
    //得到该特征属性 vi 的类别数量，也就是该特征有 mi 个种类
    int _mi = data->cat_count->data.i[ci], mi = _mi;
    //为该特征属性 vi 开辟一块内存空间
    int base_size = m*(3 + mi)*sizeof(int) + (mi+1)*sizeof(double);
    if( m > 2 && mi > data->params.max_categories )
        base_size += (m*min(data->params.max_categories, n) + mi)*sizeof(int);
    else
        base_size += mi*sizeof(int*);
    cv::AutoBuffer<uchar> inn_buf(base_size);
    if( !_ext_buf )
        inn_buf.allocate(base_size + 2*n*sizeof(int));
    uchar* base_buf = (uchar*)inn_buf;
    uchar* ext_buf = _ext_buf ? _ext_buf : base_buf + base_size;
    //二叉树，lc 和 rc 分别指向二叉树左、右分支，它们都是含有 m 个元素的一维数组，各存储着该节点各自分
    //支的 m 个分类的样本数量
    int* lc = (int*)base_buf;     //lc 指向二叉树左分支
    int* rc = lc + m;     //rc 指向二叉树右分支
    // cjk 表示该特征属性的 mi 个种类的 m 个分类的样本数量，是一个有 mi 个元素的 m 维数组（也可以看成是
    //含有 m 个元素的 mi 维数组）
    int* _cjk = rc + m*2, *cjk = _cjk;
    // c_weights 表示该特征属性中每个种类的权值，是含有 mi 个元素的一维数组
    double* c_weights = (double*)alignPtr(cjk + m*mi, sizeof(double));
```

```
int* labels_buf = (int*)ext_buf;
//labels 指向该特征属性中各个样本对应的种类
const int* labels = data->get_cat_var_data(node, vi, labels_buf);
int* responses_buf = labels_buf + n;
//responses 指向该节点样本的分类，即响应值
const int* responses = data->get_class_labels(node, responses_buf);

int* cluster_labels = 0;
int** int_ptr = 0;
int i, j, k, idx;
double L = 0, R = 0;
double best_val = init_quality;
int prevcode = 0, best_subset = -1, subset_i, subset_n, subtract = 0;
//得到先验概率，该值由 calc_node_value 函数计算得到
const double* priors = data->priors_mult->data.db;    //得到先验概率

// init array of counters:
// c_{jk} - number of samples that have vi-th input variable = j and response = k.
//初始化 cjk 数组，即清零。通过上面的英文注释可以看出，cjk 中的 j 代表着该特征属性 vi 的种类，k 代
//表着响应值（即样本分类）
for( j = -1; j < mi; j++ )
      for( k = 0; k < m; k++ )
            cjk[j*m + k] = 0;

for( i = 0; i < n; i++ )    //遍历该节点的所有样本，为 cjk 赋值
{
     //得到该特征属性的第 i 个样本的种类
     j = ( labels[i] == 65535 && data->is_buf_16u) ? -1 : labels[i];
    //得到该特征属性的第 i 个样本的分类，即响应值
    k = responses[i];
    cjk[j*m + k]++;    //计数累加
}

if( m > 2 )    //非两类问题，即多于 2 个的分类（响应值）
{
      //如果该特征属性的种类数量 mi 大于所设定的阈值
      if( mi > data->params.max_categories )
      {
            //mi 重新设置为阈值或样本数量的最小的那个值
            mi = MIN(data->params.max_categories, n);
            cjk = (int*)(c_weights + _mi);
            cluster_labels = cjk + m*mi;
            //聚类，这里不再分析
            cluster_categories( _cjk, _mi, m, cjk, mi, cluster_labels );
      }
      subset_i = 1;
      subset_n = 1 << mi;
}
else    //两类问题
{
      assert( m == 2 );    //确定为两类问题
      int_ptr = (int**)(c_weights + _mi);
      //数组 int_ptr[j] 表示该特征属性的第 j 个种类的响应值为 1 的样本数量，因为是两类问题，所以
      //另一个响应值为 0
      for( j = 0; j < mi; j++ )
          int_ptr[j] = cjk + j*2 + 1;    //这里的 2 就是 m
      //按样本数量由多到少进行排序，int_ptr 指针的顺序改变了
      icvSortIntPtr( int_ptr, mi, 0 );
      subset_i = 0;
      subset_n = mi;
}
//遍历样本的各个分类，初始化数组 lc 和 rc，即式（4-12）中的 Lj 和 Rj
for( k = 0; k < m; k++ )
{
      int sum = 0;
      for( j = 0; j < mi; j++ )
          sum += cjk[j*m + k];
      rc[k] = sum;    //把所有样本数量先存储在 rc 中
```

```
        lc[k] = 0;      //清零
    }
    //遍历特征属性的各个种类，得到右分支的样本数 R
    for( j = 0; j < mi; j++ )
    {
        double sum = 0;
        //遍历第 j 个特征属性种类的所有分类，每个分类的样本个数乘以它对应的先验概率，然后再累加求
        //和，即为该特征属性种类的权值
        for( k = 0; k < m; k++ )
            sum += cjk[j*m + k]*priors[k];
        c_weights[j] = sum;     //第 j 个特征属性种类的权值
        R += c_weights[j];     //权值累加，得到右分支的样本数量 R
    }

    for( ; subset_i < subset_n; subset_i++ )     //遍历特征属性的各个种类
    {
        double weight;
        int* crow;
        //分别表示式（4-12）中的∑Lj^2 和∑Rj^2
        double lsum2 = 0, rsum2 = 0;

        if( m == 2 )     //两类问题
            //idx 是相对地址指针，指向 cjk 数组的种类，这里的 2 就是 m
            //这里的 int_ptr 已经是排序后的指向
            idx = (int)(int_ptr[subset_i] - cjk)/2;
        else     //非两类问题
        {
            int graycode = (subset_i>>1)^subset_i;
            int diff = graycode ^ prevcode;

            // determine index of the changed bit.
            Cv32suf u;
            idx = diff >= (1 << 16) ? 16 : 0;
            u.f = (float)(((diff >> 16) | diff) & 65535);
            idx += (u.i >> 23) - 127;
            subtract = graycode < prevcode;
            prevcode = graycode;
        }
        //crow 为绝对地址指针，指向该节点的样本分类
        crow = cjk + idx*m;
        weight = c_weights[idx];     //指向该种类的权值
        //该特征属性的种类权值太小，则该种类不予考虑
        if( weight < FLT_EPSILON )
            continue;

        if( !subtract )     //subtract 为零，即两类问题或聚类中 graycode > prevcode
        {
            //遍历该种类的所有分类
            for( k = 0; k < m; k++ )
            {
                int t = crow[k];     //第 k 类的样本数量
                //lval 和 rval 为式（4-21）中的 qjLj 和 qjRj，在初始化数组 lc 和 rc 的时候，定义
                //lc 为 0，rc 为全部样本，所以这里左分支要是增加 t 个样本，那么右分支就要减少 t 个样本
                int lval = lc[k] + t;
                int rval = rc[k] - t;
                //先验概率，以及它的平方
                double p = priors[k], p2 = p*p;
                // lsum2 和 rsum2 分别为式（4-21）的两个分式的分子部分
                lsum2 += p2*lval*lval;
                rsum2 += p2*rval*rval;
                lc[k] = lval; rc[k] = rval;     //更新 qjLj 和 qjRj
            }
            //L 和 R 分别为式（4-21）的两个分式的分母部分，两者是此消彼长的关系
            L += weight;
            R -= weight;
        }
        else     //subtract 不为零
        {
            for( k = 0; k < m; k++ )
```

```
            {
                int t = crow[k];
                int lval = lc[k] - t;
                int rval = rc[k] + t;
                double p = priors[k], p2 = p*p;
                lsum2 += p2*lval*lval;
                rsum2 += p2*rval*rval;
                lc[k] = lval; rc[k] = rval;
            }
            L -= weight;
            R += weight;
        }
        //如果L和R都大于某一常数
        if( L > FLT_EPSILON && R > FLT_EPSILON )
        {
            //式（4-21）的值
            double val = (lsum2*R + rsum2*L)/((double)L*R);
            if( best_val < val )    //替换成最大值
            {
                best_val = val;     //最佳值
                best_subset = subset_i;    //最佳特征属性的种类，起到式（4-12）中的β作用
            }
        }
    }    //结束遍历特征属性的各个种类

    CvDTreeSplit* split = 0;
    if( best_subset >= 0 )     //如果找到了最佳分类值
    {
        split = _split ? _split : data->new_split_cat( 0, -1.0f );
        split->var_idx = vi;     //得到该特征属性
        split->quality = (float)best_val;     //最佳分叉值，式（4-12）或式（4-21）的值
        //初始化split->subset为0
        memset( split->subset, 0, (data->max_c_count + 31)/32 * sizeof(int));
        if( m == 2 )     //两类问题
        {
            //遍历前best_subset个特征属性的种类
            for( i = 0; i <= best_subset; i++ )
            {
                //idx是相对地址指针，指向cjk数组的该种类，它是排序后的顺序，这里的>>1就是除
                //以2，2也就是m
                idx = (int)(int_ptr[i] - cjk) >> 1;
                //*按int的大小（32位）进行存储，每个特征属性的种类占一位，前32位存储在
                split->subset[0]中，第二个32位存储在split->subset[1]中，依次类推，每
                个数组又由低位到高位进行存储，例如某特征属性有19个种类，则这19个种类存放在
                split->subset[0]的前19位中。被分配到左分支上的特征属性种类，该位置1，右
                分支上的特征属性种类，该位清零*//
                split->subset[idx >> 5] |= 1 << (idx & 31);
            }
        }
        else     //非两类问题
        {
            for( i = 0; i < _mi; i++ )
            {
                idx = cluster_labels ? cluster_labels[i] : i;
                if( best_subset & (1 << idx) )
                    split->subset[i >> 5] |= 1 << (i & 31);
            }
        }
    }
    return split;
}
```

特征为数值的分类树的分叉方法：

```
CvDTreeSplit* CvDTree::find_split_ord_class( CvDTreeNode* node, int vi,
                    float init_quality, CvDTreeSplit* _split, uchar* _ext_buf )
{
    const float epsilon = FLT_EPSILON*2;     //定义一个最小常数
    int n = node->sample_count;     //该节点的样本数量
```

```
//该节点具有 vi 特征属性的样本数量，因为有可能有些样本不具备 vi 这个特征属性，所以 n1 ≤ n
int n1 = node->get_num_valid(vi);
int m = data->get_num_classes();     //样本数据的分类数
//为该特征属性 vi 开辟一块内存空间
int base_size = 2*m*sizeof(int);
cv::AutoBuffer<uchar> inn_buf(base_size);
if( !_ext_buf )
    inn_buf.allocate(base_size + n*(3*sizeof(int)+sizeof(float)));
uchar* base_buf = (uchar*)inn_buf;
uchar* ext_buf = _ext_buf ? _ext_buf : base_buf + base_size;
float* values_buf = (float*)ext_buf;
int* sorted_indices_buf = (int*)(values_buf + n);
int* sample_indices_buf = sorted_indices_buf + n;
const float* values = 0;
const int* sorted_indices = 0;
//*对该节点的所有样本，按照特征属性 vi 的值从小到大进行排序，分别得到两个数组：values 和
sorted_indices，这个数组的索引值表示排序后的索引值，而 values 值为特征属性的值，
sorted_indices 值为未排序前的样本索引值*//
data->get_ord_var_data( node, vi, values_buf, sorted_indices_buf, &values,
                        &sorted_indices, sample_indices_buf );
int* responses_buf =  sample_indices_buf + n;
//responses 指向该节点样本的分类，即响应值
const int* responses = data->get_class_labels( node, responses_buf );

const int* rc0 = data->counts->data.i;     //指向样本分类
int* lc = (int*)base_buf;     //表示左分支
int* rc = lc + m;     //表示右分支
int i, best_i = -1;
// lsum2 和 rsum2 分别表示式（4-12）的第一项和第二项分式的分子部分，即∑Lj^2 和∑Rj^2，best_val 为
//式（4-12）的值
double lsum2 = 0, rsum2 = 0, best_val = init_quality;
//得到不同分类的先验概率
const double* priors = data->have_priors ? data->priors_mult->data.db : 0;

//初始化左、右分支
for( i = 0; i < m; i++ )
{
      lc[i] = 0;     //左分支每个分类都是 0
      rc[i] = rc0[i];     //右分支每个分类都是相应的样本数
}

//补偿缺失特征属性的样本，减去右分支的一些数量
for( i = n1; i < n; i++ )
{
     rc[responses[sorted_indices[i]]]--;
}

if( !priors )     //样本没有先验概率
{
     //分别表示左、右分支的样本数量，即式（4-12）中的 L 和 R
     int L = 0, R = n1;
     //初始化∑Rj^2，此时∑Lj^2 为 0
     for( i = 0; i < m; i++ )
          rsum2 += (double)rc[i]*rc[i];
     //按照特征属性值从小到大遍历该节点的所有样本，每循环一次，左分支的样本数加 1，右分支的样本数减 1
     for( i = 0; i < n1 - 1; i++ )
     {
          int idx = responses[sorted_indices[i]];     //得到该样本的响应值，即分类
          int lv, rv;
          L++; R--;     //左分支加 1，右分支减 1
          //lv 和 rv 分别表示式（4-12）中的 Lj 和 Rj
          lv = lc[idx]; rv = rc[idx];
          //更新∑Lj^2 和∑Rj^2
          //*循环之前，左分支第 j 个分类的样本数为 Lj，循环之后，样本数为 Lj+1，那么经过平方以
          后∑Lj^2 增加了 2Lj+1，即 (Lj+1)^2-Lj^2 = Lj^2+2Lj+1-Lj^2 = 2Lj+1，因此这里 lsum2 要
          累加 lv*2+1；同理，右分支从 Rj 减少到 Rj-1，平方后减少了 2Rj-1，因此 rsum2 要累减
          rv*2-1*//
          lsum2 += lv*2 + 1;
          rsum2 -= rv*2 - 1;
```

```
            //更新 Lj 和 Rj
            lc[idx] = lv + 1; rc[idx] = rv - 1;
            //只有当该特征属性的值与其排序后相邻的值有一定差距时，才计算式（4-12）
            if( values[i] + epsilon < values[i+1] )
            {
                double val = (lsum2*R + rsum2*L)/((double)L*R);    //式（4-12）
                if( best_val < val )    //得到最大值
                {
                    best_val = val;        //式（4-12）的值
                    best_i = i;    //特征属性排序后的索引值，起到式（4-12）阈值 β 的作用
                }
            }
        }
    }
    else     //样本有先验概率
    {
        double L = 0, R = 0;     //分别表示式（4-21）中两个分式的分母部分
        //初始化式（4-13）中的∑qjRj 和∑(qjRj)²
        for( i = 0; i < m; i++ )
        {
            double wv = rc[i]*priors[i];
            R += wv;
            rsum2 += wv*wv;
        }
        //按照特征属性值从小到大遍历该节点的所有样本，每循环一次，左分支的样本数加 p，右分支的样本数减 p
        for( i = 0; i < n1 - 1; i++ )
        {
            int idx = responses[sorted_indices[i]];     //得到该样本的响应值，即分类
            int lv, rv;
            double p = priors[idx], p2 = p*p;     //先验概率，以及它的平方
            L += p; R -= p;    //更新式（4-21）中两个分式的分母部分
            lv = lc[idx]; rv = rc[idx];     //得到式（4-21）中的 qjLj 和 qjRj
            //更新式（4-13）中的∑(qjLj)² 和∑(qjRj)²
            lsum2 += p2*(lv*2 + 1);
            rsum2 -= p2*(rv*2 - 1);
            lc[idx] = lv + 1; rc[idx] = rv - 1;     //更新式（4-21）中的 qjLj 和 qjRj

            if( values[i] + epsilon < values[i+1] )
            {
               double val = (lsum2*R + rsum2*L)/((double)L*R);
               if( best_val < val )
               {
                   best_val = val;
                   best_i = i;
               }
            }
         }
    }

    CvDTreeSplit* split = 0;
    if( best_i >= 0 )     //如果有可分叉的阈值，则表明得到了最佳分叉属性
    {
         split = _split ? _split : data->new_split_ord( 0, 0.0f, 0, 0, 0.0f );
         //实例化 split 变量
         split->var_idx = vi;     //特征属性
         //特征属性的值，这里取了平均
         split->ord.c = (values[best_i] + values[best_i+1])*0.5f;
         //分叉对应的特征属性中的索引值，起到阈值 β 的作用
         split->ord.split_point = best_i;
         split->inversed = 0;     //表示该分叉无需反转
         split->quality = (float)best_val;     //式（4-12）的值
    }
    return split;   //返回
}
```

特征为类的回归树的分叉方法：

```
CvDTreeSplit* CvDTree::find_split_cat_reg( CvDTreeNode* node, int vi, float init_quality,
CvDTreeSplit* _split, uchar* _ext_buf )
```

```
{
    //得到特征属性的形式，即类别形式
    int ci = data->get_var_type(vi);
    int n = node->sample_count;    //得到该节点的样本数量
    //得到该特征属性的种类数量，即有mi种不同的类别形式
    int mi = data->cat_count->data.i[ci];
    //为该特征属性开辟一块内存空间
    int base_size = (mi+2)*sizeof(double) + (mi+1)*(sizeof(int) + sizeof(double*));
    cv::AutoBuffer<uchar> inn_buf(base_size);
    if( !_ext_buf )
        inn_buf.allocate(base_size + n*(2*sizeof(int) + sizeof(float)));
    uchar* base_buf = (uchar*)inn_buf;
    uchar* ext_buf = _ext_buf ? _ext_buf : base_buf + base_size;
    int* labels_buf = (int*)ext_buf;
    //labels指向该特征属性中各个样本对应的种类
    const int* labels = data->get_cat_var_data(node, vi, labels_buf);
    float* responses_buf = (float*)(labels_buf + n);
    int* sample_indices_buf = (int*)(responses_buf + n);
    //responses指向该节点样本的分类，即响应值，它已经是按照响应值的大小排序后的序列，对应的、排序
    //后的索引值存储在sample_indices_buf数组内
    const float* responses = data->get_ord_responses(node, responses_buf, sample_indices_buf);
    //sum可以认为是拥有mi个元素的一维数组，它的值表示每个特征属性种类的样本响应值之和
    double* sum = (double*)cv::alignPtr(base_buf,sizeof(double)) + 1;
    //counts可以认为是拥有mi个元素的一维数组，它的值表示每个特征属性种类的样本数量
    int* counts = (int*)(sum + mi) + 1;
    double** sum_ptr = (double**)(counts + mi);
    int i, L = 0, R = 0;    //L和R分别表示式（4-19）中的L和R
    // best_val表示最佳的分类属性，lsum和rsum分别表示式（4-19）中的∑li和∑ri
    double best_val = init_quality, lsum = 0, rsum = 0;
    int best_subset = -1, subset_i;
    //遍历所有该特征属性的种类，初始化数组sum和counts为0
    for( i = -1; i < mi; i++ )
        sum[i] = counts[i] = 0;

    //遍历该节点的所有样本，为数组sum和counts赋值
    for( i = 0; i < n; i++ )
    {
        //得到该特征属性的第i个样本的种类
        int idx = ( (labels[i] == 65535) && data->is_buf_16u ) ? -1 : labels[i];
        double s = sum[idx] + responses[i];    //得到第idx个种类的响应值之和
        int nc = counts[idx] + 1;    //得到第idx个种类的样本数量
        sum[idx] = s;    //更新sum
        counts[idx] = nc; //更新counts
    }

    //遍历该特征属性的所有种类，先把所有的样本赋予右分支，左分支为零
    for( i = 0; i < mi; i++ )
    {
        R += counts[i];    //计算式（4-19）中的R
        rsum += sum[i];    //计算式（4-19）中的∑ri
        //现在数组sum的含义为每个特征属性种类的平均样本响应值，为了后面的排序用
        sum[i] /= MAX(counts[i],1);
        sum_ptr[i] = sum + i;    //指向数组sum
    }
    //根据特征属性种类的平均样本响应值的大小进行排序，sum_ptr为排序后的指向
    icvSortDblPtr( sum_ptr, mi, 0 );

    // revert back to unnormalized sums
    // (there should be a very little loss of accuracy)
    //数组sum的含义再次恢复为每个特征属性种类的样本响应值之和，这么做虽然会带来一定的误差，但比重新
    //计算效率要高
    for( i = 0; i < mi; i++ )
        sum[i] *= counts[i];
    //按照平均样本响应值大小的顺序，遍历该特征属性的所有种类
    for( subset_i = 0; subset_i < mi-1; subset_i++ )
    {
        //idx为第subset_i个排序对应的那个特征属性种类
        int idx = (int)(sum_ptr[subset_i] - sum);
        int ni = counts[idx];    //该种类的样本数量
```

```
        if( ni )    //如果该种类有样本
        {
            double s = sum[idx];    //该种类的样本响应值之和
            //更新式(4-19)中的各个参数
            lsum += s; L += ni;
            rsum -= s; R -= ni;

            if( L && R )    //如果 L 和 R 都有值
            {
                double val = (lsum*lsum*R + rsum*rsum*L)/((double)L*R);    //式(4-20)
                if( best_val < val )    //找到式(4-19)的最大值
                {
                    best_val = val;    //更新最佳分类属性值，即式(4-19)的值
                    //最佳分类属性值对应的属性索引值，它起到式(4-19)阈值 β 的作用
                    best_subset = subset_i;
                }
            }
        }
    }

    CvDTreeSplit* split = 0;
    if( best_subset >= 0 )    //如果找到了最佳分类值
    {
        split = _split ? _split : data->new_split_cat( 0, -1.0f);
        split->var_idx = vi;    //分叉的特征属性
        split->quality = (float)best_val;    //分叉的值，即式(4-19)
        //初始化 split->subset 为 0
        memset( split->subset, 0, (data->max_c_count + 31)/32 * sizeof(int));
        //遍历前 best_subset 个特征属性的种类
        for( i = 0; i <= best_subset; i++ )
        {
            //idx 是相对地址指针，表示特征属性排序后的顺序
            int idx = (int)(sum_ptr[i] - sum);
            //按 int 的大小(32 位)存储，每个特征属性的种类占一位，在左分支的种类，该位置 1，
            //在右分支的种类，该位清零
            split->subset[idx >> 5] |= 1 << (idx & 31);
        }
    }
    return split;    //返回
}
```

特征为数值的回归树的分叉方法：

```
CvDTreeSplit* CvDTree::find_split_ord_reg( CvDTreeNode* node, int vi, float init_quality,
CvDTreeSplit* _split, uchar* _ext_buf )
{
    const float epsilon = FLT_EPSILON*2;    //定义一个最小的常数
    int n = node->sample_count;    //该节点的样本数量
    int n1 = node->get_num_valid(vi);    //该节点具有 vi 特征属性的样本数量
    //为该特征属性开辟一块内存空间
    cv::AutoBuffer<uchar> inn_buf;
    if( !_ext_buf )
        inn_buf.allocate(2*n*(sizeof(int) + sizeof(float)));
    uchar* ext_buf = _ext_buf ? _ext_buf : (uchar*)inn_buf;
    float* values_buf = (float*)ext_buf;
    int* sorted_indices_buf = (int*)(values_buf + n);
    int* sample_indices_buf = sorted_indices_buf + n;
    const float* values = 0;
    const int* sorted_indices = 0;
    //*对该节点的所有样本，按照特征属性 vi 的值从小到大进行排序，分别得到两个数组：values 和
      sorted_indices，这个数组的索引值表示排序后的索引值，而 values 值为特征属性的值，
      sorted_indices 值为未排序前的样本索引值*//
    data->get_ord_var_data( node, vi, values_buf, sorted_indices_buf, &values,
&sorted_indices, sample_indices_buf );
    float* responses_buf = (float*)(sample_indices_buf + n);
    //responses 指向该节点样本的分类，即响应值，它已经是按照响应值的大小排序后的序列，对应的排序后
    //的索引值存储在 sample_indices_buf 数组内
    const float* responses = data->get_ord_responses( node, responses_buf, sample_
```

```
indices_buf );

    int i, best_i = -1;
    //*best_val 表示最佳的分类属性，lsum 和 rsum 分别表示式（4-19）中的∑li 和∑ri，rsum 先被初始化为所有样本，对于回归树来说，node->value 表示该节点样本平均响应值*//
    double best_val = init_quality, lsum = 0, rsum = node->value*n;
    int L = 0, R = n1;     //L 和 R 分别表示式（4-19）中的 L 和 R，R 先被初始化为所有样本

    //补偿缺失的样本，减去右分支的一些数量
    for( i = n1; i < n; i++ )
          rsum -= responses[sorted_indices[i]];

    //按照特征属性值从小到大遍历该节点的所有样本，每循环一次，左分支的样本数加 1，右分支的样本数减 1
    for( i = 0; i < n1 - 1; i++ )
    {
          float t = responses[sorted_indices[i]];     //得到该样本的响应值，即分类
          L++; R--;     //左分支加 1，右分支减 1
          //更新式（4-20）中的∑li 和∑ri
          lsum += t;
          rsum -= t;
          //只有当该特征属性的值与其排序后相邻的值有一定差距时，才计算式（4-19）
          if( values[i] + epsilon < values[i+1] )
          {
                double val = (lsum*lsum*R + rsum*rsum*L)/((double)L*R);     //式（4-19）
                if( best_val < val )     //得到最大值
                {
                     best_val = val;     //式（4-19）的值
                     best_i = i;     //特征属性排序后的索引值，起到式（4-19）阈值 β 的作用
                }
          }
    }

    CvDTreeSplit* split = 0;
    if( best_i >= 0 )     //如果有可分叉的阈值，则表明得到了最佳分叉属性
    {
          split = _split ? _split : data->new_split_ord( 0, 0.0f, 0, 0, 0.0f );
          split->var_idx = vi;     //特征属性
          //特征属性的值，这里取了平均
          split->ord.c = (values[best_i] + values[best_i+1])*0.5f;
          //分叉对应的特征属性中的索引值，起到阈值 β 的作用
          split->ord.split_point = best_i;
          split->inversed = 0;     //表示该分叉无需反转
          split->quality = (float)best_val;     //式（4-19）的值
    }
    return split;     //返回
}
```

按最佳分叉属性标注该节点的所有样本是被分配到左分支，还是右分支。

```
// calculate direction (left(-1),right(1),missing(0))
// for each sample using the best split
// the function returns scale coefficients for surrogate split quality factors.
// the scale is applied to normalize surrogate split quality relatively to the
// best (primary) split quality. That is, if a surrogate split is absolutely
// identical to the primary split, its quality will be set to the maximum value =
// quality of the primary split; otherwise, it will be lower.
// besides, the function compute node->maxlr,
// minimum possible quality (w/o considering the above mentioned scale)
// for a surrogate split. Surrogate splits with quality less than node->maxlr
// are not discarded.
double CvDTree::calc_node_dir( CvDTreeNode* node )
{
    //表示特征属性的种类是属于左分支，还是右分支，-1 为左分支，1 为右分支，如果该特征属性缺失，则为 0
    char* dir = (char*)data->direction->data.ptr;
    //n 表示该节点的样本数量，vi 表示分类的最佳特征属性
    int i, n = node->sample_count, vi = node->split->var_idx;
    double L, R;

    assert( !node->split->inversed );     //确保分叉不反转
```

```
    if( data->get_var_type(vi) >= 0 ) // split on categorical var
    //表示该特征属性是种类的形式
    {
        //开辟一块内存空间
        cv::AutoBuffer<int> inn_buf(n*(!data->have_priors ? 1 : 2));
        int* labels_buf = (int*)inn_buf;
        //labels 指向该特征属性中各个样本对应的种类
        const int* labels = data->get_cat_var_data( node, vi, labels_buf );
        // subset 数组的每一位表示特征属性的种类，左分支的种类位是 1，右分支的是 0
        const int* subset = node->split->subset;
        if( !data->have_priors )    //无先验概率
        {
            int sum = 0, sum_abs = 0;
            //遍历该节点的所有样本
            for( i = 0; i < n; i++ )
            {
                int idx = labels[i];    //表示该样本的特征属性的种类
/************************************************
#define CV_DTREE_CAT_DIR(idx,subset) \
    (2*((subset[(idx)>>5]&(1 << ((idx) & 31)))==0)-1)
************************************************/
    //d 为-1 表示 idx（特征属性的种类）属于左分支，为 1 表示属于右分支，如果没有该特征属性，则 d 为 0
                int d = ( ((idx >= 0)&&(!data->is_buf_16u)) || ((idx != 65535)&&
(data->is_buf_16u)) ) ?
                         CV_DTREE_CAT_DIR(idx,subset) : 0;
                //*sum 表示 d 累加求和，因为 d 也可能为负值，所以 sum 的含义为右分支比左分支多出
的特征属性种类；sum_abs 表示 d 的绝对值之和，表示的含义为被分叉的特征属性种类*//
                sum += d; sum_abs += d & 1;
                dir[i] = (char)d;    //赋值
            }
            //L 和 R 分别表示左、右分支的特征属性的种类数量
            R = (sum_abs + sum) >> 1;
            L = (sum_abs - sum) >> 1;
        }
        else    //有先验概率
        {
            const double* priors = data->priors_mult->data.db;    //得到先验概率
            double sum = 0, sum_abs = 0;
            int* responses_buf = labels_buf + n;
            //responses 指向该节点样本的分类，即响应值
            const int* responses = data->get_class_labels(node, responses_buf);

            for( i = 0; i < n; i++ )    //遍历该节点的所有样本
            {
                int idx = labels[i];    //表示该样本的特征属性的种类
                double w = priors[responses[i]];    //得到该响应值的先验概率
                //d 为-1 表示 idx（特征属性的种类）属于左分支，为 1 表示属于右分支，如果没有该特
                //征属性，则 d 为 0
                int d = idx >= 0 ? CV_DTREE_CAT_DIR(idx,subset) : 0;
                sum += d*w; sum_abs += (d & 1)*w;    //增加了先验概率
                dir[i] = (char)d;
            }
            //L 和 R 分别表示左、右分支的特征属性的种类数量
             R = (sum_abs + sum) * 0.5;
            L = (sum_abs - sum) * 0.5;
        }
    }
    else // split on ordered var
    //表示该特征属性是数值的形式
    {
        // split_point 表示式（4-12）或式（4-19）的阈值 β
        int split_point = node->split->ord.split_point;
        int n1 = node->get_num_valid(vi);    //该节点具有 vi 特征属性的样本数量
        //为该特征属性开辟一块内存空间
        cv::AutoBuffer<uchar>inn_buf(n*(sizeof(int)*(data->have_priors?3:2)+sizeof(float)));
        float* val_buf = (float*)(uchar*)inn_buf;
        int* sorted_buf = (int*)(val_buf + n);
        int* sample_idx_buf = sorted_buf + n;
```

```
        const float* val = 0;
        const int* sorted = 0;
        //*对该节点的所有样本，按照特征属性 vi 的值从小到大进行排序，分别得到两个数组：val 和 sorted，
这个数组的索引值表示排序后的索引值，而 val 值为特征属性的值，sorted 值为未排序前的样本索引值*//
        data->get_ord_var_data(node,vi,val_buf,sorted_buf,&val,&sorted,sample_idx_buf);
        //确保阈值 β 的正确性
        assert( 0 <= split_point && split_point < n1-1 );

        if( !data->have_priors )     //无先验概率
        {
            for( i = 0; i <= split_point; i++ )
                dir[sorted[i]] = (char)-1;     //样本为左分支，赋值为-1
            for( ; i < n1; i++ )
                dir[sorted[i]] = (char)1;     //样本为右分支，赋值为 1
            for( ; i < n; i++ )
                dir[sorted[i]] = (char)0;     //缺失的样本，赋值为 0
            //L 和 R 分别为左、右分支的样本数量
            L = split_point-1;
            R = n1 - split_point + 1;
        }
        else     //有先验概率
        {
            const double* priors = data->priors_mult->data.db;     //得到先验概率
            int* responses_buf = sample_idx_buf + n;
            //responses 指向该节点样本的分类，即响应值
            const int* responses = data->get_class_labels(node, responses_buf);
            L = R = 0;
            //遍历左分支的所有样本
            for( i = 0; i <= split_point; i++ )
            {
                int idx = sorted[i];
                double w = priors[responses[idx]];     //得到该样本所在的分类的先验概率
                dir[idx] = (char)-1;     //左分支赋值为-1
                L += w;     //左分支的加权样本数量
            }
            //遍历右分支的所有样本
            for( ; i < n1; i++ )
            {
                int idx = sorted[i];
                double w = priors[responses[idx]];     //得到该样本所在的分类的先验概率
                dir[idx] = (char)1;     //右分支赋值为 1
                R += w;     //右分支的加权样本数量
            }
            //遍历缺失该特征属性的样本，为它们的方向信息赋值为 0
            for( ; i < n; i++ )
                dir[sorted[i]] = (char)0;
        }
    }
    node->maxlr = MAX( L, R );     //表示左、右分支最大值
    //返回的值为式（4-12）或式（4-19）的值除以左、右分支数量之和，即规范化常数
    return node->split->quality/(L + R);
}
```

特征属性为数值形式的寻找替代分叉属性的函数：

```
CvDTreeSplit* CvDTree::find_surrogate_split_ord( CvDTreeNode* node, int vi, uchar* _ext_buf )
{
    const float epsilon = FLT_EPSILON*2;     //定义一个较小的常数
    //得到特征属性的样本是属于左分支（-1），右分支（1），还是缺失（0）
    const char* dir = (char*)data->direction->data.ptr;
    //n 表示该节点的样本数量，ni 表示具有 vi 特征属性的样本数量
    int n = node->sample_count, n1 = node->get_num_valid(vi);
    //开辟一块内存空间
    cv::AutoBuffer<uchar> inn_buf;
    if( !_ext_buf )
        inn_buf.allocate( n*(sizeof(int)*(data->have_priors ? 3 : 2) + sizeof(float)) );
    uchar* ext_buf = _ext_buf ? _ext_buf : (uchar*)inn_buf;
    float* values_buf = (float*)ext_buf;
    int* sorted_indices_buf = (int*)(values_buf + n);
```

```
    int* sample_indices_buf = sorted_indices_buf + n;
    const float* values = 0;
    const int* sorted_indices = 0;
    //*对该节点的所有样本，按照特征属性 vi 的值从小到大进行排序，分别得到两个数组：values 和
sorted_indices，这个数组的索引值表示排序后的索引值，而 values 值为特征属性的值，sorted_indices 值
为未排序前的样本索引值*//
    data->get_ord_var_data( node, vi, values_buf, sorted_indices_buf, &values, &sorted_
indices, sample_indices_buf );
    // LL - number of samples that both the primary and the surrogate splits send to the left
    // LR - ... primary split sends to the left and the surrogate split sends to the right
    // RL - ... primary split sends to the right and the surrogate split sends to the left
    // RR - ... both send to the right
    // best_i 表示替代分叉点，即阈值 β
    int i, best_i = -1, best_inversed = 0;
    double best_val;     //表示替代分叉值

    if( !data->have_priors )    //无先验概率
    {
        //*4 个变量 LL、RL、LR、RR 由两个字母组成，前一个字母表示被最佳分叉属性分叉为左、右分支，
后一个字母表示被替代分叉属性分叉为左、右分支，即 LL 表示既属于最佳分叉属性分叉为左分支，又属于替代分叉
属性分叉为左分支的样本数量；LR 表示既属于最佳分叉属性分叉为左分支，又属于替代分叉属性分叉为右分支的样
本数量，RL 表示既属于最佳分叉属性分叉为右分支，又属于替代分叉属性分叉为左分支的样本数量，RR 表示既属于
最佳分叉属性分叉为右分支，又属于替代分叉属性分叉为右分支的样本数量*//
        //也就是样本被分割成 LL、RL、LR、RR 这 4 个部分
        int LL = 0, RL = 0, LR, RR;
        // worst_val 为二叉树左、右分支中样本数量最多的值，是一个阈值，替代分叉值只有大于该值，
        //才会被考虑
        int worst_val = cvFloor(node->maxlr), _best_val = worst_val;
        int sum = 0, sum_abs = 0;

        for( i = 0; i < n1; i++ )      //遍历所有样本
        {
            //d 表示方向，-1 是左分支，1 是右分支，0 是缺失
            int d = dir[sorted_indices[i]];
            //sum 表示 d 累加求和，因为 d 也可能为负值，所以 sum 的含义为右分支比左分支多出的样本
            //数；sum_abs 表示 d 的绝对值之和，表示的含义为被分叉的样本数
            sum += d; sum_abs += d & 1;
        }

        // sum_abs = R + L; sum = R - L
        //LR 和 RR 分别初始化为被最佳分叉属性分叉为左、右分支的样本数，但对于替代分叉属性来说，所
        //有样本都属于右分支
        RR = (sum_abs + sum) >> 1;
        LR = (sum_abs - sum) >> 1;

        // initially all the samples are sent to the right by the surrogate split,
        // LR of them are sent to the left by primary split, and RR - to the right.
        // now iteratively compute LL, LR, RL and RR for every possible surrogate split value.
        //按照该特征属性值从小到大遍历所有样本
        for( i = 0; i < n1 - 1; i++ )
        {
            int d = dir[sorted_indices[i]];      //取得该样本的方向

            if( d < 0 )
            //该样本被最佳分叉属性分叉为左分支，而且由于该样本位于 best_i 前，所以也被替代分叉
            //属性分叉为左分支，因此该样本属于 LL
            {
                //把原本初始化为 LR 的样本重新划归到 LL 内
                LL++; LR--;
                //比较并更新替代分叉点 best_i 和替代分叉值 best_val
                if( LL + RR > _best_val && values[i] + epsilon < values[i+1] )
                {
                    best_val = LL + RR;
                    best_i = i; best_inversed = 0;
                }
            }
            else if( d > 0 )
            //该样本被最佳分叉属性分叉为右分支，而且由于该样本位于 best_i 前，所以是被替代分叉
            //属性分叉为左分支，因此该样本属于 RL
```

```
                {
                    //把原本初始化为 RR 的样本重新划归到 RL 内
                    RL++; RR--;
                    //比较并更新替代分叉点 best_i，计算替代分叉值 best_val
                    if( RL + LR > _best_val && values[i] + epsilon < values[i+1] )
                    {
                        best_val = RL + LR;
                        best_i = i; best_inversed = 1;
                    }
                }
            }
            best_val = _best_val;     //更新
        }
        else     //有先验概率
        {
            double LL = 0, RL = 0, LR, RR;
            // worst_val 为二叉树左、右分支中样本数量最多的值
            double worst_val = node->maxlr;
            double sum = 0, sum_abs = 0;
            const double* priors = data->priors_mult->data.db;     //获得先验概率
            int* responses_buf = sample_indices_buf + n;
            //得到样本响应值
            const int* responses = data->get_class_labels(node, responses_buf);
            best_val = worst_val;
            //遍历所有样本，得到带有先验概率的 sum 和 sum_abs
            for( i = 0; i < n1; i++ )
            {
                int idx = sorted_indices[i];
                double w = priors[responses[idx]];
                int d = dir[idx];
                sum += d*w; sum_abs += (d & 1)*w;
            }

            // sum_abs = R + L; sum = R - L
            //LR 和 RR 分别初始化为被最佳分叉属性分叉为左、右分支的数量，但对于替代分叉属性来说，所有
            //样本都属于右分支
            RR = (sum_abs + sum)*0.5;
            LR = (sum_abs - sum)*0.5;

            // initially all the samples are sent to the right by the surrogate split,
            // LR of them are sent to the left by primary split, and RR - to the right.
            // now iteratively compute LL, LR, RL and RR for every possible surrogate split value.
            //按照该特征属性值从小到大遍历所有样本
            for( i = 0; i < n1 - 1; i++ )
            {
                int idx = sorted_indices[i];
                //得到该样本所属分类的先验概率
                double w = priors[responses[idx]];
                int d = dir[idx];     //取得该样本的方向

                if( d < 0 )
                //该样本被最佳分叉属性分叉为左分支，而且由于该样本位于 best_i 前，所以也被替代分叉
                //属性分叉为左分支，因此该样本属于 LL
                {
                    LL += w; LR -= w;
                    if( LL + RR > best_val && values[i] + epsilon < values[i+1] )
                    {
                        best_val = LL + RR;
                        best_i = i; best_inversed = 0;
                    }
                }
                else if( d > 0 )
                //该样本被最佳分叉属性分叉为右分支，而且由于该样本位于 best_i 前，所以是被替代分叉
                //属性分叉为左分支，因此该样本属于 RL
                {
                    RL += w; RR -= w;
                    if( RL + LR > best_val && values[i] + epsilon < values[i+1] )
                    {
                        best_val = RL + LR;
```

```
                    best_i = i; best_inversed = 1;
                }
            }
        }
    }
    //如果找到了替代分叉属性，则返回该替代分叉属性
    return best_i >= 0 && best_val > node->maxlr ? data->new_split_ord( vi,
        (values[best_i] + values[best_i+1])*0.5f, best_i, best_inversed, (float)best_
val ) : 0;
}
```

特征属性为类形式的寻找替代分叉属性的函数：

```
CvDTreeSplit* CvDTree::find_surrogate_split_cat( CvDTreeNode* node, int vi, uchar* _ext_buf )
{
    const char* dir = (char*)data->direction->data.ptr;     //方向信息
    int n = node->sample_count;     //节点的样本数
    //mi 表示该特征属性的种类数量
    int i, mi = data->cat_count->data.i[data->get_var_type(vi)], l_win = 0;
    //为 vi 开辟一块内存空间
    intbase_size=(2*(mi+1)+1)*sizeof(double)+(!data->have_priors?2*(mi+1)*sizeof(int):0;
    cv::AutoBuffer<uchar> inn_buf(base_size);
    if( !_ext_buf )
        inn_buf.allocate(base_size + n*(sizeof(int) + (data->have_priors ? sizeof(int) : 0)));
    uchar* base_buf = (uchar*)inn_buf;
    uchar* ext_buf = _ext_buf ? _ext_buf : base_buf + base_size;

    int* labels_buf = (int*)ext_buf;
    //labels 指向该特征属性中各个样本对应的种类
    const int* labels = data->get_cat_var_data(node, vi, labels_buf);
    // LL - number of samples that both the primary and the surrogate splits send to the left
    // LR - ... primary split sends to the left and the surrogate split sends to the right
    // RL - ... primary split sends to the right and the surrogate split sends to the left
    // RR - ... both send to the right
    //定义一个 CvDTreeSplit 变量
    CvDTreeSplit* split = data->new_split_cat( vi, 0 );
    double best_val = 0;
    double* lc = (double*)cv::alignPtr(base_buf,sizeof(double)) + 1;
    double* rc = lc + mi + 1;
    //初始化数组 lc 和 rc，这两个数组的长度都为 mi + 1，作用是保存左、右分支该特征属性每个种类的样本数量
    for( i = -1; i < mi; i++ )
        lc[i] = rc[i] = 0;

    //第一步，先计算被最佳分叉属性分叉的该特征属性的左、右分支各个种类的样本数量
    if( !data->have_priors )     //无先验概率
    {
        int* _lc = (int*)rc + 1;
        int* _rc = _lc + mi + 1;
        //初始化数组_lc 和_rc，这两个数组的长度都为 mi + 1，作用是_lc 保存着各个特征属性种类的方向
        //信息的累加和，_rc 保存着各个特征属性种类的方向信息的绝对值累加和
        for( i = -1; i < mi; i++ )
            _lc[i] = _rc[i] = 0;

        for( i = 0; i < n; i++ )     //遍历所有样本
        {
            //得到该样本的特征属性的种类
            int idx = ( (labels[i] == 65535) && (data->is_buf_16u) ) ? -1 : labels[i];
            int d = dir[i];     //得到该样本的方向信息
            //计算方向信息的累加和 sum，以及绝对值的累加和 sum_abs
            int sum = _lc[idx] + d;
            int sum_abs = _rc[idx] + (d & 1);
            _lc[idx] = sum; _rc[idx] = sum_abs;     //更新数组_lc 和_rc
        }
        //遍历各个特征属性的种类，计算左、右分支每个特征属性的种类的样本数量
        for( i = 0; i < mi; i++ )
        {
            int sum = _lc[i];
            int sum_abs = _rc[i];
            lc[i] = (sum_abs - sum) >> 1;
```

```
                rc[i] = (sum_abs + sum) >> 1;
            }
    }
    else     //有先验概率
    {
        const double* priors = data->priors_mult->data.db;     //获得先验概率
        int* responses_buf = labels_buf + n;
        //得到样本的响应值
        const int* responses = data->get_class_labels(node, responses_buf);
        //遍历所有样本
        for( i = 0; i < n; i++ )
        {
            //得到该样本的特征属性的种类
            int idx = ( (labels[i] == 65535) && (data->is_buf_16u) ) ? -1 : labels[i];
            double w = priors[responses[i]];     //得到该样本响应值的先验概率
            int d = dir[i];     //方向信息
            //计算方向信息的累加和 sum 以及绝对值累加和 sum_abs
            double sum = lc[idx] + d*w;
            double sum_abs = rc[idx] + (d & 1)*w;
            lc[idx] = sum; rc[idx] = sum_abs;
        }
        //遍历各个特征属性的种类，计算左、右分支每个特征属性的种类的数量
        for( i = 0; i < mi; i++ )
        {
            double sum = lc[i];
            double sum_abs = rc[i];
            lc[i] = (sum_abs - sum) * 0.5;
            rc[i] = (sum_abs + sum) * 0.5;
        }
    }

    //第二步，计算替代分叉值
    for( i = 0; i < mi; i++ )     //遍历特征属性的各个种类
    {
        //得到该特征属性种类的左、右分支的数量
        double lval = lc[i], rval = rc[i];
        if( lval > rval )     //左分支大于右分支
        {
            //*在 subset 数组内的相应位置 1，而如果左分支小于右分支，则相应位为 0；被置 1 的种类
将被替代分叉属性分叉为左分支，被清 0 的种类将被替代分叉属性分叉为右分支*//
            split->subset[i >> 5] |= 1 << (i & 31);
            best_val += lval;     //累加替代分叉值
            l_win++;
        }
        else     //左分支小于右分支
            best_val += rval;     //累加替代分叉值
    }

    split->quality = (float)best_val;     //替代分叉值
    if( split->quality <= node->maxlr || l_win == 0 || l_win == mi )
        cvSetRemoveByPtr( data->split_heap, split ), split = 0;

    return split;     //返回
}
```

把节点分叉，并完成相关的运算：

```
void CvDTree::split_node_data( CvDTreeNode* node )
{
    //n 为该节点的样本数，scount 为训练的所有样本数，nl 和 nr 分别表示左分支和右分支的样本数
    int vi, i, n = node->sample_count, nl, nr, scount = data->sample_count;
    //样本的方向信息，即属于哪个分支，-1 为左分支，1 为右分支，0 为缺失
    char* dir = (char*)data->direction->data.ptr;
    CvDTreeNode *left = 0, *right = 0;
    int* new_idx = data->split_buf->data.i;
    int new_buf_idx = data->get_child_buf_idx( node );
    // work_var_count = 样本的特征属性的数量+1（如果是分类树）+1（如果应用交叉验证）
    int work_var_count = data->get_work_var_count();
    CvMat* buf = data->buf;
```

```
    size_t length_buf_row = data->get_length_subbuf();
    cv::AutoBuffer<uchar> inn_buf(n*(3*sizeof(int) + sizeof(float)));
    int* temp_buf = (int*)(uchar*)inn_buf;
    //用替代分叉属性完成对该节点的分叉，即把该节点分叉为左分支或右分支，该函数在后面有讲解
    complete_node_dir(node);
    for( i = nl = nr = 0; i < n; i++ )     //遍历该节点的所有样本
    {
        //得到该样本的方向信息，这里的方向信息是左分支为 0，右分支为 1
        int d = dir[i];
        //数组 new_idx 保存着样本 i 所在分支的顺序索引，如 i 属于左分支，则 new_idx[i]等于当前的
nl，如 i 属于右分支，则 new_idx[i]等于当前的 nr
        new_idx[i] = (nl & (d-1)) | (nr & -d);      // d ? ri : li
        nr += d;     //累加 d，含义是计算右分支的样本数
        nl += d^1;     //d 与 1 异或，并累加，含义是计算左分支的样本数
    }

    bool split_input_data;      //分叉以后的标识
    //定义左、右分支的节点变量
    node->left = left = data->new_node( node, nl, new_buf_idx, node->offset );
    node->right = right = data->new_node( node, nr, new_buf_idx, node->offset + nl );
    //判断目前决策树的深度和左、右分支的样本数，如果满足要求，则该标识为 1，否则为 0
    split_input_data = node->depth + 1 < data->params.max_depth &&
        (node->left->sample_count > data->params.min_sample_count ||
        node->right->sample_count > data->params.min_sample_count);

    //遍历样本的所有形式是数值的特征属性，对特征属性是数值形式的进行分叉
    for( vi = 0; vi < data->var_count; vi++ )
    {
        int ci = data->get_var_type(vi);
        //如果是类形式的特征属性，或分叉标识为 0，则继续下一个特征属性的循环
        if( ci >= 0 || !split_input_data )
            continue;
        //n1 表示在特征属性 vi 下的样本数量
        int n1 = node->get_num_valid(vi);
        float* src_val_buf = (float*)(uchar*)(temp_buf + n);
        int* src_sorted_idx_buf = (int*)(src_val_buf + n);
        int* src_sample_idx_buf = src_sorted_idx_buf + n;
        const float* src_val = 0;
        const int* src_sorted_idx = 0;
        //*对该节点的所有样本，按照特征属性 vi 的值从小到大进行排序，分别得到两个数组：src_val 和
src_sorted_idx，这个数组的索引值表示排序后的索引值，而 src_val 值为特征属性的值，src_sorted_idx
值为未排序前的样本索引值*//
        data->get_ord_var_data(node, vi, src_val_buf, src_sorted_idx_buf, &src_val,
        &src_sorted_idx, src_sample_idx_buf);
        //初始化 temp_buf 数组为 src_sorted_idx 数组
        for(i = 0; i < n; i++)
            temp_buf[i] = src_sorted_idx[i];

        if (data->is_buf_16u)     //所有样本的数量小于 65536
        {
            unsigned short *ldst, *rdst, *ldst0, *rdst0;
            //unsigned short tl, tr;
            ldst0 = ldst = (unsigned short*)(buf->data.s + left->buf_idx*length_buf_row +
                vi*scount + left->offset);
            rdst0 = rdst = (unsigned short*)(ldst + nl);

            // split sorted
            for( i = 0; i < n1; i++ )     //按照顺序遍历该节点的样本
            {
                int idx = temp_buf[i];
                int d = dir[idx];     //得到该样本的方向信息
                idx = new_idx[idx];     //idx 为当前样本所在分支的顺序索引
                if (d)    //右分支
                {
                    *rdst = (unsigned short)idx;     //赋值
                    rdst++;     //指向下一个地址
                }
                else    //左分支
                {
```

```
                *ldst = (unsigned short)idx;     //赋值
                ldst++;     //指向下一个地址
            }
        }
        //设置该特征属性 vi 下的左、右分支的样本数
        left->set_num_valid(vi, (int)(ldst - ldst0));
        right->set_num_valid(vi, (int)(rdst - rdst0));

        // 分叉缺失
        for( ; i < n; i++ )     //分叉缺失该特征属性的样本
        {
            int idx = temp_buf[i];
            int d = dir[idx];
            idx = new_idx[idx];
            if (d)
            {
                *rdst = (unsigned short)idx;
                rdst++;
            }
            else
            {
                *ldst = (unsigned short)idx;
                ldst++;
            }
        }
    }
    else    //样本数大于 65536
    //与 if(data->is_buf_16u)的情况相似，唯一的不同就是分配的内存空间大小不同
    {
        int *ldst0, *ldst, *rdst0, *rdst;
        ldst0 = ldst = buf->data.i + left->buf_idx*length_buf_row +
            vi*scount + left->offset;
        rdst0 = rdst = buf->data.i + right->buf_idx*length_buf_row +
            vi*scount + right->offset;

        // 分叉缺失
        for( i = 0; i < n1; i++ )
        {
            int idx = temp_buf[i];
            int d = dir[idx];
            idx = new_idx[idx];
            if (d)
            {
                *rdst = idx;
                rdst++;
            }
            else
            {
                *ldst = idx;
                ldst++;
            }
        }

        left->set_num_valid(vi, (int)(ldst - ldst0));
        right->set_num_valid(vi, (int)(rdst - rdst0));

        //分叉缺失
        for( ; i < n; i++ )
        {
            int idx = temp_buf[i];
            int d = dir[idx];
            idx = new_idx[idx];
            if (d)
            {
                *rdst = idx;
                rdst++;
            }
            else
            {
```

```
                    *ldst = idx;
                    ldst++;
                }
            }
        }
}

//遍历样本的所有形式是类的特征属性，对特征属性是类形式的，以及响应值和交叉验证进行分叉
for( vi = 0; vi < work_var_count; vi++ )
{
    int ci = data->get_var_type(vi);
    //n1 表示在特征属性 vi 下的样本数量
    int n1 = node->get_num_valid(vi), nr1 = 0;
    //如果是数值形式的特征属性，或分叉标识为 0，则继续下一个特征属性的循环
    if( ci < 0 || (vi < data->var_count && !split_input_data) )
        continue;

    int *src_lbls_buf = temp_buf + n;
    // src_lbls 指向该特征属性中各个样本对应的种类
    const int* src_lbls = data->get_cat_var_data(node, vi, src_lbls_buf);
    //把数组 temp_buf 初始化为 src_lbls
    for(i = 0; i < n; i++)
        temp_buf[i] = src_lbls[i];

    if (data->is_buf_16u)
    {
        unsigned short *ldst = (unsigned short *)(buf->data.s + left->buf_
        idx*length_buf_row + vi*scount + left->offset);
        unsigned short *rdst = (unsigned short *)(buf->data.s + right->
        buf_idx*length_buf_row + vi*scount + right->offset);
        //遍历所有样本
        for( i = 0; i < n; i++ )
        {
            int d = dir[i];     //得到方向信息
            int idx = temp_buf[i];     //得到该样本的特征属性的种类
            if (d)     //右分支
            {
                *rdst = (unsigned short)idx;
                rdst++;     //指向下一个地址
                nr1 += (idx != 65535 )&d;     //右分支计数
            }
            else     //左分支
            {
                *ldst = (unsigned short)idx;
                ldst++;     //指向下一个地址
            }
        }
        // data->var_count 为样本的特征属性数量
        if( vi < data->var_count )
        {
            //设置该特征属性 vi 下的左、右分支的样本数
            left->set_num_valid(vi, n1 - nr1);
            right->set_num_valid(vi, nr1);
        }
    }
    else
    //与 if(data->is_buf_16u)的情况相似，唯一的不同就是分配的内存空间大小不同
    {
        int *ldst = buf->data.i + left->buf_idx*length_buf_row +
            vi*scount + left->offset;
        int *rdst = buf->data.i + right->buf_idx*length_buf_row +
            vi*scount + right->offset;

        for( i = 0; i < n; i++ )
        {
            int d = dir[i];
            int idx = temp_buf[i];
            if (d)
            {
```

```
                        *rdst = idx;
                        rdst++;
                        nr1 += (idx >= 0)&d;
                    }
                    else
                    {
                        *ldst = idx;
                        ldst++;
                    }

                }

                if( vi < data->var_count )
                {
                    left->set_num_valid(vi, n1 - nr1);
                    right->set_num_valid(vi, nr1);
                }
            }
        }


        // split sample indices
        int *sample_idx_src_buf = temp_buf + n;
        //得到样本序列索引
        const int* sample_idx_src = data->get_sample_indices(node, sample_idx_src_buf);
        //初始化 temp_buf 数组为 sample_idx_src 数组
        for(i = 0; i < n; i++)
              temp_buf[i] = sample_idx_src[i];

        int pos = data->get_work_var_count();
        if (data->is_buf_16u)
        {
              unsignedshort*ldst=(unsignedshort*)(buf->data.s+left->buf_idx*length_buf_row+
                   pos*scount + left->offset);
              unsignedshort*rdst=(unsignedshort*)(buf->data.s+right->buf_idx*length_buf_row+
                   pos*scount + right->offset);

              for (i = 0; i < n; i++)      //遍历所有样本
              {
                   int d = dir[i];          //得到该样本的方向信息
                   unsigned short idx = (unsigned short)temp_buf[i];
                   if (d)    //右分支
                   {
                        *rdst = idx;     //样本索引
                        rdst++;          //指向下一个地址
                   }
                   else    //左分支
                   {
                        *ldst = idx;
                        ldst++;
                   }
              }
        }
        else
        //与 if(data->is_buf_16u)的情况相似，唯一的不同就是分配的内存空间大小不同
        {
              int* ldst = buf->data.i + left->buf_idx*length_buf_row +
                   pos*scount + left->offset;
              int* rdst = buf->data.i + right->buf_idx*length_buf_row +
                   pos*scount + right->offset;
              for (i = 0; i < n; i++)
              {
                   int d = dir[i];
                   int idx = temp_buf[i];
                   if (d)
                   {
                        *rdst = idx;
                        rdst++;
                   }
```

```
                else
                {
                    *ldst = idx;
                    ldst++;
                }
            }
        }

    // deallocate the parent node data that is not needed anymore
    data->free_node_data(node);     //释放该节点
}
```

用替代分叉属性对节点进行分叉：

```
void CvDTree::complete_node_dir( CvDTreeNode* node )
{
    //n表示该节点的样本数
    int vi, i, n = node->sample_count, nl, nr, d0 = 0, d1 = -1;
    // node->split->var_idx为该节点的最佳分叉属性，get_num_valid是取得最佳分叉属性下的样本数量
    //*nz表示缺失该特征属性（即为最佳分叉属性）的样本的数量，nz等于0说明该节点的所有样本都拥有该特
征属性，所以都可以应用最佳分叉属性进行分叉，nz不等于0说明在该节点内有一些样本不具有最佳分叉属性，因
此对这些样本就必须使用替代分叉属性进行分叉*//
    int nz = n - node->get_num_valid(node->split->var_idx);
    char* dir = (char*)data->direction->data.ptr;     //取得样本的方向信息

    //如果有缺失样本，则对这些样本使用替代分叉属性进行分叉
    if( nz && data->params.use_surrogates )
    {
        cv::AutoBuffer<uchar> inn_buf(n*(2*sizeof(int)+sizeof(float)));
        CvDTreeSplit* split = node->split->next;     //得到替代分叉属性
        //按照替代分叉属性值从大到小遍历所有的替代分叉属性
        for( ; split != 0 && nz; split = split->next )
        {
            int inversed_mask = split->inversed ? -1 : 0;     //表示是否反转方向
            vi = split->var_idx;     //得到属于该替代分叉属性的特征属性

            if( data->get_var_type(vi) >= 0 ) // split on categorical var
            //该特征属性是类的形式
            {
                int* labels_buf = (int*)(uchar*)inn_buf;
                //labels指向该特征属性中各个样本对应的种类
                const int* labels = data->get_cat_var_data(node, vi, labels_buf);
                //subset数组的每个位表示一个特征属性的种类，该位置1，说明左分支样本数量大于
                //右分支，反之则该位为0
                const int* subset = split->subset;

                for( i = 0; i < n; i++ )     //遍历所有样本
                {
                    int idx = labels[i];     //特征属性的种类
                    if( !dir[i] && ( ((idx >= 0)&&(!data->is_buf_16u)) || ((idx !=
65535)&&(data->is_buf_16u)) ))
                    // dir[i]等于0，说明该样本还没有被分叉，即它缺失最佳分叉属性，因此开始
                    //应用替代分叉属性进行分叉
                    {
                        //由替代分叉属性确定该样本的分叉情况，左分支为-1，右分支为1
                        int d = CV_DTREE_CAT_DIR(idx,subset);
                        dir[i]=(char)((d^ inversed_mask) - inversed_mask);
                        //方向赋值
                        //nz累减，当nz为0时，说明缺失的样本已全部分叉完，则退出遍历所有
                        //样本循环，并且也退出遍历替代分叉属性的循环
                        if( --nz )
                            break;
                    }
                }
            }
            else // split on ordered var
            //该特征属性是数值的形式
            {
                float* values_buf = (float*)(uchar*)inn_buf;
```

```
                    int* sorted_indices_buf = (int*)(values_buf + n);
                    int* sample_indices_buf = sorted_indices_buf + n;
                    const float* values = 0;
                    const int* sorted_indices = 0;
                    //*对该节点的所有样本，按照特征属性 vi 的值从小到大进行排序，分别得到两个数组：
values 和 sorted_indices，这个数组的索引值表示排序后的索引值，而 values 值为特征属性的值，
sorted_indices 值为未排序前的样本索引值*//
                    data->get_ord_var_data( node, vi, values_buf, sorted_indices_buf,
&values, &sorted_indices, sample_indices_buf );
                    int split_point = split->ord.split_point;
                    //n1 表示在特征属性 vi 下的样本数量
                    int n1 = node->get_num_valid(vi);
                    //确保阈值 β 正确
                    assert( 0 <= split_point && split_point < n-1 );
                    //按顺序遍历所有样本
                    for( i = 0; i < n1; i++ )
                    {
                         int idx = sorted_indices[i];
                         // dir[i]等于 0，说明该样本还没有被分叉，即它缺失最佳分叉属性，因此开始
                         //应用替代分叉属性进行分叉
                         if( !dir[idx] )
                         {
                              //左分支为-1，右分支为 1
                              int d = i <= split_point ? -1 : 1;
                              //方向赋值
                              dir[idx] = (char)((d ^ inversed_mask) - inversed_mask);
                              // nz 累减，当 nz 为 0 时，说明缺失的样本已全部分叉完，则退出遍历所有
                              //样本循环，并且也退出遍历替代分叉属性的循环
                              if( --nz )
                                  break;
                         }
                    }
               }
          }
     }

     //仍然有样本没有被分叉，则按照当前左、右分支的样本数进行分叉
     if( nz )
     {
          for( i = nr = 0; i < n; i++ )
               nr += dir[i] > 0;      //右分支的数量
          nl = n - nr - nz;      //左分支的数量
          //nl>nr, d0 = -1; nl<nr, d0 = 1; nl=nr, d0 = 0
          d0 = nl > nr ? -1 : nr > nl;
     }

     //确保所有的样本都被分叉
     for( i = 0; i < n; i++ )
     {
          int d = dir[i];      //得到方向，-1、1 或 0
          if( !d )      //d = 0 时，由 d0 值来确定它属于左分支，还是属于右分支
          {
               d = d0;
               if( !d )      //当 d0 = 0 时，交替为 d 赋值为-1 和 1
                    d = d1, d1 = -d1;
          }
          d = d > 0;      //方向信息重新定义：d = -1 时，d 为 0；d = 1 时，d 为 1
          //此时方向信息改为：左分支为 0，右分支为 1，这么做是为了后续程序的方便
          dir[i] = (char)d; // remap (-1,1) to (0,1)
     }
}
```

基于 CCP 算法的剪枝处理函数：

```
void CvDTree::prune_cv()
{
    CvMat* ab = 0;      //保存决策树序列的最小 α 值
    CvMat* temp = 0;
    //保存交叉验证各个子集的决策树序列的错误率，即式（4-28）和式（4-29）
```

```
    CvMat* err_jk = 0;

    // 1. build tree sequence for each cv fold, calculate error_{Tj,beta_k}.
    // 2. choose the best tree index (if need, apply 1SE rule).
    // 3. store the best index and cut the branches.

    CV_FUNCNAME( "CvDTree::prune_cv" );

    __BEGIN__;
    //tree_count 表示构建的决策树序列的数量，cv_n 表示交叉验证的子集数量，n 表示根节点的样本数量
    int ti, j, tree_count = 0, cv_n = data->params.cv_folds, n = root->sample_count;
    //判断是否应用 1SE 规则，目前 OpenCV 只实现了分类树的 1SE 算法
    bool use_1se = data->params.use_1se_rule != 0 && data->is_classifier;
    double* err;
    double min_err = 0, min_err_se = 0;
    int min_idx = -1;

    CV_CALL( ab = cvCreateMat( 1, 256, CV_64F ));    //创建 α 的矩阵

    //*死循环，作用是构建 CCP 算法中的一系列树的序列{T0,T1,…,Tm}，它是通过标注 node->Tn 的大小实现
的，在该循环结束后形成的树序列中，构成 Ti 的所有节点的 Tn≤i。在进入该死循环前，每个节点的 Tn 都为一个最
大值。退出该死循环的条件是：得到了只有一个根节点的 Tm*//
    for(;;tree_count++)     //这里的 tree_count 表示树序列 Ti 的下标 i
    {
        //计算 Ti 的最小 α
        double min_alpha = update_tree_rnc(tree_count, -1);
        //标注 Ti 的各个节点的 Tn 值
        if( cut_tree(tree_count, -1, min_alpha) )
            break;      //得到 Tm，则退出死循环
        //如果构建的决策树序列的数量大于 ab 矩阵的行，则需要扩充 ab 矩阵，从而可以保存更多的最小 α 值
        if( ab->cols <= tree_count )
        {
            //创建 temp 矩阵，比 ab 矩阵大
            CV_CALL( temp = cvCreateMat( 1, ab->cols*3/2, CV_64F ));
            for( ti = 0; ti < ab->cols; ti++ )
                temp->data.db[ti] = ab->data.db[ti];     //赋值
            cvReleaseMat( &ab );     //释放 ab 矩阵
            ab = temp;     //赋值
            temp = 0;     //清零
        }

        ab->data.db[tree_count] = min_alpha;     //保存最小 α 值
    }

    ab->data.db[0] = 0.;     //式（4-30）中的α0 = 0

    if( tree_count > 0 )     //如果得到了决策树序列
    {
        //遍历决策树序列，计算式（4-30）
        for( ti = 1; ti < tree_count-1; ti++ )
            ab->data.db[ti] = sqrt(ab->data.db[ti]*ab->data.db[ti+1]);
        //为最后一个决策树序列的αm值赋一个最大的值
        ab->data.db[tree_count-1] = DBL_MAX*0.5;

        CV_CALL( err_jk = cvCreateMat( cv_n, tree_count, CV_64F ));     //创建矩阵
        err = err_jk->data.db;     //指向 err_jk 矩阵的首地址

        //遍历交叉验证的所有子集，得到每个子集的决策树序列
        for( j = 0; j < cv_n; j++ )
        {
            //tj 表示当前子集的决策树序列的索引，即式（4-31）中下标 j 的含义；tk 表示全体样本

          //决策树序列的索引，即式（4-31）中下标 k 的含义
            int tj = 0, tk = 0;
            //在当前子集内遍历决策树序列，按照式（4-31）找到最终的子集决策树序列
            for( ; tk < tree_count; tj++ )
            {
                double min_alpha = update_tree_rnc(tj, j);     //得到 α 值
                if( cut_tree(tj, j, min_alpha) )
```

```
                    min_alpha = DBL_MAX;      //最大值，表示只有一个根节点的决策树
                for( ; tk < tree_count; tk++ )      //按照 tk 的含义进行遍历
                {
                    if( ab->data.db[tk] > min_alpha )
                        break;      //退出 for 循环
                    //保存当前子树的总错误率，它等于子树中所有叶节点错误率之和
                    err[j*tree_count + tk] = root->tree_error;
                }
            }
        }
        //遍历树序列，得到最佳决策树
        for( ti = 0; ti < tree_count; ti++ )
        {
            double sum_err = 0;
            //计算所有子集中树序列相同的子树的错误率
            for( j = 0; j < cv_n; j++ )
                sum_err += err[j*tree_count + ti];      //式(4-32)
            if( ti == 0 || sum_err < min_err )      //得到最优的子树索引
            {
                min_err = sum_err;      //更新最小错误率
                min_idx = ti;      //得到子树的索引，式(4-33)
                if( use_1se )      //应用 1SE 规则
                    min_err_se = sqrt( sum_err*(n - sum_err) );      //式(4-34)
            }
            else if( sum_err < min_err + min_err_se )      //式(4-35)
                //由于遍历树序列是按照从复杂到简单的顺序，因此越是后面的循环，表示的决策树越
                //简单，所以满足式(4-35)，而最终的决策树一定是最简单的
                min_idx = ti;
        }
    }

    pruned_tree_idx = min_idx;      //赋值
    //如果 truncate_pruned_tree 为 true，则真正去掉那些被剪枝掉的节点
    free_prune_data(data->params.truncate_pruned_tree != 0);

    __END__;
    //释放 3 个矩阵
    cvReleaseMat( &err_jk );
    cvReleaseMat( &ab );
    cvReleaseMat( &temp );
}
```

计算风险值的增加率 α 函数，其中参数 fold 为−1，表示计算由全部样本构建的决策树序列；fold 大于等于 0，则计算交叉验证子集的决策树序列，而此时的 fold 表示子集的索引。

```
double CvDTree::update_tree_rnc( int T, int fold )
{
    CvDTreeNode* node = root;      //根节点
    double min_alpha = DBL_MAX;    //初始化为一个最大值
    for(;;)      //死循环
    //从根节点出发遍历决策树序列中第 T 个序列数的各个节点，搜索一遍后，退出该死循环
    {
        CvDTreeNode* parent;      //定义一个父节点
        for(;;)      //死循环，从中间节点沿着左分支遍历决策树
        //要想退出该死循环，必须满足下列条件之一：①到达了叶节点；②叶节点 Tn 或子集的树索引的节点
        //cv_Tn 小于形参 T，即只遍历树序列中 T 的前一个树
        {
            //当形参 fold 为负数时，t 为 node->Tn，否则 t 为 node->cv_Tn[fold]
            int t = fold >= 0 ? node->cv_Tn[fold] : node->Tn;
            if( t <= T || !node->left )      //退出死循环的两个条件
            {
                //赋值叶节点的复杂度、风险值和错误率
                node->complexity = 1;      //节点的复杂度，即叶节点的数量
                node->tree_risk = node->node_risk;      //节点的风险值
                node->tree_error = 0.;      //节点的错误率
                if( fold >= 0 )
                {
                    //是子集的情况，则风险值和错误率被赋值为相应子集的相关值
```

```
                node->tree_risk = node->cv_node_risk[fold];
                node->tree_error = node->cv_node_error[fold];
            }
            break;    //退出 for 死循环
        }
        node = node->left;    //得到该节点的左节点
    }
    //从叶节点沿着右分支向中间节点遍历
    for( parent = node->parent; parent && parent->right == node;
        node = parent, parent = parent->parent )
    {
        //赋值中间节点的复杂度、风险值和错误率，即该中间节点的所有子节点之和
        parent->complexity += node->complexity;    //中间节点的复杂度累加
        parent->tree_risk += node->tree_risk;    //中间节点的风险值累加
        parent->tree_error += node->tree_error;    //中间节点的错误率累加
        //*计算α值，式(4-22)，这里需要注意的是，式(4-22)中的预测误差用风险值代替，即式(4-23)
或式(4-24)中的分子部分代替整个分式，这么做的目的可能是为了减少误差，提高效率*//
        parent->alpha = ((fold >= 0 ? parent->cv_node_risk[fold] : parent->node_risk)
            - parent->tree_risk)/(parent->complexity - 1);
        min_alpha = MIN( min_alpha, parent->alpha );    //得到最小的α值
    }

    if( !parent )    //搜索到根节点，则退出 for 死循环
        break;
    //此时，中间节点 parent 的左分支的所有子节点都已遍历过，下一步就是遍历 parent 的右分支的所
    //有节点
    parent->complexity = node->complexity;
    parent->tree_risk = node->tree_risk;
    parent->tree_error = node->tree_error;
    node = parent->right;    //右节点
}

return min_alpha;    //返回最小的α值
}
```

剪切节点，表现的形式是为 T_n 变量赋不同大小的值：

```
int CvDTree::cut_tree( int T, int fold, double min_alpha )
{
    CvDTreeNode* node = root;    //根节点
    if( !node->left )    //根节点没有左分支，则直接返回
        return 1;

    for(;;)    //死循环
    //从根节点出发遍历决策树序列中第 T 个序列数的各个节点，搜索一遍后，退出该死循环
    {
        CvDTreeNode* parent;    //定义一个父节点
        for(;;)    //死循环
        //*要想退出该死循环，必须满足下列条件之一：①到达叶节点；②叶节点 Tn 或子集的树索引的节点 cv_Tn
小于形参 T，即只遍历树序列中 T 的前一个树；③节点的α值不大于最小的α值*//
        {
            int t = fold >= 0 ? node->cv_Tn[fold] : node->Tn;
            if( t <= T || !node->left )    //退出死循环的前两个条件
                break;
            if( node->alpha <= min_alpha + FLT_EPSILON )    //退出死循环的第三个条件
            {
                if( fold >= 0 )
                    node->cv_Tn[fold] = T;    //赋值
                else
                    node->Tn = T;    //赋值
                if( node == root )
                    return 1;    //直接返回
                break;
            }
            node = node->left;    //下一个左节点
        }
        //从叶节点沿着右分支向中间节点遍历，不做其他任何操作
        for( parent = node->parent; parent && parent->right == node;
            node = parent, parent = parent->parent )
```

```
            ;

        if( !parent )      //到达根节点，则退出 for 死循环
            break;

        node = parent->right;      //下一个右分支
    }

    return 0;      //返回
}
```

下面梳理一下构建决策树的过程，也就是训练的过程。

do_train 函数实现构建决策树的作用，该函数主要是递归调用 try_split_node 函数，完成决策树的构建，如果需要剪枝，则再调用 prune_cv 函数。

在 try_split_node 函数内，每次分叉前，要用 calc_node_value 函数计算节点的样本分类的先验概率、节点的值、节点的风险值和节点的错误率。然后判断退出递归的条件：节点的深度、节点的样本数，如果是分类树，则判断是否为一个分类；如果是回归树，节点的风险值。如果上述条件不满足，则退出递归。下一步就是关键的调用计算最佳分叉属性的函数——find_best_split。如果还需要替代分叉属性，则根据特征属性是类的形式，还是数值的形式，分别调用 find_surrogate_split_cat 函数或 find_surrogate_split_ord 函数。由最佳分叉属性得到的样本分叉方向信息是由 calc_node_dir 函数完成的，而由替代分叉属性得到的样本分叉方向信息是由 complete_node_dir 函数实现的。分叉后的一些变量赋值是由 split_node_data 函数完成的。最后就是分别对左分支和右分支递归调用 try_split_node 函数。

计算最佳分叉属性时，是在 find_best_split 函数内，并行处理所有的特征属性。实现的程序是在 DTreeBestSplitFinder 类的重载运算符( )内，如果特征属性是类的形式的分类树，则调用 find_split_cat_class 函数；如果特征属性是数值的形式的分类树，则调用 find_split_ord_class 函数，如果特征属性是类的形式的回归树，则调用 find_split_cat_reg 函数；如果特征属性是数值的形式的回归树，则调用 find_split_ord_reg 函数，最终得到最佳分叉属性。

下面给出用决策树进行预测的函数。这里还需要说明一点，当特征属性是类的形式的时候，还需要对这种形式进行量化处理，即按照构建决策树时训练样本的形式，把它们转换为 0, 1, 2, …。例如，表示风力时，我们把无风，小风，中风和大风量化为 0, 1, 2, 3，则在预测样本时，如果当前风力是小风，则它的输入值应写为 1。当然，不对其进行量化处理也是可以的，只要按照当初训练样本时样本数据的写法就可以。上述内容是通过参数 preprocessed_inpu 识别的。

```
CvDTreeNode* CvDTree::predict( const CvMat* _sample,
    const CvMat* _missing, bool preprocessed_input ) const
//*_sample 表示待预测样本，必须是 32FC1 类型的一维矢量形式，即一次只能预测一个样本，矢量中元素的数量
必须与训练样本的特征属性的数量一致（具体还取决于参数 preprocessed_input），并且要与训练样本的特征属
性的排序相同*//
//_missing 表示缺失特征属性，为可选项，该参数必须是掩码的形式，1 表示缺失，它的形式与参数_sample 相同
//preprocessed_input 表示对特征属性是类的形式的数据是否进行预处理，即量化处理，如果为 false，则表
//示正常的输入；如果为 true，则表示进行了预处理。进行预处理的好处是可以加快预测速度
//该函数把最终到达的叶节点作为输出
{
    cv::AutoBuffer<int> catbuf;

    int i, mstep = 0;
    const uchar* m = 0;
    CvDTreeNode* node = root;      //得到决策树

    if( !node )      //尚没有构建好决策树，则报错
        CV_Error( CV_StsError, "The tree has not been trained yet" );
    //检查输入参数_sample 和 preprocessed_input 是否正确
    if( !CV_IS_MAT(_sample) || CV_MAT_TYPE(_sample->type) != CV_32FC1 ||
        (_sample->cols != 1 && _sample->rows != 1) ||
```

```
        (_sample->cols + _sample->rows - 1 != data->var_all && !preprocessed_input) ||
        (_sample->cols + _sample->rows - 1 != data->var_count && preprocessed_input) )
//data->var_all 表示训练时全部特征属性的数量，data->var_count 表示训练时不包括缺失的特征属性的数量
            CV_Error( CV_StsBadArg,
        "the input sample must be 1d floating-point vector with the same "
        "number of elements as the total number of variables used for training" );

const float* sample = _sample->data.fl;      //指向预测样本数据的首地址
//得到步长
int step = CV_IS_MAT_CONT(_sample->type) ? 1 : _sample->step/sizeof(sample[0]);
//为类的形式的特征属性开辟一块内存空间
if( data->cat_count && !preprocessed_input ) // cache for categorical variables
{
        int n = data->cat_count->cols;
        catbuf.allocate(n);
        for( i = 0; i < n; i++ )
            catbuf[i] = -1;      //初始化
}

if( _missing )      //如果该样本缺失了某种特征属性
{
        //检查输入参数_missing 是否正确
        if( !CV_IS_MAT(_missing) || !CV_IS_MASK_ARR(_missing) ||
            !CV_ARE_SIZES_EQ(_missing, _sample) )
            CV_Error( CV_StsBadArg,
        "the missing data mask must be 8-bit vector of the same size as input sample" );
        m = _missing->data.ptr;      //指向表示缺失特征属性的掩码首地址
        //得到步长
        mstep = CV_IS_MAT_CONT(_missing->type) ? 1 : _missing->step/sizeof(m[0]);
}

const int* vtype = data->var_type->data.i;      //训练样本特征属性的类型
//预测样本要与训练样本的特征属性顺序一致，即什么位置对应哪个特征属性是固定的
const int* vidx = data->var_idx && !preprocessed_input ? data->var_idx->data.i : 0;
//特征属性为类形式的各个属性的映射值，即当初表示该属性的数值
const int* cmap = data->cat_map ? data->cat_map->data.i : 0;
//特征属性为类形式的各个属性的偏移量
const int* cofs = data->cat_ofs ? data->cat_ofs->data.i : 0;
//遍历最佳决策树，进行样本的预测，达到叶节点，则预测结束
while( node->Tn > pruned_tree_idx && node->left )
{
        CvDTreeSplit* split = node->split;      //节点分叉
        int dir = 0;      //表示分叉的方向信息，-1 是左节点，1 是右节点
        //对预测样本进行分叉预测，第一次循环是应用最佳分叉属性进行分叉，以后都是应用替代分叉属性进行分叉
        for( ; !dir && split != 0; split = split->next )
        {
            int vi = split->var_idx;      //得到的是该节点的分叉属性
            int ci = vtype[vi];           //分叉属性的类型索引，是数值形式，还是类的形式
            i = vidx ? vidx[vi] : vi;     //得到分叉属性对应的特征属性索引
            float val = sample[(size_t)i*step];      //得到预测样本的分叉属性的值
            if( m && m[(size_t)i*mstep] )
                continue;      //该特征属性缺失，继续下一个循环，即应用替代分叉属性分叉属
                               //性为数值的形式
            if( ci < 0 ) // ordered
                // split->ord.c 为分叉属性的值，如果预测样本的分叉属性的值 val 小于该值，
                //则被分叉为左节点，否则为右节点
                dir = val <= split->ord.c ? -1 : 1;
            else // categorical   分叉属性为类的形式
            {
                int c;
                if( preprocessed_input )      //对预测样本数据已做预处理
                    c = cvRound(val);     //对预测样本响应值进行四舍五入取整
                else      //未对预测样本数据进行预处理，则须处理
                {
                    c = catbuf[ci];      //c 初始化为-1
                    if( c < 0 )
                    {
                        int a = c = cofs[ci];      //再次赋值，a 为分叉属性的偏移量
                        //通常，b 为下一个特征属性的偏移量
                  int b=(ci+1>=data->cat_ofs->cols)?data->cat_map->cols:cofs[ci+1];
```

```
                    int ival = cvRound(val);     //取整
                    //输入的预测样本的特征属性为类的形式的值时必须是整数
                    if( ival != val )
                        CV_Error( CV_StsBadArg,
                        "one of input categorical variable is not an integer" );

                    int sh = 0;
                    //循环，一点点更新 a 和 b 值，直到找到分叉属性对应的量化值
                    while( a < b )
                    {
                        sh++;
                        c = (a + b) >> 1;     //取 a 和 b 的平均值
                        if( ival < cmap[c] )     //该属性小于 c 的映射值
                            b = c;     //更新 b 值
                        else if( ival > cmap[c] )     //该属性大于 c 的映射值
                            a = c+1;     //更新 a 值
                        else     //两值相等，则退出 while 循环
                            break;
                    }
                    //如果没有得到合适的 c 值，则放弃该分叉属性，进行 for 循环，即应用
                    //下一个分叉属性
                    if( c < 0 || ival != cmap[c] )
                        continue;
                    //得到真正的特征属性对应的值，即 c 要减去偏移量
                    catbuf[ci] = c -= cofs[ci];
                }
            }
            //判断 c 的数据长度是否正确
            c = ( (c == 65535) && data->is_buf_16u ) ? -1 : c;
            //split->subset 是按位存储着不同特征属性的方向信息，通过宏定义 CV_DTREE_CAT_DIR 得到
            //c 对应的方向信息，并赋值给 dir
            dir = CV_DTREE_CAT_DIR(c, split->subset);
        }

        if( split->inversed )     //如果分叉方向需要反转
            dir = -dir;           //反转方向
    }
    //如果通过上面的 for 循环操作没有能够对预测样本进行分叉，那么就按照当初创建决策树时该节点的
    //左、右分支的样本数量进行分叉，哪个分支的样本多，就属于哪个分支
    if( !dir )
    {
        //得到右分支与左分支的样本数量之差
        double diff = node->right->sample_count - node->left->sample_count;
        //左分支样本数量多，则 dir 为-1；反之 dir 为 1
        dir = diff < 0 ? -1 : 1;
    }
    //dir 为-1，指向左节点；dir 为 1，指向右节点，进入下一个 while 循环
    node = dir < 0 ? node->left : node->right;
  }

  return node;     //返回叶节点
}
```

在 CvDTree 类内，get_var_importance 是一个很有用的函数，它可以判断在构建决策树的过程中，各个特征属性的重要程度，它是通过计算分叉属性的分叉值得到的。

```
const CvMat* CvDTree::get_var_importance()
{
    //var_importance 为 CvDTree 类的全局变量，用以表示各个特征属性的重要程度
    if( !var_importance )     //还没有对 var_importance 变量赋值
    {
        CvDTreeNode* node = root;     //根节点
        double* importance;
        if( !node )     //还没有构建决策树，则返回该函数
            return 0;
        //定义 var_importance 变量为一维数组的形式，数组内元素的个数就是特征属性的数量
        var_importance = cvCreateMat( 1, data->var_count, CV_64F );
        cvZero( var_importance );     //初始化 var_importance 变量为 0
        importance = var_importance->data.db;     //指向 var_importance 数组的首地址
```

```
        //遍历整个决策树，统计分叉属性的分叉值作为特征属性重要程度的衡量标准
        for(;;)     //死循环
        {
            CvDTreeNode* parent;    //父节点
            for( ;; node = node->left )     //由父节点沿着左分支向叶节点遍历
            {
                CvDTreeSplit* split = node->split;     //最佳分叉属性
                //到达叶节点，则退出 for 循环
                if( !node->left || node->Tn <= pruned_tree_idx )
                    break;
                //统计节点的各个特征属性的所有分叉值（即式（4-12）或式（4-19）），该值作为特
                //征属性的重要程度的度量，先计算最佳分叉值，再计算其他的替代分叉值
                for( ; split != 0; split = split->next )
                    importance[split->var_idx] += split->quality;
            }
            //由叶节点沿着右分支向父节点遍历
            for( parent = node->parent; parent && parent->right == node;
                node = parent, parent = parent->parent )
                ;

            if( !parent )     //到达根节点，则退出 for 死循环
                break;

            node = parent->right;     //下一个右分支
        }
        //归一化 var_importance 变量
        cvNormalize( var_importance, var_importance, 1., 0, CV_L1 );
    }

    return var_importance;     //返回 var_importance 变量
}
```

4.3 应用实例

下面以贷款申请是否通过为例。它取决于 5 个条件：年龄（青年 Y，中年 M，老年 O）、薪水（低 L，中 M，高 H）、有房子（有 Y，无 N）、有车（有 Y，无 N）和信贷情况（一般 F，好 G，优 E）。分类结果 N 表示贷款申请没通过，Y 表示通过。具体的样本见表 4-1。

表 4-1　　样本情况

序号	年龄	薪水	有房子	有车	信贷情况	发放贷款
1	Y	L	N	N	F	N
2	Y	L	Y	N	G	N
3	Y	M	Y	N	G	Y
4	Y	M	Y	Y	G	Y
5	Y	H	Y	Y	G	Y
6	Y	M	N	Y	G	N
7	M	L	Y	Y	E	Y
8	M	H	Y	Y	G	Y
9	M	L	N	Y	G	N
10	M	M	Y	Y	F	N
11	M	H	Y	Y	E	Y
12	M	M	N	N	G	N
13	O	L	N	N	G	N
14	O	L	Y	Y	E	Y
15	O	L	Y	N	E	Y
16	O	M	N	Y	G	N

续表

序号	年龄	薪水	有房子	有车	信贷情况	发放贷款
17	O	L	N	N	E	N
18	O	H	N	Y	F	N
19	O	H	Y	Y	E	Y

根据表 4-1 所示情况构建出的决策树是一颗分类树，而且所有的特征属性都是类的形式。下面是用以上样本构建决策树并预测的程序。

```
#include "opencv2/core/core.hpp"
#include "opencv2/highgui/highgui.hpp"
#include "opencv2/imgproc/imgproc.hpp"
#include "opencv2/ml/ml.hpp"

#include <iostream>
using namespace cv;
using namespace std;
//5 个特征属性的描述
static const char* var_desc[] =
{
    "Age (young=Y, middle=M, old=O)",
    "Salary? (low=L, medium=M, high=H)",
    "Own_House? (false=N, true=Y)",
    "Own_Car? (false=N, true=Y)",
    "Credit_Rating (fair=F, good=G, excellent=E)",
    0
};

int main( int argc, char** argv )
{
    //19 个训练样本
    float trainingData[19][5]={  {'Y','L','N','N','F'},
                                 {'Y','L','Y','N','G'},
                                 {'Y','M','Y','N','G'},
                                 {'Y','M','Y','Y','G'},
                                 {'Y','H','Y','Y','G'},
                                 {'Y','M','N','Y','G'},
                                 {'M','L','Y','Y','E'},
                                 {'M','H','Y','Y','G'},
                                 {'M','L','N','Y','G'},
                                 {'M','M','Y','Y','F'},
                                 {'M','H','Y','Y','E'},
                                 {'M','M','N','N','G'},
                                 {'O','L','N','N','G'},
                                 {'O','L','Y','Y','E'},
                                 {'O','L','Y','N','E'},
                                 {'O','M','N','Y','G'},
                                 {'O','L','N','N','E'},
                                 {'O','H','N','Y','F'},
                                 {'O','H','Y','Y','E'}  };
    Mat trainingDataMat(19, 5, CV_32FC1, trainingData);     //样本的矩阵形式
    //样本的分类结果，即响应值
    float responses[19] {'N','N','Y','Y','Y','N','Y','Y','N','N','Y','N','N','Y','Y',
'N','N','N','Y'};
    Mat responsesMat(19, 1, CV_32FC1, responses);     //矩阵形式

    float priors[5] = {1, 1};    //先验概率，这里的每个类别都相同
    //定义决策树的参数
    CvDTreeParams params(  15,    //决策树的最大深度
                           1,     //决策树叶节点的最小样本数
                           0,     //回归精度，这里不需要
                           false,//是否使用替代分叉属性，由于没有缺失的特征属性，所以这里
                                 //不需要替代分叉属性
                           25,    //最大的类数量
                           0,     //交叉验证的子集数，由于样本太少，所以这里不需要交叉验证
                           false,//使用 1SE 规则，这里不需要
```

```
                                false,      //是否真正去掉被剪切的分支，这里不需要
                                priors      //先验概率
                                );
    //类形式的掩码，这里是分类树，而且 5 个特征属性都是类的形式，因此该变量都为 1
    Mat varTypeMat(6, 1, CV_8U, Scalar::all(1));

    CvDTree* dtree = new CvDTree();    //实例化 CvDTree 类
    //训练样本，构建决策树
    dtree->train (  trainingDataMat,   //训练样本
                    CV_ROW_SAMPLE,//样本矩阵的行表示样本，列表示特征属性
                    responsesMat, //样本的响应值矩阵
                    Mat(),         //应用所有的特征属性
                    Mat(),         //应用所有的训练样本
                    varTypeMat,    //类形式的掩码
                    Mat(),         //没有缺失任何特征属性
                    params         //决策树参数
                    );
    //调用 get_var_importance 函数
    const CvMat* var_importance = dtree->get_var_importance();
    //输出特征属性重要性程度
    for( int i = 0; i < var_importance->cols*var_importance->rows; i++ )
    {
        double val = var_importance->data.db[i];
        char buf[100];
        int len = (int)(strchr( var_desc[i], '(' ) - var_desc[i] - 1);
        strncpy( buf, var_desc[i], len );
        buf[len] = '\0';
        printf( "%s", buf );
        printf( ": %g%%\n", val*100. );
    }

    float myData[5] = {'M','H','Y','N','F'};  //预测样本
    Mat myDataMat(5, 1, CV_32FC1, myData);    //矩阵形式
    double r = dtree->predict( myDataMat, Mat(), false)->value;    //得到预测结果

    cout<<endl<<"result:  "<<(char)r<<endl;   //输出预测结果

    return 0;
}
```

最终的输出为：

```
Age: 5.32416%
Salary?: 5.18066%
Own_House?: 40.8999%
Own_Car?: 23.6091%
Credit_Rating: 24.9861%

result:  N
```

也可以用下列代码把决策树保存为 xml 文件。

```
dtree->save("dtree.xml");
```

如果要应用该决策树，加载该文件即可，如：

```
CvDTree* dtree = new CvDTree();
dtree->load("dtree.xml");
```

第 5 章　AdaBoost

5.1 原理分析

自适应提升（Adaptive Boosting，AdaBoost）算法由来自 AT&T 实验室的 Freund 和 Schapire，于 1995 年首次提出。该算法解决了早期 Boosting 算法的实际执行时遇到的一些难题，而且该算法可以作为一种从一系列弱分类器中产生一个强分类器的通用方法。正由于 AdaBoost 算法的优异性能，Freund 和 Schapire 因此获得了 2003 年度的哥德尔奖（Gödel Prize，该奖是在理论计算机科学领域中最负盛名的奖项之一）。

假设有一个集合$\{(x_1, y_1), (x_2, y_2), \cdots, (x_N, y_N)\}$，每一个数据项 x_i 是一个表示事物特征的矢量，y_i 是一个与其对应的分类 $y_i \in \{-1, 1\}$，即 x_i 要么属于−1，要么属于 1。AdaBoost 算法通过 M 次迭代得到一个弱分类器集合$\{k_1, k_2, \cdots, k_M\}$，对于每一个数据项 x_i 来说，每个弱分类器都会给出一个分类结果，即 $k_m(x_i) \in \{-1, 1\}$。这 M 个弱分类器通过某种线性组合（式（5-1）所示），就得到一个强分类器 C_m，这样就可以通过 C_m 来判断一个新的数据项 x_k 是属于−1，还是属于 1。这就是一个训练的过程。

进行第 $m-1$ 次迭代后，可以把这 $m-1$ 个弱分类器进行线性组合，所得到的强分类器为：

$$C_{m-1}(x_i) = \alpha_1 k_1(x_i) + \quad + \alpha_{m-1} k_{m-1}(x_i) \tag{5-1}$$

式中，α 为 k 的权值，并且 $m > 1$。当进行第 m 次迭代时，AdaBoost 通过增加一个弱分类器的方式扩展成另一个强分类器：

$$C_m(x_i) = C_{m-1}(x_i) + \alpha_m k_m(x_i) \tag{5-2}$$

只有使 C_m 的分类结果强于 C_{m-1}，算法迭代才有意义。那么，如何能够使 C_m 的性能优于 C_{m-1} 呢？这由增加的那个第 m 个弱分类器 k_m 以及它的权值 α_m 来决定。我们用所有数据项 x_i 的指数损失的总和来定义 C_m 的误差 E，从而判断 k_m 和 α_m 是否为最优，即：

$$E = \sum_{i=1}^{N} \mathrm{e}^{-y_i C_m(x_i)} = \sum_{i=1}^{N} \mathrm{e}^{-y_i \left(C_{m-1}(x_i) + \alpha_m k_m(x_i)\right)} \tag{5-3}$$

令 $w_i^{(1)} = 1$，$w_i^{(m)} = \mathrm{e}^{-y_i C_{m-1}(x_i)}$，$w_i^{(m)}$表示在第 $m-1$ 次迭代后，对训练数据项 x_i 所分配的权重，而在第一次迭代时，使用的权重为 1，即 $w_i^{(1)} = 1$。那么，式（5-3）可以重写为：

$$E = \sum_{i=1}^{N} w_i^{(m)} \mathrm{e}^{-y_i \alpha_m k_m(x_i)} \tag{5-4}$$

可以把式（5-4）拆分成两项：

$$E = \sum_{y_i = k_m(x_i)} w_i^{(m)} \mathrm{e}^{-\alpha_m} + \sum_{y_i \neq k_m(x_i)} w_i^{(m)} \mathrm{e}^{\alpha_m} \tag{5-5}$$

式中，$y_i = k_m(x_i)$的含义是对 x_i 来说，第 m 次迭代得到的弱分类器 k_m 的分类结果与其实际的分类y相同，要么都等于−1，要么都等于 1，即分类正确，所以它们的乘积一定等于 1，即 $y_i\,k_m(x_i)=1$；而 $y_i \neq k_m(x_i)$的含义是对 x_i 来说，第 m 次迭代得到的弱分类器 k_m 的分类结果与其实际的分类 y 不相同，其中一个如果等于−1，那么另一个一定等于 1，即分类错误，所以它们的乘积一定等于−1，即 $y_i\,k_m(x_i)=-1$。所以，式（5-5）中的前一项表示的是对所有 y 等于 k_m 的那些数据项 x_i 的误差求和；而第二项表示的是对所有 y 不等于 k_m 的那些数据项 x_i 的误差求和。我们又可以把式（5-5）写成如下形式：

$$E=\sum_{y_i=k_m(x_i)} w_i^{(m)}\mathrm{e}^{-\alpha_m}+\sum_{y_i\neq k_m(x_i)} w_i^{(m)}\mathrm{e}^{\alpha_m}=\sum_{i=1}^{N} w_i^{(m)}\mathrm{e}^{-\alpha_m}+\sum_{y_i\neq k_m(x_i)} w_i^{(m)}\left(\mathrm{e}^{\alpha_m}-\mathrm{e}^{-\alpha_m}\right) \tag{5-6}$$

从式（5-6）可以看出，如果 α_m 一定，强分类器 C_m 的误差大小完全取决于第二项中的 $\sum_{y_i\neq k_m(x_i)} w_i^{(m)}$ 的大小，也就是取决于该次迭代中被分类错误的那些权值 $w_i^{(m)}$ 的大小。

为了使误差 E 最小，需要对式（5-5）进行求导：

$$\frac{\mathrm{d}E}{\mathrm{d}\alpha_m}=\sum_{y_i\neq k_m(x_i)} w_i^{(m)}\mathrm{e}^{\alpha_m}-\sum_{y_i=k_m(x_i)} w_i^{(m)}\mathrm{e}^{-\alpha_m} \tag{5-7}$$

令式（5-7）等于 0，则权值 α_m 为：

$$\alpha_m=\frac{1}{2}\ln\left(\frac{\sum_{y_i=k_m(x_i)} w_i^{(m)}}{\sum_{y_i\neq k_m(x_i)} w_i^{(m)}}\right) \tag{5-8}$$

令 ϵ_m 表示误差率，其值为：

$$\epsilon_m=\frac{\sum_{y_i\neq k_m(x_i)} w_i^{(m)}}{\sum_{i=1}^{N} w_i^{(m)}} \tag{5-9}$$

则式（5-8）为：

$$\alpha_m=\frac{1}{2}\ln\left(\frac{1-\epsilon_m}{\epsilon_m}\right) \tag{5-10}$$

经过以上分析，我们导出了 AdaBoost 算法：在每次迭代中，选择使$\sum_{y_i\neq k_m(x_i)} w_i^{(m)}$ 为最小的分类器 k_m，并得到误差率 ϵ_m（见式（5-9）），应用误差率 ϵ_m 又得到权值 α_m（见式（5-10）），则最终强分类器就由 C_{m-1} 提升为 $C_m=C_{m-1}+\alpha_m k_m$。而每次迭代后，得到的每个训练样本数据的权值 $w_i^{(m+1)}$为：

$$w_i^{(m+1)}=w_i^{(m)}\mathrm{e}^{-y_i\alpha_m k_m(x_i)}=w_i^{(m)}\times\begin{cases}\mathrm{e}^{-\alpha_m} & \text{分类正确}\\ \mathrm{e}^{\alpha_m} & \text{分类错误}\end{cases} \tag{5-11}$$

需要说明的是，权值仍然可以按照前面介绍的 $w_i^{(m)}=\mathrm{e}^{-y_i c_{m-1}(x_i)}$ 方法计算，但式（5-11）更简单，在应用迭代时效率更高。

基于以上分析，我们给出 AdaBoost 的计算步骤。

（1）设有 n 个样本 $x_1, \cdots, x_n$，它们希望得到的输出（即分类）为 $y_1, \cdots, y_n$，$y\in\{-1, 1\}$。

（2）初始化每个样本的权值 $w_i^{(1)}$，…，$w_n^{(1)}$，它们都为 $\frac{1}{n}$。

（3）进行迭代：$m=1, \cdots, M$。

① 找到使误差率 ϵ_m 最小的弱分类器 $k_m(x)$，并得到 ϵ_m（见式（5-9））。

② 计算 $k_m(x)$的权值 α_m（见式（5-10））。

③ 得到新的强分类器 $C_m(x)$（见式（5-2））。

④ 更新每个样本的权值 $w_i^{(m+1)}$（见式（5-11））。

⑤ 对权值 $w_i^{(m+1)}$进行归一化处理，使$\sum_i w_i^{(m+1)}=1$。

（4）得到最终的强分类器。

$$C(x)=\text{sign}\left(C_M(x)\right)=\text{sign}\left(\sum\nolimits_{m=1}^{M}\alpha_m k_m(x)\right) \tag{5-12}$$

从式（5-12）可以看出，强分类器是由权值 α_m 和弱分类器 $k_m(x)$决定的。权值 α_m 由式（5-10）计算得到，而弱分类器可以用第 4 章介绍的决策树的方法得到，那种最简单的、每个中间节点只能被分叉为左、右两个分支（stumps）的决策树就足以完成对弱分类器的设计。也就是说，每一个弱分类器就是一个决策树，而该决策树是由加权后的样本构建而成的，由于每次迭代的权值 $w_i^{(m)}$不同，所以每次迭代构建的决策树也不同。当要应用 AdaBoost 预测样本 x 时，只要把该样本代入不同的决策树（即弱分类器）进行预测即可，预测的结果就是 $k_m(x)$，然后应用式（5-12）把不同的决策树的预测结果进行加权和，最后判断其符号。OpenCV 采用的就是这种方法。当用决策树的形式时，权值 α_m 的计算公式为：

$$\alpha_m=\ln\left(\frac{1-\epsilon_m}{\epsilon_m}\right) \tag{5-13}$$

而每个训练样本数据的权值 $w_i^{(m+1)}$则为：

$$w_i^{(m+1)}=w_i^{(m)}\times\begin{cases}1, & \text{分类正确}\\ e^{\alpha_m}, & \text{分类错误}\end{cases} \tag{5-14}$$

AdaBoost 算法可分为 Discrete Adaboost、Real AdaBoost、LogitBoost 和 Gentle AdaBoost。前面给出的是 Discrete Adaboost 算法的原理和计算步骤。虽然这 4 种算法的基本结构相似，但彼此之间还是有一些差异。Discrete AdaBoost 的每个弱分类的输出结果是 1 或−1，在组成强分类器的过程中，这种离散形式的弱分类器就略显粗糙。而 Real Adaboost 的每个弱分类器的输出是该样本属于某一类的概率，即弱分类器 k_m 是通过一个对数函数将 0～1 的概率值映射到实数域，$\text{sign}(k_m)$给出的是一个分类，而$|k_m|$给出的是一个置信度的度量。Real Adaboost 的迭代过程如下。

① 基于每个样本的权值 $w_i^{(m)}$，拟合一个分类概率估计 $p_m(x)=P(y=1|x)\in[0,1]$，它表示样本属于分类结果为 1 的概率。

② 得到该次迭代的弱分类器 $k_m(x)$：

$$k_m(x)=\frac{1}{2}\ln\left(\frac{p_m(x)}{1-p_m(x)}\right) \tag{5-15}$$

③ 更新权值 $w_i^{(m+1)}$：

$$w_i^{(m+1)}=w_i^{(m)}e^{-y_i k_m(x_i)} \tag{5-16}$$

④ 归一化权值，使$\sum_i w_i^{(m+1)}=1$。

最终的强分类器 C 为

$$C(x)=\text{sign}\left(\sum\nolimits_{m=1}^{M}k_m(x)\right) \tag{5-17}$$

LogitBoost 算法是逻辑回归技术在 AdaBoost 的应用。弱分类器的选取并不是基于分类结果 y_i，而是基于加权最小二乘法。设迭代前强分类器 $C_0(x)=0$，每个训练样本数据的概率估计 $p_0(x_i)=0.5$，则 LogitBoost 算法的迭代过程如下。

① 计算工作响应 $z_i^{(m)}$：

$$z_i^{(m)}=\frac{y_i^*-p_{m-1}(x_i)}{p_{m-1}(x_i)\left[1-p_{m-1}(x_i)\right]} \tag{5-18}$$

式中，

$$y_i^*=\frac{y_i-1}{2} \tag{5-19}$$

② 计算权值 $w_i^{(m)}$：

$$w_i^{(m)}=p_{m-1}(x_i)\left[1-p_{m-1}(x_i)\right] \tag{5-20}$$

③ 应用权值 $w_i^{(m)}$，基于从 $z_i^{(m)}$ 到 x_i 的加权最小二乘回归法，拟合弱分类器 $k_m(x)$。

④ 更新 $p_m(x_i)$。

$$p_m(x_i)=\frac{\mathrm{e}^{C_{m-1}(x_i)}}{\mathrm{e}^{C_{m-1}(x_i)}+\mathrm{e}^{-C_{m-1}(x_i)}}=\frac{1}{1+\mathrm{e}^{-2C_{m-1}(x_i)}} \tag{5-21}$$

⑤ 更新强分类器。

$$C_m(x_i)=C_{m-1}(x_i)+\frac{1}{2}k_m(x_i) \tag{5-22}$$

最终的强分类器为式（5-17）。

Gentle AdaBoost 算法与 LogitBoost 算法相似，但在参数的选择上更简单。弱分类器 $k_m(x)$ 是由基于权值 $w_i^{(m)}$ 的从 y_i 到 x_i 的加权最小二乘法的回归拟合得到。每次迭代得到的强分类器 $C_m(x)$ 和权值 $w_i^{(m+1)}$ 分别为：

$$C_m(x_i)=C_{m-1}(x_i)+k_m(x_i) \tag{5-23}$$

$$w_i^{(m+1)}=w_i^{(m)}\mathrm{e}^{-y_ik_m(x_i)} \tag{5-24}$$

这里的权值仍然需要进行归一化处理。强分类器仍然为式（5-17）。

5.2 源码解析

OpenCV 实现了上述 4 种类型的 AdaBoost，并且弱分类器都采用 CART 决策树的方法，其中 Discrete Adaboost 和 Real AdaBoost 应用的是分类树，因为它们的分类结果是类的形式，而 LogitBoost 和 Gentle AdaBoost 应用的是回归树，因为它们的分类结果是数值的形式。

下面给出了 OpenCV 的源码分析。

先看构建 Boosting 模型的参数：

```
CvBoostParams::CvBoostParams()
{
    boost_type = CvBoost::REAL;
    weak_count = 100;
    weight_trim_rate = 0.95;
    cv_folds = 0;
    max_depth = 1;
}
```

```
CvBoostParams::CvBoostParams( int _boost_type, int _weak_count,
                                        double _weight_trim_rate, int _max_depth,
                                        bool _use_surrogates, const float* _priors )
{
    boost_type = _boost_type;
    weak_count = _weak_count;
    weight_trim_rate = _weight_trim_rate;
    split_criteria = CvBoost::DEFAULT;     //分叉准则，即用什么方法计算决策树节点的纯度
/*****************************
CvBoost::DEFAULT 为特定的 Boosting 算法选择默认系数
CvBoost::GINI 使用基尼指数，这是 Real AdaBoost 的默认方法，也可以被用于 Discrete Adaboost
CvBoost::MISCLASS 使用错误分类率，这是 Discrete Adaboost 的默认方法，也可以被用于 Real AdaBoost
CvBoost::SQERR 使用最小二乘法准则，这是 LogitBoost 和 Gentle AdaBoost 的默认及唯一方法
*****************************/
    cv_folds = 0;     //表示构建决策树时，不执行剪枝操作
    max_depth = _max_depth;
    use_surrogates = _use_surrogates;
    priors = _priors;
}
```

其中参数的含义为：

boost_type 表示 Boosting 算法的类型，可以是 CvBoost::DISCRETE、CvBoost::REAL、CvBoost::LOGIT 或 CvBoost::GENTLE 这 4 类中的任意一个，OpenCV 推荐使用 Gentle AdaBoost 或 Real AdaBoost 算法。

_weak_count 表示弱分类器的数量，即迭代的次数。

_weight_trim_rate 表示裁剪率，在 0～1，默认值为 0.95，在迭代过程中，那些归一化后的样本权值 $w_i^{(m)}$ 小于该裁剪率的样本将不进入下次迭代。

_max_depth 表示构建决策树的最大深度。

_use_surrogates 表示在构建决策树时，是否使用替代分叉属性。

_priors 表示样本的先验概率。

CvBoost 类的两个构造函数：

```
CvBoost::CvBoost( const Mat& _train_data, int _tflag,
                  const Mat& _responses, const Mat& _var_idx,
                  const Mat& _sample_idx, const Mat& _var_type,
                  const Mat& _missing_mask,
                  CvBoostParams _params )
//_train_data 训练的样本数据
//_tflag 训练数据的特征属性类型，如果为 CV_ROW_SAMPLE，表示样本是以行的形式储存的，即_train_data
//矩阵的每一行为一个样本（或特征矢量）；如果为 CV_COL_SAMPLE，表示样本是以列的形式储存的
//_responses 分类的结果，即分类的响应值
//_var_idx 标识感兴趣的特征属性，即真正用于训练的那些特征属性，该值的形式与_sample_idx 变量相似
//*_sample_idx 标识感兴趣的样本，即真正用于训练的样本，该值必须是一维矩阵的形式，即矢量的形式，并且
类型必须是 8UC1、8SU1 或者 32SC1。如果为 8UC1 或 8SU1，则该值的含义是用掩码的形式表示对应的样本，即 0
表示不感兴趣的样本，其他数为感兴趣的样本，因此矢量的元素数量必须与训练样本数据_train_data 的样本数一
致；如果为 32SC1，则该值的含义是那些感兴趣的样本的索引，而不感兴趣的样本的索引不在该矢量中出现，因此
该矢量的元素数量可以小于或等于_train_data 的样本数*//
//*_var_type 特征属性的形式，是类的形式，还是数值的形式，用掩码的形式表现对应特征属性的形式，0 表示为
数值的形式，1 表示为类的形式。该值必须是一维矩阵，并且元素的数量必须是真正用于训练的那些特征属性的数量
加 1，多余的一个元素表示的是响应值的形式，即是分类树，还是回归树*//
//_missing_mask 缺失的特征属性，用掩码的形式表现对应的特征属性，0 表示没有缺失，而且必须与_train_data
//的矩阵尺寸大小一致
//_params 为构建 Boosting 模型的参数
{
    //CvSeq* weak，用于保存决策树，即最终的强分类器
    weak = 0;
    // CvDTreeTrainData* data，所训练的样本数据
    data = 0;
    // const char* default_model_name，该机器学习的模型名称
    default_model_name = "my_boost_tree";
    //所有变量的类型都为 CvMat*
    //active_vars 表示对决策树的分叉起作用的特征属性的索引值，该索引值是只相对于参与训练决策树的那
```

```
    //些特征属性
    //active_vars_abs 表示对决策树的分叉起作用的特征属性的索引值，但与 active_vars 变量不同，该索
    //引值针对所有的特征属性
    //orig_response 表示训练样本的原始响应值，即样本的分类，为-1 或 1
    //sum_response 表示弱分类器线性组合后的样本输出分类，即强分类器的分类结果
    //weak_eval：表示弱分类器的分类评估结果，即弱分类器的响应值
    //subsample_mask 表示训练样本集的掩码集，即每个样本都有一个掩码，当该值为 0 时，该样本被去掉，
    //训练的时候不使用该样本
    //weights 表示每个训练样本数据的权值，即 wi(m)
    //subtree_weights 表示每个决策树所应用的样本权值，它的值虽然也是 wi(m)，但样本的顺序与 weights
    //不同，即 subtree_weights 针对的是具体决策树
    active_vars = active_vars_abs = orig_response = sum_response = weak_eval =
         subsample_mask = weights = subtree_weights = 0;
    //AdaBoost 训练
    train( _train_data, _tflag, _responses, _var_idx, _sample_idx,
           _var_type, _missing_mask, _params );
}

CvBoost::CvBoost()
{
    data = 0;
    weak = 0;
    default_model_name = "my_boost_tree";

    active_vars = active_vars_abs = orig_response = sum_response = weak_eval =
         subsample_mask = weights = subtree_weights = 0;
    have_active_cat_vars = have_subsample = false;

    clear();     //清空一些参数
}
```

两个 train 函数：

```
bool CvBoost::train( CvMLData* _data,       //训练样本数据
                     CvBoostParams _params,   //构建 Boosting 模型的参数
                     bool update )
//update 表示是更新分类器，还是重新创建分类器，默认是 false，表示重新创建
{
    bool result = false;

    CV_FUNCNAME( "CvBoost::train" );

    __BEGIN__;
    //从_data 变量中提取各类数据
    const CvMat* values = _data->get_values();
    const CvMat* response = _data->get_responses();
    const CvMat* missing = _data->get_missing();
    const CvMat* var_types = _data->get_var_types();
    const CvMat* train_sidx = _data->get_train_sample_idx();
    const CvMat* var_idx = _data->get_var_idx();
    //调用另一个 train 函数
    CV_CALL( result = train( values, CV_ROW_SAMPLE, response, var_idx,
        train_sidx, var_types, missing, _params, update ) );

    __END__;

    return result;
}

bool
CvBoost::train( const CvMat* _train_data, int _tflag,
                const CvMat* _responses, const CvMat* _var_idx,
                const CvMat* _sample_idx, const CvMat* _var_type,
                const CvMat* _missing_mask,
                CvBoostParams _params, bool _update )
{
    bool ok = false;     //算法训练正确与否的标识变量
    //定义一段内存空间
    CvMemStorage* storage = 0;
```

```
    CV_FUNCNAME( "CvBoost::train" );

    __BEGIN__;

    int i;
    //调用 CvBoost::set_params()函数，设置并判断 Boosting 参数的正确性
    set_params( _params );
    //释放 active_vars 和 active_vars_abs 矩阵变量
    cvReleaseMat( &active_vars );
    cvReleaseMat( &active_vars_abs );

    if(!_update || !data )      //需要重新建立分类器，或者没有训练样本数据
    {
        //调用 CvBoost::clear()函数，清空一些参数
        clear();
        //*实例化 CvDTreeTrainData 类，并通过 set_data 函数设置决策树的训练样本数据，倒数第二个参
数表示是否共享决策树，最后一个参数表示是否可以添加分类标签，该参数实现了把决策树中用于交叉验证的子集空
间用于存储每个决策树的样本权值的目的*//
        data = new CvDTreeTrainData( _train_data, _tflag, _responses, _var_idx,
            _sample_idx, _var_type, _missing_mask, _params, true, true );
        //确保 Boosting 只能用于两类问题
        if(data->get_num_classes() != 2 )
            CV_ERROR( CV_StsNotImplemented,
            "Boosted trees can only be used for 2-class classification." );
        //创建一块内存空间，用于存储决策树 weak
        CV_CALL( storage = cvCreateMemStorage() );
        //为 AdaBoost 创建一个序列
        weak = cvCreateSeq( 0, sizeof(CvSeq), sizeof(CvBoostTree*), storage );
        storage = 0;
    }
    else      //否则，为训练样本数据赋值
    {
        data->set_data( _train_data, _tflag, _responses, _var_idx,
            _sample_idx, _var_type, _missing_mask, _params, true, true, true );
    }
    //如果 AdaBoost 算法的类型为 Logit AdaBoost 或 Gentle AdaBoost，则生成一个样本响应值的副本
    if ( (_params.boost_type == LOGIT) || (_params.boost_type == GENTLE) )
        data->do_responses_copy();
    //这里是第一次调用 CvBoost::update_weights()函数，因此它的作用是初始化权值，该函数在后面有详
    //细的介绍
    update_weights( 0 );
    //执行 AdaBoost 算法，进行 M 次迭代
    for( i = 0; i < params.weak_count; i++ )
    {
        //定义一个弱分类器，它是用决策树的方法得到的
        CvBoostTree* tree = new CvBoostTree;
        //*用决策树的方法训练得到一个弱分类器，如果训练失败，则退出迭代循环，CvBoostTree 类中的
train 函数后面有详细的介绍，其中参数 subsample_mask 表示样本数据的掩码，如果样本数据相应位的值为 1，
则表示该样本可用，如果为 0，则不可用*//
        if( !tree->train( data, subsample_mask, this ) )
        {
            delete tree;      //删除该弱分类器
            break;      //退出循环
        }
        //cvCheckArr( get_weak_response());      //检查该弱分类器的输出响应
        //把得到的弱分类器 tree 添加进强分类器 weak 队列中
        cvSeqPush( weak, &tree );
        //更新权值，以备下次迭代循环用
        update_weights( tree );
        //裁剪去掉那些权值 w_i^(m+1) 太小的训练样本数据
        trim_weights();
        //计算样本中没有被置 1 的数量，如果为零，则说明下次迭代将没有训练样本
        if( cvCountNonZero(subsample_mask) == 0 )
            break;      //退出迭代
    }

    if(weak->total > 0)      //得到若干个弱分类器
    {
```

```
        //计算 active_vars 和 condensed_idx 变量，这两个变量在预测时要用到，后面有该函数的详细介绍
        get_active_vars(); // recompute active_vars* maps and condensed_idx's in the splits.
        data->is_classifier = true;     //重新赋值
        data->free_train_data();     //释放一些矩阵变量
        ok = true;     //标识变量
    }
    else     //没有得到弱分类器
        clear();     //清空一些参数

    __END__;
    //得到 Boosting 分类器，返回 true，否则返回 false
    return ok;
}
```

更新权值函数，当要初始化权值时，参数 tree 为 0，表示此时还没有弱分类器。

```
void
CvBoost::update_weights( CvBoostTree* tree ) {
  double initial_weights[2] = { 1, 1 };     //该变量只有在初始化权值时用到
  update_weights_impl( tree, initial_weights );
}
```

更新权值的核心函数：

```
void
CvBoost::update_weights_impl( CvBoostTree* tree, double initial_weights[2] )
{
    CV_FUNCNAME( "CvBoost::update_weights_impl" );

    __BEGIN__;
    int i, n = data->sample_count;     //n 表示训练样本的数量
    double sumw = 0.;     //sumw 表示权值的和，权值归一化时用
    int step = 0;
    float* fdata = 0;
    int *sample_idx_buf;
    const int* sample_idx = 0;
    cv::AutoBuffer<uchar> inn_buf;
    //根据 AdaBoost 类型的不同，定义不同大小的缓存，Discrete 和 Real 时为 0，LogitBoost 和 Gentle
    //时为所有训练样本的数据长度，它存储着样本响应值的副本
    size_t _buf_size = (params.boost_type == LOGIT) || (params.boost_type == GENTLE) ?
(size_t)(data->sample_count)*sizeof(int) : 0;
    if( !tree )     //初始化权值，因为此时还没有弱分类器
        _buf_size += n*sizeof(int);     //增加_buf_size 的大小，增加的长度为所有训练样本的数据
                                        //长度，存储着样本响应值
    else
    {
        //*训练样本的迭代过程中如果发生了样本裁剪，则_buf_size 的增加长度为没有被裁剪掉的样本数据长
度，即此次迭代中真正用到的那些样本的数据长度，存储的内容为该次迭代的训练样本数据的响应值*//
        if( have_subsample )
            _buf_size += data->get_length_subbuf()*(sizeof(float)+sizeof(uchar));
    }
    //为 inn_buf 分配_buf_size 大小的内存空间
    inn_buf.allocate(_buf_size);
    //cur_buf_pos 指向 inn_buf 的空间的首地址
    uchar* cur_buf_pos = (uchar*)inn_buf;
    //如果是 LogitBoost 和 Gentle 类型
    if ( (params.boost_type == LOGIT) || (params.boost_type == GENTLE) )
    {
        //得到步长
        step = CV_IS_MAT_CONT(data->responses_copy->type) ?
            1 : data->responses_copy->step / CV_ELEM_SIZE(data->responses_copy->type);
        fdata = data->responses_copy->data.fl;     //指向样本响应值的副本
        sample_idx_buf = (int*)cur_buf_pos;     //指向 inn_buf 空间
        //cur_buf_pos 指向此次迭代训练的样本数据的首地址
        cur_buf_pos = (uchar*)(sample_idx_buf + data->sample_count);
        //得到训练样本序列索引
        sample_idx = data->get_sample_indices( data->data_root, sample_idx_buf );
    }
    //dtree_data_buf 指向训练数据的内存首地址，训练数据是以矩阵的形式进行存储的
```

```
    CvMat* dtree_data_buf = data->buf;
    //length_buf_row 表示当前训练样本的数量，因为并不是所有的样本都用于本次迭代，有些样本被剪切掉了
    size_t length_buf_row = data->get_length_subbuf();
    //进入 if 的条件是在第一次迭代前，即还没有弱分类器时，它的作用是初始化一些变量和参数
    if( !tree ) // before training the first tree, initialize weights and other parameters
    {
        //class_labels_buf 表示分类结果，即响应值
        int* class_labels_buf = (int*)cur_buf_pos;
        //cur_buf_pos 指向另一块内存空间
        cur_buf_pos = (uchar*)(class_labels_buf + n);
        //得到训练样本的响应值，也就是样本的分类结果
        const int* class_labels = data->get_class_labels(data->data_root, class_labels_buf);
        //由于 LogitBoost 和 Gentle 需要浮点型的数据，构建它们的弱分类器的决策树是回归树，所以需要
        //重新定义一些变量，因为这些变量在初始化时都是整型的
        //w0 用于初始化权值 w_i^(1)
        double w0 = 1./n;
        // p[2] = { 1, 1 }，表示两类问题的先验概率
        double p[2] = { initial_weights[0], initial_weights[1] };
        //释放、重新分配一些矩阵
        cvReleaseMat( &orig_response );
        cvReleaseMat( &sum_response );
        cvReleaseMat( &weak_eval );
        cvReleaseMat( &subsample_mask );
        cvReleaseMat( &weights );
        cvReleaseMat( &subtree_weights );
        //重新定义一些矩阵
        CV_CALL( orig_response = cvCreateMat( 1, n, CV_32S ));
        CV_CALL( weak_eval = cvCreateMat( 1, n, CV_64F ));
        CV_CALL( subsample_mask = cvCreateMat( 1, n, CV_8U ));
        CV_CALL( weights = cvCreateMat( 1, n, CV_64F ));
        CV_CALL( subtree_weights = cvCreateMat( 1, n + 2, CV_64F ));
        //*如果在设置 Boosting 参数的时候设置了_priors 值，并且 AdaBoost 算法为 Discrete Adaboost
或 Real AdaBoost，则表示样本属性有先验概率，即 have_priors 为 true，则需要根据训练样本的数量计算先
验概率，具体内容详见第 4 章关于决策树的介绍*//
        if( data->have_priors )
        {
            //根据_priors 值计算两类问题的两个分类结果的先验概率
            int c1 = 0;
            //样本的分类 class_labels，即响应值，只能为 0 或者为 1
            for( i = 0; i < n; i++ )
                c1 += class_labels[i];     //统计响应值为 1 的样本数量
            //响应值为 0 的先验概率
            p[0] = data->priors->data.db[0]*(c1 < n ? 1./(n - c1) : 0.);
            //响应值为 1 的先验概率
            p[1] = data->priors->data.db[1]*(c1 > 0 ? 1./c1 : 0.);
            //归一化 p[0]和 p[1]
            p[0] /= p[0] + p[1];
            p[1] = 1. - p[0];
        }

        if (data->is_buf_16u)     //训练样本数量小于 65536 个，即可以用一个 unsigned short 数
                                  //据类型表示该数量
        {
            //data->get_cv_labels 函数访问的就是 labels 指向的空间，表示全体样本索引与构建决策树
            //的样本索引的映射关系
            unsigned short* labels = (unsigned short*)(dtree_data_buf->data.s + data->
data_root->buf_idx*length_buf_row +
                data->data_root->offset + (data->work_var_count-1)*data->sample_count);
            //遍历所有样本数据
            for( i = 0; i < n; i++ )
            {
                //原始数据的响应值为 0 或 1，我们要把它转换为-1 或 1 的形式
                // 0×2-1 = -1; 1×2-1 = 1
                orig_response->data.i[i] = class_labels[i]*2 - 1;
                //*第一次开始训练的时候，所有样本数据都应该被使用，所以样本对应的掩码都为 1，表示可以使用，
而在训练迭代的过程中，也许会有一些样本通过 trim_weights()函数被裁剪掉，这时该样本的掩码就要为 0*//
                subsample_mask->data.ptr[i] = (uchar)1;
                //*初始化每个样本数据的权值，即步骤 2。class_labels[i]不是为 0，就是为 1，而在没
有先验分类概率的情况下，p[0]和 p[1]都为 1，即前面原理分析中步骤 2 的每个样本数据的权值为 1/n；而在有先
```

```
验分类概率的情况下，每个样本数据的权值还要根据响应值用先验概率 p[0]或 p[1]再乘以 1/n*//
                weights->data.db[i] = w0*p[class_labels[i]];
                //顺序存储样本的索引值，即得到一种映射关系
                labels[i] = (unsigned short)i;
            }
        }
        else    //样本数据大于 65536 个，则需要用一个 int 数据类型表示
        {
            int* labels = dtree_data_buf->data.i + data->data_root->buf_idx*length_buf_row +
                data->data_root->offset + (data->work_var_count-1)*data->sample_count;

            for( i = 0; i < n; i++ )
            {
                // save original categorical responses {0,1}, convert them to {-1,1}
                orig_response->data.i[i] = class_labels[i]*2 - 1;
                // make all the samples active at start.
                // later, in trim_weights() deactivate/reactive again some, if need
                subsample_mask->data.ptr[i] = (uchar)1;
                // make all the initial weights the same.
                weights->data.db[i] = w0*p[class_labels[i]];
                // set the labels to find (from within weak tree learning proc)
                // the particular sample weight, and where to store the response.
                labels[i] = i;
            }
        }

        if( params.boost_type == LOGIT )     //LogitBoost 类型
        {
            CV_CALL( sum_response = cvCreateMat( 1, n, CV_64F ));     //定义矩阵

            for( i = 0; i < n; i++ )     //遍历所有样本，初始化变量
            {
                sum_response->data.db[i] = 0;     //清零
                //如果样本的响应值为 1，则该样本对应的响应值副本为 2；如果响应值不为 1，则为-2
                fdata[sample_idx[i]*step] = orig_response->data.i[i] > 0 ? 2.f : -2.f;
            }

            data->is_classifier = false;     // LogitBoost 类型应用的是回归树
        }
        else if( params.boost_type == GENTLE )     // Gentle AdaBoost 类型
        {

            for( i = 0; i < n; i++ )     //遍历所有样本，初始化变量
                //样本的响应值副本的值与原始响应值一致
                fdata[sample_idx[i]*step] = (float)orig_response->data.i[i];

            data->is_classifier = false;     // Gentle AdaBoost 类型应用的是回归树
        }
    }
    else     //真正进入循环迭代，更新权值的过程
    {
        //*在上一次迭代中，如果利用的是裁剪后的样本数据，说明有些样本被裁剪掉，而没有它们的弱分类器
（即决策树）的响应值，但后面更新权值时，需要所有的训练样本数据，因此这里我们通过构建好的决策树来预测这
些裁剪掉的样本，从而得到它们的响应值*//
        if( have_subsample )     //有训练样本被掩码裁剪掉
        {
            //values 表示需要预测的样本数据
            float* values = (float*)cur_buf_pos;
            //values 空间的长度为本次迭代训练样本的实际长度
            cur_buf_pos = (uchar*)(values + data->get_length_subbuf());
            uchar* missing = cur_buf_pos;     //missing 表示样本缺失特征属性的掩码
            //cur_buf_pos 再次指向一段内存空间
            cur_buf_pos = missing + data->get_length_subbuf() * (size_t)CV_ELEM_SIZE
            (data->buf->type);

            CvMat _sample, _mask;

            // invert the subsample mask
            //保留的样本掩码为 1，裁剪掉的为 0，现在反转掩码，即保留的为 0，裁剪掉的为 1
```

```
            cvXorS( subsample_mask, cvScalar(1.), subsample_mask );
            //得到裁剪掉的样本数据
            data->get_vectors( subsample_mask, values, missing, 0 );
            //定义矩阵
            _sample = cvMat( 1, data->var_count, CV_32F );     //表示裁剪掉的样本
            _mask = cvMat( 1, data->var_count, CV_8U );     //表示对应样本缺失的特征

            //遍历所有样本，但只处理那些被裁剪掉的样本
            for( i = 0; i < n; i++ )
                if( subsample_mask->data.ptr[i] )     //被裁剪掉的样本数据
                {
                    _sample.data.fl = values;     //赋值
                    _mask.data.ptr = missing;     //赋值
                    values += _sample.cols;     //指向下一个样本
                    missing += _mask.cols;     //指向下一个样本掩码
                    //通过预测得到被裁剪掉的样本的弱分类器的响应值
                    weak_eval->data.db[i] = tree->predict( &_sample, &_mask, true )->value;
                }
        }

        //根据不同类型更新权值
        if( params.boost_type == DISCRETE )     //Discrete Adaboost 类型
        {
            // Discrete AdaBoost:
            //     weak_eval[i] (=f(x_i)) is in {-1,1}
            //     err = sum(w_i*(f(x_i) != y_i))/sum(w_i)
            //     C = log((1-err)/err)
            //     w_i *= exp(C*(f(x_i) != y_i))

            double C, err = 0.;
            double scale[] = { 1., 0. };

            for( i = 0; i < n; i++ )     //遍历所有样本数据
            {
                //得到上次迭代后每个训练样本数据的权值，即 w_i^(m)
                double w = weights->data.db[i];
                //权值之和，即式（5-9）中的分母部分
                sumw += w;
                //分类器分类错误的那些训练样本数据的权值之和，即式（5-9）中的分子部分
                //*weak_eval 表示该次迭代的弱分类器的分类结果，orig_response 为实际的分类结果，
weak_eval->data.db[i] != orig_response->data.i[i]的作用是判断分类是否正确，正确为0，错误为1*//
                err += w*(weak_eval->data.db[i] != orig_response->data.i[i]);
            }
            //得到误差率，即式（5-9）
            if( sumw != 0 )
                err /= sumw;
            //log_ratio(x)为内嵌函数，该函数的输出为 ln[x/(1-x)]
            //C 和 err 的值为式（5-13），C 表示该次迭代得到的弱分类器的权值，即 α_m
            C = err = -log_ratio( err );
            //scale[1]为式（5-10）中括号内的部分，该值肯定大于 1，而此时 scale[0]仍然为 1
            scale[1] = exp(err);

            sumw = 0;
            //再次遍历训练样本数据，更新样本权值 w_i^(m+1)
            for( i = 0; i < n; i++ )
            {
                //分类正确为 scale[0]，分类错误为 scale[1]，即式（5-14）
                double w = weights->data.db[i]*
                    scale[weak_eval->data.db[i] != orig_response->data.i[i]];
                sumw += w;     //权值之和，后面归一化用
                weights->data.db[i] = w;     //赋值
            }
            //为弱分类器的权值赋值，即该决策树 tree 的每个节点值都乘以 C，就得到了式（5-12）中的 α_m k_m(x)
            tree->scale( C );
        }
        else if( params.boost_type == REAL )     // Real AdaBoost 类型
        {
            // Real AdaBoost:
            //     weak_eval[i] = f(x_i) = 0.5*log(p(x_i)/(1-p(x_i))), p(x_i)=P(y=1|x_i)
```

```
    //     w_i *= exp(-y_i*f(x_i))
    //weak_eval 变量在计算前为弱分类器 k_m(x)，但在遍历循环后被赋予新的含义，为式（5-16）
    //中的 e 指数中的指数部分
    for( i = 0; i < n; i++ )
        weak_eval->data.db[i] *= -orig_response->data.i[i];
    //计算式（5-16）中的 e 指数
    cvExp( weak_eval, weak_eval );
    //遍历训练样本数据，更新权值 w_i^(m)
    for( i = 0; i < n; i++ )
    {
        //式（5-16），得到权值 w_i^(m+1)
        double w = weights->data.db[i]*weak_eval->data.db[i];
        sumw += w;      //权值之和，后面归一化用
        weights->data.db[i] = w;      //赋值
    }
}
else if( params.boost_type == LOGIT )      //LogitBoost 类型
{
    // LogitBoost:
    //     weak_eval[i] = f(x_i) in [-z_max,z_max]
    //     sum_response = F(x_i).
    //     F(x_i) += 0.5*f(x_i)
    //     p(x_i) = exp(F(x_i))/(exp(F(x_i)) + exp(-F(x_i))=1/(1+exp(-2*F(x_i)))
    //     reuse weak_eval: weak_eval[i] <- p(x_i)
    //     w_i = p(x_i)*1(1 - p(x_i))
    //     z_i = ((y_i+1)/2 - p(x_i))/(p(x_i)*(1 - p(x_i)))
    //     store z_i to the data->data_root as the new target responses

    const double lb_weight_thresh = FLT_EPSILON;
    const double lb_z_max = 10.;
    /*float* responses_buf = data->get_resp_float_buf();
    const float* responses = 0;
    data->get_ord_responses(data->data_root, responses_buf, &responses);*/

    /*if( weak->total == 7 )
        putchar('*');*/

    for( i = 0; i < n; i++ )
    {
        //式（5-22）
        double s = sum_response->data.db[i] + 0.5*weak_eval->data.db[i];
        sum_response->data.db[i] = s;      //赋值
        weak_eval->data.db[i] = -2*s;      //式（5-21）要用到该变量
    }
    //计算 e 指数
    cvExp( weak_eval, weak_eval );
    //遍历所有训练样本数据
    for( i = 0; i < n; i++ )
    {
        //式（5-21），得到更新后的 p_m(x_i)
        double p = 1./(1. + weak_eval->data.db[i]);
        //w 为权值 w_i^(m)，式（5-20）
        double w = p*(1 - p), z;
        //确保 w 是具有一定意义的正数
        w = MAX( w, lb_weight_thresh );
        weights->data.db[i] = w;      //权值赋值
        sumw += w;      //权值之和，后面归一化用
        //计算工作响应 z_i^(m)
        if( orig_response->data.i[i] > 0 )      //样本数据属于 y = 1 的一类
        {
            z = 1./p;
            fdata[sample_idx[i]*step] = (float)MIN(z, lb_z_max);
        }
        else      //样本数据属于 y = -1 的一类
        {
            z = 1./(1-p);
            fdata[sample_idx[i]*step] = (float)-MIN(z, lb_z_max);
        }
    }
```

```
        }
        else    //Gentle AdaBoost 类型
        {
            // Gentle AdaBoost:
            //   weak_eval[i] = f(x_i) in [-1,1]
            //   w_i *= exp(-y_i*f(x_i))
            //确保为 Gentle AdaBoost 类型
            assert( params.boost_type == GENTLE );
            //计算式（5-24）中 e 指数中的指数部分
            for( i = 0; i < n; i++ )
                weak_eval->data.db[i] *= -orig_response->data.i[i];
            //计算式（5-24）中的 e 指数
            cvExp( weak_eval, weak_eval );

            for( i = 0; i < n; i++ )
            {
                //式（5-24），更新权值
                double w = weights->data.db[i] * weak_eval->data.db[i];
                weights->data.db[i] = w;    //赋值
                sumw += w;    //权值之和，后面归一化用
            }
        }
    }

    //归一化权值 w_i^(m+1)
    if( sumw > FLT_EPSILON )
    {
        sumw = 1./sumw;
        for( i = 0; i < n; ++i )
            weights->data.db[i] *= sumw;
    }

    __END__;
}
```

裁剪掉权值过小的样本数据：

```
void
CvBoost::trim_weights()
{
    //CV_FUNCNAME( "CvBoost::trim_weights" );

    __BEGIN__;
    //count 为训练样本总数，nz_count 表示裁剪后保留下来的样本总数
    int i, count = data->sample_count, nz_count = 0;
    double sum, threshold;
    //裁剪率 weight_trim_rate 要在 0 和 1 之间
    if( params.weight_trim_rate <= 0. || params.weight_trim_rate >= 1. )
        EXIT;

    //样本权值 weights 暂时保存到 weak_eval 中，以便用于对其进行排序
    cvCopy( weights, weak_eval );
    //对样本权值按由小到大的顺序进行排序
    icvSort_64f( weak_eval->data.db, count, 0 );

    // as weight trimming occurs immediately after updating the weights,
    // where they are renormalized, we assume that the weight sum = 1.
    sum = 1. - params.weight_trim_rate;
    //由小到大遍历所有训练样本，找到裁剪率对应的权值
    for( i = 0; i < count; i++ )
    {
        double w = weak_eval->data.db[i];
        if( sum <= 0 )
            break;
        sum -= w;
    }
    //得到阈值
    threshold = i < count ? weak_eval->data.db[i] : DBL_MAX;
    //再次遍历所有训练样本（这次不是按照大小顺序遍历），确定哪些样本被裁剪掉
```

```
    for( i = 0; i < count; i++ )
    {
        double w = weights->data.db[i];     //得到权值
        //权值与阈值比较，权值大，则 f 为 1，反之 f 为 0
        int f = w >= threshold;
        //把权值大于阈值的样本对应的掩码置 1，反之清 0
        subsample_mask->data.ptr[i] = (uchar)f;
        nz_count += f;     //计数
    }
    // nz_count < count 表示有裁剪掉的样本，此时 have_subsample 为 1，反之为 0
    have_subsample = nz_count < count;

    __END__;
}
```

计算 active_vars 和 active_vars_abs 值，这两个值的含义都是记录对决策树的分叉起作用的特征属性的索引值，active_vars 存储的索引值是只相对参与训练决策树的特征属性，而 active_vars_abs 存储的索引值是针对所有的特征属性，包括被掩码掉的特征属性。

```
const CvMat*
CvBoost::get_active_vars( bool absolute_idx )
{
    CvMat* mask = 0;
    CvMat* inv_map = 0;
    CvMat* result = 0;

    CV_FUNCNAME( "CvBoost::get_active_vars" );

    __BEGIN__;

    if( !weak )     //确保已得到分类器
        CV_ERROR( CV_StsError, "The boosted tree ensemble has not been trained yet" );
    //还没有为 active_vars 和 active_vars_abs 变量赋值
    if(!active_vars || !active_vars_abs )
    {
        CvSeqReader reader;
        int i, j, nactive_vars;
        CvBoostTree* wtree;
        const CvDTreeNode* node;

        assert(!active_vars && !active_vars_abs);
        mask = cvCreateMat( 1, data->var_count, CV_8U );
        inv_map = cvCreateMat( 1, data->var_count, CV_32S );
        cvZero( mask );     //mask 矩阵清 0
        cvSet( inv_map, cvScalar(-1) );     //对 inv_map 矩阵赋值为-1

        // first pass: compute the mask of used variables
        //把强分类器序列 weak 保存到 reader 变量中
        cvStartReadSeq( weak, &reader );
        //遍历所有的弱分类器
        for( i = 0; i < weak->total; i++ )
        {
            CV_READ_SEQ_ELEM(wtree, reader);     //得到一个弱分类器，即决策树

            node = wtree->get_root();     //得到决策树的根节点
            assert( node != 0 );     //确保根节点不为零，即该决策树存在
            for(;;)     //遍历决策树的各个节点
            {
                const CvDTreeNode* parent;     //定义父节点
                for(;;)     //沿着左分子向叶节点遍历
                {
                    CvDTreeSplit* split = node->split;     //分叉属性
                    //遍历该节点的所有分叉属性，包括最佳分叉属性和替代分叉属性
                    for( ; split != 0; split = split->next )
                        mask->data.ptr[split->var_idx] = 1;     //分叉属性相应位置 1
                    if( !node->left )     //到达叶节点，则退出 for 死循环
                        break;
                    node = node->left;     //下一个左分支
```

```
            }
            //从叶节点沿着右分支向父节点遍历
            for( parent = node->parent; parent && parent->right == node;
                node = parent, parent = parent->parent )
                ;

            if( !parent )     //到达根节点，则退出 for 死循环
                break;

            node = parent->right;     //下一个右分支
        }
    }

    nactive_vars = cvCountNonZero(mask);     //统计 mask 中非 0 元素的数量

    //if ( nactive_vars > 0 )
    {
        //定义两个矩阵
        active_vars = cvCreateMat( 1, nactive_vars, CV_32S );
        active_vars_abs = cvCreateMat( 1, nactive_vars, CV_32S );

        have_active_cat_vars = false;     //标识赋值
        //遍历所有特征属性
        for( i = j = 0; i < data->var_count; i++ )
        {
            if( mask->data.ptr[i] )
            {
                //赋值为特征属性的索引
                active_vars->data.i[j] = i;
                active_vars_abs->data.i[j] = data->var_idx ? data->var_idx->data.i[i] : i;
                //inv_map 存储的形式与 active_vars 相反，即反映射
                inv_map->data.i[i] = j;
                //如果这些特征属性中只有一个特征属性是类的形式，则 have_active_cat_vars 变
                //量就为 true
                if( data->var_type->data.i[i] >= 0 )
                    have_active_cat_vars = true;
                j++;     //计数
            }
        }


        // second pass: now compute the condensed indices
        cvStartReadSeq( weak, &reader );
        for( i = 0; i < weak->total; i++ )     //再次遍历所有的弱分类器
        {
            CV_READ_SEQ_ELEM(wtree, reader);
            node = wtree->get_root();
            for(;;)     //再次遍历决策树
            {
                const CvDTreeNode* parent;
                for(;;)
                {
                    CvDTreeSplit* split = node->split;
                    for( ; split != 0; split = split->next )
                    {
                        //condensed_idx 的值为该分叉属性在 active_vars 的索引，该索引值也
                        //是样本数据中特征属性分布排序的索引
                        split->condensed_idx = inv_map->data.i[split->var_idx];
                        assert( split->condensed_idx >= 0 );
                    }

                    if( !node->left )
                        break;
                    node = node->left;
                }

                for( parent = node->parent; parent && parent->right == node;
                    node = parent, parent = parent->parent )
                    ;
```

```
                    if( !parent )
                        break;

                    node = parent->right;
                }
            }
        }
    }
    //行参 absolute_idx 为 true，则该函数返回 active_vars_abs，否则返回 active_vars
    result = absolute_idx ? active_vars_abs : active_vars;

    __END__;

    cvReleaseMat( &mask );
    cvReleaseMat( &inv_map );

    return result;
}
```

CvBoostTree 类中的一个 train 函数：

```
bool
CvBoostTree::train( CvDTreeTrainData* _train_data,
                    const CvMat* _subsample_idx, CvBoost* _ensemble )
{
    clear();
    ensemble = _ensemble;
    data = _train_data;     //样本数据
    data->shared = true;
    return do_train( _subsample_idx );
}
```

从上面的 train 函数可以看出，它主要是调用 do_train 函数，而 CvBoostTree 类没有 do_train 函数，因此 train 函数是调用 CvBoostTree 类的父类 CvDTree 中的 do_train 函数。

```
bool CvDTree::do_train( const CvMat* _subsample_idx )
{
     bool result = false;

     CV_FUNCNAME( "CvDTree::do_train" );

     __BEGIN__;
     //得到训练样本数据
     root = data->subsample_data( _subsample_idx );

     CV_CALL( try_split_node(root));

     if( root->split )
     {
           CV_Assert( root->left );
           CV_Assert( root->right );
           //用于弱分类器的决策树不需要剪枝，所以这里不会调用 prune_cv 函数
           if( data->params.cv_folds > 0 )
                 CV_CALL( prune_cv() );

           if( !data->shared )
                 data->free_train_data();

           result = true;
     }

     __END__;

     return result;
}
```

递归调用 try_split_node 函数，完成决策树的构造。

```
void
CvBoostTree::try_split_node( CvDTreeNode* node )
{
    //调用 CvDTree::try_split_node 函数
    CvDTree::try_split_node( node );
    //在构建决策树的过程中，一旦某个节点再也不能分叉，则进入下面的 if 语句，完成该节点内所有样本的弱
    //分类器（即响应值）的赋值
    if( !node->left )
    {
        //指向弱分类器的响应值
        double* weak_eval = ensemble->get_weak_response()->data.db;
        //开辟一块大小为该节点样本数据长的内存
        cv::AutoBuffer<int> inn_buf(node->sample_count);
        //labels 表示该节点 node 内的样本在全体训练样本集中的索引
        const int* labels = data->get_cv_labels( node, (int*)inn_buf );
        int i, count = node->sample_count;     //count 表示该节点的样本数
        //*该节点的值，当该节点有多个样本时，如果是分类树，节点的值等于拥有最大数量的那个分类的响应值；如
果是回归树，节点的值等于所有样本的平均响应值；当该节点只有一个样本时，节点的值就是该样本的响应值*//
        double value = node->value;
        //遍历该节点的所有样本，为该节点内的样本对应的弱分类器的响应值赋值
        for( i = 0; i < count; i++ )
            weak_eval[labels[i]] = value;
    }
}
```

下面介绍预测函数 predict：

```
float
CvBoost::predict( const CvMat* _sample, const CvMat* _missing,
                  CvMat* weak_responses, CvSlice slice,
                  bool raw_mode, bool return_sum ) const
//_sample 表示要预测的样本数据
//_missing 表示预测样本中缺失的特征属性，该变量为掩码的形式
//weak_responses 表示弱分类器对应的响应，因此它的元素个数必须与弱分类器的数量一致，默认值为 0，表示
//不使用该变量
//slice 表示用于预测的弱分类器的连续子集，默认值为 CV_WHOLE_SEQ，表示使用所有的弱分类器
//raw_mode 与 CvDTree::predict 函数的第三个参数的含义相同，默认为 false，具体请看第 4 章
//return_sum 表示该函数返回值的形式，默认为 false，表示返回式（5-12）或式（5-17）的值，如果该值为
//true，则返回式（5-12）或式（5-17）中括号内的值，即不进行符号判断
{
    float value = -FLT_MAX;     //初始化一个很大的负值

    CvSeqReader reader;
    double sum = 0;
    int wstep = 0;
    const float* sample_data;

    if( !weak )     //还没有强分类器
        CV_Error( CV_StsError, "The boosted tree ensemble has not been trained yet" );
    //判断输入参数_sample 的正确性
    if( !CV_IS_MAT(_sample) || CV_MAT_TYPE(_sample->type) != CV_32FC1 ||
        (_sample->cols != 1 && _sample->rows != 1) ||
        (_sample->cols + _sample->rows - 1 != data->var_all && !raw_mode) ||
        (active_vars && _sample->cols + _sample->rows - 1 != active_vars->cols && raw_mode) )
            CV_Error( CV_StsBadArg,
        "the input sample must be 1d floating-point vector with the same "
        "number of elements as the total number of variables or "
        "as the number of variables used for training" );

    if( _missing )     //判断输入参数_missing 的正确性
    {
        if( !CV_IS_MAT(_missing) || !CV_IS_MASK_ARR(_missing) ||
            !CV_ARE_SIZES_EQ(_missing, _sample) )
            CV_Error( CV_StsBadArg,
            "the missing data mask must be 8-bit vector of the same size as input sample" );
    }
    //weak_count 为根据输入参数 slice 得到的弱分类器的数量
    int i, weak_count = cvSliceLength( slice, weak );
```

```
    //确保 weak_count 正确
    if( weak_count >= weak->total )
    {
        weak_count = weak->total;
        slice.start_index = 0;
    }

    if( weak_responses )     //确保输入参数 weak_responses 的正确性
    {
        if( !CV_IS_MAT(weak_responses) ||
            CV_MAT_TYPE(weak_responses->type) != CV_32FC1 ||
            (weak_responses->cols != 1 && weak_responses->rows != 1) ||
            weak_responses->cols + weak_responses->rows - 1 != weak_count )
            CV_Error( CV_StsBadArg,
            "The output matrix of weak classifier responses must be valid "
            "floating-point vector of the same number of components as the length of input
            slice" );
        wstep=CV_IS_MAT_CONT(weak_responses->type)?1:weak_responses->step/sizeof(float);
    }
    //得到 active_vars 变量的行，即起作用的特征属性的数量
    int var_count = active_vars->cols;
    const int* vtype = data->var_type->data.i;  //指向全体特征属性
    const int* cmap = data->cat_map->data.i;    //指向特征属性为类形式的映射
    const int* cofs = data->cat_ofs->data.i;    //表示特征属性为类形式的各个属性的偏移量

    cv::Mat sample = _sample;     //预测样本
    cv::Mat missing;              //缺失特征属性的掩码
    if(!_missing)
         missing = _missing;      //赋值

    //对预测样本的特征属性做规范化处理，具体内容参见第 4 章
    if( !raw_mode )
    {
        int sstep, mstep = 0;
        const float* src_sample;
        const uchar* src_mask = 0;
        float* dst_sample;
        uchar* dst_mask;
        const int* vidx = active_vars->data.i;
        const int* vidx_abs = active_vars_abs->data.i;
        bool have_mask = _missing != 0;

        sample = cv::Mat(1, var_count, CV_32FC1);
        missing = cv::Mat(1, var_count, CV_8UC1);

        dst_sample = sample.ptr<float>();
        dst_mask = missing.ptr<uchar>();

        src_sample = _sample->data.fl;
        sstep = CV_IS_MAT_CONT(_sample->type) ? 1 : _sample->step/sizeof(src_sample[0]);

        if( _missing )
        {
            src_mask = _missing->data.ptr;
            mstep = CV_IS_MAT_CONT(_missing->type) ? 1 : _missing->step;
        }

        for( i = 0; i < var_count; i++ )
        {
            int idx = vidx[i], idx_abs = vidx_abs[i];
            float val = src_sample[idx_abs*sstep];
            int ci = vtype[idx];
            uchar m = src_mask ? src_mask[idx_abs*mstep] : (uchar)0;

            if( ci >= 0 )
            {
                int a = cofs[ci], b = (ci+1 >= data->cat_ofs->cols) ? data->cat_map->cols :
cofs[ci+1],c = a;
                int ival = cvRound(val);
```

```
                if ( (ival != val) && (!m) )
                    CV_Error( CV_StsBadArg,
                        "one of input categorical variable is not an integer" );

                while( a < b )
                {
                    c = (a + b) >> 1;
                    if( ival < cmap[c] )
                        b = c;
                    else if( ival > cmap[c] )
                        a = c+1;
                    else
                        break;
                }

                if( c < 0 || ival != cmap[c] )
                {
                    m = 1;
                    have_mask = true;
                }
                else
                {
                    val = (float)(c - cofs[ci]);
                }
            }

            dst_sample[i] = val;
            dst_mask[i] = m;
        }

        if( !have_mask )
            missing.release();
    }
    else
    {
        if( !CV_IS_MAT_CONT(_sample->type & (_missing ? _missing->type : -1)) )
            CV_Error( CV_StsBadArg, "In raw mode the input vectors must be continuous" );
    }

    cvStartReadSeq( weak, &reader );     //读取各个弱分类器
    cvSetSeqReaderPos( &reader, slice.start_index );     //指定起始地址

    sample_data = sample.ptr<float>();     //预测样本数据的指针
    //!have_active_cat_vars 表示起作用的特征属性中没有任何一个是类的形式,missing.empty()表示预
    //测样本没有缺失的特征属性，!weak_responses 表示该输入参数不存在
    if( !have_active_cat_vars && missing.empty() && !weak_responses )
    {
        //遍历所有的弱分类器
        for( i = 0; i < weak_count; i++ )
        {
            CvBoostTree* wtree;     //表示代表该弱分类器的决策树
            const CvDTreeNode* node;
            CV_READ_SEQ_ELEM( wtree, reader );     //提取当前的决策树

            node = wtree->get_root();     //得到决策树的根节点
            //遍历该决策树，直到到达了叶节点
            while( node->left )
            {
                CvDTreeSplit* split = node->split;   //节点分叉
                //得到该节点分叉属性在样本中特征属性排序的索引
                int vi = split->condensed_idx;
                float val = sample_data[vi];     //得到该特征属性对应的样本值
                int dir = val <= split->ord.c ? -1 : 1;     //与分叉值比较，确定方向信息
                if( split->inversed )     //方向需要反转的处理
                    dir = -dir;
                //由方向信息确定下一步是向左分支遍历，还是向右分支遍历
                node = dir < 0 ? node->left : node->right;
            }
            //累加各个弱分类器响应值，即式（5-12）或式（5-17）括号内的部分
```

```
            sum += node->value;
        }
    }
    else    //其他情况的处理
    {
        const int* avars = active_vars->data.i;     //指向 active_vars 变量
        //如果有缺失的特征属性，则 m 指向掩码变量 missing，否则 m 为空
        const uchar* m = !missing.empty() ? missing.ptr<uchar>() : 0;

        // full-featured version
        for( i = 0; i < weak_count; i++ )     //遍历所有的弱分类器
        {
            CvBoostTree* wtree;     //弱分类器，即决策树
            const CvDTreeNode* node;
            CV_READ_SEQ_ELEM( wtree, reader );     //提取当前决策树

            node = wtree->get_root();     //根节点

            while( node->left )     //遍历该决策树，直到到达了叶节点
            {
                const CvDTreeSplit* split = node->split;     //得到该节点的分叉
                int dir = 0;
                //按照从最佳分叉属性到替代分叉属性的顺序遍历分叉属性，直到得到了节点的方向信息为止
                for( ; !dir && split != 0; split = split->next )
                {
                    //得到该节点分叉属性在样本中特征属性排序的索引
                    int vi = split->condensed_idx;
                    int ci = vtype[avars[vi]];     //得到分叉属性的特征属性类型
                    float val = sample_data[vi];     //得到该特征属性对应的样本值
                    //如果该特征属性是缺失的特征属性，则进入下次循环
                    if( m && m[vi] )
                        continue;
                    if( ci < 0 ) // ordered     特征属性是数值的形式
                        //与分叉值比较，确定方向信息
                        dir = val <= split->ord.c ? -1 : 1;
                    else // categorical     特征属性是类的形式
                    {
                        int c = cvRound(val);     //取整
                        //找到 split->subset 中对应的位，从而得到方向信息
                        dir = CV_DTREE_CAT_DIR(c, split->subset);
                    }
                    if( split->inversed )     //方向需要反转的处理
                        dir = -dir;
                }

                if( !dir )     //如果方向信息还是没有得到
                {
                    //该节点的哪个分支的样本数量多，方向 dir 就指向哪
                    int diff = node->right->sample_count - node->left->sample_count;
                    dir = diff < 0 ? -1 : 1;
                }
                //由方向信息确定下一步是向左分支遍历，还是向右分支遍历
                node = dir < 0 ? node->left : node->right;
            }
            //如果定义了输入参数 weak_responses，则输出弱分类器的值
            if( weak_responses )
                weak_responses->data.fl[i*wstep] = (float)node->value;
            //累加各个弱分类器响应值，即式（5-12）或式（5-17）括号内的部分
            sum += node->value;
        }
    }

    if( return_sum )
        value = (float)sum;     //直接返回式（5-12）或式（5-17）中括号内的值
    else
    {
        int cls_idx = sum >= 0;     //符号判断，即式（5-12）或式（5-17）的值
        if( raw_mode )
            value = (float)cls_idx;     //得到原始的数据
```

```
        else    //得到其代表的数据
            value = (float)cmap[cofs[vtype[data->var_count]] + cls_idx];
    }

    return value;     //返回
}
```

OpenCV 是用决策树来得到弱分类器的，因此实现弱分类器的类 CvBoostTree 继承于构建决策树的类 CvDTree。前面介绍过的 CvBoostTree 类内的 train 函数和 try_split_node 函数都是虚函数，它们是针对用于弱分类器设计的决策树的特殊性而重写的函数，这样的虚函数还有许多，如 find_surrogate_split_ord、find_split_ord_class、calc_node_value 等。对这些函数就不再详细阐述，这里主把说明与 CvDTree 类不同的地方。关于 CvDTree 类的介绍，请看第 4 章关于决策树的介绍。

（1）构建弱分类器的每个样本都有权值，即 $w_i^{(m)}$，在决策树中被称为先验概率。

（2）用于衡量分类树纯度的不仅有基尼指数，还有错误分类率这种方法。

（3）弱分类器只是一个用于研究两类问题的决策树，所以相对简单一点。

（4）不同的弱分类器应用的训练样本的数量可能不同。

5.3 应用实例

下面给出一个具体的应用实例。

如图 5-1 所示，“+”的坐标为：(40,55)，(35,35)，(55,15)，(45,25)，(10,10)，(15,15)，(40,10)，(30,15)，(30,50)，(100,20)，(45,65)，(20,35)，(80,20)，(90,5)，(95,35)，(80,65)，(15,55)，(25,65)，(85,35)，(85,55)，(95,70)，(105,50)，(115,65)，(110,25)，(120,45)，(15,45)；“×”的坐标为：(55,30)，(60,65)，(95,60)，(25,40)，(75,45)，(105,35)，(65,10)，(50,50)，(40,35)，(70,55)，(80,30)，(95,45)，(60,20)，(70,30)，(65,45)，(85,40)。则我们用 AdaBoost 算法判断新的坐标（55,25）是属于“+”标注的区域还是“×”标注的区域：

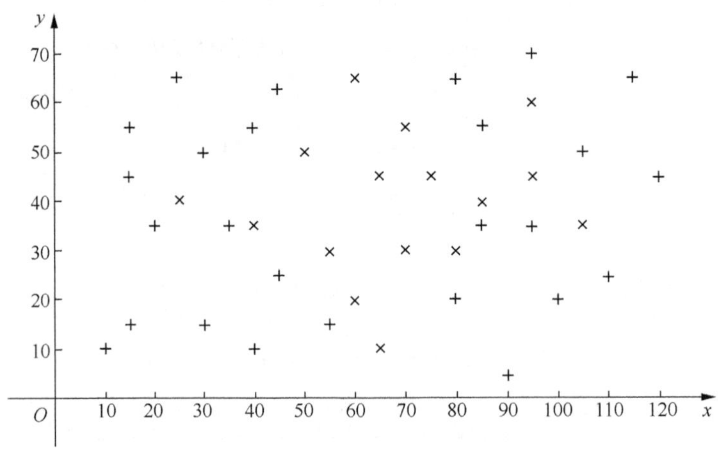

▲图 5-1　应用实例

```
#include "opencv2/core/core.hpp"
#include "opencv2/highgui/highgui.hpp"
#include "opencv2/imgproc/imgproc.hpp"
#include "opencv2/ml/ml.hpp"

#include <iostream>
using namespace cv;
using namespace std;
```

```
int main( int argc, char** argv )
{
    //训练样本
    float trainingData[42][2]={  {40, 55},{35, 35},{55, 15},{45, 25},{10, 10},
                                 {15, 15},{40, 10},
                                 {30, 15},{30, 50},{100, 20},{45, 65},{20, 35},
                                 {80, 20},{90, 5},
                                 {95, 35},{80, 65},{15, 55},{25, 65},{85, 35},
                                 {85, 55},{95, 70},
                                 {105, 50},{115, 65},{110, 25},{120, 45},{15, 45},
                                 {55, 30},{60, 65},{95, 60},{25, 40},{75, 45},
                                 {105, 35},{65, 10},
                                 {50, 50},{40, 35},{70, 55},{80, 30},{95, 45},
                                 {60, 20},{70, 30},
                                 {65, 45},{85, 40}    };
    Mat trainingDataMat(42, 2, CV_32FC1, trainingData);
    //训练样本的响应值
    float responses[42] = {'R','R','R','R','R','R','R','R','R','R','R','R','R','R',
                              'R','R', 'R','R','R','R','R','R','R','R','R','R',
                          'B','B','B','B','B','B','B','B','B','B','B','B','B',
                          'B','B','B' };
    Mat responsesMat(42, 1, CV_32FC1, responses);

    float priors[2] = {1, 1};//先验概率

    CvBoostParams params( CvBoost::REAL,    //算法类型
                          10,//弱分类器的数量
                          0.95,//weight_trim_rate值
                          15,//决策树的最大深度
                          false,//不使用替代分叉属性
                          priors//先验概率
                          );

    CvBoost boost;
    boost.train (  trainingDataMat,
                   CV_ROW_SAMPLE,
                   responsesMat,
                   Mat(),
                   Mat(),
                   Mat(),
                   Mat(),
                   params
                   );
    //预测样本
    float myData[2] = {55, 25};
    Mat myDataMat(2, 1, CV_32FC1, myData);
    double r = boost.predict( myDataMat );
   //结果输出
    cout<<endl<<"result:  "<<(char)r<<endl;

    return 0;
}
```

输出结果为：

```
result:  R
```

第 6 章　梯度提升树

6.1 原理分析

梯度提升树（Gradient Boosted Trees，GBT 或称为梯度提升决策树）算法是由 Friedman 于 1999 年首次完整地提出。该算法可以实现回归、分类和排序。GBT 的优点是：特征属性无须进行归一化处理，预测速度快，可以应用不同的损失函数等。

从它的名字可以看出，GBT 包括 3 个机器学习的优化算法：决策树方法、提升方法和梯度下降法。前两种算法在前面的章节中都有详细的介绍，这里只做简单描述。

决策树是一个由根节点、中间节点、叶节点和分支构成的树状模型，分支代表数据的走向，中间节点包含训练时产生的分叉决策准则，叶节点代表最终的数据分类结果或回归值。在预测的过程中，数据从根节点出发，沿着分支在到达中间节点时，根据该节点的决策准则实现分叉，最终到达叶节点，完成分类或回归。

提升算法由一系列"弱学习器"构成，这些弱学习器通过某种线性组合实现一个强学习器，虽然这些弱学习器的分类或回归效果可能仅比随机分类或回归好一点，但最终的强学习器却可以得到一个很好的预测结果。

设一个数据集合$\{(x_1, y_1), (x_2, y_2), \cdots, (x_N, y_N)\}$，每一个数据项 x_i 是一个表示事物特征属性的矢量，如果 $y_i \in R$，则为回归问题；如果 $y_i \in \{-1, 1\}$，则为分类问题。通过 $m-1$ 次迭代，得到一个弱学习器集合$\{k_1, k_2, \cdots, k_{m-1}\}$，则强学习器 C_{m-1} 为：

$$C_{m-1}(x_i) = \alpha_1 k_1(x_i) + \cdots + \alpha_{m-1} k_{m-1}(x_i) \tag{6-1}$$

式中，α 为 k 的权值，并且 $m > 1$。再经过一次迭代，则强学习器 C_m 为：

$$C_m(x_i) = C_{m\ 1}(x_i) + \alpha_m k_m(x_i) \tag{6-2}$$

C_m 的效果一定强于 C_{m-1}，因为在第 $m-1$ 次迭代后，算法会对那些预测错误的样本加大权值，使得在第 m 次迭代时更加关注这些样本，从而达到了纠正上次迭代错误的目的。

在许多应用中，弱学习器往往就是一棵决策树，因此这两种算法结合在一起被称为提升树。

梯度下降法，一般也称为最速下降法（Steepest Descent），是一种一阶优化算法，用此方法可以得到函数的局部极小值。设 $F(x)$是一个多变量的实函数，它在点 a 的邻域范围内有定义并可微，则 $F(x)$从 a 点出发沿着负梯度（即梯度相反）的方向下降得最快，即 $F(x)$的值减小得最多。

$$b = a - \gamma \nabla F(a) \tag{6-3}$$

式中，γ 是一个足够小的常数，它可以控制下降的速度，则 $F(a) \geqslant F(b)$。而梯度就是一阶连续偏导，因此式（6-3）又可写为：

$$b=a-\gamma\frac{\partial F(a)}{\partial a} \tag{6-4}$$

如果从 x_0 点出发，要到达一个局部极小值点，则应用式（6-4）会得到一系列的点 x_1，x_2，…，即：

$$x_{n+1}=x_n-\gamma_n\frac{\partial F(x_n)}{\partial x_n} \tag{6-5}$$

则 $F(x_0)\geqslant F(x_1)\geqslant F(x_2)\geqslant\cdots$，直至 $F(x)$不再变化就达到了局部极小值的点。如果 $F(x)$是一个凸函数，则局部极小值也是全局极小值，因此有时梯度下降法能够收敛于全局最优。

那么，梯度下降法又如何与提升树相结合，从而得到一种新的机器学习算法呢？

设 $F(x)$实现了对样本(x, y)的拟合，即 $y=F(x)$。但拟合的效果不是很好，并不能对样本集中的所有样本实现无误差的拟合，即对每个样本总会有残差：

$$F(x_1)+h(x_1)=y_1,\ F(x_2)+h(x_2)=y_2,\cdots,\ F(x_N)+h(x_N)=y_N \tag{6-6}$$

式中，$h(x)$被称为对样本 x 的残差，式（6-6）也等价于：

$$h(x_1)=y_1-F(x_1),\ h(x_2)=y_2-F(x_2),\cdots,\ h(x_2)=y_2-F(x_2) \tag{6-7}$$

在不改变 $F(x)$的前提下，只需要优化 $h(x)$就可以实现提升拟合效果的作用。设 $F_0(x)$为初始的拟合函数，$h_1(x)$为经过优化处理后得到的残差，则新的拟合函数 $F_1(x)$为：

$$F_1(x)=F_0(x)+h_1(x) \tag{6-8}$$

式中，

$$F_0(x)=\frac{\sum_{i=1}^{N}y_i}{N} \tag{6-9}$$

即所有样本的初始拟合函数为全体样本响应值的平均值。

$F_1(x)$的拟合效果仍然不能到达预期，则需要继续优化针对 $F_1(x)$的残差 $h_2(x)$，从而得到 $F_2(x)$：

$$F_2(x)=F_1(x)+h_2(x)=F_0(x)+h_1(x)+h_2(x) \tag{6-10}$$

经过 m 次迭代优化，最终得到的拟合函数 $F_m(x)$为：

$$F_m(x)=F_{m-1}(x)+h_m(x)=F_0(x)+\sum_{i=1}^{m}h_m(x) \tag{6-11}$$

与式（6-2）相比可以看出，式（6-11）也是一种逐步提升性能的过程，但它是通过优化残差实现的。可以使用决策树的方法来优化残差，如已有模型 $F_m(x)$（即拟合函数），这时需要得到 $h_{m+1}(x)$来建立 $F_{m+1}(x)$模型，则需要的数据集为：

$$\{(x_1,h_m(x_1)),(x_2,h_m(x_2)),\cdots,(x_N,h_m(x_N))\} \tag{6-12}$$

由式（6-6），则式（6-12）可以改写为：

$$\{(x_1,y_1-F_{m-1}(x_1)),(x_2,y_2-F_{m-1}(x_2)),\cdots,(x_N,y_N-F_{m-1}(x_N))\} \tag{6-13}$$

用式（6-13）的数据集合来构建决策树 $h_{m+1}(x)$。与传统的决策树相比，决策树 $h_{m+1}(x)$的数据中的 x 对应的响应值不是它真正的响应值 y，而是残差 $h_m(x)$，因此我们把 $h_m(x)$（或 $y\text{–}F_{m-1}(x)$）称为“伪响应值”。在决策树 $h_{m+1}(x)$构建好后，再用该决策树对样本数据进行预测，得到的伪响应值 $h_{m+1}(x)$即为 $F_{m+1}(x)$模型需要的残差。在提升的过程中，残差是会逐渐减小的，因此每次迭代使用的伪响应值是不同的，所以使用的决策树也是不同的。

再来回顾一下上面的提升过程：真实的样本响应值与当前模型得到的响应值之间会有残差，残差用来弥补当前模型的不足，我们构建基于上次迭代时的残差的决策树，通过该决策树的预测得到当前模型需要的新的残差，两者相加就得到了新的模型，但这个提升过程又与梯度下降法有什么联系呢？

定义样本 x 的响应值 y 与拟合函数 $F(x)$的损失函数为平方损失函数，即：

$$L\left(y,F\left(x\right)\right)=\frac{\left(y-F\left(x\right)\right)^2}{2} \tag{6-14}$$

很明显，上面的提升过程就是通过改变每个样本的 $F(x_i)$使 J 最小化，其中 J 为：

$$J=\sum_{i=1}^{N}L\left(y_i,F\left(x_i\right)\right)=\sum_{i=1}^{N}\frac{\left(y_i-F\left(x_i\right)\right)^2}{2} \tag{6-15}$$

把 $F(x_i)$作为一个参数，并对 J 求偏导：

$$\frac{\partial J}{\partial F\left(x_i\right)}=\frac{\partial\sum_{i=1}^{N}L\left(y_i,F\left(x_i\right)\right)}{\partial F\left(x_i\right)}=\frac{\partial L\left(y_i,F\left(x_i\right)\right)}{\partial F\left(x_i\right)}=F\left(x_i\right)-y_i \tag{6-16}$$

因此可以解释残差就是负梯度：

$$h\left(x_i\right)=y_i-F\left(x_i\right)=-\frac{\partial J}{\partial F\left(x_i\right)} \tag{6-17}$$

所以就有了式（6-18）：

$$F_m\left(x\right)=F_{m-1}\left(x\right)+h_m\left(x\right)=F_{m-1}\left(x\right)-1\frac{\partial J}{\partial F_{m-1}\left(x_i\right)} \tag{6-18}$$

式中，$F_0(x)$由式（6-9）得到。式（6-18）表明基于残差的优化模型 $F(x)$其实就是基于负梯度的优化 $F(x)$。并且将式（6-18）与式（6-5）相比较，我们会发现实际上就是在使用梯度下降法来优化模型，其中 γ_n 为 1。

事实证明，使用梯度的方法要比使用残差更通用，因为这样我们可以使用其他的函数来定义损失函数。平方损失函数虽然在引出梯度概念上数学意义更清晰，但它易受离群的样本点的影响，因为它对误差的处理是求平方。下面再给出两种损失函数——绝对值损失函数：

$$L\left(y,F\left(x\right)\right)=\left|y-F\left(x\right)\right| \tag{6-19}$$

和 Huber 损失函数：

$$L\left(y,F\left(x\right)\right)=\begin{cases}\delta\left(\left|y-F\left(x\right)\right|-\dfrac{\delta}{2}\right), & \left|y-F\left(x\right)\right|>\delta\\ \dfrac{1}{2}\left(y-F\left(x\right)\right)^2, & \left|y-F\left(x\right)\right|\leqslant\delta\end{cases} \tag{6-20}$$

这两种损失函数对离群的样本点都具有很强的鲁棒性。对于绝对值损失函数，它的负梯度为：

$$-\frac{\partial L\left(y_i,F\left(x_i\right)\right)}{\partial F\left(x_i\right)}=\operatorname{sgn}\left(y_i-F\left(x_i\right)\right) \tag{6-21}$$

式中，sgn( )表示符号函数。对于 Huber 损失函数，它的负梯度为：

$$-\frac{\partial L\left(y_i,F\left(x_i\right)\right)}{\partial F\left(x_i\right)}=\begin{cases}\delta\operatorname{sgn}\left(y_i-F\left(x_i\right)\right), & \left|y_i-F\left(x_i\right)\right|>\delta\\ y_i-F\left(x_i\right), & \left|y_i-F\left(x_i\right)\right|\leqslant\delta\end{cases} \tag{6-22}$$

很显然，绝对值损失函数和 Huber 损失函数的负梯度不再是残差，但正因为我们用这些负梯度来替代残差，才使得它们的损失函数具有更强的鲁棒性。我们把这些所谓的残差称为“伪残差”。

之所以 GBT 可以使用其他的损失函数，是因为 GBT 引入了伪残差的概念。

对于绝对值损失函数，它的 $F_0(x)$可以按如下定义：

$$F_0(x) = \text{median}(y_1, y_2, \cdots, y_N) \tag{6-23}$$

式中，函数 median 表示排序后取中间的数，如果 N 是偶数，则 median 为中间两个数的平均值。对于 Huber 损失函数，它的 $F_0(x)$可以按如下定义：

$$F_0(x) = \frac{\sum_{i=1}^{N} g(y_i)}{N} + \text{median}(y_1, y_2, \cdots, y_N) \tag{6-24}$$

式中，

$$g(y_i) = \begin{cases} \delta \text{sgn}(y_i - \text{median}(y_1, y_2, \cdots, y_N)), & |y_i - \text{median}(y_1, y_2, \cdots, y_N)| > \delta \\ y_i - \text{median}(y_1, y_2, \cdots, y_N), & |y_i - \text{median}(y_1, y_2, \cdots, y_N)| \leqslant \delta \end{cases} \tag{6-25}$$

平方损失函数、绝对值损失函数和 Huber 损失函数只能应用于回归问题，而偏差（Deviance）或交叉熵（cross-entropy）损失函数可以用于分类问题。设样本数据集一共有 K 个分类，$F^{(k)}(x)$表示第 k 个分类的拟合函数，即模型，则偏差损失函数为：

$$L\left(y, F^{(1)}(x), \cdots, F^{(K)}(x)\right) = -\sum_{k=1}^{K} 1_{(y=k)} \ln p^{(k)}(x) = -\sum_{k=1}^{K} 1_{(y=k)} \ln \frac{e^{F^{(k)}(x)}}{\sum_{i=1}^{K} e^{F^{(i)}(x)}} \tag{6-26}$$

式中，$1_{(y=k)}$表示只有当 x 属于第 k 个分类时为 1，否则为 0。它的负梯度为：

$$-\frac{\partial L\left(y_i, F^{(1)}(x_i), \cdots, F^{(K)}(x_i)\right)}{\partial F^{(k)}(x_i)} = \begin{cases} 1 - \frac{e^{F^{(k)}(x)}}{\sum_{i=1}^{K} e^{F^{(i)}(x)}}, & y_i = k \\ -\frac{e^{F^{(k)}(x)}}{\sum_{i=1}^{K} e^{F^{(i)}(x)}}, & y_i \neq k \end{cases} \tag{6-27}$$

回归问题只需要一类模型 $F(x)$，而分类问题需要 K 类模型 $F^{(k)}(x)$，每类模型都按式（6-18）计算，即：

$$F_m^{(k)}(x) = F_{m-1}^{(k)}(x) + h_m^{(k)}(x) = F_{m-1}^{(k)}(x) - 1\frac{\partial L\left(y, F_{m-1}^{(1)}(x), \cdots, F_{m-1}^{(K)}(x)\right)}{\partial F_{m-1}^{(k)}(x)} \tag{6-28}$$

所以，对于回归问题来说，每一个弱学习器只需要一个决策树，而对于分类问题来说，每个弱学习器需要 K 个决策树。

在 GBT 算法中，为了防止过拟合，还可以采取以下 4 个措施。

（1）控制决策树的规模，主要方法是限定叶节点的数量或限定决策树的深度。

（2）增加一个收缩因子（shrinkage）v，则式（6-11）改写为：

$$F_m(x) = F_{m-1}(x) + v h_m(x) \tag{6-29}$$

式中，v 是一个不大于 1 的正数，一般来说，$v<0.1$。v 起到控制学习"步长"的作用，v 过大，虽然能够加快学习进度，但一旦发生偏差，很难纠正；v 过小，虽然学习时间增加了，但不容易出现偏差，即使出现偏差，也很容易纠正过来。

（3）在用样本构建决策树 $h_m(x)$时，可以对叶节点的值（即残差 $h_m(x)$，也就是最终的回归或分类结果）做进一步的优化。如有 r 个样本的预测结果属于叶节点 L_j（j 表示第 j 个叶节点），则根据不同的损失函数，由这 r 个样本的值来调整 L_j 的值。设调整后的叶节点 L_j 的值为 $h_m^{(j)}(x)$，则把该值代入式（6-29）来计算这 r 个样本的模型 $F_m(x)$。对于平方损失函数，$h_m^{(j)}(x)$ 为：

$$h_m^{(j)}(x)=\frac{\sum_{i=1}^{r}\left(y_i-F_{m-1}(x_i)\right)}{r} \tag{6-30}$$

比较式（6-30）与式（6-9）可以看出，式（6-30）使用的是伪响应值，而式（6-9）使用的是真正的响应值，两者的区别就在于此。对于绝对值损失函数，$h_m^{(j)}(x)$ 为：

$$h_m^{(j)}(x)=\operatorname{median}\left(y_1-F_{m-1}(x_1),y_2-F_{m-1}(x_2),\cdots,y_r-F_{m-1}(x_r)\right) \tag{6-31}$$

对于 Huber 损失函数，$h_m^{(j)}(x)$ 为：

$$h_m^{(j)}(x)=\frac{\sum_{i=1}^{r}g(y_i)}{r}+m(y) \tag{6-32}$$

式中，

$$m(y)=\operatorname{median}\left(y_1-F_{m-1}(x_1),y_2-F_{m-1}(x_2),\cdots,y_r-F_{m-1}(x_r)\right) \tag{6-33}$$

$$g(y_i)=\begin{cases}\delta\operatorname{sgn}\left(y_i-F_{m-1}(x_i)-m(y)\right), & \left|y_i-F_{m-1}(x_i)-m(y)\right|>\delta\\ y_i-F_{m-1}(x_i)-m(y), & \left|y_i-F_{m-1}(x_i)-m(y)\right|\leqslant\delta\end{cases} \tag{6-34}$$

对于偏差损失函数，$h_m^{(j)}(x)$ 为：

$$h_m^{(j)}(x)=\frac{K-1}{K}\times\frac{\sum_{i=1}^{r}\left(y_i-F_{m-1}(x_i)\right)}{\sum_{i=1}^{r}\left[\left|y_i-F_{m-1}(x_i)\right|\times\left(1-\left|y_i-F_{m-1}(x_i)\right|\right)\right]} \tag{6-35}$$

式中，K 表示所有样本的分类数量。

（4）把样本数据集分为训练样本和测试样本，用训练样本构建决策树 $h_m(x)$，而用测试样本得到具体的 $h_m(x)$值。训练样本和测试样本是随机选取的。对于样本数据不是很庞大的情况，训练样本占整个样本集的 0.5～0.8 比较合适；对于样本规模比较庞大的情况，占比在 0.5 以下比较合适。

下面总结一下 GBT 算法的步骤。

（1）初始化 $F_0(x)$。

对于分类问题，$F_0(x)$设置为 0；对于回归问题，如果是平方损失函数，$F_0(x)$为式（6-9），如果是绝对值损失函数，$F_0(x)$为式（6-23），如果是 Huber 损失函数，$F_0(x)$为式（6-24）。

（2）优化迭代过程 m−1 至 M。

- ❑ 计算负梯度，即伪残差 $h_m(x)$（见式（6-17））。
- ❑ 由该残差组成的数据集（见式（6-12））构建决策树 $h_{m+1}(x)$ 。
- ❑ 由决策树 $h_{m+1}(x)$预测得到新的伪残差 $h_{m+1}(x)$。
- ❑ 得到新的模型 $F_{m+1}(x)$（见式（6-29））。

（3）输出 $F_M(x)$。

利用 GBT 模型对样本进行预测时，对于回归问题，样本 x 的预测结果 $y=F_M(x)$。

$$F_M(x)=F_{M-1}(x)+vh_M(x)=F_0(x)+\sum_{m=1}^{M}vh_m(x) \tag{6-36}$$

式中，$F_0(x)$和 v 分别为构建 GBT 模型时使用的初始拟合函数和收缩因子，$h_m(x)$为弱学习器。而分类问题，对于样本 x，首先得到所有 K 个类别的每个分类类别的 $F_M^{(k)}(x)$ 。

$$F_M^{(k)}(x)=F_{M-1}^{(k)}(x)+vh_M^{(k)}(x)=F_0^{(k)}(x)+\sum_{m=1}^{M}vh_m^{(k)}(x) \qquad k=1,2,\cdots,K \tag{6-37}$$

$F_M^{(k)}(x)$ 中的最大值对应的分类即为样本 x 的预测结果。

6.2 源码解析

下面介绍 Opencv 的 GBT 源码。首先给出 GBT 算法所需参数的结构体 CvGBTreesParams。

```
CvGBTreesParams::CvGBTreesParams( int _loss_function_type, int _weak_count,
                                  float _shrinkage, float _subsample_portion,
                                  int _max_depth, bool _use_surrogates )
        : CvDTreeParams( 3, 10, 0, false, 10, 0, false, false, 0 )
{
    loss_function_type = _loss_function_type;
    weak_count = _weak_count;
    shrinkage = _shrinkage;
    subsample_portion = _subsample_portion;
    max_depth = _max_depth;
    use_surrogates = _use_surrogates;
}
```

loss_function_type 表示损失函数的类型，CvGBTrees::SQUARED_LOSS 为平方损失函数，CvGBTrees::ABSOLUTE_LOSS 为绝对值损失函数，CvGBTrees::HUBER_LOSS 为 Huber 损失函数，CvGBTrees::DEVIANCE_LOSS 为偏差损失函数，前 3 种用于回归问题，后一种用于分类问题。

weak_count 表示 GBT 的优化迭代次数，对于回归问题来说，weak_count 为决策树的数量，对于分类问题来说，weak_count×K 为决策树的数量，K 表示类别数量。

shrinkage 表示收缩因子 v。

subsample_portion 表示训练样本占全部样本的比例，为不大于 1 的正数。

max_depth 表示决策树的最大深度。

use_surrogates 表示是否使用替代分叉节点，为 true，表示使用替代分叉节点。

CvDTreeParams 结构详见第 4 章决策树的内容。

CvGBTrees 类的一个构造函数如下：

```
CvGBTrees::CvGBTrees( const cv::Mat& trainData, int tflag,
          const cv::Mat& responses, const cv::Mat& varIdx,
          const cv::Mat& sampleIdx, const cv::Mat& varType,
          const cv::Mat& missingDataMask,
          CvGBTreesParams _params )
{
    data = 0;     //表示样本数据集合
    weak = 0;     //表示一个弱学习器
    default_model_name = "my_boost_tree";
    //orig_response 表示样本的响应值，sum_response 表示拟合函数 Fm(x)，sum_response_tmp 表示 Fm+1(x)
    orig_response = sum_response = sum_response_tmp = 0;
    //subsample_train 和 subsample_test 分别表示训练样本集和测试样本集
    subsample_train = subsample_test = 0;
    //missing 表示缺失的特征属性，sample_idx 表示真正用到的样本的索引
    missing = sample_idx = 0;
    class_labels = 0;     //表示类别标签
    class_count = 1;     //表示类别的数量
    delta = 0.0f;     //表示 Huber 损失函数中的参数 δ

    clear();    //清除一些全局变量和已有的所有弱学习器
    //GBT 算法的学习
    train(trainData, tflag, responses, varIdx, sampleIdx, varType, missingDataMask,
_params, false);
}
```

GBT 算法的学习构建函数如下：

```
bool
CvGBTrees::train( const CvMat* _train_data, int _tflag,
                  const CvMat* _responses, const CvMat* _var_idx,
                  const CvMat* _sample_idx, const CvMat* _var_type,
                  const CvMat* _missing_mask,
                  CvGBTreesParams _params, bool /*_update*/ ) //update is not supported
//_train_data 表示样本数据集合
//_tflag 表示样本矩阵的存储格式
//_responses 表示样本的响应值
//_var_idx 表示要用到的特征属性的索引
//_sample_idx 表示要用到的样本的索引
//_var_type 表示特征属性的类型，是连续值，还是离散值
//_missing_mask 表示缺失的特征属性的掩码
//_params 表示构建 GBT 模型的一些必要参数
{
    CvMemStorage* storage = 0;    //开辟一块内存空间

    params = _params;    //构建 GBT 模型所需的参数
    bool is_regression = problem_type();    //表示该 GBT 模型是否用于回归问题

    clear();    //清空一些全局变量和已有的所有弱学习器
    /*
      n - count of samples
      m - count of variables
    */
    int n = _train_data->rows;    //n 表示训练样本的数量
    int m = _train_data->cols;    //m 表示样本的特征属性的数量
    //*如果参数_tflag 为 CV_ROW_SAMPLE，则表示训练样本以行的形式储存，即_train_data 矩阵的每一行为一个样本，那么 n 和 m 无需交换；否则，如果_tflag 为 CV_COL_SAMPLE，则表示样本是以列的形式储存的，那么 n 和 m 就需要交换。总之，在后面的程序中，n 表示训练样本的数量，m 表示样本的特征属性的数量*//
    if (_tflag != CV_ROW_SAMPLE)
    {
        int tmp;
        CV_SWAP(n,m,tmp);
    }
    //new_responses 表示每个样本的伪响应值，因为构建 GBT 决策树使用的就是伪响应值
    CvMat* new_responses = cvCreateMat( n, 1, CV_32F);
    cvZero(new_responses);    //伪响应值初始为零
    //实例化 CvDTreeTrainData 类，并通过该类内的 set_data 函数设置用于决策树的训练样本数据 data
    data = new CvDTreeTrainData( _train_data, _tflag, new_responses, _var_idx,
        _sample_idx, _var_type, _missing_mask, _params, true, true );
    if (_missing_mask)    //如果给出了缺失特征属性的掩码
    {
        missing = cvCreateMat(_missing_mask->rows, _missing_mask->cols,
                              _missing_mask->type);    //初始化 missing
        cvCopy( _missing_mask, missing);    //赋值_missing_mask 给 missing
    }
    //初始化 orig_response 矩阵的大小，该变量表示样本的原始真实响应值
    orig_response = cvCreateMat( 1, n, CV_32F );
    //step 表示样本响应值的步长
    int step = (_responses->cols > _responses->rows) ? 1 : _responses->step /
    CV_ELEM_SIZE(_responses->type);
    //根据样本响应值_responses 的数据类型，为 orig_response 赋值
    switch (CV_MAT_TYPE(_responses->type))
    {
        case CV_32FC1:    //32 位浮点型数据
        {
            for (int i=0; i<n; ++i)
                orig_response->data.fl[i] = _responses->data.fl[i*step];
        }; break;
        case CV_32SC1:    //32 位整型数据
        {
            for (int i=0; i<n; ++i)
                orig_response->data.fl[i] = (float) _responses->data.i[i*step];
        }; break;
        default:    //其他数据类型报错
            CV_Error(CV_StsUnmatchedFormats, "Response should be a 32fC1 or 32sC1 vector.");
```

```
    }

    if (!is_regression)    //如果构建的 GBT 模型用于分类问题
    {
        class_count = 0;    //表示样本类别的数量
        //为每个样本定义一个掩码，用于判断样本的类别
        unsigned char * mask = new unsigned char[n];
        memset(mask, 0, n);      //掩码清零
        // compute the count of different output classes
        for (int i=0; i<n; ++i)    //遍历所有样本，得到类别的数量
            //如果当前样本的掩码没有被置 1，则说明当前样本属于新的类别
            if (!mask[i])
            {
                class_count++;     //样本类别数加 1
                //*判断当前样本以后的所有样本的响应值是否与当前样本的响应值相同，即是否属
                于同一类，如果是同一类，则把样本掩码置 1，说明它不再是新的类别*//
                for (int j=i; j<n; ++j)
                    if (int(orig_response->data.fl[j]) == int(orig_response
                        ->data.fl[i]))
                        mask[j] = 1;
            }
        delete[] mask;     //删除 mask 变量
        //初始化样本类别标签，并赋首地址指针
        class_labels = cvCreateMat(1, class_count, CV_32S);
        class_labels->data.i[0] = int(orig_response->data.fl[0]);
        int j = 1;     //表示所有样本类别标签的索引值
        for (int i=1; i<n; ++i)    //遍历所有样本，为样本类别标签赋值
        {
            int k = 0;     //表示已得到的样本类别标签的索引值
            //*while 循环用于判断是否有新的类别标签出现。如果 orig_response->data.fl[i]
等于 class_labels->data.i[k]，说明当前样本的类别存在于已经得到的类别标签中，则退出 while 循环，继
续 for 循环；如果 k≥j，说明已经遍历完类别标签*//
            while ((int(orig_response->data.fl[i]) - class_labels->data.i[k]) && (k<j))
                k++;     //索引值加 1
            if (k == j)    //说明得到了新的类别标签
            {
                //赋值新的类别标签
                class_labels->data.i[k] = int(orig_response->data.fl[i]);
                j++;     //索引值加 1
            }
        }
    }

    //GBT 模型用到的是回归树，所以要把 data->is_classifier 赋值为 false
    data->is_classifier = false;

    //如果_sample_idx 不为 0，需要预处理被指定使用的样本数据
    if (_sample_idx)
    {
        int sample_idx_len = get_len(_sample_idx);    //被指定的要使用的样本数据的数量

        switch (CV_MAT_TYPE(_sample_idx->type))    //判断样本的数据类型
        {
            case CV_32SC1:    //32 位整型
            {
                sample_idx = cvCreateMat( 1, sample_idx_len, CV_32S );    //初始化
                //遍历指定的样本数据，赋值
                for (int i=0; i<sample_idx_len; ++i)
                    sample_idx->data.i[i] = _sample_idx->data.i[i];
            } break;
            //8 位有、无符号位的整型，8 位样本数据存储在 32 位数据中，即每 32 位数据包括 4 个 8 位
            //样本数据，以节省内存空间
            case CV_8S:
            case CV_8U:
            {
                //变量 active_samples_count 表示 8 位样本数据需要多少个 32 位数据
                int active_samples_count = 0;
                for (int i=0; i<sample_idx_len; ++i)    //得到 active_samples_count 值
                    active_samples_count += int( _sample_idx->data.ptr[i] );
```

```
                sample_idx = cvCreateMat( 1, active_samples_count, CV_32S );//初始化
                active_samples_count = 0;
                //为 sample_idx 赋值，赋的不是真正的样本值，而是索引值
                for (int i=0; i<sample_idx_len; ++i)
                      if (int( _sample_idx->data.ptr[i] ))
                           sample_idx->data.i[active_samples_count++] = i;

            } break;
            //其他数据类型报错
            default: CV_Error(CV_StsUnmatchedFormats, "_sample_idx should be a 32sC1,
            8sC1 or 8uC1 vector.");
        }
        //按从小到大的顺序对样本数据进行排序存放，以便后续处理
        icvSortFloat(sample_idx->data.fl, sample_idx_len, 0);
}
else     //全体样本数据都用于构建 GBT 模型
{
        sample_idx = cvCreateMat( 1, n, CV_32S );     //初始化
        for (int i=0; i<n; ++i)
             sample_idx->data.i[i] = i;     //赋样本的索引值
}
//初始化矩阵变量 sum_response 和 sum_response_tmp
sum_response = cvCreateMat(class_count, n, CV_32F);
sum_response_tmp = cvCreateMat(class_count, n, CV_32F);
cvZero(sum_response);     //sum_response 矩阵清零

delta = 0.0f;     //Huber 损失函数的参数 δ 赋值为 0
/*
  in the case of a regression problem the initial guess (the zero term
  in the sum) is set to the mean of all the training responses, that is
  the best constant model
*/
//base_value 表示 F0(x)
//如果是回归问题，通过调用 find_optimal_value 函数得到 F0(x)，find_optimal_value 函数详见后
//面的介绍
if (is_regression) base_value = find_optimal_value(sample_idx);
/*
  in the case of a classification problem the initial guess (the zero term
  in the sum) is set to zero for all the trees sequences
*/
//如果是分类问题，F0(x)设置为 0
else base_value = 0.0f;
/*
  current predicition on all training samples is set to be
  equal to the base_value
*/
cvSet( sum_response, cvScalar(base_value) );     //使 sum_response 等于 base_value
//*初始化弱学习器 weak，如果是回归问题，class_count 为 1，即一个弱学习器就是一个决策树；如果是
//分类问题，class_count 为类别的数量，即一个弱学习器由 class_count 个决策树构成*//
weak = new pCvSeq[class_count];
//初始化弱学习器
for (int i=0; i<class_count; ++i)
{
      storage = cvCreateMemStorage();
      weak[i] = cvCreateSeq( 0, sizeof(CvSeq), sizeof(CvDTree*), storage );
      storage = 0;
}

// subsample params and data
rng = &cv::theRNG();     //实例化 rng，表示随机数，用于随机选取训练样本数据

int samples_count = get_len(sample_idx);     //得到样本总数
//如果 subsample_portion 太接近 0 或太接近 1，则 subsample_portion 重新赋值为 1
params.subsample_portion = params.subsample_portion <= FLT_EPSILON ||
     1 - params.subsample_portion <= FLT_EPSILON
     ? 1 : params.subsample_portion;
//得到训练样本的数量
int train_sample_count = cvFloor(params.subsample_portion * samples_count);
//train_sample_count 为 0，则样本总数就是训练样本数量
```

```
    if (train_sample_count == 0)
        train_sample_count = samples_count;
    int test_sample_count = samples_count - train_sample_count;     //得到测试样本数量
    //*开辟一个大小为 samples_count 的内存空间，idx_data 指向该空间的首地址，该空间的前
train_sample_count 个单位存放着训练样本对应的全体样本的索引值，后 test_sample_count 个单位存放着
测试样本对应的全体样本的索引值*//
    int* idx_data = new int[samples_count];
    //初始化 subsample_train
    subsample_train = cvCreateMatHeader( 1, train_sample_count, CV_32SC1 );
    *subsample_train = cvMat( 1, train_sample_count, CV_32SC1, idx_data );
    //初始化 subsample_test
    if (test_sample_count)
    {
        subsample_test  = cvCreateMatHeader( 1, test_sample_count, CV_32SC1 );
        *subsample_test = cvMat( 1, test_sample_count, CV_32SC1,
                                 idx_data + train_sample_count );
    }

    // training procedure
    //构建 GBT 模型
    for ( int i=0; i < params.weak_count; ++i )     //遍历所有的弱学习器
    {
        do_subsample();     //随机选取训练样本集和测试样本集
        //遍历当前弱学习器的所有决策树
        for ( int k=0; k < class_count; ++k )
        {
            //计算负梯度，该函数在后面给出详细的解释
            find_gradient(k);
            CvDTree* tree = new CvDTree;              //实例化决策树
            tree->train( data, subsample_train );     //构建决策树
            //优化决策树叶节点的值（即伪残差），该函数在后面给出详细的解释
            change_values(tree, k);

            if (subsample_test)     //如果有测试样本集
            {
                CvMat x;     //表示一个测试样本
                CvMat x_miss;     //表示缺失了某个特征属性的测试样本
                int* sample_data = sample_idx->data.i;     //表示全体样本数据的首地址
                //表示测试样本数据的首地址
                int* subsample_data = subsample_test->data.i;
                //得到样本的步长
                int s_step = (sample_idx->cols > sample_idx->rows) ? 1
                            : sample_idx->step/CV_ELEM_SIZE(sample_idx->type);
                for (int j=0; j<get_len(subsample_test); ++j)     //遍历所有测试样本
                {
                    //得到当前测试样本的索引值
                    int idx = *(sample_data + subsample_data[j]*s_step);
                    float res = 0.0f;     //当前决策树的预测结果，即伪残差 h(x)
                    //根据索引值得到当前的测试样本数据 x
                    if (_tflag == CV_ROW_SAMPLE)
                        cvGetRow( data->train_data, &x, idx);
                    else
                        cvGetCol( data->train_data, &x, idx);

                    if (missing)     //如果有缺失的特征属性
                    {
                        //得到缺失了特征属性的测试样本 x_miss
                        if (_tflag == CV_ROW_SAMPLE)
                            cvGetRow( missing, &x_miss, idx);
                        else
                            cvGetCol( missing, &x_miss, idx);

                        res=(float)tree->predict(&x,&x_miss)->value;
                        //得到预测结果
                    }
                    else     //没有缺失特征属性的测试样本的预测
                    {
                        res = (float)tree->predict(&x)->value;   //得到预测结果
                    }
```

```
                                //式(6-29)
                                sum_response_tmp->data.fl[idx + k*n] =
                                                sum_response->data.fl[idx + k*n] +
                                                params.shrinkage * res;
                        }
                    }
                    //把当前得到的决策树 tree 放入决策树序列中
                    cvSeqPush( weak[k], &tree );
                    tree = 0;       //决策树清零
                } // k=0..class_count
            //更新 F(x), sum_response_tmp 和 sum_response 交换
            CvMat* tmp;
            tmp = sum_response_tmp;
            sum_response_tmp = sum_response;
            sum_response = tmp;
            tmp = 0;
            } // i=0..params.weak_count
            //清除一些局部变量
            delete[] idx_data;
            cvReleaseMat(&new_responses);
            data->free_train_data();

            return true;

    } // CvGBTrees::train(...)
```

计算负梯度的函数：

```
void CvGBTrees::find_gradient(const int k)
//k 表示分类问题中的第 k 个分类，即类别的索引值；回归问题中，该参数没有意义
{
    int* sample_data = sample_idx->data.i;           //得到样本数据集
    int* subsample_data = subsample_train->data.i;  //得到训练样本数据集
    float* grad_data = data->responses->data.fl;    //得到样本的伪响应值
    float* resp_data = orig_response->data.fl;      //得到样本的真实响应值
    float* current_data = sum_response->data.fl;    //得到拟合函数 F(x)

    switch (params.loss_function_type)      //根据损失函数的类型，计算负梯度
    // loss_function_type in
    // {SQUARED_LOSS, ABSOLUTE_LOSS, HUBER_LOSS, DEVIANCE_LOSS}
    {
        case SQUARED_LOSS:      //平方损失函数
        {
            for (int i=0; i<get_len(subsample_train); ++i)      //遍历所有训练样本
            {
                //得到样本步长
                int s_step = (sample_idx->cols > sample_idx->rows) ? 1
                                : sample_idx->step/CV_ELEM_SIZE(sample_idx->type);
                //得到当前的训练样本索引值
                int idx = *(sample_data + subsample_data[i]*s_step);
                grad_data[idx] = resp_data[idx] - current_data[idx];     //式(6-17)
            }
        }; break;

        case ABSOLUTE_LOSS:      //绝对值损失函数
        {
            for (int i=0; i<get_len(subsample_train); ++i)      //遍历所有训练样本
            {
                //得到样本步长
                int s_step = (sample_idx->cols > sample_idx->rows) ? 1
                                : sample_idx->step/CV_ELEM_SIZE(sample_idx->type);
                //得到当前的训练样本索引值
                int idx = *(sample_data + subsample_data[i]*s_step);
                //式(6-21), Sign()函数为系统定义的符号函数
                grad_data[idx] = Sign(resp_data[idx] - current_data[idx]);
            }
        }; break;

        case HUBER_LOSS:      //Huber 损失函数
```

```
        {
            float alpha = 0.2f;
            int n = get_len(subsample_train);      //得到训练样本的长度
            //得到样本步长
            int s_step = (sample_idx->cols > sample_idx->rows) ? 1
                        : sample_idx->step/CV_ELEM_SIZE(sample_idx->type);
            //开辟一块用于存储 n 个残差 yi-F(xi) 的空间
            float* residuals = new float[n];
            for (int i=0; i<n; ++i)      //遍历所有训练样本
            {
                //得到当前的训练样本索引值
                int idx = *(sample_data + subsample_data[i]*s_step);
                //计算残差 yi-F(xi) 的绝对值
                residuals[i] = fabs(resp_data[idx] - current_data[idx]);
            }
            icvSortFloat(residuals, n, 0.0f);      //对残差排序
            //计算式（6-20）中的参数 δ，即为五分之一处的残差值
            delta = residuals[int(ceil(n*alpha))];

            for (int i=0; i<n; ++i)      //遍历所有训练样本
            {
                //得到当前的训练样本索引值
                int idx = *(sample_data + subsample_data[i]*s_step);
                //计算 yi-F(xi)
                float r = resp_data[idx] - current_data[idx];
                grad_data[idx] = (fabs(r) > delta) ? delta*Sign(r) : r;      //式（6-22）
            }
            delete[] residuals;    //删除变量 residuals

        }; break;

        case DEVIANCE_LOSS:      //偏差损失函数
        {
            for (int i=0; i<get_len(subsample_train); ++i)      //遍历所有训练样本
            {
                double exp_fk = 0;      //表示式（6-26）中分子部分的 e^F(x)
                double exp_sfi = 0;      //表示式（6-26）中分母部分的∑e^F(x)
                //得到样本步长
                int s_step = (sample_idx->cols > sample_idx->rows) ? 1
                            : sample_idx->step/CV_ELEM_SIZE(sample_idx->type);
                //得到当前的训练样本索引值
                int idx = *(sample_data + subsample_data[i]*s_step);
                //遍历所有的分类类别，计算 e^F(x) 和∑e^F(x)
                for (int j=0; j<class_count; ++j)
                {
                    double res;
                    res = current_data[idx + j*sum_response->cols];      //得到 F(x)
                    res = exp(res);      //得到 e^F(x)
                    //k 为需要计算的第 k 个分类，j==k 的含义就是式（6-26）中的 1(y=k)
                    if (j == k) exp_fk = res;      //计算 e^F(x)
                    exp_sfi += res;                //计算∑e^F(x)
                }
                int orig_label = int(resp_data[idx]);      //得到当前样本的原始分类标签
                /*
                grad_data[idx] = (float)(!(k-class_labels->data.i[orig_label]+1)) -
                                (float)(exp_fk / exp_sfi);
                */
                // ensemble_label 表示当前样本的分类类别是第几个分类
                int ensemble_label = 0;
                while (class_labels->data.i[ensemble_label] - orig_label)
                    ensemble_label++;      //累加递增
                //式（6-27）
                grad_data[idx] = (float)(!(k-ensemble_label)) -
                                (float)(exp_fk / exp_sfi);
            }
        }; break;

        default: break;
    }
```

```
} // CvGBTrees::find_gradient(...)
```

优化决策树叶节点的函数：

```
void CvGBTrees::change_values(CvDTree* tree, const int _k)
//tree 表示决策树
//k 表示分类问题中的第 k 个分类，即类别的索引值；回归问题中，该参数没有意义
{
    //实例化 CvDTreeNode 结构，表示决策树的节点
    CvDTreeNode** predictions = new pCvDTreeNode[get_len(subsample_train)];

    int* sample_data = sample_idx->data.i;     //得到样本数据
    int* subsample_data = subsample_train->data.i;     //得到训练样本数据
    //得到样本步长
    int s_step = (sample_idx->cols > sample_idx->rows) ? 1
                : sample_idx->step/CV_ELEM_SIZE(sample_idx->type);

    CvMat x;     //表示一个测试样本
    CvMat miss_x;     //表示缺失了某个特征属性的测试样本

    for (int i=0; i<get_len(subsample_train); ++i)     //遍历所有测试样本
    {
        //得到当前的训练样本索引值
        int idx = *(sample_data + subsample_data[i]*s_step);
        //根据索引值得到当前的测试样本数据 x
        if (data->tflag == CV_ROW_SAMPLE)
            cvGetRow( data->train_data, &x, idx);
        else
            cvGetCol( data->train_data, &x, idx);

        if (missing)     //如果有缺失的特征属性
        {
            //得到缺失了特征属性的测试样本 miss_x
            if (data->tflag == CV_ROW_SAMPLE)
                cvGetRow( missing, &miss_x, idx);
            else
                cvGetCol( missing, &miss_x, idx);

            predictions[i] = tree->predict(&x, &miss_x);     //得到预测结果的叶节点
        }
        else     //没有缺失特征属性的测试样本的预测
            predictions[i] = tree->predict(&x);     //得到预测结果的叶节点
    }


    CvDTreeNode** leaves;     //表示决策树的一个叶节点
    int leaves_count = 0;     //表示决策树的叶节点总数
    //GetLeaves 函数的作用是由决策树 tree 得到所有的叶节点 leaves，并得到 leaves_count
    leaves = GetLeaves( tree, leaves_count);

    for (int i=0; i<leaves_count; ++i)     //遍历所有叶节点
    {
        //该变量表示训练样本中的预测结果有多少属于当前叶节点
        int samples_in_leaf = 0;
        for (int j=0; j<get_len(subsample_train); ++j)     //遍历所有训练样本
        {
            //如果当前叶节点就是当前训练样本的预测叶节点，则 samples_in_leaf 累加
            if (leaves[i] == predictions[j]) samples_in_leaf++;
        }
        //如果没有得到相同的叶节点，则继续处理下一个叶节点，这种情况其实是不可能出现的
        if (!samples_in_leaf) // It should not be done anyways! but...
        {
            leaves[i]->value = 0.0;
            continue;
        }
        //定义 leaf_idx，用于记录相同叶节点的索引值
        CvMat* leaf_idx = cvCreateMat(1, samples_in_leaf, CV_32S);
```

```
        int* leaf_idx_data = leaf_idx->data.i;      //提取首地址指针

        for (int j=0; j<get_len(subsample_train); ++j)     //遍历训练样本
        {
            int idx = *(sample_data + subsample_data[j]*s_step);  //得到训练样本的索引
            //如果叶节点相同，则赋值该样本的索引值
            if (leaves[i] == predictions[j])
                *leaf_idx_data++ = idx;
        }
        //得到具体的优化值，find_optimal_value 函数详见后面的介绍
        float value = find_optimal_value(leaf_idx);
        leaves[i]->value = value;     //赋值该叶节点的值

        leaf_idx_data = leaf_idx->data.i;     //重新指向首地址指针

        int len = sum_response_tmp->cols;     //得到长度
        for (int j=0; j<get_len(leaf_idx); ++j)     //遍历所有相同的叶节点
        {
            int idx = leaf_idx_data[j];     //得到该叶节点对应的样本索引值
            //式(6-29)
            sum_response_tmp->data.fl[idx + _k*len] =
                                        sum_response->data.fl[idx + _k*len] +
                                        params.shrinkage * value;
        }
        leaf_idx_data = 0;
        cvReleaseMat(&leaf_idx);     //释放内存空间
    }

    //下面的语句都用于释放内存空间
    for (int i=0; i<get_len(subsample_train); ++i)
    {
        predictions[i] = 0;
    }
    delete[] predictions;

    for (int i=0; i<leaves_count; ++i)
    {
        leaves[i] = 0;
    }
    delete[] leaves;

}
```

find_optimal_value 函数有两个作用：一个是计算 $F_0(x)$；另一个是计算式（6-30）、式（6-31）、式（6-32）和式（6-35）中的 $h_m^{(j)}(x)$ 值。两者的区别是，前者使用的是真正的样本响应值，而后者使用的是伪响应值。计算 $F_0(x)$时，在调用该函数前，sum_response 赋值为 0，则实现了应用真正的响应值，而在后者的应用中，sum_response 赋值为 $F(x)$。

```
float CvGBTrees::find_optimal_value( const CvMat* _Idx )
//_Idx 表示需要被处理的样本
{

    double gamma = (double)0.0;     //表示最佳值

    int* idx = _Idx->data.i;     //得到样本的索引值
    float* resp_data = orig_response->data.fl;     //得到样本的真实响应值
    //得到拟合函数 F(x)，在没有构建 GBT 模型前，sum_response 为 0
    float* cur_data = sum_response->data.fl;
    int n = get_len(_Idx);     //样本的数量

    switch (params.loss_function_type)     //根据损失函数的类型，计算最佳值
    // SQUARED_LOSS=0, ABSOLUTE_LOSS=1, HUBER_LOSS=3, DEVIANCE_LOSS=4
    {
    case SQUARED_LOSS:     //平方损失函数
        {
            for (int i=0; i<n; ++i)     //遍历所有样本
                gamma += resp_data[idx[i]] - cur_data[idx[i]];     //(伪)响应值和
```

```
            gamma /= (double)n;     //平均（伪）响应值，式（6-9）或式（6-30）
        }; break;

    case ABSOLUTE_LOSS:     //绝对值损失函数
        {
            //开辟一块用于存储 n 个残差 yi-F(xi)的空间
            float* residuals = new float[n];
            for (int i=0; i<n; ++i, ++idx)     //遍历所有样本，计算（伪）响应值
                residuals[i] = (resp_data[*idx] - cur_data[*idx]);
            icvSortFloat(residuals, n, 0.0f);     //对（伪）响应值排序
            //取（伪）响应值的中间值作为 gamma，式（6-23）或式（6-31）
            if (n % 2)
                gamma = residuals[n/2];
            else gamma = (residuals[n/2-1] + residuals[n/2]) / 2.0f;
            delete[] residuals;     //释放内存
        }; break;

    case HUBER_LOSS:     //Huber 损失函数
        {
            //开辟一块用于存储 n 个（伪）响应值的空间
            float* residuals = new float[n];
            for (int i=0; i<n; ++i, ++idx)     //遍历所有样本，计算（伪）响应值
                residuals[i] = (resp_data[*idx] - cur_data[*idx]);
            icvSortFloat(residuals, n, 0.0f);     //对（伪）响应值排序

            int n_half = n >> 1;     //表示 n 值的一半
            //得到（伪）响应值的中值 r_median，n == n_half<<1 表示 n 是偶数
            float r_median = (n == n_half<<1) ?
                        (residuals[n_half-1] + residuals[n_half]) / 2.0f :
                        residuals[n_half];

            for (int i=0; i<n; ++i)     //遍历所有样本
            {
                float dif = residuals[i] - r_median;  //计算基于（伪）响应值中值的方差
                //式（6-25）或式（6-34）中的 g(yi)
                gamma += (delta < fabs(dif)) ? Sign(dif)*delta : dif;
            }
            gamma /= (double)n;
            gamma += r_median;     //式（6-24）或式（6-32）
            delete[] residuals;     //释放内存

        }; break;

    case DEVIANCE_LOSS:     //偏差损失函数
        {
            float* grad_data = data->responses->data.fl;     //得到伪响应值，即负梯度
            double tmp1 = 0;
            double tmp2 = 0;
            double tmp  = 0;
            for (int i=0; i<n; ++i)     //遍历所有样本
            {
                tmp = grad_data[idx[i]];     //得到负梯度
                tmp1 += tmp;     //式（6-35）中第二个分式的分子部分
                tmp2 += fabs(tmp)*(1-fabs(tmp));  //式（6-35）中第二个分式的分母部分
            };
            if (tmp2 == 0)     //避免分母为 0
            {
                tmp2 = 1;
            }

            //式（6-35）
            gamma = ((double)(class_count-1)) / (double)class_count * (tmp1/tmp2);
        }; break;

    default: break;
    }

    return float(gamma);     //返回最佳值

} // CvGBTrees::find_optimal_value
```

下面给出 GBT 预测函数的解释。

```
float CvGBTrees::predict( const CvMat* _sample, const CvMat* _missing,
            CvMat* /*weak_responses*/, CvSlice slice, int k) const
//_sample 表示预测样本
//_missing 表示预测样本中缺失的特征属性的掩码
//weak_responses 表示得到的所有决策树的预测结果
//slice 表示使用的弱学习器的形式，如果为 Range::all()，表示应用所有的弱学习器
//k 表示对于分类问题，第 k 个分类类别的预测结果作为样本的预测结果，如果为-1，表示应用完整的 GBT 模型，
//对于回归问题，k 必须为-1
    {
        float result = 0.0f;    //表示该函数的返回值
        if (!weak) return 0.0f;    //如果 GBT 模型还没构建好，则预测结果为 0，并退出
        float* sum = new float[class_count];    //表示最终的 GBT 的预测结果
        for (int i=0; i<class_count; ++i)
            sum[i] = 0.0f;    //初始化 sum
        //定义使用的弱学习器的起始和终止
        int begin = slice.start_index;
        int end = begin + cvSliceLength( slice, weak[0] );

        pCvSeq* weak_seq = weak;    //表示弱学习器队列
        //实例化 Tree_predictor 类，该类在后面有详细的解释
        Tree_predictor predictor = Tree_predictor(weak_seq, class_count,
                                    params.shrinkage, _sample, _missing, sum);
        //并行处理，得到预测结果
        cv::parallel_for_(cv::Range(begin, end), predictor);
        //遍历所有分类类别，得到每一个分类的预测结果
        for (int i=0; i<class_count; ++i)
            sum[i] = sum[i] /** params.shrinkage*/ + base_value;
        //如果是回归问题，则预测结果为 sum[0]
        if (class_count == 1)
        {
            result = sum[0];
            delete[] sum;
            return result;
        }
        //如果 k 有定义，则第 k 个分类类别的预测结果作为该样本的预测结果
        if ((k>=0) && (k<class_count))
        {
            result = sum[k];
            delete[] sum;
            return result;
        }
        //对于分类问题，哪一类的预测结果大，则样本就属于哪一类
        float max = sum[0];    //最大值
        int class_label = 0;    //类别标签
        for (int i=1; i<class_count; ++i)    //遍历所有的类别
            if (sum[i] > max)    //找到最大值
            {
                max = sum[i];    //更新最大值
                class_label = i;    //更新类别标签
            }

        delete[] sum;    //清内存
        int orig_class_label = class_labels->data.i[class_label];    //类别标签对应的类别

        return float(orig_class_label);
    }
```

Tree_predictor 类：

```
class Tree_predictor : public cv::ParallelLoopBody
{
private:
    pCvSeq* weak;    //弱学习器
    float* sum;    //弱学习器的预测结果
    const int k;    //分类类别数量
```

```
    const CvMat* sample;     //预测样本
    const CvMat* missing;    //缺失的特征属性掩码
    const float shrinkage;   //收缩因子 v

    static cv::Mutex SumMutex;     //表示互斥

public:
    //构造函数
    Tree_predictor() : weak(0), sum(0), k(0), sample(0), missing(0), shrinkage(1.0f) {}
    Tree_predictor(pCvSeq* _weak, const int _k, const float _shrinkage,
                   const CvMat* _sample, const CvMat* _missing, float* _sum ) :
                   weak(_weak), sum(_sum), k(_k), sample(_sample),
                   missing(_missing), shrinkage(_shrinkage)
    {}

    Tree_predictor( const Tree_predictor& p, cv::Split ) :
            weak(p.weak), sum(p.sum), k(p.k), sample(p.sample),
            missing(p.missing), shrinkage(p.shrinkage)
    {}

    Tree_predictor& operator=( const Tree_predictor& )
    { return *this; }
    //重载()运算符
    virtual void operator()(const cv::Range& range) const
    {
        CvSeqReader reader;
        int begin = range.start;     //起始弱学习器
        int end = range.end;         //终止弱学习器

        int weak_count = end - begin;     //弱学习器的数量
        CvDTree* tree;     //决策树
        //如果是分类问题，遍历所有分类类别，如果是回归问题，k 为 0，只执行一次
        for (int i=0; i<k; ++i)
        {
            float tmp_sum = 0.0f;
            if ((weak[i]) && (weak_count))     //如果当前弱学习器存在
            {
                cvStartReadSeq( weak[i], &reader );     //初始化 reader 为 weak[i]
                cvSetSeqReaderPos( &reader, begin );     //从 begin 开始
                for (int j=0; j<weak_count; ++j)     //遍历所有弱学习器
                {
                    CV_READ_SEQ_ELEM( tree, reader );     //依次得到决策树 tree
                    //式(6-36)，或式(6-37)中的 ∑_{m=1}^{M} vk_m^{(k)}(x)
                    tmp_sum+=shrinkage*(float)(tree->predict(sample,missing)->value);
                }
            }

            {
                cv::AutoLock lock(SumMutex);
                sum[i] += tmp_sum;     //式(6-36)或式(6-37)的结果
            }
        }
    } // Tree_predictor::operator()
    //析构函数
    virtual ~Tree_predictor() {}

}; // class Tree_predictor
```

6.3 应用实例

假设房屋的售价仅由房屋的面积和房间的数量决定，表 6-1 是某一地区的样本统计。

表 6-1　　　　某一地区房屋样本统计情况

序号	房屋面积/m^2	房间数量	售价	序号	房屋面积/m^2	房间数量	售价
1	210.4	3	399900	15	160.0	3	329900
2	240.0	3	369000	16	141.6	2	232000
3	300.0	4	539900	17	198.5	4	299900
4	153.4	3	314900	18	142.7	3	198999
5	138.0	3	212000	19	149.4	3	242500
6	194.0	4	239999	20	200.0	3	347000
7	189.0	3	329999	21	447.8	5	699900
8	126.8	3	259900	22	230.0	4	449900
9	132.0	2	299900	23	123.6	3	199900
10	260.9	4	499998	24	303.1	4	599000
11	176.7	3	252900	25	188.8	2	255000
12	160.4	3	242900	26	196.2	4	259900
13	389.0	3	573900	27	110.0	3	249900
14	145.8	3	464500	28	252.6	3	469000

根据以上数据，可以预测房屋面积为 185.2m^2、房间数量为 4 的房屋的售价。具体程序为：

```
#include "opencv2/core/core.hpp"
#include "opencv2/highgui/highgui.hpp"
#include "opencv2/imgproc/imgproc.hpp"
#include "opencv2/ml/ml.hpp"

#include <iostream>
using namespace cv;
using namespace std;

int main( int argc, char** argv )
{
    //训练样本
    double trainingData[28][2]={{210.4, 3}, {240.0, 3}, {300.0, 4}, {153.4, 3}, {138.0, 3},
                                {194.0,4}, {189.0, 3}, {126.8, 3}, {132.0, 2}, {260.9, 4},
                                {176.7,3}, {160.4, 3}, {389.0, 3}, {145.8, 3}, {160.0, 3},
                                {141.6,2}, {198.5, 4}, {142.7, 3}, {149.4, 3}, {200.0, 3},
                                {447.8,5}, {230.0, 4}, {123.6, 3}, {303.1, 4}, {188.8, 2},
                                {196.2,4}, {110.0, 3}, {252.6, 3} };
    Mat trainingDataMat(28, 2, CV_32FC1, trainingData);
    //训练样本的响应值
    float responses[28] = {  399900, 369000, 539900, 314900, 212000, 239999, 329999,
                            259900, 299900, 499998, 252900, 242900, 573900, 464500,
                            329900, 232000, 299900, 198999, 242500, 347000, 699900,
                            449900, 199900, 599000, 255000, 259900, 249900, 469000};
    Mat responsesMat(28, 1, CV_32FC1, responses);
    //设置参数
    CvGBTreesParams params;
    params.loss_function_type = CvGBTrees::ABSOLUTE_LOSS;
    params.weak_count = 10;
    params.shrinkage = 0.01f;
    params.subsample_portion = 0.8f;
    params.max_depth = 3;
    params.use_surrogates = false;

    CvGBTrees gbt;     //训练样本
    gbt.train(trainingDataMat,CV_ROW_SAMPLE,responsesMat,Mat(),Mat(),Mat(),Mat(),params;
    double sampleData[2]={185.4, 4};      //待预测样本
```

```
    Mat sampleMat(2, 1, CV_32FC1, sampleData);

    float r = gbt.predict(sampleMat);    //预测
    cout<<endl<<"result:  "<<r<<endl;

    return 0;
}
```

最终的输出值为：

```
result:  312376
```

第7章 随机森林

7.1 原理分析

随机森林（Random Forest）的思想最早由 Ho 于 1995 年首次提出，后来 Breiman 完整系统地发展了该算法，并命名为随机森林，而且他和他的博士学生兼同事 Cutler 把 Random Forest 注册成了商标，这可能也是 OpenCV 把该算法命名为 Random Trees 的原因。

一片森林由许多棵树组成，森林中的每棵树可以说是彼此不相关的。也就是说，每棵树的生长完全是由自身条件决定的。只有保持树木的多样性，森林才能更好地生长下去。随机森林算法与自然界中的森林相类似，它由许多决策树组成，每棵决策树之间是不相关的。而随机森林算法的独特性就体现在“随机”这两个字上：通过随机抽取得到不同的样本，来构建每棵决策树；决策树每个节点的最佳分叉属性从由随机得到的特征属性集合中选取。下面详细介绍这两次随机过程。

虽然在生成每棵决策树的时候，使用的是相同的参数，但使用的是不同的训练集合，这些训练集合是从全体训练样本中随机得到的，这一过程称为 bootstrap 过程，得到的随机子集称为 bootstrap 集合，而在 bootstrap 集合的基础上聚集得到的学习模型的过程称为 Bagging（Bootstrap aggregating），那些不在 bootstrap 集合中的样本称为 OOB（Out Of Bag）。Bootstrap 过程为：从全部 N 个样本中，有放回地随机抽取 S 次（在 OpenCV 中，$S=N$），由于是有放回地抽取，所以肯定会出现同一个样本被抽取多次的现象，因此即使 $S=N$，也会存在 OOB。可以计算 OOB 样本所占比率：每个样本被抽取的概率为 $1/N$，未被抽取的概率为（$1-1/N$），抽取 S 次仍然没有被抽到的概率就为（$1-1/N$）^{S}，如果 S 和 N 都趋于无穷大，则（$1-1/N$）$^S \approx e^{-1} = 0.368$，即 OOB 样本所占全部样本约为 36.8%，被抽取到的样本为 63.2%。随机森林中的每棵决策树的 bootstrap 集合是不完全相同的，因此每棵决策树的 OOB 集合也是不完全相同的，所以对于训练集合中的某个样本来说，它可能属于决策树 T_i 的 bootstrap 集合，而属于决策树 T_j 的 OOB 集合。

因为在生成每棵决策树之前，都要进行 bootstrap 过程，而每次 bootstrap 过程所得到的 bootstrap 集合都会不同，所以保证了每棵决策树的不相关以及不相同。

为了进一步保证决策树的多样性，Breiman 又提出了第二个随机性。一般的决策树是在全部特征属性中进行计算，从而得到最佳分叉属性，决策树的节点依据该属性进行分叉。而随机森林的决策树的最佳分叉属性是在一个特征属性随机子集内进行计算得到的。在全部 p 个特征属性中，随机选择 q 个特征属性，对于分类问题，q 可以为 p 的平方根，对于回归问题，q 可以为 p 的三分之一。对于随机森林中的所有决策树，随机子集内的特征属性的数量 q 是固定不变的，但不同的决策树，这 q 个特征属性不同，而对于同一棵决策树，它的全部节点应用的是同一个随机子集。另外，由于 q 远小于 p，所以构建决策树时无需剪枝。

以上内容是在训练过程中，随机森林与其他基于决策树算法的不同之处。而在预测过程中，方法基本相同，预测样本作用于所有的决策树，对于分类问题，利用投票的方式，最多得票数的分类结果即预测样本的分类。对于回归问题，所有决策树结果的平均值即预测值。

再回到前面的训练过程中，为什么我们要使用 Bagging 方法？因为使用 Bagging 方法可以减小训练过程中的噪声和偏差，并且更重要的是，它还可以评估预测的误差和衡量特征属性的重要程度。

评估机器学习算法的预测误差的常用方法是交叉验证法，但该方法费时。而 Bagging 方法不需要交叉验证法，我们可以计算 OOB 误差，即利用那些 36.8%的 OOB 样本来评估预测误差。已经得到证明，OOB 误差是可以代替 bootstrap 集合误差的，并且其结果近似于交叉验证。OOB 误差的另一个特点是，它的计算是在训练的过程中同步得到的，即每得到一棵决策树，就可以根据该决策树来调整由前面的决策树得到的 OOB 误差。

对于分类问题，它的 OOB 误差计算的方法和步骤为：

- 构建生成了决策树 T_k，$k=1, 2, \cdots, K$。

① 用 T_k 预测 T_k 的 OOB 样本的分类结果。

② 更新所有训练样本的 OOB 预测分类结果的次数（如样本 $\boldsymbol{x}_i$ 是 T_1 的 OOB 样本，则它有一个预测结果，而它是 T_2 的 bootstrap 集合内的样本，则此时它没有预测结果）。

③ 对所有样本，把每个样本的预测次数最多的分类作为该样本在 T_k 时的预测结果。

④ 统计所有训练样本中预测错误的数量。

⑤ 该数量除以 T_k 的 OOB 样本的数量作为 T_k 时的 OOB 误差。

对于回归问题，它的 OOB 误差计算的方法和步骤为：

- 构建生成了决策树 T_k，$k=1, 2, \cdots, K$。

① 用 T_k 预测 T_k 的 OOB 样本的回归值。

② 累加所有训练样本中的 OOB 样本的预测值。

③ 对所有样本，计算 T_k 时的每个样本的平均预测值，即预测累加值除以被预测的次数。

④ 累加每个训练样本平均预测值与真实响应值之差的平方。

⑤ 该平方累加和除以 T_k 的 OOB 样本的数量作为 T_k 时的 OOB 误差。

很显然，随着决策树的增多，OOB 误差会趋于缩小，因此我们可以设置一个精度 ε，当 T_k 的 OOB 误差小于 ε 时，可以提前终止迭代过程，即不必再生成 T_{k+1} 及以后的决策树了。

不仅能够预测样本，而且还能够得到样本的哪个特征属性对预测起到决定作用，即特征属性的重要性，该内容也是机器学习的一项主要任务，并且在实际应用中越来越重要。Bagging 方法在随机森林中的另一个作用就是可以计算特征属性的重要程度。目前有两种主要的方法用于计算特征属性的重要性：Gini 法和置换法。Gini 法依据的是不纯度减小的原则，而这里我们重点介绍置换法。

置换法依据的原则是：样本的某个特征属性越重要，那么改变该特征属性的值，则该样本的预测值就越容易出现错误。置换法是通过置换两个样本的相同特征属性的值来改变特征属性的，它的具体方法是：在决策树 T_k 的 OOB 集合中随机选择两个样本 $\boldsymbol{x}_i=(x_{i,1},x_{i,2},\cdots,x_{i,p})$ 和 $\boldsymbol{x}_j=(x_{j,1},x_{j,2},\cdots,x_{j,p})$，每个样本具有 p 个特征属性，这两个样本的响应值分别为 y_i 和 y_j，而用 T_k 对这两个样本的预测值分别为 $\hat{y}_i^{(k)}$ 和 $\hat{y}_i^{(k)}$，设该 OOB 集合中一共有 m_k 个样本。我们衡量第 q 个特征属性的重要性，则置换 $\boldsymbol{x}_i$ 和 $\boldsymbol{x}_j$ 中的 $x_{i,q}$ 和 $x_{j,q}$，置换后的样本为 $\boldsymbol{x}_{i,jq}=(x_{i,1},\cdots,x_{j,q},\cdots,x_{i,p})$ 和 $\boldsymbol{x}_{j,iq}=(x_{j,1},\cdots,x_{i,q},\cdots,x_{j,p})$。依据该方法，对 OOB 集合共置换 m_k 次，则最终 $\boldsymbol{x}_i$ 置换的结果为 $\boldsymbol{x}_{i,\pi q}=(x_{i,1},\cdots,x_{\pi i,q},\cdots,x_{i,p})$。用 T_k 对 $\boldsymbol{x}_{i,\pi q}$ 的预测值为 $\hat{y}_{i,\pi q}^{(k)}$。对于分类问题，如果 $\hat{y}_{i,\pi q}^{(k)}=y_i$，说明改变第 q 个特征属性的值，并不改变最终的响应值，也就是第 q 个特征属性对 T_k 来说不是很重要，而如

果 $\hat{y}_{i,\pi q}^{(k)} \neq y_i$，说明改变第 q 个特征属性的值会改变最终的响应值，因此该特征属性重要。式（7-1）为这种重要程度的量化形式：

$$VI_q^{(k)} = \frac{\sum_{i \in m_k} I\left(y_i = \hat{y}_i^{(k)}\right) - \sum_{i \in m_k} I\left(y_i = \hat{y}_{i,\pi q}^{(k)}\right)}{m_k} \tag{7-1}$$

式中，分子中的第一项表示对 OOB 中，预测正确的样本的数量，分子中的第二项表示置换后预测正确的样本数量。而对于回归问题，它的重要程度的量化形式为：

$$VI_q^{(k)} = \frac{\sum_{i \in m_k} \mathrm{e}^{-\left(\frac{y_i - \hat{y}_i^{(k)}}{A}\right)^2} - \sum_{i \in m_k} \mathrm{e}^{-\left(\frac{y_i - \hat{y}_{i,\pi q}^{(k)}}{A}\right)^2}}{m_k} \tag{7-2}$$

式中，

$$A = \max_{i \in N} |y_i| \tag{7-3}$$

如果第 q 个特征属性不属于 T_k，则 $VI_q^{(k)} = 0$。对随机森林中的所有决策树都应用式（7-1）或式（7-2）计算第 q 个特征属性的重要性，则取平均得到整个随机森林对第 q 个特征属性的重要程度的量化形式为：

$$VI_q = \frac{\sum_{i=1}^{K} VI_q^{(i)}}{K} \tag{7-4}$$

最后，对所有的特征属性的重要程度进行归一化处理，则第 q 个特征属性的归一化为：

$$VI_{q^{(1)}} = \frac{VI_q}{\sum_{i=1}^{p} VI_i} \tag{7-5}$$

至从随机森林提出以来，该算法已成为一种流行且广泛使用的非参数回归应用的工具。Breiman 对该算法总结了以下一些特点：

- 在目前所有的机器学习算法中，具有无法比拟的预测精度。
- 能够有效地处理大型数据库。
- 不需要任何的特征属性的删减，就能够处理具有上千种特征属性的样本。
- 能够给出特征属性的重要程度。
- 在随机森林的构建过程中，就可以得到泛化误差的内部无偏估计。
- 即使包含一定比例的缺失特征属性的样本，也能够得到准确的预测。
- 在样本种群不均衡的数据库中，也能够平衡这种情况。
- 构建好的随机森林可以被保存下来，供以后的其他数据的使用。

7.2 源码解析

先给出表示随机森林参数的类的一个构造函数：

```
CvRTParams::CvRTParams( int _max_depth, int _min_sample_count,
                        float _regression_accuracy, bool _use_surrogates,
                        int _max_categories, const float* _priors, bool _calc_var_
importance,
                        int _nactive_vars, int max_num_of_trees_in_the_forest,
                        float forest_accuracy, int termcrit_type ) :
```

```
    CvDTreeParams( _max_depth, _min_sample_count, _regression_accuracy,
                   _use_surrogates, _max_categories, 0,
                   false, false, _priors ),
    calc_var_importance(_calc_var_importance),
    nactive_vars(_nactive_vars)
{
    term_crit = cvTermCriteria(termcrit_type,
        max_num_of_trees_in_the_forest, forest_accuracy);
}
```

_max_depth 表示决策树的深度，该值的大小严重影响拟合的效果。

_min_sample_count 表示决策树节点的最小样本数，如果节点的样本数小于该值，则该节点不再分叉，一般该值为样本总数的 1%。

_regression_accuracy 表示终止构建回归树的一个条件，回归树的响应值的精度如果达到该值，则无需再分叉。该值不能小于 0，否则报错。

_use_surrogates 表示是否使用替代分叉节点。

_max_categories 表示特征属性为类的形式的最大的类的数量。

_priors 表示决策树的特征属性的先验概率。

以上几个参数是用于构建决策树时的参数 CvDTreeParams，其中 0 表示不使用交叉验证方法，两个 false 分别表示不应用 1SE 规则和不移除被剪掉的节点。

_calc_var_importance 表示是否计算特征属性的重要程度。

_nactive_vars 表示用于寻找最佳分叉属性的每个节点的随机特征属性的数量，如果该值设置为 0，则表示该值为样本的全部特征属性的平方根。

max_num_of_trees_in_the_forest 表示森林中决策树的最大数量，也就是最大迭代次数，因为每迭代一次，就会得到一棵决策树。通常来说，决策树越多，预测越准确，但决策树的数量达到一定程度后，准确度的增长会减小，甚至趋于不变。另一方面，预测时间是与决策树的数量呈线性关系的。

forest_accuracy 表示 OOB 误差的精度要求。

termcrit_type 表示随机森林构建的终止准则，CV_TERMCRIT_ITER 以决策树达到 max_num_of_trees_in_ the_forest 为终止条件；CV_TERMCRIT_EPS 以精度到达 forest_accuracy 为终止条件；CV_TERMCRIT_ITER | CV_TERMCRIT_EPS 为任一条件达到即终止。

默认的 CvRTParams 构造函数如下：

```
CvRTParams::CvRTParams() : CvDTreeParams( 5, 10, 0, false, 10, 0, false, false, 0 ),
    calc_var_importance(false), nactive_vars(0)
{
    term_crit = cvTermCriteria( CV_TERMCRIT_ITER+CV_TERMCRIT_EPS, 50, 0.1 );
}
```

下面为随机森林模型的类 CvRTrees，它的构造函数如下：

```
CvRTrees::CvRTrees()
{
    nclasses          = 0;     //表示分类类别数量
    oob_error         = 0;     //表示 OOB 误差
    ntrees            = 0;     //表示决策树的数量
    trees             = NULL;     //表示决策树
    data              = NULL;     //表示用于构建决策树的样本数据
    active_var_mask   = NULL;     //表示随机特征属性的掩码
    var_importance    = NULL;     //表示特征属性的重要性
    rng = &cv::theRNG();     //实例化 rng，表示随机数
    default_model_name = "my_random_trees";
}
```

下面是训练随机森林的函数：

```
bool CvRTrees::train( const CvMat* _train_data, int _tflag,
                              const CvMat* _responses, const CvMat* _var_idx,
                              const CvMat* _sample_idx, const CvMat* _var_type,
                              const CvMat* _missing_mask, CvRTParams params )
//_train_data 训练样本数据，必须为 32FC1 类型的矩阵形式
//_tflag 训练数据的特征属性类型，如果为 CV_ROW_SAMPLE，表示样本是以行的形式储存的，即_train_data
//矩阵的每一行为一个样本；如果为 CV_COL_SAMPLE，表示样本是以列的形式储存的
//_responses 样本的结果，即响应值，该值必须是 32SC1 或 32FC1 类型的一维矩阵（即矢量）的形式，并且元
//素的数量必须与训练样本数据_train_data 的样本数一致
//_var_idx 标识感兴趣的特征属性，即真正用于训练的那些特征属性，该值的形式与_sample_idx 变量相似
//*_sample_idx 标识感兴趣的样本，即真正用于训练的样本，该值必须是一维矩阵的形式，即矢量的形式，并且
类型必须是 8UC1、8SU1 或者 32SC1。如果为 8UC1 或 8SU1，则该值的含义是用掩码的形式表示对应的样本，即 0
表示不感兴趣的样本，其他数为感兴趣的样本，因此矢量的元素数量必须与训练样本数据_train_data 的样本数一
致；如果为 32SC1，则该值的含义是那些感兴趣的样本的索引，而不感兴趣的样本的索引不在该矢量中出现，因此
该矢量的元素数量可以小于或等于_train_data 的样本数*//
//*_var_type 特征属性的形式，是类的形式，还是数值的形式，用掩码的形式来表现，0 表示为数值的形式，1 表
示为类的形式。该值必须是一维矩阵，并且元素的数量必须是真正用于训练的那些特征属性的数量加 1，多余的一个
元素表示的是响应值的形式，即是分类树，还是回归树*//
//_missing_mask 缺失的特征属性，用掩码的形式表现对应的特征属性，0 表示没有缺失，而且必须与_train_data
//的矩阵尺寸大小一致
//params 为构建随机森林的参数
{
     clear();     //清空一些全局变量
     //得到用于构建决策树的参数
     CvDTreeParams tree_params( params.max_depth, params.min_sample_count,
         params.regression_accuracy, params.use_surrogates, params.max_categories,
         params.cv_folds, params.use_1se_rule, false, params.priors );

     data = new CvDTreeTrainData();     //实例化 data
     //得到用于构建决策树的样本数据
     data->set_data( _train_data, _tflag, _responses, _var_idx,
        _sample_idx, _var_type, _missing_mask, tree_params, true);

     int var_count = data->var_count;     //表示特征属性的数量
     //随机特征属性的数量 nactive_vars 一定不能大于全部特征属性的数量 var_count
     if( params.nactive_vars > var_count )
           params.nactive_vars = var_count;
     //如果 nactive_vars 为 0，则 nactive_vars 重新赋值为 var_count 的平方根
     else if( params.nactive_vars == 0 )
           params.nactive_vars = (int)sqrt((double)var_count);
     else if( params.nactive_vars < 0 )     //如果 nactive_vars 小于 0，则报错
           CV_Error( CV_StsBadArg, "<nactive_vars> must be non-negative" );

     //创建一个用于特征属性掩码的变量
     active_var_mask = cvCreateMat( 1, var_count, CV_8UC1 );
     //如果 calc_var_importance 为 true，则创建一个用于表示特征属性重要性的变量
     if( params.calc_var_importance )
     {
           var_importance  = cvCreateMat( 1, var_count, CV_32FC1 );
           cvZero(var_importance);     //初始化为 0
     }
     { // initialize active variables mask
           CvMat submask1, submask2;
           //确保全部特征属性的数量不能小于 1，随机特征属性的数量不能小于 0，并且前者不能小于后者
           CV_Assert( (active_var_mask->cols >= 1) && (params.nactive_vars > 0) &&
           (params.nactive_vars <= active_var_mask->cols) );
           //对于 active_var_mask 矩阵，前 nactive_vars 列的所有元素赋值为 1，其余的赋值为 0
           cvGetCols( active_var_mask, &submask1, 0, params.nactive_vars );
           cvSet( &submask1, cvScalar(1) );
           if( params.nactive_vars < active_var_mask->cols )
           {
                 cvGetCols( active_var_mask, &submask2, params.nactive_vars, var_count );
                 cvZero( &submask2 );
           }
     }
     //调用 grow_forest 函数，由决策树构建森林
     return grow_forest( params.term_crit );
}
```

生成随机森林的函数 grow_forest：

```
bool CvRTrees::grow_forest( const CvTermCriteria term_crit )
{
    //表示用于构建单棵决策树的随机样本的掩码，抽取到的样本掩码为 0xFF，否则为 0
    CvMat* sample_idx_mask_for_tree = 0;
    //表示用于构建单棵决策树的随机样本，该矩阵存储的是这些样本在全部样本中的索引值
    CvMat* sample_idx_for_tree      = 0;

    const int max_ntrees = term_crit.max_iter;     //得到最大的迭代次数
    const double max_oob_err = term_crit.epsilon;     //得到 OOB 误差精度

    const int dims = data->var_count;     //得到样本的特征属性的数量
    float maximal_response = 0;     //表示最大的响应值，即式(7-3)中的参数 A
    //表示 OOB 样本的响应值的投票结果，用于分类问题
    CvMat* oob_sample_votes     = 0;
    CvMat* oob_responses        = 0;     //OOB 样本的响应值，用于回归问题

    float* oob_samples_perm_ptr= 0;     //OOB 样本的置换指针

    float* samples_ptr     = 0;     //表示样本矩阵的首地址指针
    uchar* missing_ptr     = 0;     //表示缺失特征属性矩阵的首地址指针
    float* true_resp_ptr   = 0;     //表示样本响应值矩阵的首地址指针
    //该标识变量表示应用 OOB 误差精度或需要计算特征属性重要程度
    bool is_oob_or_vimportance = (max_oob_err > 0 && term_crit.type != CV_TERMCRIT_ITER)
    || var_importance;

    // oob_predictions_sum[i] = sum of predicted values for the i-th sample
    // oob_num_of_predictions[i] = number of summands
    //                            (number of predictions for the i-th sample)
    // initialize these variable to avoid warning C4701
    //oob_predictions_sum 表示某个训练样本在所有决策树 OOB 集合中的预测值累加和
    CvMat oob_predictions_sum = cvMat( 1, 1, CV_32FC1 );
    //oob_num_of_predictions 表示某个训练样本在所有决策树 OOB 集合中的被预测数量
    CvMat oob_num_of_predictions = cvMat( 1, 1, CV_32FC1 );

    nsamples = data->sample_count;     //表示样本的全体数量
    nclasses = data->get_num_classes();     //表示分类问题的样本分类类别数量

    if ( is_oob_or_vimportance )     //该变量为真
    {
        if( data->is_classifier )     //分类问题
        {
            //创建 oob_sample_votes 变量，矩阵大小为样本总数×分类类别数
            oob_sample_votes = cvCreateMat( nsamples, nclasses, CV_32SC1 );
            cvZero(oob_sample_votes);     //初始化为 0
        }
        else     //回归问题
        {
            // oob_responses[0,i] = oob_predictions_sum[i]
            //    = sum of predicted values for the i-th sample
            // oob_responses[1,i] = oob_num_of_predictions[i]
            //    = number of summands (number of predictions for the i-th sample)
            //创建 oob_responses 变量，矩阵大小为 2×样本总数，其中 oob_responses[0,i]=
            //oob_predictions_sum[i]oob_responses[1,i]=oob_num_of_predictions[i]
            oob_responses = cvCreateMat( 2, nsamples, CV_32FC1 );
            cvZero(oob_responses);     //初始化为 0
            //oob_predictions_sum 指向矩阵 oob_responses 的第 0 行
            cvGetRow( oob_responses, &oob_predictions_sum, 0 );
            //oob_num_of_predictions 指向矩阵 oob_responses 的第 1 行
            cvGetRow( oob_responses, &oob_num_of_predictions, 1 );
        }
        //分配空间给下面 4 个变量
        oob_samples_perm_ptr     = (float*)cvAlloc( sizeof(float)*nsamples*dims );
        samples_ptr              = (float*)cvAlloc( sizeof(float)*nsamples*dims );
        missing_ptr              = (uchar*)cvAlloc( sizeof(uchar)*nsamples*dims );
        true_resp_ptr             = (float*)cvAlloc( sizeof(float)*nsamples );
        //从样本数据中得到指针 samples_ptr、missing_ptr 和 true_resp_ptr
        data->get_vectors( 0, samples_ptr, missing_ptr, true_resp_ptr );
```

```
        double minval, maxval;
        //定义并得到样本的响应值
        CvMat responses = cvMat(1, nsamples, CV_32FC1, true_resp_ptr);
        //得到响应值中的最大值maxval和最小值minval，minval有可能是负数
        cvMinMaxLoc( &responses, &minval, &maxval );
        //式（7-3）
        maximal_response = (float)MAX( MAX( fabs(minval), fabs(maxval) ), 0 );
}
//为trees分配内存空间
trees = (CvForestTree**)cvAlloc( sizeof(trees[0])*max_ntrees );
memset( trees, 0, sizeof(trees[0])*max_ntrees );    //决策树trees初始化为0
//创建下面两个变量
sample_idx_mask_for_tree = cvCreateMat( 1, nsamples, CV_8UC1 );
sample_idx_for_tree      = cvCreateMat( 1, nsamples, CV_32SC1 );

ntrees = 0;     //决策树的索引值，先初始化为0
//进入构建随机森林的循环体中
while( ntrees < max_ntrees )     //满足最大迭代次数时，结束迭代
{
    //oob_samples_count用于OOB样本计数
    int i, oob_samples_count = 0;
    //分类问题，该值表示式（7-1）中分子的第一项；回归问题，为式（7-2）中分子的第一项
    double ncorrect_responses = 0; // used for estimation of variable importance
    CvForestTree* tree = 0;     //实例化CvForestTree类，表示当前要构建的决策树

    cvZero( sample_idx_mask_for_tree );     //初始化0
    //遍历所有样本，得到用于构建决策树的样本
    for(i = 0; i < nsamples; i++ ) //form sample for creation one tree
    {
        //在全体样本中，有放回地随机抽取一个样本，一共抽取nsamples次
        //idx为一个不大于nsamples的随机整数，该语句的含义是随机抽取某个样本，idx表示该
        //样本的索引值
        int idx = (*rng)(nsamples);
        sample_idx_for_tree->data.i[i] = idx;     //赋值样本的索引值
        sample_idx_mask_for_tree->data.ptr[idx] = 0xFF;     //该样本的掩码
    }

    trees[ntrees] = new CvForestTree();     //实例化随机森林
    tree = trees[ntrees];     //决策树赋值
    //*训练单棵决策树，它首先调用CvForestTree类中的train虚函数，而最终调用的是CvDTree类
    的do_train函数，该函数的详细讲解见第4章的内容。但这里在执行do_train函数时，会调用
    CvForestTree类中的find_best_split函数，该函数在后面会有详细的介绍*//
    tree->train( data, sample_idx_for_tree, this );

    if ( is_oob_or_vimportance )     //如果该变量为true
    {
        //sample表示当前样本，missing表示缺失的特征属性
        CvMat sample, missing;
        // form array of OOB samples indices and get these samples
        sample  = cvMat( 1, dims, CV_32FC1, samples_ptr );
        missing = cvMat( 1, dims, CV_8UC1,  missing_ptr );

        oob_error = 0;     //初始化为0
        for( i = 0; i < nsamples; i++,
            sample.data.fl += dims, missing.data.ptr += dims )    //遍历所有样本
        {
            CvDTreeNode* predicted_node = 0;     //表示预测结果的叶节点
            // check if the sample is OOB
            //判断当前的样本是否用于构建当前决策树，如果是，则遍历下一个样本
            if( sample_idx_mask_for_tree->data.ptr[i] )
                continue;

            //得到当前OOB样本的预测结果的叶节点
            if( !predicted_node )
                predicted_node = tree->predict(&sample, &missing, true);

            if( !data->is_classifier ) //regression回归问题
            {
```

```
                //resp 为当前样本的预测值，avg_resp 为响应值的平均值
                double avg_resp, resp = predicted_node->value;
                //OOB 误差步骤的第②步，第 i 个样本的预测值的累加和
                oob_predictions_sum.data.fl[i] += (float)resp;
                oob_num_of_predictions.data.fl[i] += 1; //第 i 个样本被预测的次数

                //OOB 误差步骤的第③步，计算平均预测值
                avg_resp = oob_predictions_sum.data.fl[i]/oob_num_of_
                predictions.data.fl[i];
                //样本平均预测值与真实响应值之差
                avg_resp -= true_resp_ptr[i];
                //OOB 误差步骤的第④步
                oob_error += avg_resp*avg_resp;
                //式（7-2）中分子第一项中的 e 的指数部分
                resp = (resp - true_resp_ptr[i])/maximal_response;
                //式（7-2）中分子第一项内容
                ncorrect_responses += exp( -resp*resp );
            }
            else //classification 分类问题
            {
                double prdct_resp;     //表示预测结果
                CvPoint max_loc;     //表示最多得票值的位置
                CvMat votes;     //表示投票结果
                //votes 为 oob_sample_votes 矩阵的第 i 行，即当前样本的分类
                cvGetRow(oob_sample_votes, &votes, i);
                //OOB 误差步骤的第②步，统计 OOB 预测分类结果的次数
                votes.data.i[predicted_node->class_idx]++;

                // compute oob error
                //max_loc 表示当前样本预测次数最多的分类的位置
                cvMinMaxLoc( &votes, 0, 0, 0, &max_loc );
                //得到当前样本预测分类结果的映射值，OOB 误差步骤的第③步
                prdct_resp = data->cat_map->data.i[max_loc.x];
                //OOB 误差步骤的第④步，统计预测错误的数量
                oob_error+=(fabs(prdct_resp-true_resp_ptr[i])<FLT_EPSILON)?0:1;
                //统计当前决策树的 OOB 样本预测正确的样本数，式（7-1）中分子的第一项内容
                ncorrect_responses+=cvRound(predicted_node->value-
                true_resp_ptr[i]) == 0;
            }
            oob_samples_count++;     //OOB 样本计数
        }    //遍历所有样本结束
        //OOB 误差步骤的第⑤步
        if( oob_samples_count > 0 )
            oob_error /= (double)oob_samples_count;

        //评估特征属性的重要程度
        if( var_importance && oob_samples_count > 0 )
        {
            int m;     //用于特征属性的循环索引
            //赋值样本数据 samples_ptr 给 oob_samples_perm_ptr
            memcpy(oob_samples_perm_ptr,samples_ptr,dims*nsamples*sizeof(float));
            for( m = 0; m < dims; m++ )     //遍历所有的特征属性
            {
                //该值表示式（7-1）或式（7-2）中分子的第二项内容
                double ncorrect_responses_permuted = 0;
                //指向第 m 个特征属性
                float* mth_var_ptr = oob_samples_perm_ptr + m;
                //所有 OOB 样本的第 m 个特征属性都要随机置换
                for( i = 0; i < nsamples; i++ )     //遍历所有样本
                {
                    int i1, i2;
                    float temp;
                    //当前样本不是 OOB，则继续遍历下一个样本
                    if(sample_idx_mask_for_tree->data.ptr[i])
                    //the sample is not OOB
                        continue;
                    //在全体样本中，随机得到两个样本 i1 和 i2
                    i1 = (*rng)(nsamples);
                    i2 = (*rng)(nsamples);
```

```
                        //置换这两个样本在第 m 个特征属性的值
                        CV_SWAP( mth_var_ptr[i1*dims], mth_var_ptr[i2*dims], temp );

                        //下面语句的作用是保持第 m-1 个特征属性（上一次的迭代）不置换，也
                        //就是每次只置换一个特征属性
                        if( m > 1 )
                            oob_samples_perm_ptr[i*dims+m-1]=samples_ptr[i*dims+m-1];
                    }

                    //重新赋值置换以后的样本
                    sample  = cvMat( 1, dims, CV_32FC1, oob_samples_perm_ptr );
                    missing = cvMat( 1, dims, CV_8UC1, missing_ptr );
                    for( i = 0; i < nsamples; i++,      //遍历所有样本
                        sample.data.fl += dims, missing.data.ptr += dims )
                    {
                        double predct_resp, true_resp;
                        //当前样本不是 OOB，则继续遍历下一个样本
                        if( sample_idx_mask_for_tree->data.ptr[i])
                        //the sample is not OOB
                            continue;
                        //得到当前置换后样本的预测值
                        predct_resp = tree->predict(&sample, &missing, true)->value;
                        true_resp   = true_resp_ptr[i];     //置换前样本的响应值
                        if( data->is_classifier )     //分类问题
                            //统计置换后预测正确的样本数量，式（7-1）分子的第二项内容
                            ncorrect_responses_permuted += cvRound(true_resp
                            - predct_resp) == 0;
                        else     //回归问题
                        {
                            //式（7-2）分子的第二项中 e 的指数部分
                            true_resp = (true_resp - predct_resp)/maximal_response;
                            //式（7-2）分子的第二项内容
                            ncorrect_responses_permuted+=exp(-true_resp*true_resp);
                        }
                    }
                    //式（7-1）或式（7-2），以及式（7-4），因为后面要进行归一化，所以无需除法
                    var_importance->data.fl[m] += (float)(ncorrect_responses
                        - ncorrect_responses_permuted);
                }
            }
        }
        ntrees++;      //迭代次数加 1，即决策树的数量加 1
        //如果满足 OOB 误差的精度要求，则提前退出迭代，即结束 while 循环
        if( term_crit.type != CV_TERMCRIT_ITER && oob_error < max_oob_err )
            break;
    }     //while 循环结束
    //归一化 var_importance，即归一化各个特征属性的重要性程度
    if( var_importance )
    {
        for ( int vi = 0; vi < var_importance->cols; vi++ )
            var_importance->data.fl[vi] = ( var_importance->data.fl[vi] > 0 ) ?
                var_importance->data.fl[vi] : 0;
        cvNormalize( var_importance, var_importance, 1., 0, CV_L1 );
    }
    //清空一些变量
    cvFree( &oob_samples_perm_ptr );
    cvFree( &samples_ptr );
    cvFree( &missing_ptr );
    cvFree( &true_resp_ptr );

    cvReleaseMat( &sample_idx_mask_for_tree );
    cvReleaseMat( &sample_idx_for_tree );

    cvReleaseMat( &oob_sample_votes );
    cvReleaseMat( &oob_responses );

    return true;
}
```

随机森林算法中，在每棵决策树构建过程中，最佳分叉属性不是从全体特征属性中得到，而是从随机选取的一部分特征属性中得到的，因此这部分程序不能应用通用的决策树程序，而是需要改写这部分内容。以下是专用于随机森林算法中最佳分叉属性选取的函数。

```
CvDTreeSplit* CvForestTree::find_best_split( CvDTreeNode* node )
{
    CvMat* active_var_mask = 0;     //表示随机特征属性的掩码
    if( forest )     //已构建了随机森林
   {
        int var_count;     //全部特征属性的数量
        //得到随机数的分布类型，是均匀分布（UNIFORM），还是高斯正态分布（NORMAL）
        CvRNG* rng = forest->get_rng();

        active_var_mask = forest->get_active_var_mask();     //得到随机特征属性的掩码
        var_count = active_var_mask->cols;     //得到全部特征属性的数量

        CV_Assert( var_count == data->var_count );     //确保 var_count 正确
        //*遍历所有的特征属性，随机得到 nactive_vars 个特征属性，在 active_var_mask 向量中，前
        nactive_vars 项为 1，其余为 0。下面的语句通过随机调整向量元素的位置，实现了打乱那些值
        为 1 的元素的位置，从而达到随机得到 nactive_vars 个特征属性的目的*//
        for( int vi = 0; vi < var_count; vi++ )
        {
            uchar temp;
            //随机得到两个不大于 var_count 的值，用于表示随机得到的特征属性
            int i1 = cvRandInt(rng) % var_count;
            int i2 = cvRandInt(rng) % var_count;
            //交换这两个特征属性的位置
            CV_SWAP( active_var_mask->data.ptr[i1],
               active_var_mask->data.ptr[i2], temp );
        }
    }
    //实例化 ForestTreeBestSplitFinder 类
    cv::ForestTreeBestSplitFinder finder( this, node );
    //并行处理，调用 ForestTreeBestSplitFinder 类的重载( )运算符，见后面的介绍
    cv::parallel_reduce(cv::BlockedRange(0, data->var_count), finder);

    CvDTreeSplit *bestSplit = 0;     //表示最佳分叉属性
    if( finder.bestSplit->quality > 0 )     //得到了最佳分叉属性
    {
        bestSplit = data->new_split_cat( 0, -1.0f );
        memcpy( bestSplit, finder.bestSplit, finder.splitSize );
    }

    return bestSplit;     //返回最佳分叉属性
}
```

重载 ForestTreeBestSplitFinder 类的( )运算符：

```
void ForestTreeBestSplitFinder::operator()(const BlockedRange& range)
{
    int vi, vi1 = range.begin(), vi2 = range.end();     //作用范围为全部特征属性
    int n = node->sample_count;     //该节点的样本数量
    CvDTreeTrainData* data = tree->get_data();     //得到样本数据
    AutoBuffer<uchar> inn_buf(2*n*(sizeof(int) + sizeof(float)));     //开辟内存空间

    CvForestTree* ftree = (CvForestTree*)tree;     //实例化 CvForestTree 类
    //得到随机特征属性的掩码
    const CvMat* active_var_mask = ftree->forest->get_active_var_mask();

    for( vi = vi1; vi < vi2; vi++ )     //遍历所有特征属性
    {
        CvDTreeSplit *res;     //表示分叉属性
        int ci = data->var_type->data.i[vi];     //得到当前特征属性的值
        //如果该节点不具有当前特征属性，或当前特征属性不在随机得到的特征属性集合中，则继续下一个
        //特征属性的遍历
        if( node->num_valid[vi] <= 1
            || (active_var_mask && !active_var_mask->data.ptr[vi]) )
            continue;
```

```
        if( data->is_classifier )     //分类问题
        {
            if( ci >= 0 )     //当前特征属性为类别型特征属性
                res = ftree->find_split_cat_class( node, vi, bestSplit->quality,
                split, (uchar*)inn_buf );     //找到最佳分叉属性
            else     //当前特征属性为数值型特征属性
                res = ftree->find_split_ord_class( node, vi, bestSplit->quality,
                split, (uchar*)inn_buf );     //找到最佳分叉属性
        }
        else     //回归问题
        {
            if( ci >= 0 )     //当前特征属性为类别型特征属性
                res = ftree->find_split_cat_reg( node, vi, bestSplit->quality,
                split, (uchar*)inn_buf );     //找到最佳分叉属性
            else     //当前特征属性为数值型特征属性
                res = ftree->find_split_ord_reg( node, vi, bestSplit->quality,
                split, (uchar*)inn_buf );     //找到最佳分叉属性
        }
        //得到最佳分叉属性 bestSplit
        if( res && bestSplit->quality < split->quality )
              memcpy( (CvDTreeSplit*)bestSplit, (CvDTreeSplit*)split, splitSize );
    }
}
```

下面给出随机森林的预测函数：

```
float CvRTrees::predict( const CvMat* sample, const CvMat* missing ) const
{
    double result = -1;     //表示预测结果，该函数的返回值
    int k;

    if( nclasses > 0 ) //classification 分类问题
    {
        int max_nvotes = 0;     //表示最多投票数
        cv::AutoBuffer<int> _votes(nclasses);     //分配空间
        int* votes = _votes;     //赋值
        memset( votes, 0, sizeof(*votes)*nclasses );     //初始化 votes，清零
        for( k = 0; k < ntrees; k++ )     //遍历森林中的所有决策树
        {
            //得到待预测样本的预测叶节点
            CvDTreeNode* predicted_node = trees[k]->predict( sample, missing );
            int nvotes;   //表示得票数
            int class_idx = predicted_node->class_idx;     //表示分类的索引值
            CV_Assert( 0 <= class_idx && class_idx < nclasses );  //确保索引值正确

            nvotes = ++votes[class_idx];     //统计得票数
            if( nvotes > max_nvotes )     //更新最多投票数
            {
                max_nvotes = nvotes;     //最多投票数
                result = predicted_node->value;     //最多投票数的分类为最终预测结果
            }
        }
    }
    else // regression 回归问题
    {
        result = 0;
        for( k = 0; k < ntrees; k++ )     //遍历森林中的所有决策树
            result += trees[k]->predict( sample, missing )->value;  //累加预测结果
        result /= (double)ntrees;     //取平均值
    }

    return (float)result;     //返回预测结果
}
```

7.3 应用实例

下面仍然应用第 6 章中给出的房屋售价的实例，对房屋面积为 201.5m^2、房间数量为 3 的房

屋预测售价。

```
#include "opencv2/core/core.hpp"
#include "opencv2/highgui/highgui.hpp"
#include "opencv2/imgproc/imgproc.hpp"
#include "opencv2/ml/ml.hpp"

#include <iostream>
using namespace cv;
using namespace std;

int main( int argc, char** argv )
{
    //学习样本
    double trainingData[28][2]={{210.4, 3}, {240.0, 3}, {300.0, 4}, {153.4, 3}, {138.0, 3},
                                {194.0,4}, {189.0, 3}, {126.8, 3}, {132.0, 2}, {260.9, 4},
                                {176.7,3}, {160.4, 3}, {389.0, 3}, {145.8, 3}, {160.0, 3},
                                {141.6,2}, {198.5, 4}, {142.7, 3}, {149.4, 3}, {200.0, 3},
                                {447.8,5}, {230.0, 4}, {123.6, 3}, {303.1, 4}, {188.8, 2},
                                {196.2,4}, {110.0, 3}, {252.6, 3} };
    CvMat trainingDataCvMat = cvMat( 28, 2, CV_32FC1, trainingData );
    //样本响应值
    float responses[28] = {  399900, 369000, 539900, 314900, 212000, 239999, 329999,
                             259900, 299900, 499998, 252900, 242900, 573900, 464500,
                             329900, 232000, 299900, 198999, 242500, 347000, 699900,
                             449900, 199900, 599000, 255000, 259900, 249900, 469000};
    CvMat responsesCvMat = cvMat( 28, 1, CV_32FC1, responses );
    //设置参数
    CvRTParams params= CvRTParams(10, 2, 0, false,16, 0, true, 0, 100, 0, CV_TERMCRIT_ITER );

    CvRTrees rtrees;
    //训练学习
    rtrees.train(&trainingDataCvMat, CV_ROW_SAMPLE, &responsesCvMat,
                                   NULL, NULL, NULL, NULL,params);

    double sampleData[2]={201.5, 3};     //待预测样本
    Mat sampleMat(2, 1, CV_32FC1, sampleData);
    float r = rtrees.predict(sampleMat);     //预测
    cout<<endl<<"result:  "<<r<<endl;     //结果输出

    return 0;
}
```

最终的输出值为：

```
result:  252900
```

第 8 章　极端随机树

8.1 原理分析

极端随机树（Extremely randomized Trees，ET 或 Extra-Trees）是由 Pierre Geurts 等人于 2006 年提出的。该算法与随机森林算法十分相似，都是由许多决策树构成。但该算法与随机森林有两点主要的区别：

（1）随机森林算法应用的是 Bagging 模型，而 ET 是使用所有的训练样本得到每棵决策树的。也就是说，每棵决策树应用的是相同的全部训练样本。

（2）随机森林算法是在一个随机子集内得到最佳分叉属性，而 ET 是完全随机地得到分叉值，从而实现对决策树的分叉。

对于（2）的不同，我们来做详细介绍。仅以二叉树为例，当特征属性是类别的形式时，随机选择具有某些类别的样本为左分支，而把具有其他类别的样本作为右分支；当特征属性是数值的形式时，随机选择一个处于该特征属性的最大值和最小值之间的任意数，当样本的该特征属性值大于该值时，作为左分支，当小于该值时，作为右分支。这样就实现了在该特征属性下把样本随机分配到两个分支上的目的。然后计算此时的分叉值（如果特征属性是类别的形式，可以应用基尼指数；如果特征属性是数值的形式，可以应用均方误差）。遍历节点内的所有特征属性，按上述方法得到所有特征属性的分叉值，我们选择分叉值最大的那种形式实现对该节点的分叉。从上面的介绍可以看出，这种方法比随机森林算法的随机性更强。

对于某棵决策树，由于它的最佳分叉属性是随机选择的，因此用它的预测结果往往是不准确的，但多棵决策树组合在一起，就可以达到很好的预测效果。

当 ET 构建好后，我们也可以应用全部的训练样本来得到该 ET 的预测误差。因为尽管构建决策树和预测应用的是同一个训练样本集，但由于最佳分叉属性是随机选择的，所以仍然会得到完全不同的预测结果，用该预测结果就可以与样本的真实响应值比较，从而得到预测误差。如果与随机森林算法类比，在 ET 中，全部训练样本都是 OOB 样本，所以计算 ET 的预测误差，也就是计算这个 OOB 误差。

这里仅仅介绍了 ET 算法与随机森林算法的不同之处，ET 算法的其他内容（如预测、OOB 误差的计算）与随机森林算法是完全相同的，具体内容请看第 7 章关于随机森林算法的介绍。

8.2 源码解析

下面是 ET 算法的类 CvERTrees，它继承于 CvRTrees 类。

```
class CV_EXPORTS_W CvERTrees : public CvRTrees
{
```

```
public:
     CV_WRAP CvERTrees();
     virtual ~CvERTrees();
     virtual bool train( const CvMat* trainData, int tflag,
                            const CvMat* responses, const CvMat* varIdx=0,
                            const CvMat* sampleIdx=0, const CvMat* varType=0,
                            const CvMat* missingDataMask=0,
                            CvRTParams params=CvRTParams());
     CV_WRAP virtual bool train( const cv::Mat& trainData, int tflag,
                        const cv::Mat& responses, const cv::Mat& varIdx=cv::Mat(),
                        const cv::Mat& sampleIdx=cv::Mat(), const cv::Mat& varType= cv::Mat(),
                        const cv::Mat& missingDataMask=cv::Mat(),
                        CvRTParams params=CvRTParams());
     virtual bool train( CvMLData* data, CvRTParams params=CvRTParams() );
protected:
     virtual std::string getName() const;
     virtual bool grow_forest( const CvTermCriteria term_crit );
};
```

从 CvERTrees 类可以看出，它没有预测函数 predict，因此，如果要进行 ET 的预测，调用的是它的父类 CvRTrees 内的 predict 函数。训练样本时，CvERTrees 类与 CvRTrees 类的训练过程是完全一致的，即在 train 函数内再调用 grow_forest 函数，而且两个类的 train 函数的输入参数的形式也是完全一样的。但在 grow_forest 函数内会有一点不同，那就是 CvERTrees 类中的 grow_forest 函数把全体训练样本都当成 OOB 样本，因此它不需要随机样本掩码矩阵变量 sample_idx_mask_for_tree，而表示样本索引值变量的 sample_idx_for_tree 保存的就是正常顺序的训练样本的索引值。

ET 算法与随机森林算法最大的不同在于节点的分叉上，而这一点是体现在 CvForestERTree 类上的。

```
class CV_EXPORTS CvForestERTree : public CvForestTree
{
protected:
    virtual double calc_node_dir( CvDTreeNode* node );
    virtual CvDTreeSplit* find_split_ord_class( CvDTreeNode* n, int vi,
          float init_quality = 0, CvDTreeSplit* _split = 0, uchar* ext_buf = 0 );
    virtual CvDTreeSplit* find_split_cat_class( CvDTreeNode* n, int vi,
          float init_quality = 0, CvDTreeSplit* _split = 0, uchar* ext_buf = 0 );
    virtual CvDTreeSplit* find_split_ord_reg( CvDTreeNode* n, int vi,
          float init_quality = 0, CvDTreeSplit* _split = 0, uchar* ext_buf = 0 );
    virtual CvDTreeSplit* find_split_cat_reg( CvDTreeNode* n, int vi,
          float init_quality = 0, CvDTreeSplit* _split = 0, uchar* ext_buf = 0 );
    virtual void split_node_data( CvDTreeNode* n );
};
```

CvForestERTree 类定义了一些专用于 ET 算法的计算分叉，得到最佳分叉属性的函数。下面逐一介绍这些函数。

按最佳分叉属性标注该节点的所有样本是被分配到左分支，还是右分支：

```
double CvForestERTree::calc_node_dir( CvDTreeNode* node )
{
     //表示特征属性的种类是属于左分支，还是右分支，-1 为左分支，1 为右分支，如果该特征属性缺失，则为 0
     char* dir = (char*)data->direction->data.ptr;
     //n 表示该节点的样本数量，vi 表示分类的最佳特征属性
     int i, n = node->sample_count, vi = node->split->var_idx;
     double L, R;

     assert( !node->split->inversed );        //确保分叉不反转

     if( data->get_var_type(vi) >= 0 ) // split on categorical var
     //表示该特征属性是类别的形式
     {
          //开辟一块内存空间
```

```
        cv::AutoBuffer<uchar> inn_buf(n*sizeof(int)*(!data->have_priors ? 1 : 2));
        int* labels_buf = (int*)(uchar*)inn_buf;
        //labels 指向该特征属性中各个样本所对应的种类，get_cat_var_data 函数在 ET 算法中被重新定义
        const int* labels = data->get_cat_var_data( node, vi, labels_buf );
        //subset 数组的每一位表示特征属性的种类，左分支的种类为 1，右分支的为 0
        const int* subset = node->split->subset;
        if( !data->have_priors )      //无先验概率
        {
            int sum = 0, sum_abs = 0;

            for( i = 0; i < n; i++ )      //遍历该节点的所有样本
            {
                int idx = labels[i];      //表示该样本的特征属性的种类
                //d 为-1，表示 idx（特征属性的种类）属于左分支，为 1 表示属于右分支，如果没有
                //该特征属性，则 d 为 0
                int d = ( ((idx >= 0)&&(!data->is_buf_16u)) || ((idx != 65535)&&
                (data->is_buf_16u)) ) ?
                    CV_DTREE_CAT_DIR(idx,subset) : 0;
                //*sum 表示 d 累加求和，因为 d 也可能为负值，所以 sum 的含义为右分支比左分支多
出的特征属性种类；sum_abs 表示 d 的绝对值之和，表示的含义为被分叉的特征属性种类*//
                sum += d; sum_abs += d & 1;
                dir[i] = (char)d;      //赋值
            }
            //L 和 R 分别表示左右、分支的特征属性的种类数量
            R = (sum_abs + sum) >> 1;
            L = (sum_abs - sum) >> 1;
        }
        else      //有先验概率
        {
            const double* priors = data->priors_mult->data.db;      //得到先验概率
            double sum = 0, sum_abs = 0;
            int *responses_buf = labels_buf + n;
            //responses 指向该节点样本的分类，即响应值
            const int* responses = data->get_class_labels(node, responses_buf);
            for( i = 0; i < n; i++ )      //遍历该节点的所有样本
            {
                int idx = labels[i];      //表示该样本的特征属性的种类
                double w = priors[responses[i]];      //得到该响应值的先验概率
                //d 为-1，表示 idx（特征属性的种类）属于左分支，为 1 表示属于右分支，如果没有
                //该特征属性，则 d 为 0
                int d = idx >= 0 ? CV_DTREE_CAT_DIR(idx,subset) : 0;
                sum += d*w; sum_abs += (d & 1)*w;      //增加了先验概率
                dir[i] = (char)d;
            }
            //L 和 R 分别表示左、右分支的特征属性的种类数量
            R = (sum_abs + sum) * 0.5;
            L = (sum_abs - sum) * 0.5;
        }
    }
    else // split on ordered var
    //表示该特征属性是数值的形式
    {
        //得到分叉属性的值 split_val，如果样本的分叉属性的值小于该值，则被分叉为左节点，否则为右节点
        float split_val = node->split->ord.c;
        //为该特征属性开辟一块内存空间
        cv::AutoBuffer<uchar> inn_buf(n*(sizeof(int)*(!data->have_priors ? 1 : 2) +
        sizeof(float)));
        float* val_buf = (float*)(uchar*)inn_buf;      //用于存储各个样本当前特征属性的值
        int* missing_buf = (int*)(val_buf + n);      //表示各个样本是否缺失当前特征属性
        const float* val = 0;      //指向数组 val_buf
        const int* missing = 0;      //指向数组 missing_buf
        //get_ord_var_data 函数在 ET 算法中被重新定义，各个样本的 vi 特征属性的值存储在 val_buf
        //数组内，各个样本是否缺失该特征属性用 missing_buf 数组表示
        data->get_ord_var_data( node, vi, val_buf, missing_buf, &val, &missing, 0 );
        if( !data->have_priors )      //无先验概率
        {
            L = R = 0;
            for( i = 0; i < n; i++ )      //遍历所有样本
            {
```

```
                if ( missing[i] )       //该样本缺失 vi 这个特征属性
                    dir[i] = (char)0;       //方向信息赋值为 0
                else
                {
                    if ( val[i] < split_val)       //左分支
                    {
                        dir[i] = (char)-1;       //方向信息赋值为-1
                        L++;       //左分支计数
                    }
                    else       //右分支
                    {
                        dir[i] = (char)1;       //方向信息赋值为 1
                        R++;       //右分支计数
                    }
                }
            }
        }
        else       //有先验概率
        {
            const double* priors = data->priors_mult->data.db;       //得到先验概率
            int* responses_buf = missing_buf + n;
            //responses 指向该节点样本的分类，即响应值
            const int* responses = data->get_class_labels(node, responses_buf);
            L = R = 0;
            for( i = 0; i < n; i++ )       //遍历所有样本
            {
                if ( missing[i] )       //该样本缺失 vi 这个特征属性
                    dir[i] = (char)0;
                else
                {
                    double w = priors[responses[i]];       //得到先验概率
                    if ( val[i] < split_val)       //左分支
                    {
                        dir[i] = (char)-1;
                         L += w;
                    }
                    else       //右分支
                    {
                        dir[i] = (char)1;
                        R += w;
                    }
                }
            }
        }
    }

    node->maxlr = MAX( L, R );       //表示左、右分支最大值
    return node->split->quality/(L + R);       //得到规范化系数
}
```

特征为数值的分类树的分叉方法：

```
CvDTreeSplit* CvForestERTree::find_split_ord_class( CvDTreeNode* node, int vi, float
init_quality, CvDTreeSplit* _split,
                                                                uchar* _ext_buf )
{
    const float epsilon = FLT_EPSILON*2;       //定义一个最小常数
    const float split_delta = (1 + FLT_EPSILON) * FLT_EPSILON;       //定义另一个常数

    int n = node->sample_count;       //该节点的样本数量
    int m = data->get_num_classes();       //样本数据的分类数
    //为该特征属性 vi 开辟一块内存空间
    cv::AutoBuffer<uchar> inn_buf;
    if( !_ext_buf )
        inn_buf.allocate(n*(2*sizeof(int) + sizeof(float)));
    uchar* ext_buf = _ext_buf ? _ext_buf : (uchar*)inn_buf;
    float* values_buf = (float*)ext_buf;       //用于存储各个样本在特征属性 vi 的值
    int* missing_buf = (int*)(values_buf + n);       //表示各个样本是否缺失当前特征属性
    const float* values = 0;       //指向数组 values_buf
```

```
const int* missing = 0;      //指向数组missing_buf
//得到数组values_buf和missing_buf
data->get_ord_var_data( node, vi, values_buf, missing_buf, &values, &missing, 0 );
int* responses_buf = missing_buf + n;
//responses指向该节点样本的分类，即响应值
const int* responses = data->get_class_labels( node, responses_buf );

double lbest_val = 0, rbest_val = 0, best_val = init_quality, split_val = 0;
//得到不同分类的先验概率
const double* priors = data->have_priors ? data->priors_mult->data.db : 0;
bool is_find_split = false;     //表示是否找到了分叉属性
float pmin, pmax;      //分别表示样本的特征属性vi的最小值和最大值
int smpi = 0;     //表示缺失特征属性的样本索引值
//得到第一个不缺失vi特征属性的样本
while ( missing[smpi] && (smpi < n) )
      smpi++;
assert(smpi < n);      //确保smpi正确
//初始化pmin和pmax
pmin = values[smpi];
pmax = pmin;
for (; smpi < n; smpi++)      //遍历样本，得到pmin和pmax
{
      float ptemp = values[smpi];      //得到当前样本的vi的值
      int ms = missing[smpi];      //当前样本是否缺失该vi值
      if (ms) continue;      //缺失，则遍历下一个样本
      if ( ptemp < pmin)      //更新pmin值
            pmin = ptemp;
      if ( ptemp > pmax)      //更新pmax值
            pmax = ptemp;
}
float fdiff = pmax-pmin;      //pmax与pmin的差值
//差值大于一个常数，表示前面计算的结果是有意义的，也就是得到了分叉属性
if (fdiff > epsilon)
{
      is_find_split = true;      //表示找到了分叉属性
      cv::RNG* rng = data->rng;      //表示随机数
      //随机数为0和1之间的任意数，split_val为pmax与pmin之间的任意一个数
      split_val = pmin + rng->uniform(0.f, 1.f) * fdiff ;
      //如果split_val太接近pmax或pmin，则split_val为一个定值
      if (split_val - pmin <= FLT_EPSILON)
            split_val = pmin + split_delta;
      if (pmax - split_val <= FLT_EPSILON)
            split_val = pmax - split_delta;

      //计算基尼指数
      if ( !priors )      //样本没有先验概率
      {
            cv::AutoBuffer<int> lrc(m*2);
            //lc和rc分别表示分类的左、右分支
            int *lc = lrc, *rc = lc + m;
            int L = 0, R = 0;      //表示左、右分支的样本数

            // init arrays of class instance counters on both sides of the split
            for(int i = 0; i < m; i++ )      //数组lc和rc清零
            {
                  lc[i] = 0;
                  rc[i] = 0;
            }
            for( int si = 0; si < n; si++ )      //遍历所有样本
            {
                  int r = responses[si];      //该样本的响应值
                  float val = values[si];      //该样本的特征属性vi的值
                  int ms = missing[si];      //当前样本是否缺失该vi值
                  if (ms) continue;     //缺失，则遍历下一个样本
                  if ( val < split_val )      //左分支
                  {
                        lc[r]++;
                        L++;
                  }
```

```
                    else        //右分支
                    {
                        rc[r]++;
                        R++;
                    }
                }
                //得到分类后的基尼指数best_val
                for (int i = 0; i < m; i++)
                {
                    lbest_val += lc[i]*lc[i];
                    rbest_val += rc[i]*rc[i];
                }
                best_val = (lbest_val*R + rbest_val*L) / ((double)(L*R));
            }
            else        //样本有先验概率
            {
                cv::AutoBuffer<double> lrc(m*2);
                double *lc = lrc, *rc = lc + m;
                double L = 0, R = 0;

                // init arrays of class instance counters on both sides of the split
                for(int i = 0; i < m; i++ )
                {
                    lc[i] = 0;
                    rc[i] = 0;
                }
                for( int si = 0; si < n; si++ )
                {
                    int r = responses[si];
                    float val = values[si];
                    int ms = missing[si];
                    double p = priors[r];       //得到先验概率
                    if (ms) continue;
                    if ( val < split_val )      //左分支
                    {
                        lc[r] += p;
                        L += p;
                    }
                    else        //右分支
                    {
                        rc[r] += p;
                        R += p;
                    }
                }
                for (int i = 0; i < m; i++)
                {
                    lbest_val += lc[i]*lc[i];
                    rbest_val += rc[i]*rc[i];
                }
                best_val = (lbest_val*R + rbest_val*L) / (L*R);
            }

        }

        CvDTreeSplit* split = 0;
        if( is_find_split )      //表明得到了分叉属性
        {
            split = _split ? _split : data->new_split_ord( 0, 0.0f, 0, 0, 0.0f );
            //实例化split变量
            split->var_idx = vi;       //特征属性
            split->ord.c = (float)split_val;      //特征属性的值
            split->ord.split_point = -1;
            split->inversed = 0;
            split->quality = (float)best_val;      //基尼指数
        }
        return split;       //返回
    }
```

特征为类的分类树的分叉方法：

```
CvDTreeSplit* CvForestERTree::find_split_cat_class( CvDTreeNode* node, int vi, float
init_quality, CvDTreeSplit* _split,
                                                         uchar* _ext_buf )
{
    int ci = data->get_var_type(vi);          //得到该节点的特征属性的形式
    int n = node->sample_count;          //得到该节点的样本数量
    int cm = data->get_num_classes();     //得到样本数据的分类数
    int vm = data->cat_count->data.i[ci];      //得到该特征属性 vi 的类别数量
    double best_val = init_quality;
    CvDTreeSplit *split = 0;

    if ( vm > 1 )     //如果该特征属性 vi 的类别大于 1 个
    {
        //开辟内存空间
        cv::AutoBuffer<int> inn_buf;
        if( !_ext_buf )
            inn_buf.allocate(2*n);
        int* ext_buf = _ext_buf ? (int*)_ext_buf : (int*)inn_buf;
        //labels 指向该特征属性中各个样本所对应的种类，get_cat_var_data 函数在 ET 算法中被重新定义
        const int* labels = data->get_cat_var_data( node, vi, ext_buf );
        //responses 指向该节点样本的分类，即响应值
        const int* responses = data->get_class_labels( node, ext_buf + n );
        //得到分类的先验概率
        const double* priors = data->have_priors ? data->priors_mult->data.db : 0;

        // create random class mask
        cv::AutoBuffer<int> valid_cidx(vm);      //表示该特征属性 vi 的有效类别的索引
        for (int i = 0; i < vm; i++)
        {
            valid_cidx[i] = -1;      //初始化数组 valid_cidx
        }
        for (int si = 0; si < n; si++)      //遍历所有样本
        {
            int c = labels[si];      //当前样本在 vi 中的分类类别
            //分类不符合条件，则遍历下一个样本
            if ( ((c == 65535) && data->is_buf_16u) || ((c<0) && (!data->is_buf_16u)) )
                continue;
            valid_cidx[c]++;      //分类计数
        }

        int valid_ccount = 0;      //表示有效分类类别的数量
        for (int i = 0; i < vm; i++)      //遍历所有分类
            if (valid_cidx[i] >= 0)      //如果当前分类有样本
            {
                //valid_cidx 表示有效分类的索引
                valid_cidx[i] = valid_ccount;
                valid_ccount++;
            }
        if (valid_ccount > 1)      //表示该节点可以被分叉
        {
            CvRNG* rng = forest->get_rng();      //表示随机数
            //得到一个小于 valid_ccount 的任意整数
            int l_cval_count = 1 + cvRandInt(rng) % (valid_ccount-1);
            //*表示有效分类的掩码矢量，每个元素对应一个分类，其中前 l_cval_count 个元素被置 1，
后面的元素为 0。置换后为 1 的样本将被分配到左分支，为 0 的样本将被分配到右分支*//
            CvMat* var_class_mask = cvCreateMat( 1, valid_ccount, CV_8UC1 );
            CvMat submask;      //表示前 l_cval_count 个元素的掩码子集
            //矩阵 var_class_mask 清零
            memset(var_class_mask->data.ptr,0,
            valid_ccount*CV_ELEM_SIZE(var_class_mask->type));
            //submask 指向 var_class_mask 的列
            cvGetCols( var_class_mask, &submask, 0, l_cval_count );
            cvSet( &submask, cvScalar(1) );      //置 1
            //遍历所有有效分类，每次置换任意两个元素，从而实现打乱分类的目的
            for (int i = 0; i < valid_ccount; i++)
            {
                uchar temp;
                int i1 = cvRandInt( rng ) % valid_ccount;
                int i2 = cvRandInt( rng ) % valid_ccount;
```

```
            CV_SWAP(var_class_mask->data.ptr[i1],var_class_mask->data.ptr[i2],temp);
        }
        split = _split ? _split : data->new_split_cat( 0, -1.0f );
        split->var_idx = vi;        //得到该特征属性
        memset( split->subset, 0, (data->max_c_count + 31)/32 * sizeof(int)); //清零
        //计算基尼指数
        double lbest_val = 0, rbest_val = 0;
        if( !priors )       //没有先验概率
        {
            cv::AutoBuffer<int> lrc(cm*2);
            int *lc = lrc, *rc = lc + cm;        //分别表示左、右分支
            int L = 0, R = 0;       //分别表示左、右分支样本数
            // init arrays of class instance counters on both sides of the split
            for(int i = 0; i < cm; i++ )       //数组 lc 和 rc 清零
            {
                lc[i] = 0;
                rc[i] = 0;
            }
            for( int si = 0; si < n; si++ )       //遍历所有样本
            {
                int r = responses[si];       //该样本的响应值
                int var_class_idx = labels[si]; //该样本的特征属性 vi 的类别索引
                //如果 var_class_idx 不符合条件，则遍历下一个样本
                if(((var_class_idx==65535)&&data->is_buf_16u)||
                ((var_class_idx<0) && (!data->is_buf_16u)) )
                    continue;
                //表示类别对应于有效分类类别的索引
                int mask_class_idx = valid_cidx[var_class_idx];
                if (var_class_mask->data.ptr[mask_class_idx])
                //submask 子集内的元素，为 1
                {
                    lc[r]++;       //左分支
                    L++;
                    //左分支相应的位被置 1
                    split->subset[var_class_idx >> 5] |= 1 << (var_class_idx & 31);
                }
                else       //submask 子集以外的元素，为 0
                {
                    rc[r]++;       //右分支
                    R++;
                }
            }
            //计算基尼指数
            for (int i = 0; i < cm; i++)
            {
                lbest_val += lc[i]*lc[i];
                rbest_val += rc[i]*rc[i];
            }
            best_val = (lbest_val*R + rbest_val*L) / ((double)(L*R)); //基尼指数
        }
        else      //有先验概率
        {
            cv::AutoBuffer<int> lrc(cm*2);
            int *lc = lrc, *rc = lc + cm;
            double L = 0, R = 0;
            // init arrays of class instance counters on both sides of the split
            for(int i = 0; i < cm; i++ )
            {
                lc[i] = 0;
                rc[i] = 0;
            }
            for( int si = 0; si < n; si++ )
            {
                int r = responses[si];
                int var_class_idx = labels[si];
                if ( ((var_class_idx == 65535) && data->is_buf_16u) ||
((var_class_idx<0) && (!data->is_buf_16u)) )continue;
                double p = priors[si];       //得到先验概率
                int mask_class_idx = valid_cidx[var_class_idx];
```

```
                        if (var_class_mask->data.ptr[mask_class_idx])      //左分支
                        {
                              lc[r]+=(int)p;
                              L+=p;
                              split->subset[var_class_idx >> 5] |= 1 << (var_class_idx & 31);
                        }
                        else      //右分支
                        {
                              rc[r]+=(int)p;
                              R+=p;
                        }
                  }
                  for (int i = 0; i < cm; i++)
                  {
                        lbest_val += lc[i]*lc[i];
                        rbest_val += rc[i]*rc[i];
                  }
                  best_val = (lbest_val*R + rbest_val*L) / (L*R);
            }
            split->quality = (float)best_val;      //基尼指数

            cvReleaseMat(&var_class_mask);      //释放变量
      }
   }

   return split;      //返回值
}
```

特征为数值的回归树的分叉方法：

```
CvDTreeSplit* CvForestERTree::find_split_ord_reg( CvDTreeNode* node, int vi, float
init_quality, CvDTreeSplit* _split,uchar* _ext_buf )
{
    const float epsilon = FLT_EPSILON*2;      //定义一个很小的常数
    const float split_delta = (1 + FLT_EPSILON) * FLT_EPSILON;      //定义另一个常数
    int n = node->sample_count;      //该节点的样本数量
    cv::AutoBuffer<uchar> inn_buf;      //开辟一块内存空间
    if( !_ext_buf )
          inn_buf.allocate(n*(2*sizeof(int) + 2*sizeof(float)));
    uchar* ext_buf = _ext_buf ? _ext_buf : (uchar*)inn_buf;
    float* values_buf = (float*)ext_buf;      //用于存储各个样本在特征属性 vi 的值
    int* missing_buf = (int*)(values_buf + n);      //表示各个样本是否缺失当前特征属性
    const float* values = 0;      //指向数组 values_buf
    const int* missing = 0;      //指向数组 missing_buf
    //得到数组 values_buf 和 missing_buf
    data->get_ord_var_data( node, vi, values_buf, missing_buf, &values, &missing, 0 );
    float* responses_buf =  (float*)(missing_buf + n);
    int* sample_indices_buf =  (int*)(responses_buf + n);
    //responses 指向该节点样本的响应值
    constfloat*responses=data->get_ord_responses(node,responses_buf,sample_indices_buf);
    double best_val = init_quality, split_val = 0, lsum = 0, rsum = 0;
    int L = 0, R = 0;

    bool is_find_split = false;      //表示是否找到了分叉属性
    float pmin, pmax;      //分别表示样本的特征属性 vi 的最小值和最大值
    int smpi = 0;      //表示缺失特征属性的样本索引值
    while ( missing[smpi] && (smpi < n) )      //得到第一个不缺失 vi 特征属性的样本
          smpi++;

    assert(smpi < n);      //确保 smpi 正确
    //初始化 pmin 和 pmax
    pmin = values[smpi];
    pmax = pmin;
    for (; smpi < n; smpi++)      //遍历样本，得到 pmin 和 pmax
    {
          float ptemp = values[smpi];      //得到当前样本的 vi 的值
          int m = missing[smpi];      //当前样本是否缺失该 vi 值
          if (m) continue;      //缺失，则遍历下一个样本
```

```
        if ( ptemp < pmin)      //更新 pmin 值
            pmin = ptemp;
        if ( ptemp > pmax)      //更新 pmax 值
            pmax = ptemp;
    }
    float fdiff = pmax-pmin;      //pmax 与 pmin 的差值
    //差值大于一个常数，表示前面计算的结果是有意义的，也就是得到了分叉属性
    if (fdiff > epsilon)
    {
        is_find_split = true;      //表示找到了分叉属性
        cv::RNG* rng = data->rng;      //表示随机数
        //随机数为 0 和 1 之间的任意数，split_val 为 pmax 与 pmin 之间任意一个数
        split_val = pmin + rng->uniform(0.f, 1.f) * fdiff ;
        //如果 split_val 太接近 pmax 或 pmin，则 split_val 为一个定值
        if (split_val - pmin <= FLT_EPSILON)
            split_val = pmin + split_delta;
        if (pmax - split_val <= FLT_EPSILON)
            split_val = pmax - split_delta;

        for (int si = 0; si < n; si++)      //遍历所有样本，计算均方误差
        {
            float r = responses[si];      //当前样本的响应值
            float val = values[si];      //当前样本的特征属性 vi 的值
            int m = missing[si];      //当前样本是否缺失该 vi 值
            if (m) continue;      //缺失，则遍历下一个样本
            if (val < split_val)      //左分支
            {
                lsum += r;
                L++;
            }
            else      //右分支
            {
                rsum += r;
                R++;
            }
        }
        best_val = (lsum*lsum*R + rsum*rsum*L)/((double)L*R);      //得到均方误差
    }

    CvDTreeSplit* split = 0;
    if( is_find_split )      //表明得到了分叉属性
    {
        split = _split ? _split : data->new_split_ord( 0, 0.0f, 0, 0, 0.0f );
        //实例化 split 变量
        split->var_idx = vi;      //特征属性
        split->ord.c = (float)split_val;      //特征属性的值
        split->ord.split_point = -1;
        split->inversed = 0;
        split->quality = (float)best_val;      //适合回归树的均方误差值
    }
    return split;   //返回
}
```

特征为类的回归树的分叉方法：

```
CvDTreeSplit* CvForestERTree::find_split_cat_reg( CvDTreeNode* node, int vi, float
init_quality, CvDTreeSplit* _split,
                                                        uchar* _ext_buf )
{
    int ci = data->get_var_type(vi);      //得到该节点的特征属性的形式
    int n = node->sample_count;      //得到该节点的样本数量
    int vm = data->cat_count->data.i[ci];      //得到该特征属性 vi 的类别数量
    double best_val = init_quality;
    CvDTreeSplit *split = 0;
    float lsum = 0, rsum = 0;

    if ( vm > 1 )      //如果该特征属性 vi 的类别大于 1 个
    {
        int base_size =  vm*sizeof(int);      //开辟内存空间
```

```
        cv::AutoBuffer<uchar> inn_buf(base_size);
        if( !_ext_buf )
            inn_buf.allocate(base_size + n*(2*sizeof(int) + sizeof(float)));
        uchar* base_buf = (uchar*)inn_buf;
        uchar* ext_buf = _ext_buf ? _ext_buf : base_buf + base_size;
        int* labels_buf = (int*)ext_buf;
        //labels 指向该特征属性中各个样本所对应的种类，get_cat_var_data 函数在 ET 算法中被重新定义
        const int* labels = data->get_cat_var_data( node, vi, labels_buf );
        float* responses_buf =  (float*)(labels_buf + n);
        int* sample_indices_buf = (int*)(responses_buf + n);
        //responses 指向该节点样本的分类，即响应值
        constfloat*responses=data->get_ord_responses(node,responses_buf,
        sample_indices_buf );

        // create random class mask
        int *valid_cidx = (int*)base_buf;      //表示该特征属性 vi 的有效类别的索引
        for (int i = 0; i < vm; i++)
        {
            valid_cidx[i] = -1;      //初始化数组 valid_cidx
        }
        for (int si = 0; si < n; si++)      //遍历所有样本
        {
            int c = labels[si];      //当前样本在 vi 中的分类类别
            //分类不符合条件，则遍历下一个样本
            if ( ((c == 65535) && data->is_buf_16u) || ((c<0) && (!data->is_buf_16u)) )
                      continue;
            valid_cidx[c]++;      //分类计数
        }

        int valid_ccount = 0;      //表示有效分类类别的数量
        for (int i = 0; i < vm; i++)      //遍历所有分类
            if (valid_cidx[i] >= 0)      //如果当前分类有样本
            {
                //valid_cidx 表示有效分类的索引
                valid_cidx[i] = valid_ccount;
                valid_ccount++;
            }
        if (valid_ccount > 1)      //表示该节点可以被分叉
        {
            CvRNG* rng = forest->get_rng();      //表示随机数
            //得到一个小于 valid_ccount 的任意整数
            int l_cval_count = 1 + cvRandInt(rng) % (valid_ccount-1);
            //*表示有效分类的掩码矢量，每个元素对应一个分类，其中前 l_cval_count 个元素被置 1，
后面的元素为 0。置换后为 1 的样本将被分配到左分支，为 0 的样本将被分配到右分支*//
            CvMat* var_class_mask = cvCreateMat( 1, valid_ccount, CV_8UC1 );
            CvMat submask;      //表示前 l_cval_count 个元素的掩码子集
            //矩阵 var_class_mask 清零
            memset(var_class_mask->data.ptr,0,valid_ccount*CV_ELEM_SIZE(var_class
            _mask->type));
            //submask 指向 var_class_mask 的列
            cvGetCols( var_class_mask, &submask, 0, l_cval_count );
            cvSet( &submask, cvScalar(1) );      //置 1
            //遍历所有有效分类，每次置换任意两个元素，从而实现了打乱分类的目的
            for (int i = 0; i < valid_ccount; i++)
            {
                uchar temp;
                int i1 = cvRandInt( rng ) % valid_ccount;
                int i2 = cvRandInt( rng ) % valid_ccount;
                CV_SWAP(var_class_mask->data.ptr[i1],var_class_mask->data.ptr[i2],temp);
            }

            split = _split ? _split : data->new_split_cat( 0, -1.0f);
            split->var_idx = vi;      //得到该特征属性
            memset( split->subset, 0, (data->max_c_count + 31)/32 * sizeof(int));
            //清零

            int L = 0, R = 0;
            for( int si = 0; si < n; si++ )      //遍历所有样本
            {
```

```
                        float r = responses[si];      //当前样本的响应值
                        int var_class_idx = labels[si];     //当前样本在特征属性 vi 中的类别
                        //如果 var_class_idx 不符合条件，则遍历下一个样本
                        if ( ((var_class_idx == 65535) && data->is_buf_16u) ||
                        ((var_class_idx<0) && (!data->is_buf_16u)) )
                                continue;
                        //表示类别对应于有效分类类别的索引
                        int mask_class_idx = valid_cidx[var_class_idx];
                        if (var_class_mask->data.ptr[mask_class_idx])
                        //submask 子集内的元素，为 1
                        {
                            lsum += r;
                            L++;
                            //左分支相应的位被置 1
                            split->subset[var_class_idx >> 5] |= 1 << (var_class_idx & 31);
                        }
                        else      //submask 子集以外的元素，为 0
                        {
                            rsum += r;
                            R++;
                        }
                    }
                    best_val = (lsum*lsum*R + rsum*rsum*L)/((double)L*R);     //计算均方误差

                    split->quality = (float)best_val;      //适合回归树的均方误差值

                    cvReleaseMat(&var_class_mask);      //释放内存
            }
        }

        return split;      //返回
}
```

把节点分叉，并完成相关的运算：

```
void CvForestERTree::split_node_data( CvDTreeNode* node )
{
     //n 为该节点的样本数，scount 为训练的所有样本数，nl 和 nr 分别表示左分支和右分支的样本数
     int vi, i, n = node->sample_count, nl, nr, scount = data->sample_count;
     //样本的方向信息，即属于哪个分支，-1 为左分支，1 为右分支，0 为缺失
     char* dir = (char*)data->direction->data.ptr;
     CvDTreeNode *left = 0, *right = 0;
     int new_buf_idx = data->get_child_buf_idx( node );
     CvMat* buf = data->buf;
     size_t length_buf_row = data->get_length_subbuf();
     cv::AutoBuffer<int> temp_buf(n);
     //用替代分叉属性完成对该节点的分叉，即把该节点分叉为左分支或右分支
     complete_node_dir(node);
     //遍历该节点的所有样本
     for( i = nl = nr = 0; i < n; i++ )
     {
            //得到该样本的方向信息，这里的方向信息是左分支为 0，右分支为 1
            int d = dir[i];
            nr += d;      //累加 d，含义是计算右分支的样本数
            nl += d^1;      //d 与 1 异或，并累加，含义是计算左分支的样本数
     }

     bool split_input_data;      //分叉以后的标识
     //定义左、右分支的节点变量
     node->left = left = data->new_node( node, nl, new_buf_idx, node->offset );
     node->right = right = data->new_node( node, nr, new_buf_idx, node->offset + nl );
     //判断目前决策树的深度和左、右分支的样本数，如果满足要求，则该标识为 1，否则为 0
     split_input_data = node->depth + 1 < data->params.max_depth &&
            (node->left->sample_count > data->params.min_sample_count ||
            node->right->sample_count > data->params.min_sample_count);

     cv::AutoBuffer<uchar> inn_buf(n*(sizeof(int)+sizeof(float)));
     //遍历样本的所有形式是数值的特征属性，对特征属性是数值形式的进行分叉
     for( vi = 0; vi < data->var_count; vi++ )
```

```
{
        int ci = data->get_var_type(vi);
        //如果是类别形式的特征属性，则继续下一个特征属性的循环
        if (ci >= 0) continue;
        //n1 表示该节点在特征属性 vi 下的样本数量
        int n1 = node->get_num_valid(vi), nr1 = 0;
        float* values_buf = (float*)(uchar*)inn_buf; //用于存储各个样本当前特征属性的值
        int* missing_buf = (int*)(values_buf + n);   //表示各个样本是否缺失当前特征属性
        const float* values = 0;      //指向数组 values_buf
        const int* missing = 0;      //指向数组 missing_buf
        //get_ord_var_data 函数在 ET 算法中被重新定义，各个样本的 vi 特征属性的值存储在
        //values_buf 数组内，各个样本是否缺失该特征属性用 missing_buf 数组表示
        data->get_ord_var_data( node, vi, values_buf, missing_buf, &values, &missing, 0 );
        //遍历该节点的所有样本，得到右分支中特征属性是数值形式的样本数量
        for( i = 0; i < n; i++ )
              nr1 += ((!missing[i]) & dir[i]);
        //设置该特征属性 vi 下的左、右分支的样本数
        left->set_num_valid(vi, n1 - nr1);
        right->set_num_valid(vi, nr1);
}
//遍历样本的所有形式是类别的特征属性，对特征属性是类别形式的进行分叉
for( vi = 0; vi < data->get_work_var_count() + data->ord_var_count; vi++ )
{
        int ci = data->get_var_type(vi);
        //如果是数值形式的特征属性，则继续下一个特征属性的循环
        if (ci < 0) continue;

        int n1 = node->get_num_valid(vi), nr1 = 0;
        //src_lbls 指向该特征属性中各个样本所对应的种类，get_cat_var_data 函数在 ET 算法中被重
        //新定义
        const int* src_lbls = data->get_cat_var_data(node, vi, (int*)(uchar*)inn_buf);

        for(i = 0; i < n; i++)
              temp_buf[i] = src_lbls[i];      //赋值

        if (data->is_buf_16u)
        {
             unsigned short *ldst = (unsigned short *)(buf->data.s + left->buf_
             idx*length_buf_row +ci*scount + left->offset);
             unsigned short *rdst = (unsigned short *)(buf->data.s + right->buf_
             idx*length_buf_row +ci*scount + right->offset);

             for( i = 0; i < n; i++ )      //遍历所有样本
             {
                    int d = dir[i];      //得到方向信息
                    int idx = temp_buf[i];      //得到该样本的特征属性的种类
                    if (d)      //右分支
                    {
                          *rdst = (unsigned short)idx;
                          rdst++;      //指向下一个地址
                          nr1 += (idx != 65535);      //右分支计数
                    }
                    else      //左分支
                    {
                          *ldst = (unsigned short)idx;
                          ldst++;      //指向下一个地址
                    }
             }

             if( vi < data->var_count )      //data->var_count 为样本的特征属性数量
             {
                    //设置该特征属性 vi 下的左、右分支的样本数
                    left->set_num_valid(vi, n1 - nr1);
                    right->set_num_valid(vi, nr1);
             }
         }
         else
         //与 if(data->is_buf_16u)的情况相似，唯一的不同就是分配的内存空间大小不同
         {
```

```
                int *ldst = buf->data.i + left->buf_idx*length_buf_row +
                      ci*scount + left->offset;
                int *rdst = buf->data.i + right->buf_idx*length_buf_row +
                      ci*scount + right->offset;

                for( i = 0; i < n; i++ )
                {
                      int d = dir[i];
                      int idx = temp_buf[i];
                      if (d)
                      {
                           *rdst = idx;
                           rdst++;
                           nr1 += (idx >= 0);
                      }
                      else
                      {
                           *ldst = idx;
                           ldst++;
                      }

                }

                if( vi < data->var_count )
                {
                      left->set_num_valid(vi, n1 - nr1);
                      right->set_num_valid(vi, nr1);
                }
          }
    }

    // split sample indices
    int *sample_idx_src_buf = (int*)(uchar*)inn_buf;
    const int* sample_idx_src = 0;
    if (split_input_data)
    {
          //得到样本序列索引
          sample_idx_src = data->get_sample_indices(node, sample_idx_src_buf);
          //初始化 temp_buf 数组为 sample_idx_src 数组
          for(i = 0; i < n; i++)
               temp_buf[i] = sample_idx_src[i];

          int pos = data->get_work_var_count();

          if (data->is_buf_16u)
          {
               unsigned short* ldst = (unsigned short*)(buf->data.s + left->buf_
               idx*length_buf_row +pos*scount + left->offset);
               unsigned short* rdst = (unsigned short*)(buf->data.s + right->buf_
               idx*length_buf_row +pos*scount + right->offset);

               for (i = 0; i < n; i++)    //遍历所有样本
               {
                     int d = dir[i];      //得到该样本的方向信息
                     unsigned short idx = (unsigned short)temp_buf[i];
                     if (d)     //右分支
                     {
                          *rdst = idx;      //样本索引
                          rdst++;      //指向下一个地址
                     }
                     else      //左分支
                     {
                          *ldst = idx;
                          ldst++;
                     }
               }
          }
          else
          //与 if(data->is_buf_16u)的情况相似，唯一的不同就是分配的内存空间大小不同
```

```
            {
                int* ldst = buf->data.i + left->buf_idx*length_buf_row +
                    pos*scount + left->offset;
                int* rdst = buf->data.i + right->buf_idx*length_buf_row +
                    pos*scount + right->offset;
                for (i = 0; i < n; i++)
                {
                    int d = dir[i];
                    int idx = temp_buf[i];
                    if (d)
                    {
                        *rdst = idx;
                        rdst++;
                    }
                    else
                    {
                        *ldst = idx;
                        ldst++;
                    }
                }
            }
        }

        // deallocate the parent node data that is not needed anymore
        data->free_node_data(node);      //释放该节点
}
```

这里仅仅给出了专属于 ET 算法的一些函数，要想更好地理解 ET 程序，还需要结合决策树和随机森林的相关程序，具体的内容参见第 4 章和第 7 章的内容。

8.3 应用实例

仍然应用第 6 章给出的房屋售价的实例，对房屋面积为 201.5m^2，房间数量为 3 的房屋进行预测售价：

```
#include "opencv2/core/core.hpp"
#include "opencv2/highgui/highgui.hpp"
#include "opencv2/imgproc/imgproc.hpp"
#include "opencv2/ml/ml.hpp"

#include <iostream>
using namespace cv;
using namespace std;

int main( int argc, char** argv )
{
    //训练样本
    double trainingData[28][2]={{210.4, 3}, {240.0, 3}, {300.0, 4}, {153.4, 3}, {138.0, 3},
                                {194.0,4}, {189.0, 3}, {126.8, 3}, {132.0, 2}, {260.9, 4},
                                {176.7,3}, {160.4, 3}, {389.0, 3}, {145.8, 3}, {160.0, 3},
                                {141.6,2}, {198.5, 4}, {142.7, 3}, {149.4, 3}, {200.0, 3},
                                {447.8,5}, {230.0, 4}, {123.6, 3}, {303.1, 4}, {188.8, 2},
                                {196.2,4}, {110.0, 3}, {252.6, 3} };
    CvMat trainingDataCvMat = cvMat( 28, 2, CV_32FC1, trainingData );
    //样本响应值
    float responses[28] = {  399900, 369000, 539900, 314900, 212000, 239999, 329999,
                             259900, 299900, 499998, 252900, 242900, 573900, 464500,
                             329900, 232000, 299900, 198999, 242500, 347000, 699900,
                             449900, 199900, 599000, 255000, 259900, 249900, 469000};
    CvMat responsesCvMat = cvMat( 28, 1, CV_32FC1, responses );
    //设置参数
    CvRTParams params= CvRTParams(10, 2, 0, false,16, 0, true, 0, 100, 0, CV_TERMCRIT_ITER );

    CvERTrees etrees;
    //训练
```

```
    etrees.train(&trainingDataCvMat, CV_ROW_SAMPLE, &responsesCvMat,
                                    NULL, NULL, NULL, NULL,params);

    double sampleData[2]={201.5, 3};      //待预测样本
    Mat sampleMat(2, 1, CV_32FC1, sampleData);
    float r = etrees.predict(sampleMat);      //预测
    cout<<endl<<"result:  "<<r<<endl;      //输出结果

    return 0;
}
```

上面的结果与随机森林算法的结果一样，因为我们的样本很少，特征属性也不多，所以无法体现随机性的特点。

第 9 章　期望极大值

9.1 原理分析

期望极大值（Expectation Maximization，EM）算法是一种能够得到极大似然参数估计的迭代方法。虽然 EM 算法在不同的领域被更早提出，但它是由 Dempster 等人于 1977 年被正式命名，并给出解释的。

对于一个除了拥有未知参数和可观测变量外，还包含隐含变量的统计模型来说，是无法用极大似然方法直接得到参数的，因为我们不能像极大似然法那样，同时对未知参数和隐含变量求导来求解似然函数。但该模型可以应用 EM 算法得到，它是通过可观测变量分别求解两个方程，即把第一个方程的解代入第二个方程中，再把第二个方程的解代入第一个方程中，依次类推，直到收敛为止。虽然 EM 算法不能保证得到全局极值点，但可以通过一些方法得到改善，如通过选取不同的初始值来比较最终的结果。

下面详细推导 EM 算法。

给定一组相互独立且同分布的训练样本 $X=\{x_1,x_2,\cdots,x_n\}$，每个样本都是一个 d 维的向量，即每个样本都具有 d 个特征属性，$x_i\in\mathbf{R}^d$。设 $p(x \mid \theta)$为被参数 θ 控制的概率密度函数，如 x 服从高斯正态分布，则 θ 表示均值 μ 和标准差 σ，即 $x\sim N(\mu, \sigma^2)$：

$$p(x\mid\theta)=N\left(x\mid\mu,\sigma^2\right)=\frac{1}{\sqrt{2\sigma^2\pi}}\mathrm{e}^{-\frac{(x-\mu)^2}{2\sigma^2}} \tag{9-1}$$

似然函数是一种关于统计模型中参数的函数，表示模型参数中的似然性，则参数 θ 在 X 下的似然函数为：

$$L(\theta;X)=p(X\mid\theta)=p(x_1,x_2,\cdots,x_n;\theta)=\prod_{i=1}^{N}p(x_i;\theta) \tag{9-2}$$

实际上，为了便于计算，我们往往应用的是对数似然函数，即把式（9-2）写为：

$$L(\theta;X)=\ln p(X\mid\theta)=\ln\prod_{i=1}^{n}p(x_i;\theta)=\sum_{i=1}^{n}\ln p(x_i;\theta) \tag{9-3}$$

该似然函数 $L(\theta; X)$反映了在基于可观测到的样本值 X 下，与真实统计模型相似程度的大小，因此我们有理由认为 $L(\theta; X)$的最大值所对应的参数 θ^*就是真实模型的参数，即：

$$\theta^*=\underset{\theta}{\operatorname{argmax}}\,L(\theta;X) \tag{9-4}$$

这种参数估计的方法称为极大似然法，而参数 θ^*就是对 $L(\theta; X)$求一阶偏导为 0 时所对应的值。极大似然法对单一统计模型的参数估计简单实用，但它不适用对混合统计模型参数的估计。

设 Z 为某一样本数据，它除了有可观测的变量 $X=\{x_1,x_2,\cdots,x_n\}$外，还包含一个隐含变量 $Y=\{y_1,$

$y_2,\cdots,y_n\}$，Y 可以看成是 X 的输出或类别标签，$y_i\in\{1,\cdots,K\}$，K 表示样本类别的数量，这意味着 Z 的统计模型是混合统计模型。我们把 $Z=(X, Y)$称为完整数据，而把 X 称为不完整数据。无论样本是否包含隐含变量，参数的估计都是基于所观测到的数据的，所以我们要对 Z 的统计模型参数 θ 进行估计，应用的是基于所观测到的不完整数据 X 的似然函数：

$$L(\theta;X)=\ln p(X\mid\theta)=\sum_{i=1}^{N}\ln p(x_i\mid\theta)=\sum_{i=1}^{N}\sum_{j=1}^{K}p(x_i,y_j\mid\theta) \tag{9-5}$$

式中，$p(x_i|\ \theta)=\sum_j p(x_i,y_j|\ \theta)$表示观测到的变量 x_i 的概率分布为所有类标签 $y_i(i=1,\cdots,K)$下 x_i 的概率之和。式（9-5）中包含了“和的对数（ln∑）”的形式，因此还是应用导数为 0 的方法求最大值就不那么容易了。

很明显，如果 Y 已知，则通过完整数据 Z 的似然函数——$L(\theta; X, Y)=\ln p(X, Y|\ \theta)$可以很容易地得到参数 θ。$L(\theta; X, Y)$其实是一个 X 和 θ 是常数、Y 是随机变量的函数。

基于引入的隐含变量，EM 算法给出了一种非常有效的处理极大似然参数估计的迭代方法。每次迭代都包括两个步骤：期望步骤（E-Step）和极大步骤（M-Step）。

在 E-Step 中，需要计算在给定 X 和当前参数估计下，关于 Y 的完整数据的对数似然函数 $\ln p(X, Y|\ \theta)$的期望值，其定义为：

$$Q\left(\theta;\theta^{(t-1)}\right)=\mathrm{E}\left[\ln p(X,Y\mid\theta)\mid X,\theta^{(t-1)}\right] \tag{9-6}$$

式中，$\theta^{(t-1)}$为当前的参数估计，我们用该参数来得到期望值，而 θ 是新的参数，我们用它来优化提高 Q 值。关于式（9-6），需要明确的是 X 和 $\theta^{(t-1)}$是常数，θ 是我们希望调整的一般变量，而 Y 是基于分布函数 $p(Y|\ X, \theta^{(t-1)})$的离散随机变量，则由数学期望的定义，$\ln p(X, Y|\ \theta)$的期望值表示为：

$$\mathrm{E}\left[\ln p\left(X,Y|\theta\right)|X,\theta^{(t-1)}\right]=\sum_{y_i\in\Gamma}\left[\ln p\left(X,y_i|\theta\right)p\left(y_i|X,\theta^{(t-1)}\right)\right] \tag{9-7}$$

$p(Y|\ X, \theta^{(t-1)})$是依赖于可观测变量 X 和当前参数 $\theta^{(t-1)}$的、未观测变量 Y 的边缘分布函数，Γ 表示 y_i 的取值范围，即前面定义的$\{1,\cdots,K\}$。

在 M-Step 中，最大化 E-Step 中得到的期望值：

$$\theta^{(t)}=\underset{\theta}{\operatorname{argmax}}\,Q\left(\theta;\theta^{(t-1)}\right) \tag{9-8}$$

$\theta^{(t)}$为本次迭代得到的估计参数，它被用于下次迭代的 E-Step 中。而第一次迭代中，E-Step 所使用的 $\theta^{(0)}$为任意选取的。

EM 算法的精髓是把完整数据的对数似然函数的期望值不断迭代，最终得到不完整数据的最大似然估计。我们分析一下为什么会有这样的结果。

由联合分布概率可知：

$$p\left(A,B|\theta\right)=p(B\mid A,\theta)p(A\mid\theta) \tag{9-9}$$

则 X 的对数似然函数为：

$$L\left(\theta;X\right)=\ln p\left(X\mid\theta\right)=\ln\frac{p(X,y_i\mid\theta)}{p(y_i\mid X,\theta)}=\ln p\left(X,y_i|\theta\right)-\ln p(y_i\mid X,\theta) \tag{9-10}$$

对式（9-10）两边同乘以 $p(y_i\,|\,X, \theta^{(t-1)})$，则：

$$p(y_i\mid X,\theta^{(t-1)})\ln p\left(X\mid\theta\right)=p\left(y_i|X,\theta^{(t-1)}\right)\left[\ln p\left(X,y_i|\theta\right)-\ln p\left(y_i|X,\theta\right)\right] \tag{9-11}$$

然后对式（9-11）两边在 y_i 的取值范围 Γ 内进行求和，因为：

$$\sum_{y_i\in\mathrm{Y}}p(y_i\mid X,\theta^{(t-1)})=1 \tag{9-12}$$

所以式（9-11）改写为：

$$\ln p(\mathrm{X}|\theta)=\sum_{y_i\in\mathrm{Y}}\left\{p\left(y_i|\mathrm{X},\theta^{(t-1)}\right)\left[\ln p(X,y_i|\theta)-\ln p(y_i|X,\theta)\right]\right\}$$

$$=\sum_{y_i\in\mathrm{Y}}\left[\ln p(X,y_i|\theta)p\left(y_i|X,\theta^{(t-1)}\right)\right]-\sum_{y_i\in\mathrm{Y}}\left[\ln p(y_i|X,\theta)p\left(y_i|X,\theta^{(t-1)}\right)\right] \quad (9\text{-}13)$$

式（9-13）第一项就是式（9-6）所定义的 $Q(\theta;\theta^{(t-1)})$，而我们把第二项定义为 $H(\theta;\theta^{(t-1)})$，则：

$$L(\theta;X)=\ln p(X|\theta)=Q\left(\theta;\theta^{(t-1)}\right)-H\left(\theta;\theta^{(t-1)}\right) \quad (9\text{-}14)$$

为什么我们仅仅通过迭代的方式不断找到能使 $Q(\theta;\ \theta^{(t-1)})$达到最大值的 $\theta^{(t)}$，就能保证此时的似然函数最大呢？即：

$$L\left(\theta^{(t)};X\right)=Q\left(\theta^{(t)};\theta^{(t-1)}\right)-H\left(\theta^{(t)};\theta^{(t-1)}\right)\geqslant Q\left(\theta^{(t-1)};\theta^{(t-1)}\right)-H\left(\theta^{(t-1)};\theta^{(t-1)}\right)=L\left(\theta^{(t-1)};X\right) \quad (9\text{-}15)$$

式（9-15）表现的是 EM 算法的单调性。如果满足下列条件，式（9-15）就必然成立。

$$Q\left(\theta^{(t)};\theta^{(t-1)}\right)\geqslant Q\left(\theta^{(t-1)};\theta^{(t-1)}\right) \quad (9\text{-}16)$$

$$H\left(\theta^{(t)};\theta^{(t-1)}\right)\leqslant H\left(\theta^{(t-1)};\theta^{(t-1)}\right) \quad (9\text{-}17)$$

式（9-16）已经能够由 EM 算法中的 M-Step 得到保证式（9-8），所以关键就要证明式（9-17）成立。这里要用到一个很重要的概念——Jensen 不等式。

设 f 为定义在 $I=[a,b]$的一个实数域函数，如果满足下列条件，则 f 称为凸函数。

$$f\left(\lambda x_1+(1-\lambda)x_2\right)\leqslant\lambda f(x_1)+(1-\lambda)f(x_2),\ \forall x_1,x_2\in I,\ \lambda\in[0,1] \quad (9\text{-}18)$$

图 9-1 描绘了式（9-15）的含义。很显然，如果$-f$ 是凸函数，则 f 就是凹函数，而 $\ln(x)$函数是凹函数。

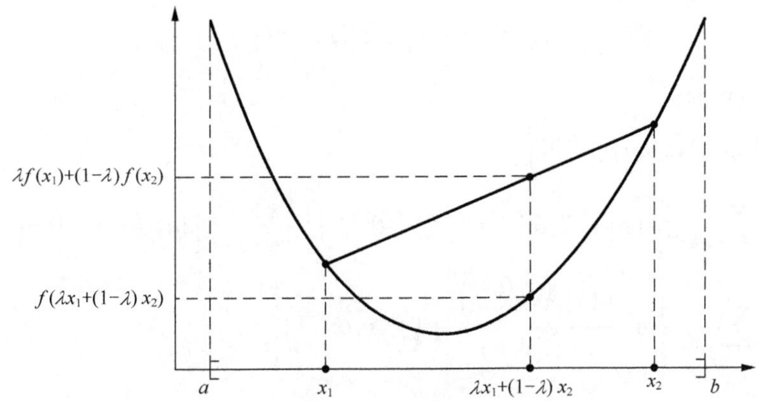

▲图 9-1 凸函数

如果 f 是定义在区间 I 上的凸函数，则满足：

$$f\left(\sum_{i=1}^{n}\lambda_i x_i\right)\leqslant\sum_{i=1}^{n}\lambda_i f(x_i),\ x_1,\ \ ,x_n\in I,\lambda_1,\ \ ,\lambda_n\geqslant 0\text{并且}\sum_{i=1}^{n}\lambda_i=1 \quad (9\text{-}19)$$

式（9-19）的证明会用到式（9-18）的结论，下面给出式（9-19）的证明：

$$f\left(\sum_{i=1}^{n+1}\lambda_i x_i\right)=f\left(\lambda_{n+1}x_{n+1}+\sum_{i=1}^{n}\lambda_i x_i\right)$$

$$
\begin{aligned}
&= f\left(\lambda_{n+1}x_{n+1} + (1-\lambda_{n+1})\frac{1}{1-\lambda_{n+1}}\sum_{i=1}^{n}\lambda_i x_i\right) \\
&\leqslant \lambda_{n+1}f(x_{n+1}) + (1-\lambda_{n+1})f\left(\frac{1}{1-\lambda_{n+1}}\sum_{i=1}^{n}\lambda_i x_i\right) \\
&= \lambda_{n+1}f(x_{n+1}) + (1-\lambda_{n+1})f\left(\sum_{i=1}^{n}\frac{\lambda_i}{1-\lambda_{n+1}}x_i\right) \\
&\leqslant \lambda_{n+1}f(x_{n+1}) + (1-\lambda_{n+1})\sum_{i=1}^{n}\frac{\lambda_i}{1-\lambda_{n+1}}f(x_i) \\
&= \lambda_{n+1}f(x_{n+1}) + \sum_{i=1}^{n}\lambda_i f(x_i) \\
&= \sum_{i=1}^{n+1}\lambda_i f(x_i)
\end{aligned} \tag{9-20}
$$

我们称式（9-19）表示的不等式为 Jensen 不等式，而当 $\lambda_i = f(x_i)$时，

$$f\left(\sum_{i=1}^{n}\lambda_i x_i\right) = \sum_{i=1}^{n}\lambda_i f(x_i) \tag{9-21}$$

因为 $\ln(x)$函数是凹函数，所以有：

$$\ln\left(\sum_{i=1}^{n}\lambda_i x_i\right) \geqslant \sum_{i=1}^{n}\lambda_i \ln(x_i) \quad \text{或} \quad -\ln\left(\sum_{i=1}^{n}\lambda_i x_i\right) \leqslant \sum_{i=1}^{n}\lambda_i\left[-\ln(x_i)\right] \tag{9-22}$$

有了 Jensen 不等式的概念，再回到式（9-17）。要想使式（9-17）成立，只要证明式（9-23）即可。

$$\theta^{(t-1)} = \underset{\theta}{\operatorname{argmax}}\, H\left(\theta;\theta^{(t-1)}\right) = \underset{\theta}{\operatorname{argmax}}\left\{\sum_{y_i\in\Gamma}\left[\ln p(y_i|X,\theta)\, p\left(y_i|X,\theta^{(t-1)}\right)\right]\right\} \tag{9-23}$$

而对于任意 θ 来说，式（9-24）成立，则式（9-23）就成立。

$$H\left(\theta^{(t-1)};\theta^{(t-1)}\right) - H\left(\theta;\theta^{(t-1)}\right) \geqslant 0 \tag{9-24}$$

下面证明式（9-24）。

$$
\begin{aligned}
&H\left(\theta^{(t-1)};\theta^{(t-1)}\right) - H\left(\theta;\theta^{(t-1)}\right) \\
&= \sum_{y_i\in\Gamma}\left[\ln p\left(y_i|X,\theta^{(t-1)}\right)p\left(y_i|X,\theta^{(t-1)}\right)\right] - \sum_{y_i\in\Gamma}\left[\ln p(y_i|X,\theta)\,p\left(y_i|X,\theta^{(t-1)}\right)\right] \\
&= \sum_{y_i\in\Gamma}\left\{\ln\left[\frac{p\left(y_i|X,\theta^{(t-1)}\right)}{p(y_i|X,\theta)}\right]p\left(y_i|X,\theta^{(t-1)}\right)\right\} \\
&= \sum_{y_i\in\Gamma}\left\{-\ln\left[\frac{p(y_i|X,\theta)}{p\left(y_i|X,\theta^{(t-1)}\right)}\right]p\left(y_i|X,\theta^{(t-1)}\right)\right\}
\end{aligned} \tag{9-25}
$$

由于 $p(y_i \mid X, \theta^{(t-1)})$是概率分布，所以它满足 Jensen 不等式中对 λ_i 的条件（对比式（9-20）和式（9-19）中 λ_i 的条件），因此应用 Jensen 不等式，式（9-25）改写为：

$$H\left(\theta^{(t-1)};\theta^{(t-1)}\right) - H\left(\theta;\theta^{(t-1)}\right) = \sum_{y_i\in\Gamma}\left\{-\ln\left[\frac{p(y_i|X,\theta)}{p\left(y_i|X,\theta^{(t-1)}\right)}\right]p\left(y_i|X,\theta^{(t-1)}\right)\right\}$$

$$\geqslant -\ln\left\{\sum_{y_i\in\Gamma}\left[\frac{p(y_i|X,\theta)}{p\left(y_i|X,\theta^{(t-1)}\right)}p\left(y_i|X,\theta^{(t-1)}\right)\right]\right\}$$

$$=-\ln\left[\sum_{y_i\in\Gamma}p(y_i|X,\theta)\right]=-\ln 1=0 \tag{9-26}$$

式（9-24）成立，则式（9-17）成立，最终式（9-15）就成立，即不断迭代得到的完整数据的似然函数的期望值可以保证收敛于局部极值。

EM 算法的原理部分就介绍到这里，下面以高斯混合模型（GMM）为例，具体讲解如何由 EM 算法得到该模型的参数。

设高斯混合模型由 K 个高斯分布模型（即 K 个高斯成分）构成：

$$p(X|\theta)=\sum_{k=1}^{K}\alpha_k N(X\mid\mu_k,\Sigma_k)，\ \alpha_1,\cdots,\alpha_K\geqslant 0\text{并且}\sum_{k=1}^{K}\alpha_k=1 \tag{9-27}$$

可以看出，高斯混合模型的参数 θ 不仅包含高斯参数 μ 和$\sum$，还包括每个高斯成分的权值因子 α_k，因此参数 θ 为：

$$\theta=\{\alpha_1,\cdots,\alpha_K,\mu_1,\cdots,\mu_K,\Sigma_1,\cdots,\Sigma_K\} \tag{9-28}$$

样本 $X=\{x_1,x_2,\cdots,x_n\}$，$x_i\in\mathbf{R}^d$，隐含变量 $Y=\{y_1,y_2,\cdots,y_n\}$，y_i 表示 x_i 属于 K 个高斯成分的哪一个。则式（9-27）可以进一步写为：

$$p(X|\theta)=\prod_{i=1}^{n}p(x_i\mid\theta)=\prod_{i=1}^{n}\prod_{k=1}^{K}[\alpha_k N(x_i\mid\mu_k,\Sigma_k)] \tag{9-29}$$

为了计算式（9-6）中的 Q 函数，还需要给出 $p(X,Y|\theta)$和 $p(Y|X,\theta)$。

$$p(X,Y|\theta)=\prod_{i=1}^{n}p(x_i,y_i\mid\theta)=\prod_{i=1}^{n}p(x_i\mid y_i,\theta)p(y_i\mid\theta) \tag{9-30}$$

式中，$p(x_i|y_i,\theta)$表示 y_i 所指向的高斯成分的概率分布模型；$p(y_i|\theta)$表示 y_i 所指向的高斯成分的权值因子 α_k。因此，$p(X,Y|\theta)$又可写为：

$$p(X,Y|\theta)=\prod_{i=1}^{n}\alpha_{y_i}N(x_i\mid\mu_{y_i},\Sigma_{y_i}) \tag{9-31}$$

$p(Y|X,\theta)$定义为：

$$p(Y|X,\theta)=\prod_{i=1}^{n}p(y_i|x_i,\theta) \tag{9-32}$$

则式（9-6）中的 Q 函数表示为：

$$\begin{aligned}Q\left(\theta;\theta^{(t-1)}\right)&=\sum_{y_i\in\Gamma}\left[\ln p(X,y_i|\theta)p\left(y_i|X,\theta^{(t-1)}\right)\right]\\&=\sum_{y_i\in\Gamma}\left\{\sum_{i=1}^{n}\left\{\left[\ln p(x_i,y_i|\theta)\right]\prod_{i=1}^{n}p\left(y_i|x_i,\theta^{(t-1)}\right)\right\}\right\}\\&=\sum_{y_1=1}^{K}\sum_{y_2=1}^{K}\cdots\sum_{y_n=1}^{K}\left\{\sum_{i=1}^{n}\left\{\left[\ln p(x_i,y_i|\theta)\right]\prod_{i=1}^{n}p\left(y_i|x_i,\theta^{(t-1)}\right)\right\}\right\}\end{aligned} \tag{9-33}$$

我们还需要对式（9-33）做进一步化简，此时会用到下面这个定理：

设 $p(Y)$为联合概率分布：$p(Y)=p(y_1,y_2,\cdots,y_n)=p_1(y_1)p_2(y_2)\cdots p_n(y_n)$，$F(Y)$为一个线性函数，且 $F(Y)=f_1(y_1)+f_2(y_2)+\cdots+f_n(y_n)$，则：

$$\sum_{\Gamma}F(Y)p(Y)=\sum_{y_1}\sum_{y_2}\cdots\sum_{y_n}\left\{\left[\sum_{i=1}^{n}f_i(y_i)\right]p(Y)\right\}=\sum_{i=1}^{n}\sum_{y_i}[f_i(y_i)p_i(y_i)] \tag{9-34}$$

下面简单证明一下式（9-34）：

$$\sum_{\Gamma} F(\mathrm{Y}) p(\mathrm{Y}) = \sum_{y_1}\sum_{y_2} \quad \sum_{y_n}\left\{\left[\sum_{i=1}^{n} f_i(y_i)\right] p(Y)\right\}$$

$$= \sum_{y_1}\sum_{y_2} \quad \sum_{y_n}\left\{\left[f_1(y_1)+f_2(y_2)+ \quad + f_n(y_n)\right] p(Y)\right\}$$

$$= \sum_{y_1}\sum_{y_2} \quad \sum_{y_n}\left[f_1(y_1)p(Y)+f_2(y_2)p(Y)+ \quad + f_n(y_n)p(Y)\right] \tag{9-35}$$

对式（9-35）中的累加和，我们仅拿出第一项进行分析，即：

$$\sum_{y_1}\sum_{y_2} \quad \sum_{y_n}\left[f_1(y_1)p(Y)\right] = \sum_{y_1}\sum_{y_2} \quad \sum_{y_n}\left[f_1(y_1)p(y_1,y_2, \quad ,y_n)\right]$$

$$= \sum_{y_1} f_1(y_1)\left[\sum_{y_2} \quad \sum_{y_n} p(y_1,y_2, \quad ,y_n)\right] \tag{9-36}$$

很显然，式（9-36）中方括号内的部分就是 $p_1(y_1)$的边缘概率分布，所以：

$$\sum_{y_1}\sum_{y_2} \quad \sum_{y_n}\left[f_1(y_1)p(Y)\right] = \sum_{y_1} f_1(y_1)p_1(y_1) \tag{9-37}$$

把式（9-37）的结论应用到式（9-35）中累加和的其他项，就得到了式（9-34）。

$$\sum_{\Gamma} F(Y)p(Y) = \sum_{y_1} f_1(y_1)p_1(y_1) + \sum_{y_2} f_2(y_2)p_2(y_2) + \quad + \sum_{y_n} f_n(y_n)p_n(y_n)$$

$$= \sum_{i=1}^{n}\sum_{y_i}[f_i(y_i)p_i(y_i)] \tag{9-38}$$

式（9-33）和式（9-34）相比较，可以看出，式（9-33）中的 $\ln p(x_i, y_i|\theta)$就相当于式（9-34）中的 $f_i(y_i)$，$p(y_i\,|\,x_i, \theta^{(t-1)})$就相当于 $p_i(y_i)$，所以 Q 函数又写为：

$$Q\left(\theta;\theta^{(t-1)}\right) = \sum_{i=1}^{n}\sum_{y_i}\left[\ln p(x_i,y_i|\theta)\, p\left(y_i|x_i,\theta^{(t-1)}\right)\right]$$

$$= \sum_{y_i=1}^{K}\sum_{i=1}^{n}\left[\ln p(x_i,y_i|\theta)\, p\left(y_i|x_i,\theta^{(t-1)}\right)\right] \tag{9-39}$$

式(9-39)的第二个等式仅仅是交换了两个累加和的次序。我们用高斯模型分布代替 $p(x_i, y_i|\theta)$，并用混合高斯模型代替隐含变量 y_i，则式（9-39）又写为：

$$Q\left(\theta;\theta^{(t-1)}\right) = \sum_{k=1}^{K}\sum_{i=1}^{n}\left\{\ln\left[\alpha_k N(x_i|\mu_k,\Sigma_k)\right] p\left(k|x_i,\theta^{(t-1)}\right)\right\} \tag{9-40}$$

通过一步步推导，终于得到高斯混合模型 EM 算法中 E-Step 所需的 Q 函数。下面进入 M-Step，计算 Q 函数的参数 θ 的最大值。由式（9-28）可知，参数 θ 包括 α_k、μ_k 和$\sum_k$。再对式（9-40）进行分解：

$$Q\left(\theta;\theta^{(t-1)}\right) = \sum_{k=1}^{K}\sum_{i=1}^{n}\left\{\left[\ln(\alpha_k) + \log N(x_i|\mu_k,\Sigma_k)\right] p\left(k|x_i,\theta^{(t-1)}\right)\right\}$$

$$= \sum_{k=1}^{K}\sum_{i=1}^{n}\left[\ln(\alpha_k)\, p\left(k|x_i,\theta^{(t-1)}\right) + \ln N(x_i|\mu_k,\Sigma_k)\, p\left(k|x_i,\theta^{(t-1)}\right)\right]$$

$$= \sum_{k=1}^{K}\sum_{i=1}^{n}\left[\ln(\alpha_k)\, p\left(k|x_i,\theta^{(t-1)}\right)\right] + \sum_{k=1}^{K}\sum_{i=1}^{n}\left\{\ln\left[N(x_i|\mu_k,\Sigma_k)\right] p\left(k|x_i,\theta^{(t-1)}\right)\right\} \tag{9-41}$$

式（9-41）中的第一项仅仅含有参数 α_k，而第二项仅仅含有参数 μ_k 和$\sum_k$，因此我们可以分别独立地对这两项取最大值。这里需要再次强调的是，参数 $\theta^{(t-1)}$是常数，不是未知变量。

首先利用第一项算式计算 α_k 的最大值，这意味着：

$$\frac{\partial\sum_{k=1}^{K}\sum_{i=1}^{n}\left[\ln\left(\alpha_k\right)p\left(k|x_i,\theta^{(t-1)}\right)\right]}{\partial\alpha_1\partial\alpha_2\quad\partial\alpha_K}=\underset{K}{[0,0,\quad,0]}，受限于\sum_{k=1}^{K}\alpha_k=1 \tag{9-42}$$

利用拉格朗日乘子，很容易得到式（9-42）的结果，即：

$$\mathrm{LM}\left(\alpha_1,\alpha_2,\quad,\alpha_K,\lambda\right)=\sum_{k=1}^{K}\sum_{i=1}^{n}\left[\ln\left(\alpha_k\right)p\left(k|x_i,\theta^{(t-1)}\right)\right]+\lambda\left(\sum_{k=1}^{K}\alpha_k-1\right) \tag{9-43}$$

式中，λ 为引入的拉格朗日乘子，对式（9-43）求偏导，并使其为 0：

$$\begin{aligned}\frac{\partial\mathrm{LM}}{\partial\alpha_k}&=\frac{\partial}{\partial\alpha_k}\left\{\sum_{k=1}^{K}\sum_{i=1}^{n}\left[\ln\left(\alpha_k\right)p\left(k|x_i,\theta^{(t-1)}\right)\right]+\lambda\left(\sum_{k=1}^{K}\alpha_k-1\right)\right\}\\&=\frac{\partial}{\partial\alpha_k}\sum_{k=1}^{K}\left[\ln\left(\alpha_k\right)\sum_{i=1}^{n}p\left(k|x_i,\theta^{(t-1)}\right)\right]+\frac{\partial}{\partial\alpha_k}\lambda\left(\sum_{k=1}^{K}\alpha_k-1\right)\\&=\frac{\partial}{\partial\alpha_k}\left[\ln\left(\alpha_k\right)\sum_{i=1}^{n}p\left(k|x_i,\theta^{(t-1)}\right)\right]+\lambda\frac{\partial\alpha_k}{\partial\alpha_k}\\&=\frac{1}{\alpha_k}\sum_{i=1}^{n}p\left(k|x_i,\theta^{(t-1)}\right)+\lambda=0\end{aligned} \tag{9-44}$$

整理式（9-44），得到：

$$\alpha_k=-\frac{1}{\lambda}\sum_{i=1}^{n}p\left(k|x_i,\theta^{(t-1)}\right) \tag{9-45}$$

对式（9-45）的等式两边以 k 为变量求和，即：

$$\begin{aligned}\sum_{k=1}^{K}\alpha_k&=-\sum_{k=1}^{K}\left[\frac{1}{\lambda}\sum_{i=1}^{n}p\left(k|x_i,\theta^{(t-1)}\right)\right]\\&\Rightarrow\sum_{k=1}^{K}\alpha_k=-\frac{1}{\lambda}\sum_{i=1}^{n}\sum_{k=1}^{K}p\left(k|x_i,\theta^{(t-1)}\right)\\&\Rightarrow 1=-\frac{1}{\lambda}\sum_{i=1}^{n}1\\&\Rightarrow\lambda=-n\end{aligned} \tag{9-46}$$

把式（9-46）的结果代入式（9-45）中，得到：

$$\alpha_k=\frac{1}{n}\sum_{i=1}^{n}p\left(k|x_i,\theta^{(t-1)}\right) \tag{9-47}$$

下面利用式（9-41）的第二项算式计算 μ_k 和 $\sum_k$ 的最大值。设一个均值向量 μ_k 和协方差矩阵 $\sum_k$ 的 d 维高斯成分分布的概率密度函数为：

$$p_k\left(x|\mu_k,\Sigma_k\right)=N\left(x|\mu_k,\Sigma_k\right)=\frac{1}{\left(2\pi\right)^{d/2}\left|\Sigma_k\right|^{1/2}}\mathrm{e}^{-\frac{1}{2}\left(x-\mu_k\right)^{\mathrm{T}}\Sigma_k^{-1}\left(x-\mu_k\right)} \tag{9-48}$$

式中的下标 k 表示第 k 个高斯成分。要想利用该等式，需要回顾一些线性代数方面的知识。

方阵 $\boldsymbol{A}$ 的秩 $\mathrm{tr}(\boldsymbol{A})$ 等于 $\boldsymbol{A}$ 对角线上元素的和，而标量的秩就等于该标量。设 $\boldsymbol{A}$ 和 $\boldsymbol{B}$ 为同维数的方阵，x 是与 $\boldsymbol{B}$ 同维数的列向量，且 $\boldsymbol{B}=xx^{\mathrm{T}}$，T 表示转置，则由 $\mathrm{tr}(\boldsymbol{A}+\boldsymbol{B})=\mathrm{tr}(\boldsymbol{A})+\mathrm{tr}(\boldsymbol{B})$ 和 $\mathrm{tr}(\boldsymbol{AB})=\mathrm{tr}(\boldsymbol{BA})$，可得：

$$\mathrm{tr}\left(\boldsymbol{AB}\right)=x^{\mathrm{T}}\boldsymbol{A}x \tag{9-49}$$

如果 $|\boldsymbol{A}|$ 表示矩阵行列式的值，则：

$$\left|A^{-1}\right|=\frac{1}{|A|} \tag{9-50}$$

基于矩阵 A 的函数 $f(A)$ 对 A 求导仍然是矩阵，该矩阵中 (i,j) 元素（第 i 行第 j 列的元素）为 $\mathrm{d}f(A)/\mathrm{d}a_{i,j}$，$a_{i,j}$ 为矩阵 A 的 (i,j) 元素，向量也适用该结论。关于矩阵的导数，我们还需要用到下列关系式：

$$\frac{\partial x^{\mathrm{T}} A x}{\partial x}=\left(A+A^{\mathrm{T}}\right) x \tag{9-51}$$

如果 A 是对称矩阵，则：

$$\frac{\partial|A|}{\partial a_{i,j}}=\begin{cases}\mathcal{A}_{i,j}, & \text{如果} i=j \\ 2\mathcal{A}_{i,j}, & \text{如果} i \neq j\end{cases} \tag{9-52}$$

式中，$\mathcal{A}_{i,j}$ 表示 A 的第 (i,j) 个余因子。利用式（9-52），可以得到：

$$\frac{\partial \ln |A|}{\partial A}=\left\{\begin{array}{ll}\dfrac{\mathcal{A}_{i,j}}{|A|}, & \text{如果} i=j \\ \dfrac{2\mathcal{A}_{i,j}}{|A|}, & \text{如果} i \neq j\end{array}\right\}=2 A^{-1}-\operatorname{diag}\left(A^{-1}\right) \tag{9-53}$$

式中，$\operatorname{diag}(A)$ 表示只取矩阵 A 的对角线上的元素。最后一个需要用到的公式为：

$$\frac{\partial \operatorname{tr}(A B)}{\partial A}=B+B^{\mathrm{T}}-\operatorname{diag}(B) \tag{9-54}$$

再回到式（9-41），把式（9-48）代入到式（9-41）的第二项算式中：

$$\begin{aligned}&\sum_{k=1}^{K} \sum_{i=1}^{n}\left\{\ln \left[\frac{1}{(2\pi)^{d/2}\left|\Sigma_{k}\right|^{1/2}} \mathrm{e}^{-\frac{1}{2}\left(x_{i}-\mu_{k}\right)^{\mathrm{T}} \Sigma_{k}^{-1}\left(x_{i}-\mu_{k}\right)}\right] p\left(k | x_{i}, \theta^{(t-1)}\right)\right\} \\ &=\sum_{k=1}^{K} \sum_{i=1}^{n}\left\{\left[-\frac{d}{2} \ln (2\pi)-\frac{1}{2} \ln \left(\left|\Sigma_{k}\right|\right)-\frac{1}{2}\left(x_{i}-\mu_{k}\right)^{\mathrm{T}} \Sigma_{k}^{-1}\left(x_{i}-\mu_{k}\right)\right] p\left(k | x_{i}, \theta^{(t-1)}\right)\right\}\end{aligned} \tag{9-55}$$

我们需要 μ_k 和 $\sum_k$ 的最大值，方法是求偏导，因此可以忽略常数项，则式（9-55）重新定义为：

$$\begin{aligned}S\left(\mu_{k}, \Sigma_{k}\right) &=\sum_{k=1}^{K} \sum_{i=1}^{n}\left\{\left[-\frac{1}{2} \ln \left(\left|\Sigma_{k}\right|\right)-\frac{1}{2}\left(x_{i}-\mu_{k}\right)^{\mathrm{T}} \Sigma_{k}^{-1}\left(x_{i}-\mu_{k}\right)\right] p\left(k | x_{i}, \theta^{(t-1)}\right)\right\} \\ &=\sum_{k=1}^{K} \sum_{i=1}^{n}\left\{\left[\frac{1}{2} \ln \left(\frac{1}{\left|\Sigma_{k}\right|}\right)-\frac{1}{2}\left(x_{i}-\mu_{k}\right)^{\mathrm{T}} \Sigma_{k}^{-1}\left(x_{i}-\mu_{k}\right)\right] p\left(k | x_{i}, \theta^{(t-1)}\right)\right\} \\ &=\sum_{k=1}^{K} \sum_{i=1}^{n}\left\{\left[\frac{1}{2} \ln \left(\left|\Sigma_{k}^{-1}\right|\right)-\frac{1}{2}\left(x_{i}-\mu_{k}\right)^{\mathrm{T}} \Sigma_{k}^{-1}\left(x_{i}-\mu_{k}\right)\right] p\left(k | x_{i}, \theta^{(t-1)}\right)\right\}\end{aligned} \tag{9-56}$$

式（9-56）中最后一个等式的推导应用到了式（9-50）的结论。

先求 $S(\mu_k, \sum_k)$ 的 μ_k 偏导：

$$\begin{aligned}\frac{\partial S\left(\mu_{k}, \Sigma_{k}\right)}{\partial \mu_{k}} &=\frac{\partial}{\partial \mu_{k}}\left\{\sum_{i=1}^{n}\left[-\frac{1}{2}\left(x_{i}-\mu_{k}\right)^{\mathrm{T}} \Sigma_{k}^{-1}\left(x_{i}-\mu_{k}\right) p\left(k | x_{i}, \theta^{(t-1)}\right)\right]\right\} \\ &=\sum_{i=1}^{n}\left\{-\frac{1}{2} p\left(k | x_{i}, \theta^{(t-1)}\right) \frac{\partial\left[\left(x_{i}-\mu_{k}\right)^{\mathrm{T}} \Sigma_{k}^{-1}\left(x_{i}-\mu_{k}\right)\right]}{\partial \mu_{k}}\right\}\end{aligned} \tag{9-57}$$

利用式（9-51），并且已知 $\sum$ 是对称矩阵，因此 $\sum^{-1}=(\sum^{-1})^{\mathrm{T}}$，所以式（9-57）的结果为：

$$\begin{aligned}\frac{\partial S\left(\mu_k,\Sigma_k\right)}{\partial \mu_k}&=\sum_{i=1}^{n}\left\{-\frac{1}{2}p\left(k|x_i,\theta^{(t-1)}\right)\left[\Sigma_k^{-1}+\left(\Sigma_k^{-1}\right)^{\mathrm{T}}\right]\left(x_i-\mu_k\right)(-1)\right\}\\&=\sum_{i=1}^{n}\left\{\frac{1}{2}p\left(k|x_i,\theta^{(t-1)}\right)\left(\Sigma_k^{-1}+\Sigma_k^{-1}\right)\left(x_i-\mu_k\right)\right\}\\&=\sum_{i=1}^{n}\left[\Sigma_k^{-1}\left(x_i-\mu_k\right)p\left(k|x_i,\theta^{(t-1)}\right)\right]\\&=\Sigma_k^{-1}\sum_{i=1}^{n}\left[\left(x_i-\mu_k\right)p\left(k|x_i,\theta^{(t-1)}\right)\right]\end{aligned}\tag{9-58}$$

让式（9-58）为 0，则 μ_k 为：

$$\mu_k=\frac{\sum_{i=1}^{n}\left[x_i p\left(k|x_i,\theta^{(t-1)}\right)\right]}{\sum_{i=1}^{n}p\left(k|x_i,\theta^{(t-1)}\right)}\tag{9-59}$$

下面计算$\sum_k$的最大值，首先先对 $S(\mu_k,\sum_k)$重新整理：

$$S\left(\mu_k,\Sigma_k\right)=\sum_{k=1}^{K}\left\{\frac{1}{2}\ln\left(\left|\Sigma_k^{-1}\right|\right)\sum_{i=1}^{n}p\left(k|x_i,\theta^{(t-1)}\right)-\frac{1}{2}\sum_{i=1}^{n}\left[p\left(k|x_i,\theta^{(t-1)}\right)\left(x_i-\mu_k\right)^{\mathrm{T}}\Sigma_k^{-1}\left(x_i-\mu_k\right)\right]\right\}\tag{9-60}$$

由式（9-49），我们可以对式（9-60）进行化简：

$$S\left(\mu_k,\Sigma_k\right)=\sum_{k=1}^{K}\left\{\frac{1}{2}\ln\left(\left|\Sigma_k^{-1}\right|\right)\sum_{i=1}^{n}p\left(k|x_i,\theta^{(t-1)}\right)-\frac{1}{2}\sum_{i=1}^{n}\left[p\left(k|x_i,\theta^{(t-1)}\right)\mathrm{tr}\left(\Sigma_k^{-1}\boldsymbol{N}_{k,i}\right)\right]\right\}\tag{9-61}$$

式中，$\boldsymbol{N}_{k,i}=(x_i-\mu_k)(x_i-\mu_k)^{\mathrm{T}}$，$\boldsymbol{N}_{k,i}$也是对称矩阵。这里需要注意的是，要想得到$\sum_k$的最大值，需要求 $S(\mu_k,\sum_k)$的$\sum_k^{-1}$偏导，并且在求偏导的过程中，还要利用式（9-53）和式（9-54）：

$$\begin{aligned}\frac{\partial S\left(\mu_k,\Sigma_k\right)}{\partial \Sigma_k^{-1}}&=\frac{1}{2}\frac{\partial\ln\left(\left|\Sigma_k^{-1}\right|\right)}{\partial\Sigma_k^{-1}}\sum_{i=1}^{n}p\left(k|x_i,\theta^{(t-1)}\right)-\frac{1}{2}\sum_{i=1}^{n}\left[p\left(k|x_i,\theta^{(t-1)}\right)\frac{\partial\mathrm{tr}\left(\Sigma_k^{-1}\boldsymbol{N}_{k,i}\right)}{\partial\Sigma_k^{-1}}\right]\\&=\frac{1}{2}\left[2\Sigma_k-\mathrm{diag}\left(\Sigma_k\right)\right]\sum_{i=1}^{n}p\left(k|x_i,\theta^{(t-1)}\right)-\frac{1}{2}\sum_{i=1}^{n}\left\{p\left(k|x_i,\theta^{(t-1)}\right)\left[\boldsymbol{N}_{k,i}+\boldsymbol{N}_{k,i}^{\mathrm{T}}-\mathrm{diag}\left(\boldsymbol{N}_{k,i}\right)\right]\right\}\\&=\frac{1}{2}\sum_{i=1}^{n}\left\{p\left(k|x_i,\theta^{(t-1)}\right)\left[2\Sigma_k-\mathrm{diag}\left(\Sigma_k\right)\right]\right\}-\frac{1}{2}\sum_{i=1}^{n}\left\{p\left(k|x_i,\theta^{(t-1)}\right)\left[2\boldsymbol{N}_{k,i}-\mathrm{diag}\left(\boldsymbol{N}_{k,i}\right)\right]\right\}\\&=\frac{1}{2}\sum_{i=1}^{n}\left\{p\left(k|x_i,\theta^{(t-1)}\right)\left[2\left(\Sigma_k-\boldsymbol{N}_{k,i}\right)-\mathrm{diag}\left(\Sigma_k-\boldsymbol{N}_{k,i}\right)\right]\right\}\\&=\frac{1}{2}\sum_{i=1}^{n}\left\{p\left(k|x_i,\theta^{(t-1)}\right)\left[2\boldsymbol{M}_{k,i}-\mathrm{diag}\left(\boldsymbol{M}_{k,i}\right)\right]\right\}\\&=\frac{1}{2}\left\{\sum_{i=1}^{n}\left[2p\left(k|x_i,\theta^{(t-1)}\right)\boldsymbol{M}_{k,i}\right]-\sum_{i=1}^{n}\left[p\left(k|x_i,\theta^{(t-1)}\right)\mathrm{diag}\left(\boldsymbol{M}_{k,i}\right)\right]\right\}\\&=\frac{1}{2}\left\{\sum_{i=1}^{n}\left[2p\left(k|x_i,\theta^{(t-1)}\right)\boldsymbol{M}_{k,i}\right]-\sum_{i=1}^{n}\mathrm{diag}\left[p\left(k|x_i,\theta^{(t-1)}\right)\boldsymbol{M}_{k,i}\right]\right\}\\&=2U-\mathrm{diag}\left(U\right)\end{aligned}\tag{9-62}$$

式中，$\boldsymbol{M}_{k,i}=\sum_k-\boldsymbol{N}_{k,j}$，并且：

$$\boldsymbol{U}=\frac{1}{2}\sum_{i=1}^{N}p\left(k|x_i,\theta^{(t-1)}\right)\boldsymbol{M}_{k,i}\tag{9-63}$$

让式（9-62）等于 0，即 $2\boldsymbol{U}-\mathrm{diag}(\boldsymbol{U})=0$，则推出 $\boldsymbol{U}=0$，即：

$$\frac{1}{2}\sum_{i=1}^{N}p\left(k|x_i,\theta^{(t-1)}\right)\boldsymbol{M}_{k,i}=\frac{1}{2}\sum_{i=1}^{N}\left[p\left(k|x_i,\theta^{(t-1)}\right)\left(\Sigma_k-\boldsymbol{N}_{k,i}\right)\right]=0 \tag{9-64}$$

从而得到$\sum_k$：

$$\Sigma_k=\frac{\sum_{i=1}^{N}\left[p\left(k|x_i,\theta^{(t-1)}\right)\boldsymbol{N}_{k,i}\right]}{\sum_{i=1}^{N}p\left(k|x_i,\theta^{(t-1)}\right)}=\frac{\sum_{i=1}^{N}\left[p\left(k|x_i,\theta^{(t-1)}\right)\left(x_i-\mu_k\right)\left(x_i-\mu_k\right)^{\mathrm{T}}\right]}{\sum_{i=1}^{N}p\left(k|x_i,\theta^{(t-1)}\right)} \tag{9-65}$$

式中，μ_k为式（9-59）。

至此，高斯混合模型参数 θ 中的 α_k、μ_k 和$\sum_k$都已得到，它们作为本次迭代得到的参数，即：

$$\alpha_k^{(t)}=\frac{1}{n}\sum_{i=1}^{n}p\left(k|x_i,\theta^{(t-1)}\right) \tag{9-66}$$

$$\mu_k^{(t)}=\frac{\sum_{i=1}^{n}\left[x_i p\left(k|x_i,\theta^{(t-1)}\right)\right]}{\sum_{i=1}^{n}p\left(k|x_i,\theta^{(t-1)}\right)} \tag{9-67}$$

$$\Sigma_k^{(t)}=\frac{\sum_{i=1}^{N}\left[p\left(k|x_i,\theta^{(t-1)}\right)\left(x_i-\mu_k^{(t)}\right)\left(x_i-\mu_k^{(t)}\right)^{\mathrm{T}}\right]}{\sum_{i=1}^{N}p\left(k|x_i,\theta^{(t-1)}\right)} \tag{9-68}$$

用式（9-66）～式（9-68）的结果再求 $p(k|x_i,\theta^{(t-1)})$。$p(k|x_i,\theta^{(t-1)})$表示高斯模型的后验概率，也是样本响应的边缘概率分布，它由贝叶斯规则可以得到，即：

$$p\left(k|x_i,\theta^{(t-1)}\right)=\frac{\alpha_k^{(t-1)}N\left(x_i|\mu_k^{(t-1)},\Sigma_k^{(t-1)}\right)}{\sum_{k=1}^{K}\alpha_k^{(t-1)}N\left(x_i|\mu_k^{(t-1)},\Sigma_k^{(t-1)}\right)} \tag{9-69}$$

将式（9-69）的结果再代入式（9-66）～式（9-68）就实现了一次次迭代的过程。

在第一次迭代之前，需要初始化参数。这里有两种初始化参数的方法：第一种是只初始化 $p(k|x_i,\theta^{(0)})$，然后由式（9-66）～式（9-68）分别得到 $\alpha_k^{(1)}$、$\mu_k^{(1)}$和$\sum_k^{(1)}$，也就是该种方法是从 M-Step 开始执行；第二种是初始化 $\alpha_k^{(0)}$、$\mu_k^{(0)}$和$\sum_k^{(0)}$，然后由式（9-69）得到 $p(k|x_i,\theta^{(0)})$，也就是该种方法是从 E-Step 开始执行。这两种参数初始化的方法效果是相同的。当然，在第二种方法中，$\alpha_k^{(0)}$、$\mu_k^{(0)}$和$\sum_k^{(0)}$也可以由 K-means 算法估计得到。

有两种方法用来结束 EM 算法的迭代：一种是按照迭代的次数；另一种是判断迭代是否足够收敛，而收敛是通过两次迭代中对数似然函数是否足够接近来判断的，即两个对数似然函数之差小于某一极小值时，我们认为迭代收敛了，则 EM 算法结束。

式（9-70）为高斯混合模型的对数似然函数：

$$\begin{aligned}L(\theta;\mathrm{X})&=\ln p(X|\theta)=\ln\prod_{i=1}^{n}p(x_i|\theta)=\sum_{i=1}^{N}\ln p(x_i|\theta)\\&=\sum_{i=1}^{N}\ln\left[\sum_{k=1}^{K}\alpha_k N\left(x_i|\mu_k,\Sigma_k\right)\right]\\&=\sum_{i=1}^{N}\ln\left\{\sum_{k=1}^{K}\left[\frac{\alpha_k}{(2\pi)^{d/2}\left|\Sigma_k\right|^{1/2}}\mathrm{e}^{-\frac{1}{2}\left(x_i-\mu_k\right)^{\mathrm{T}}\Sigma_k^{-1}\left(x_i-\mu_k\right)}\right]\right\}\end{aligned} \tag{9-70}$$

无论是式（9-69），还是式（9-70），都需要计算 $\alpha_k N(x_i|\mu_k,\sum_k)$。直接计算该部分略显烦琐，不如先对其取对数，然后把结果取指数，这样做要容易一些。设 $\alpha_k N(x_i|\mu_k,\sum_k)$的对数为 LN_k，它表示为：

$$\mathrm{LN}_k=\ln\left[\alpha_k N\left(x_i|\mu_k,\Sigma_k\right)\right]=\ln\left[\frac{\alpha_k}{(2\pi)^{d/2}\left|\Sigma_k\right|^{1/2}}\mathrm{e}^{-\frac{1}{2}(x_i-\mu_k)^{\mathrm{T}}\Sigma_k^{-1}(x_i-\mu_k)}\right]$$

$$=\ln\alpha_k-\frac{d}{2}\ln(2\pi)-\frac{1}{2}\ln\left(\left|\Sigma_k\right|\right)-\frac{1}{2}(x_i-\mu_k)^{\mathrm{T}}\Sigma_k^{-1}(x_i-\mu_k) \tag{9-71}$$

再把 LN_k 代回到式（9-70）中，简单起见，这里只表示样本 x_i 的对数似然，即：

$$\ln p(x_i|\theta)=\ln\sum_{k=1}^{K}\mathrm{e}^{\mathrm{LN}_k} \tag{9-72}$$

观察式（9-72）会发现，这里出现了“指数的和的对数”的形式，即：

$$y=\ln\sum_{n=1}^{N}\mathrm{e}^{x_n} \tag{9-73}$$

如果按正常的方法编写程序计算式（9-73），由于精度的限制，很容易会使结果上、下溢出，因此我们做适当的调整，把式（9-73）改写为：

$$y=\ln\sum_{n=1}^{N}\mathrm{e}^{x_n}=c+\ln\sum_{n=1}^{N}\mathrm{e}^{x_n-c} \tag{9-74}$$

式中，c 为：

$$c=\max_n x_n \tag{9-75}$$

这么做的原理是移动指数部分的中心，迫使最大值为 0，即使其他数值下溢出，我们也会得到一个合理的结果，这就是机器学习中经常会遇到的、被称为“log-sum-exp”技巧的算法。下面给出它的证明：

$$\begin{aligned}
&y=\ln\sum_{n=1}^{N}\mathrm{e}^{x_n}\\
&\Rightarrow \mathrm{e}^{y}=\sum_{n=1}^{N}\mathrm{e}^{x_n}\\
&\Rightarrow \mathrm{e}^{-c}\mathrm{e}^{y}=\mathrm{e}^{-c}\sum_{n=1}^{N}\mathrm{e}^{x_n}\\
&\Rightarrow \mathrm{e}^{y-c}=\sum_{n=1}^{N}\mathrm{e}^{-c}\mathrm{e}^{x_n}\\
&\Rightarrow \mathrm{e}^{y-c}=\sum_{n=1}^{N}\mathrm{e}^{x_n-c}\\
&\Rightarrow y-c=\ln\sum_{n=1}^{N}\mathrm{e}^{x_n-c}\\
&\Rightarrow y=c+\ln\sum_{n=1}^{N}\mathrm{e}^{x_n-c}
\end{aligned} \tag{9-76}$$

对于式（9-69）来说，没有对数运算，但如果我们还使用“log-sum-exp”技巧，即增加一个参数 c，是否改变了后验概率的值？如果没有，则求后验概率和求对数似然函数就可以应用同一个程序一次完成，这样运行效率会更高。下面就来证明一下：

$$\mathrm{e}^{\mathrm{LN}_k-c}=\mathrm{e}^{-c}\mathrm{e}^{\mathrm{LN}_k}=\mathrm{e}^{-c}\frac{\alpha_k}{(2\pi)^{d/2}\left|\Sigma_k\right|^{1/2}}\mathrm{e}^{-\frac{1}{2}(x_i-\mu_k)^{\mathrm{T}}\Sigma_k^{-1}(x_i-\mu_k)} \tag{9-77}$$

$$\sum_{k=1}^{K}\mathrm{e}^{\mathrm{LN}_k-c}=\sum_{k=1}^{K}\left[\mathrm{e}^{-c}\frac{\alpha_k}{(2\pi)^{d/2}\left|\Sigma_k\right|^{1/2}}\mathrm{e}^{-\frac{1}{2}(x_i-\mu_k)^{\mathrm{T}}\Sigma_k^{-1}(x_i-\mu_k)}\right] \tag{9-78}$$

这里的 c 为：

$$c=\max_k \mathrm{LN}_k=\max_k \ln\left[\alpha_k N\left(x_i|\mu_k,\Sigma_k\right)\right] \tag{9-79}$$

所以，对于同一个样本 x_i 来说，c 在 $\sum_k$ 中是常数，即 c 对于 $p(k|x_i,\ \theta^{(t-1)})$ 来说是常数，因此式（9-78）改写为：

$$\sum_{k=1}^{K}\mathrm{e}^{\mathrm{LN}_k-c}=\mathrm{e}^{-c}\sum_{k=1}^{K}\left[\frac{\alpha_k}{(2\pi)^{d/2}\left|\Sigma_k\right|^{1/2}}\mathrm{e}^{-\frac{1}{2}(x_i-\mu_k)^{\mathrm{T}}\Sigma_k^{-1}(x_i-\mu_k)}\right] \tag{9-80}$$

则：

$$\begin{aligned}
\frac{\mathrm{e}^{\mathrm{LN}_k-c}}{\sum_{k=1}^{K}\mathrm{e}^{\mathrm{LN}_k-c}}&=\frac{\mathrm{e}^{-c}\dfrac{\alpha_k}{(2\pi)^{d/2}\left|\Sigma_k\right|^{1/2}}\mathrm{e}^{-\frac{1}{2}(x_i-\mu_k)^{\mathrm{T}}\Sigma_k^{-1}(x_i-\mu_k)}}{\mathrm{e}^{-c}\sum_{k=1}^{K}\left[\dfrac{\alpha_k}{(2\pi)^{d/2}\left|\Sigma_k\right|^{1/2}}\mathrm{e}^{-\frac{1}{2}(x_i-\mu_k)^{\mathrm{T}}\Sigma_k^{-1}(x_i-\mu_k)}\right]}\\
&=\frac{\dfrac{\alpha_k}{(2\pi)^{d/2}\left|\Sigma_k\right|^{1/2}}\mathrm{e}^{-\frac{1}{2}(x_i-\mu_k)^{\mathrm{T}}\Sigma_k^{-1}(x_i-\mu_k)}}{\sum_{k=1}^{K}\left[\dfrac{\alpha_k}{(2\pi)^{d/2}\left|\Sigma_k\right|^{1/2}}\mathrm{e}^{-\frac{1}{2}(x_i-\mu_k)^{\mathrm{T}}\Sigma_k^{-1}(x_i-\mu_k)}\right]}\\
&=\frac{\alpha_k^{(t-1)}N\left(x_i|\mu_k^{(t-1)},\Sigma_k^{(t-1)}\right)}{\sum_{k=1}^{K}\alpha_k^{(t-1)}N\left(x_i|\mu_k^{(t-1)},\Sigma_k^{(t-1)}\right)}\\
&=p\left(k|x_i,\theta^{(t-1)}\right)
\end{aligned} \tag{9-81}$$

从式（9-81）的推导过程来看，即使增加了参数 c，也不会改变后验概率的值。

下面再来分析式（9-81）或式（9-69）：

$$\begin{aligned}
p\left(k|x_i,\theta^{(t-1)}\right)&=\frac{\alpha_k^{(t-1)}N\left(x_i|\mu_k^{(t-1)},\Sigma_k^{(t-1)}\right)}{\sum_{k=1}^{K}\alpha_k^{(t-1)}N\left(x_i|\mu_k^{(t-1)},\Sigma_k^{(t-1)}\right)}\\
&=\frac{\dfrac{\alpha_k}{(2\pi)^{d/2}\left|\Sigma_k\right|^{1/2}}\mathrm{e}^{-\frac{1}{2}(x_i-\mu_k)^{\mathrm{T}}\Sigma_k^{-1}(x_i-\mu_k)}}{\sum_{k=1}^{K}\left[\dfrac{\alpha_k}{(2\pi)^{d/2}\left|\Sigma_k\right|^{1/2}}\mathrm{e}^{-\frac{1}{2}(x_i-\mu_k)^{\mathrm{T}}\Sigma_k^{-1}(x_i-\mu_k)}\right]}\\
&=\frac{\dfrac{1}{(2\pi)^{d/2}}\cdot\dfrac{\alpha_k}{\left|\Sigma_k\right|^{1/2}}\mathrm{e}^{-\frac{1}{2}(x_i-\mu_k)^{\mathrm{T}}\Sigma_k^{-1}(x_i-\mu_k)}}{\dfrac{1}{(2\pi)^{d/2}}\sum_{k=1}^{K}\left[\dfrac{\alpha_k}{\left|\Sigma_k\right|^{1/2}}\mathrm{e}^{-\frac{1}{2}(x_i-\mu_k)^{\mathrm{T}}\Sigma_k^{-1}(x_i-\mu_k)}\right]}\\
&=\frac{\dfrac{\alpha_k}{\left|\Sigma_k\right|^{1/2}}\mathrm{e}^{-\frac{1}{2}(x_i-\mu_k)^{\mathrm{T}}\Sigma_k^{-1}(x_i-\mu_k)}}{\sum_{k=1}^{K}\left[\dfrac{\alpha_k}{\left|\Sigma_k\right|^{1/2}}\mathrm{e}^{-\frac{1}{2}(x_i-\mu_k)^{\mathrm{T}}\Sigma_k^{-1}(x_i-\mu_k)}\right]}
\end{aligned} \tag{9-82}$$

所以，在计算后验概率的时候，可以不考虑$(2\pi)^{d/2}$这一项。也就是说，当把 LN_k 应用到计算后验概率时，可以不用计算 $d[\ln(2\pi)]/2$。我们把去掉 $d[\ln(2\pi)]/2$ 项的 LN_k 定义为 LN'_k，即：

$$\mathrm{LN}'_k=\ln\alpha_k-\frac{1}{2}\ln\left(\left|\Sigma_k\right|\right)-\frac{1}{2}\left(x_i-\mu_k\right)^{\mathrm{T}}\Sigma_k^{-1}\left(x_i-\mu_k\right) \tag{9-83}$$

另外，在涉及协方差矩阵时，可以应用奇异值分解，这部分内容在第 1 章介绍过，但为了保持内容的完整性，这里再次给出它的公式。

由于协方差矩阵$\sum_k$是对称矩阵，所以它的奇异值分解为：

$$\sum\nolimits_k=\boldsymbol{UWV}^{\mathrm{T}}=\boldsymbol{UWU}^{\mathrm{T}} \tag{9-84}$$

式中，$\boldsymbol{W}$ 是由特征值组成的对角线矩阵；$\boldsymbol{U}$ 是由特征向量组成的正交矩阵，具有 $\boldsymbol{U}^{-1}=\boldsymbol{U}^{\mathrm{T}}$ 的性质，则$\sum_k$的逆矩阵为：

$$\sum\nolimits_k^{-1}=\left(\boldsymbol{UWU}^{\mathrm{T}}\right)^{-1}=\left(\boldsymbol{U}^{\mathrm{T}}\right)^{-1}\left(\boldsymbol{UW}\right)^{-1}=\left(\boldsymbol{U}^{-1}\right)^{-1}\boldsymbol{W}^{-1}\boldsymbol{U}^{-1}=\boldsymbol{UW}^{-1}\boldsymbol{U}^{\mathrm{T}} \tag{9-85}$$

设 $\boldsymbol{D}=x-\mu_k$，则$(x-\mu_k)^{\mathrm{T}}\sum_k^{-1}(x-\mu_k)$为：

$$\left(x-\mu_k\right)^{\mathrm{T}}\sum\nolimits_k^{-1}\left(x-\mu_k\right)=\boldsymbol{D}^{\mathrm{T}}\boldsymbol{UW}^{-1}\boldsymbol{U}^{\mathrm{T}}\boldsymbol{D}=\left(\boldsymbol{D}^{\mathrm{T}}\boldsymbol{U}\right)\boldsymbol{W}^{-1}\left(\boldsymbol{U}^{\mathrm{T}}\boldsymbol{D}\right)=\left(\boldsymbol{D}^{\mathrm{T}}\boldsymbol{U}\right)\boldsymbol{W}^{-1}\left(\boldsymbol{D}^{\mathrm{T}}\boldsymbol{U}\right)^{\mathrm{T}} \tag{9-86}$$

式中，$\boldsymbol{D}^{\mathrm{T}}$ 是行向量，$\boldsymbol{U}$ 是方阵，则 $\boldsymbol{D}^{\mathrm{T}}\boldsymbol{U}$ 为行向量。设该行向量的元素为 a_i，$(\boldsymbol{D}^{\mathrm{T}}\boldsymbol{U})^{\mathrm{T}}$ 则为列向量，因为 $\boldsymbol{W}$ 是对角线矩阵，设该矩阵对角线上的元素为 w_i，由矩阵的知识可知，$\boldsymbol{W}^{-1}$ 也是对角线矩阵，并且其对角线上的元素为 $1/w_i$，则式（9-86）改写为：

$$\begin{aligned}
\left(x-\mu_k\right)^{\mathrm{T}}\sum\nolimits_k^{-1}\left(x-\mu_k\right)&=\left(\boldsymbol{D}^{\mathrm{T}}\boldsymbol{U}\right)\boldsymbol{W}^{-1}\left(\boldsymbol{D}^{\mathrm{T}}\boldsymbol{U}\right)^{\mathrm{T}}\\
&=\left[a_1\quad a_2\quad\cdots\quad a_n\right]\begin{bmatrix}w_1^{-1}&0&\cdots&0\\0&w_2^{-1}&\cdots&0\\\vdots&\vdots&&\vdots\\0&0&\cdots&w_n^{-1}\end{bmatrix}\begin{bmatrix}a_1\\a_2\\\vdots\\a_n\end{bmatrix}\\
&=\left[a_1w_1^{-1}\quad a_2w_2^{-1}\quad\cdots\quad a_nw_n^{-1}\right]\begin{bmatrix}a_1\\a_2\\\vdots\\a_n\end{bmatrix}\\
&=\frac{a_1a_1}{w_1}+\frac{a_2a_2}{w_2}+\cdots+\frac{a_na_n}{w_n}\\
&=\sum\nolimits_{i=1}^{n}\frac{a_ia_i}{w_i}
\end{aligned} \tag{9-87}$$

如果$\sum_k$是一个对角矩阵，则$\sum_k=\boldsymbol{W}$，此时式（9-86）改写为：

$$\left(x-\mu_k\right)^{\mathrm{T}}\sum\nolimits_k^{-1}\left(x-\mu_k\right)=\boldsymbol{D}^{\mathrm{T}}\boldsymbol{W}^{-1}\boldsymbol{D} \tag{9-88}$$

我们还注意到一个性质，那就是行列式的值等于该矩阵特征值的乘积，前面我们已经得到了$\sum_k$的特征值为 w_i，则它的行列式值为：

$$\left|\sum\nolimits_k\right|=\prod\nolimits_{i=1}^{n}w_i \tag{9-89}$$

9.2 源码解析

OpenCV 实现的 EM 算法是对高斯混合模型的参数估计。与前面介绍过的其他的机器学习算法不同，EM 算法是非监督的学习算法，它不需要样本的响应值（即类别标签或函数值）作为输入。相反，它计算的是高斯混合模型参数的极大似然估计。

EM 类实现了 EM 算法，该类的构造函数为：

```
EM::EM (int nclusters = EM::DEFAULT_NCLUSTERS,
        int covMatType = EM::COV_MAT_DIAGONAL,
        const TermCriteria& termCrit = TermCriteria
(TermCriteria::COUNT+TermCriteria::EPS, EM::DEFAULT_MAX_ITERS, FLT_EPSILON)
)
```

nclusters 表示高斯混合模型的高斯成分数量，即式（9-27）中的 K，该参数的默认值为 EM::DEFAULT_NCLUSTERS=5，有些 EM 算法可以通过优化得到该值，但 OpenCV 没有实现该功能，所以只能事先确定该值。

covMatType 表示对协方差矩阵的一种限制，也就是协方差矩阵的形式，可以选取下列 3 个值：EM::COV_MAT_SPHERICAL、EM::COV_MAT_DIAGONAL 和 EM::COV_MAT_GENERIC，其中 EM::COV_MAT_DIAGONAL 为默认值。EM::COV_MAT_SPHERICAL 表示协方差矩阵是一个标量乘以单位矩阵，即 $s_k \times I$，所以对协方差矩阵的估计只需要确定 s_k 即可；EM::COV_MAT_DIAGONAL 表示协方差矩阵是一个对角线元素为正数的对角矩阵，这时只需要对 d 个参数进行估计即可，d 为样本特征属性的数量；EM::COV_MAT_GENERIC 表示协方差矩阵是一个对称的正数矩阵，很显然，此时需要估计 $d^2/2$ 个参数，除非样本数据庞大，否则不建议设置该值。

termCrit 表示 EM 算法迭代的终止条件。终止条件可以是依据迭代次数 termCrit.maxCount，也可以依据对数似然函数值的变化量 termCrit.epsilon，也可以两者结合。

从输入样本中实现高斯混合模型参数估计的函数有 3 个，它们的原型分别为：

```
bool EM::train(InputArray samples, OutputArray logLikelihoods=noArray(), OutputArray
labels=
noArray(), OutputArray probs=noArray())
bool EM::trainE(InputArray samples, InputArray means0, InputArray covs0=noArray(),
InputArray weights0=noArray(), OutputArray logLikelihoods=noArray(), OutputArray
labels=
noArray(), OutputArray probs=noArray())
bool EM::trainM(InputArray samples, InputArray probs0, OutputArray logLikelihoods=
noArray(),
OutputArray labels=noArray(), OutputArray probs=noArray())
```

train 函数从 E-Step 开始迭代，它所需要的初始参数——均值 μ_k、权值因子 α_k 和协方差矩阵 $\sum_k$ 是由 K-means 算法估计得到的。

trainE 函数从 E-Step 开始迭代，我们需要提供初始的高斯参数中的均值 μ_k，而权值因子 α_k 和协方差矩阵 $\sum_k$ 可以不用初始化，也由 K-means 算法估计得到。

trainM 函数从 M-Step 开始迭代，我们需要提供初始的后验概率 $p(k|x_i, \theta^{(0)})$。

在这 3 个函数中，输入参数的含义分别如下：

samples 表示输入样本，我们从这些样本中估计出高斯混合模型的参数，该变量为单通道的矩阵形式，行代表一个样本，列代表特征属性，如果该矩阵的数据类型不是 CV_64F，则程序内部会自动把它转换为该类型。

means0 表示初始化的均值 μ_k，它是单通道的矩阵形式，矩阵的大小为 $K \times d$，K 为高斯混合成分数量，d 为样本特征属性的数量，如果该矩阵的数据类型不是 CV_64F，则程序内部会自动把它转换为该类型。

covs0 表示初始化的协方差矩阵$\sum_k$，它是单通道的矩阵形式，矩阵的大小为 $d\times d$，如果该矩阵的数据类型不是 CV_64F，则程序内部会自动把它转换为该类型。

weights0 表示初始化的权值因子 α_k，它是单通道的浮点型矩阵形式，矩阵的大小可以是 $1\times K$，也可以是 $K\times 1$。

probs0 表示初始化的第 i 个样本属于第 k 个高斯成分的后验概率 $p(k|x_i, \theta^{(0)})$，它是单通道的浮点型矩阵形式，矩阵的大小为 $n\times K$，n 为样本的数量。

logLikelihoods 表示可选的输出矩阵，该矩阵包含每个样本的对数似然值，矩阵的大小为 $n\times 1$，数据类型为 CV_64FC1。

labels 表示可选的输出变量，表示最终的每个样本的类别标签，即它最有可能属于的那个高斯成分的索引值，公式的表达形式为：$\text{labels}_i = \text{argmax}_k\, p(k|x_i, \theta^{(t)})$，它是 $n\times 1$ 的 CV_32C1 形式。

probs 表示可选的输出矩阵，该矩阵为最终结果的后验概率 $p(k|x_i, \theta^{(t)})$，它是 $n\times K$ 的 CV_32C1 形式。

下面分别给出这 3 个函数：

```
bool EM::trainE(InputArray samples,
                InputArray _means0,
                InputArray _covs0,
                InputArray _weights0,
                OutputArray logLikelihoods,
                OutputArray labels,
                OutputArray probs)
{
    Mat samplesMat = samples.getMat();      //得到样本数据
    vector<Mat> covs0;     //协方差矩阵
    _covs0.getMatVector(covs0);
    //均值和权值因子
    Mat means0 = _means0.getMat(), weights0 = _weights0.getMat();
    //设置均值、权值因子和协方差矩阵
    setTrainData(START_E_STEP, samplesMat, 0, !_means0.empty() ? &means0 : 0,
                 !_covs0.empty() ? &covs0 : 0, !_weights0.empty() ? &weights0 : 0);
    return doTrain(START_E_STEP, logLikelihoods, labels, probs);     //进入 EM 算法
}

bool EM::trainM(InputArray samples,
                InputArray _probs0,
                OutputArray logLikelihoods,
                OutputArray labels,
                OutputArray probs)
{
    Mat samplesMat = samples.getMat();      //得到样本数据
    Mat probs0 = _probs0.getMat();      //得到后验概率
    //设置后验概率
    setTrainData(START_M_STEP, samplesMat, !_probs0.empty() ? &probs0 : 0, 0, 0, 0);
    return doTrain(START_M_STEP, logLikelihoods, labels, probs);     //进入 EM 算法
}
```

下面重点讲解 train 函数：

```
bool EM::train(InputArray samples,
               OutputArray logLikelihoods,
               OutputArray labels,
               OutputArray probs)
{
    Mat samplesMat = samples.getMat();      //得到样本矩阵
    //调用 setTrainData 函数，设置训练用的数据，该函数在后面给出详细解释
    //*在 train 函数中调用 setTrainData 函数，要设置第一个参数为 START_AUTO_STEP，第二个参数为输
入的样本矩阵，后 4 个参数 probs0，means0，covs0 和 weights0，由于这 4 个参数在 doTrain 函数中是用
K-means 算法得到的，所以无需初始化，即设它们为 0*//
    setTrainData(START_AUTO_STEP, samplesMat, 0, 0, 0, 0);
    //调用 doTrain 函数，进入 EM 算法的迭代过程中，该函数在后面给出详细解释
```

```
        //doTrain 函数的第一个参数的含义与前一个 setTrainData 函数相同
        return doTrain(START_AUTO_STEP, logLikelihoods, labels, probs);
}

设置训练样本数据：
void EM::setTrainData(int startStep, const Mat& samples,
                          const Mat* probs0,
                          const Mat* means0,
                          const vector<Mat>* covs0,
                          const Mat* weights0)
//*startStep 表示 EM 算法迭代是从 E-Step 和 M-Step 中的哪一步开始迭代，该参数用于区分是 train 函数，trainE 函数，还是 trainM 函数调用它，如果是 train 函数调用它，则该参数为 START_AUTO_STEP，如果是 trainE 函数调用它，则该参数为 EM::START_E_STEP，如果是 trainM 函数调用它，则该参数为 EM::START_M_STEP*//
//samples 表示输入的样本
//probs0，means0，covs0 和 weights0 分别为初始化的后验概率 p(k|xi, θ(0))，均值 μk，协方差矩阵∑k 和
//权值因子 αk
{
        clear();        //清空一些全局变量
        //检查样本数据和初始化参数是否正确
        checkTrainData(startStep,samples,nclusters,covMatType,probs0,means0,covs0,weights0);
        //*当 startStep 为 START_AUTO_STEP，或者 startStep 为 START_E_STEP 并且没有初始化 covs0 或 weights0 时，isKMeansInit 置 1，表示需要用到 K-means 算法估计相应的初始化参数*//
        bool isKMeansInit = (startStep == EM::START_AUTO_STEP) || (startStep == EM::START_E_
        STEP && (covs0 == 0 || weights0 == 0));
        // Set checked data
        //把 samples 复制为 trainSamples，并根据 isKMeansInit 设置 trainSamples 的数据类型
        preprocessSampleData(samples, trainSamples, isKMeansInit ? CV_32FC1 : CV_64FC1, false);

        //当初始化了 probs0，并且 startStep 为 EM::START_M_STEP 时，需要设置 probs 参数
        if(probs0 && startStep == EM::START_M_STEP)
        {
            //把 probs0 复制为 trainProbs，并使 trainProbs 的数据类型为 CV_64FC1
            preprocessSampleData(*probs0, trainProbs, CV_64FC1, true);
            //预处理初始化的后验概率值，使其归一化
            preprocessProbability(trainProbs);
        }

        //当初始化了 weights0，并且 startStep 为 EM::START_E_STEP 且初始化了 covs0 时，需要设置
        //weights0 参数
        if(weights0 && (startStep == EM::START_E_STEP && covs0))
        {
            //转换数据类型为 CV_64FC1
            weights0->convertTo(weights, CV_64FC1);
            //把矩阵 weights 转换为 1×K 的形式
            weights.reshape(1,1);
            //预处理初始化的权值因子，使其归一化
            preprocessProbability(weights);
        }

        //当初始化了 means0，并且 startStep 为 EM::START_E_STEP 时，把 means0 复制为 means，并根据
        //isKMeansInit 设置 means 的数据类型
        if(means0 && (startStep == EM::START_E_STEP/* || startStep == EM::START_AUTO_STEP*/))
            means0->convertTo(means, isKMeansInit ? CV_32FC1 : CV_64FC1);

        //当初始化了 covs0，并且 startStep 为 EM::START_E_STEP 且初始化了 weights0 时，需要设置 covs
        if(covs0 && (startStep == EM::START_E_STEP && weights0))
        {
            //covs 为全局变量，被定义为 vector<Mat>类型，用于表示不同高斯成分的协方差矩阵的向量集，即 K×d×d
            covs.resize(nclusters);        //设置 covs 的向量大小为 K
            //复制，并且转换数据类型为 CV_64FC1
            for(size_t i = 0; i < covs0->size(); i++)
                (*covs0)[i].convertTo(covs[i], CV_64FC1);
        }
}
```

执行 EM 算法迭代：

```
bool EM::doTrain(int startStep, OutputArray logLikelihoods, OutputArray labels,
OutputArray probs)
```

```
//*startStep 表示 EM 算法迭代是从 E-Step 和 M-Step 中的哪一步开始迭代，该参数用于区分是 train 函数，trainE 函数,还是 trainM 函数调用它,如果是 train 函数调用它,则该参数为 START_AUTO_STEP,如果是 trainE 函数调用它，则该参数为 EM::START_E_STEP，如果是 trainM 函数调用它，则该参数为 EM::START_M_STEP*//
//logLikelihoods, labels 和 probs 分别为训练结束后输出得到的对数似然函数，类别标签和后验概率*//
{
    int dim = trainSamples.cols;    //得到样本特征属性的数量
    //如果为 EM::START_E_STEP 或 START_AUTO_STEP，并且在没有定义协方差矩阵的情况下，所需的初始化
    //参数可以由 K-means 算法估计得到
    if(startStep != EM::START_M_STEP)
    {
        //确保在没有给出协方差矩阵 covs 的情况下，调用 clusterTrainSamples 函数，进行相关参数的
        //K-means 算法估计
        if(covs.empty())
        {
            CV_Assert(weights.empty());   //确保 weights 有值
            clusterTrainSamples();      //该函数在后面给出详细介绍
        }
    }
    //*在前面的 clusterTrainSamples 函数内，会调用 decomposeCovs 函数，下面 if 语句的作用是在前面没有执行 clusterTrainSamples 函数的情况下，调用 decomposeCovs 函数，也就是保证 decomposeCovs 函数一定要被调用一次，且只能是一次*//
    if(!covs.empty() && covsEigenValues.empty() )
    {
        CV_Assert(invCovsEigenValues.empty());
        decomposeCovs();      //该函数在后面会给出详细介绍
    }
    //如果是 EM::START_M_STEP，需要先执行一次 M-Step，由 p(k|xi, θ(0))得到 αk(1)、μk(1)和∑k(1)
    if(startStep == EM::START_M_STEP)
        mStep();      //该函数在后面给出详细的介绍
    //trainLogLikelihood 和 prevTrainLogLikelihood 分别表示对数似然函数值和前一次迭代的对数似
    //然函数值
    double trainLogLikelihood, prevTrainLogLikelihood = 0.;
    for(int iter = 0; ; iter++)      //进入 EM 算法的迭代
    {
        eStep();      //执行 E-Step，该函数在后面会给出详细介绍
        //得到该次迭代后的对数似然函数值
        trainLogLikelihood = sum(trainLogLikelihoods)[0];
        //如果超出了最大迭代次数，则退出 EM 算法的迭代
        if(iter >= maxIters - 1)
            break;
        //计算前后两次的对数似然函数值的差
        double trainLogLikelihoodDelta = trainLogLikelihood - prevTrainLogLikelihood;
        //如果这个差值太小，说明已收敛，则退出 EM 迭代
        if( iter != 0 &&
            (trainLogLikelihoodDelta < -DBL_EPSILON ||
             trainLogLikelihoodDelta < epsilon * std::fabs(trainLogLikelihood)))
            break;

        mStep();      //执行 M-Step，该函数在后面会给出详细介绍

        prevTrainLogLikelihood = trainLogLikelihood;      //更新上一次对数似然函数值
    }
    //如果对数似然函数是一个比较大的负数，说明 EM 算法计算不对，则退出函数
    if( trainLogLikelihood <= -DBL_MAX/10000. )
    {
        clear();
        return false;
    }

    //*后处理协方差矩阵，因为对于 EM::COV_MAT_SPHERICAL 和 EM::COV_MAT_DIAGONAL 类型，我们并没有真正得到协方差矩阵，而仅仅得到了它们的特征值，现在需要从特征值还原回协方差矩阵，它们的协方差矩阵都是对角线矩阵*//
    covs.resize(nclusters);      //定义大小
    for(int clusterIndex = 0; clusterIndex < nclusters; clusterIndex++) //遍历高斯成分
    {
        //EM::COV_MAT_SPHERICAL 类型
        if(covMatType == EM::COV_MAT_SPHERICAL)
        {
            covs[clusterIndex].create(dim, dim, CV_64FC1);      //定义大小
```

```
                //设置单位矩阵，即 sk×I，sk为 covsEigenValues[clusterIndex].at<double>(0)
                setIdentity(covs[clusterIndex],
Scalar(covsEigenValues[clusterIndex].at<double>(0)));
            }
            //EM::COV_MAT_DIAGONAL 类型
            else if(covMatType == EM::COV_MAT_DIAGONAL)
            {
                //设置对角线矩阵，对角线上的元素为特征值
                covs[clusterIndex] = Mat::diag(covsEigenValues[clusterIndex]);
            }
        }
        //如果需要 EM 算法迭代后的类别标签、后验概率、对数似然函数，则复制相应的值
        if(labels.needed())
            trainLabels.copyTo(labels);
        if(probs.needed())
            trainProbs.copyTo(probs);
        if(logLikelihoods.needed())
            trainLogLikelihoods.copyTo(logLikelihoods);
        //释放内存
        trainSamples.release();
        trainProbs.release();
        trainLabels.release();
        trainLogLikelihoods.release();

        return true;      //返回
}
```

执行 K-means 算法的参数估计：

```
void EM::clusterTrainSamples()
{
        int nsamples = trainSamples.rows;      //得到样本的数量

        // Cluster samples, compute/update means

        //把样本和均值的数据类型转换为 32F 型
        Mat trainSamplesFlt, meansFlt;
        if(trainSamples.type() != CV_32FC1)
            trainSamples.convertTo(trainSamplesFlt, CV_32FC1);
        else
            trainSamplesFlt = trainSamples;
        if(!means.empty())
        {
            if(means.type() != CV_32FC1)
                means.convertTo(meansFlt, CV_32FC1);
            else
                meansFlt = means;
        }

        Mat labels;      //表示样本的分类标签
        //调用 kmeans 函数，执行 K-means 算法
        kmeans(trainSamplesFlt,nclusters,labels,TermCriteria(TermCriteria::COUNT,
        means.empty() ? 10 : 1, 0.5), 10, KMEANS_PP_CENTERS, meansFlt);

        //再次把样本和均值的数据类型转换回 64F 型
        CV_Assert(meansFlt.type() == CV_32FC1);
        if(trainSamples.type() != CV_64FC1)
        {
            Mat trainSamplesBuffer;
            trainSamplesFlt.convertTo(trainSamplesBuffer, CV_64FC1);
            trainSamples = trainSamplesBuffer;
        }
        meansFlt.convertTo(means, CV_64FC1);

        // 计算 weights 和 covs
        //定义权值因子 weights 的矩阵形式，大小为 1×K，数据类型为 CV_64FC1，初始化为 0
        weights = Mat(1, nclusters, CV_64FC1, Scalar(0));
        covs.resize(nclusters);      //covs 的向量大小为 K
        for(int clusterIndex = 0; clusterIndex < nclusters; clusterIndex++)//遍历所有高斯成分
```

```
    {
        Mat clusterSamples;     //表示某一高斯成分的样本
        //遍历所有样本，对样本进行分类
        for(int sampleIndex = 0; sampleIndex < nsamples; sampleIndex++)
        {
            //如果当前样本属于当前的高斯成分
            if(labels.at<int>(sampleIndex) == clusterIndex)
            {
                const Mat sample = trainSamples.row(sampleIndex); //提取当前样本数据
                clusterSamples.push_back(sample); //把当前样本放入 clusterSamples 中
            }
        }
        CV_Assert(!clusterSamples.empty());     //确保当前高斯成分中有样本
        //调用 calcCovarMatrix 函数，计算当前高斯成分的协方差矩阵和均值
        calcCovarMatrix(clusterSamples, covs[clusterIndex], means.row(clusterIndex),
            CV_COVAR_NORMAL + CV_COVAR_ROWS + CV_COVAR_USE_AVG + CV_COVAR_SCALE, CV_64FC1);
        //计算当前高斯成分的权值因子，等于当前高斯成分的样本数除以全部样本数
        weights.at<double>(clusterIndex)   =   static_cast<double>(clusterSamples.rows)/
static_cast<double>(nsamples);
    }
    //奇异值分解协方差矩阵，该函数在后面会给出详细介绍
    decomposeCovs();
}
```

奇异值分解协方差矩阵，得到特征值和特征向量：

```
void EM::decomposeCovs()
{
    //covs 为全局变量，数据类型为 vector<Mat>，表示不同高斯成分的协方差矩阵的向量集
    CV_Assert(!covs.empty());      //确保 covs 不能为空
    //covsEigenValues 为全局变量，数据类型为 vector<Mat>，表示不同高斯成分的协方差矩阵的特征值
    //矩阵（即式（9-84）中的 W）的向量集，定义该向量集的大小为 K
    covsEigenValues.resize(nclusters);
    //如果 covMatType 为 EM::COV_MAT_GENERIC，则协方差矩阵的奇异值分解是用式（9-84），它需要特征
    //向量矩阵 U
    if(covMatType == EM::COV_MAT_GENERIC)
        //covsRotateMats 为全局变量，数据类型为 vector<Mat>，表示不同高斯成分的协方差矩阵的特
        //征向量矩阵的向量集，定义该向量集的大小为 K
        covsRotateMats.resize(nclusters);
    //invCovsEigenValues 为全局变量，数据类型为 vector<Mat>，表示 covsEigenValues 的逆矩阵（即
    //式（9-85）中的 W^-1）的向量集，定义该向量集的大小为 K
    invCovsEigenValues.resize(nclusters);
    //遍历所有的高斯成分，计算每个高斯成分中协方差矩阵的特征值和特征向量
    for(int clusterIndex = 0; clusterIndex < nclusters; clusterIndex++)
    {
        CV_Assert(!covs[clusterIndex].empty());     //确保当前高斯成分的协方差矩阵有值
        //执行 SVD 类，对当前高斯成分的协方差矩阵进行奇异值分解
        SVD svd(covs[clusterIndex], SVD::MODIFY_A + SVD::FULL_UV);
        //如果 covMatType 为 EM::COV_MAT_SPHERICAL
        if(covMatType == EM::COV_MAT_SPHERICAL)
        {
            //得到协方差矩阵的最大特征值
            double maxSingularVal = svd.w.at<double>(0);
            //在 COV_MAT_SPHERICAL 下，covsEigenValues 大小为 K×1×1，covsEigenValues
            //[clusterIndex]存储最大特征值，即 COV_MAT_SPHERICAL 所需的标量 s_k
            covsEigenValues[clusterIndex] = Mat(1, 1, CV_64FC1, Scalar(maxSingularVal));
        }
        //如果 covMatType 为 EM:: COV_MAT_DIAGONAL
        else if(covMatType == EM::COV_MAT_DIAGONAL)
        {
            covsEigenValues[clusterIndex] = svd.w;      //协方差矩阵的特征值矩阵
        }
        //如果 covMatType 为 EM::COV_MAT_GENERIC
        else //EM::COV_MAT_GENERIC
        {
            covsEigenValues[clusterIndex] = svd.w;      //协方差矩阵的特征值矩阵
            covsRotateMats[clusterIndex] = svd.u;      //协方差矩阵的特征向量矩阵
        }
        //该语句的作用是避免特征值过小
```

```
        max(covsEigenValues[clusterIndex], minEigenValue, covsEigenValues[clusterIndex]);
        //得到 invCovsEigenValues
        invCovsEigenValues[clusterIndex] = 1./covsEigenValues[clusterIndex];
    }
}
```

执行 EM 算法的 E-Step，由 $\alpha_k^{(t)}$、$\mu_k^{(t)}$和$\sum_k^{(t)}$得到 $p(k|x_i, \theta^{(t)})$：

```
void EM::eStep()
{
    // Compute probs_ik from means_k, covs_k and weights_k.
    //创建 trainProbs、trainLabels 和 trainLogLikelihoods 的大小，分别为 n×K，n×1，n×1，它们
    //的含义分别为训练过程中得到的后验概率、样本的类别标签和对数似然函数
    trainProbs.create(trainSamples.rows, nclusters, CV_64FC1);
    trainLabels.create(trainSamples.rows, 1, CV_32SC1);
    trainLogLikelihoods.create(trainSamples.rows, 1, CV_64FC1);
    //得到式（9-83）中的 lnαk-ln(|∑k|)/2，该函数在后面会给出详细介绍
    computeLogWeightDivDet();
    //确保 trainSamples 和 means 的数据类型为 CV_64FC1
    CV_DbgAssert(trainSamples.type() == CV_64FC1);
    CV_DbgAssert(means.type() == CV_64FC1);
    //遍历所有样本
    for(int sampleIndex = 0; sampleIndex < trainSamples.rows; sampleIndex++)
    {
        //定义当前样本的后验概率，并指向 trainProbs 的相应位置
        Mat sampleProbs = trainProbs.row(sampleIndex);
        //调用 computeProbabilities 函数，计算后验概率，该函数在后面给出了详细介绍
        Vec2d res = computeProbabilities(trainSamples.row(sampleIndex), &sampleProbs);
        //得到当前样本的对数似然函数
        trainLogLikelihoods.at<double>(sampleIndex) = res[0];
        //得到最大后验概率所对应的类别标签
        trainLabels.at<int>(sampleIndex) = static_cast<int>(res[1]);
    }
}
```

执行 EM 算法的 M-Step，由 $p(k|x_i, \theta^{(t)})$得到 $\alpha_k^{(t+1)}$、$\mu_k^{(t+1)}$和$\sum_k^{(t+1)}$：

```
void EM::mStep()
{
    // Update means_k, covs_k and weights_k from probs_ik
    int dim = trainSamples.cols;      //得到特征属性的数量 d

    // 更新 weights
    // not normalized first
    //得到权值因子，式（9-66），但这里得到的 weights 并没有按照式 9-66 那样还除以 n
    //该语句的作用是把矩阵 trainProbs 简化为相量 weights,weights 的值为矩阵 trainProbs 每行求和
    //的结果，即式（9-66）中∑求和的部分
    reduce(trainProbs, weights, 0, CV_REDUCE_SUM);

    //重新创建 means 变量，大小为 K×d 的矩阵，数据类型为 CV_64FC1
    means.create(nclusters, dim, CV_64FC1);
    means = Scalar(0);      //初始化为 0

    const double minPosWeight = trainSamples.rows * DBL_EPSILON;    //得到一个很小的值
    double minWeight = DBL_MAX;      //一个很大的值
    int minWeightClusterIndex = -1;
    for(int clusterIndex = 0; clusterIndex < nclusters; clusterIndex++) //遍历所有高斯成分
    {
        //如果式（9-67）中分母的值太小，则继续下一个高斯成分的计算
        if(weights.at<double>(clusterIndex) <= minPosWeight)
            continue;
        //如果式（9-67）中分母的值小于某个很大的值
        if(weights.at<double>(clusterIndex) < minWeight)
        {
            minWeight = weights.at<double>(clusterIndex);    //得到式（9-67）中的分母
            minWeightClusterIndex = clusterIndex;      //记录下当前高斯成分的索引
        }

        Mat clusterMean = means.row(clusterIndex);      //指向均值矩阵的地址指针
```

```
        //遍历所有样本
        for(int sampleIndex = 0; sampleIndex < trainSamples.rows; sampleIndex++)
            clusterMean += trainProbs.at<double>(sampleIndex, clusterIndex) *
            trainSamples.row(sampleIndex);//得到式(9-67)的分子部分
        clusterMean /= weights.at<double>(clusterIndex);      //式(9-67)
    }

    // Update covsEigenValues and invCovsEigenValues
    //计算协方差
    //定义 covs 的大小为 K×1，它表示协方差矩阵
    covs.resize(nclusters);
    //定义 covsEigenValues 的大小为 K，它表示协方差矩阵的特征值
    covsEigenValues.resize(nclusters);
    //EM::COV_MAT_GENERIC 类型需要 covsRotateMats，它表示特征向量矩阵
    if(covMatType == EM::COV_MAT_GENERIC)
        covsRotateMats.resize(nclusters);      //定义大小为 K
    //定义 invCovsEigenValues 的大小为 K，它表示协方差矩阵的特征值的倒数
    invCovsEigenValues.resize(nclusters);
    //遍历所有的高斯成分
    for(int clusterIndex = 0; clusterIndex < nclusters; clusterIndex++)
    {
        //如果式 9-68 的分母太小，则继续下一个高斯成分的计算
        if(weights.at<double>(clusterIndex) <= minPosWeight)
            continue;
        //得到当前高斯成分的协方差矩阵的特征值
        if(covMatType != EM::COV_MAT_SPHERICAL)
            covsEigenValues[clusterIndex].create(1, dim, CV_64FC1);
        else
            covsEigenValues[clusterIndex].create(1, 1, CV_64FC1);
        //如果为 EM::COV_MAT_GENERIC 类型，则定义 covs[clusterIndex]的大小为 d×d
        if(covMatType == EM::COV_MAT_GENERIC)
            covs[clusterIndex].create(dim, dim, CV_64FC1);
        //*clusterCov 代表当前高斯成分的协方差矩阵，根据不同的类型，clusterCov 矩阵指针被指向不同的矩
阵首地址，因为如果不是 EM::COV_MAT_GENERIC 类型，则协方差矩阵仅仅是对角线矩阵，它的计算要简单一些*//
        //*在计算后验概率时，如果协方差是对角线矩阵时，由式(9-88)可知，我们只需要知道协方差矩阵的特
征值即可，所以当不是 EM::COV_MAT_GENERIC 类型时，其实 clusterCov 表示的是协方差矩阵的特征值*//
        Mat clusterCov = covMatType != EM::COV_MAT_GENERIC ?
            covsEigenValues[clusterIndex] : covs[clusterIndex];

        clusterCov = Scalar(0);        //初始化为 0

        Mat centeredSample;      //表示式(9-68)的 xi-μk
        //遍历所有样本
        for(int sampleIndex = 0; sampleIndex < trainSamples.rows; sampleIndex++)
        {
            //计算 xi-μk
            centeredSample = trainSamples.row(sampleIndex) - means.row(clusterIndex);
            //计算式(9-68)的分子部分
            //如果是 EM::COV_MAT_GENERIC 类型，直接按照公式计算即可
            if(covMatType == EM::COV_MAT_GENERIC)
                clusterCov += trainProbs.at<double>(sampleIndex, clusterIndex) *
                centeredSample.t() * centeredSample;
            //如果是 EM::COV_MAT_SPHERICAL 或 EM::COV_MAT_DIAGONAL 类型
            else
            {
                //p 为当前样本下当前高斯成分的后验概率，即求 p(k|xi, θ)
                double p = trainProbs.at<double>(sampleIndex, clusterIndex);
                for(int di = 0; di < dim; di++ )      //遍历所有的特征属性
                {
                    //val 为 xi-μk 向量下第 di 个元素的值
                    double val = centeredSample.at<double>(di);
                    //只需计算矩阵对角线上的元素即可
                    clusterCov.at<double>(covMatType != EM::COV_MAT_SPHERICAL ?
                    di : 0) += p*val*val;
                }
            }
        }
        //如果是 EM::COV_MAT_SPHERICAL 类型，特征值需要除以 d
        if(covMatType == EM::COV_MAT_SPHERICAL)
```

```
            clusterCov /= dim;
        //如果是 EM::COV_MAT_SPHERICAL 或 EM::COV_MAT_DIAGONAL 类型, clusterCov 为协方差矩
        //阵的特征值, 如果是 EM::COV_MAT_GENERIC, clusterCov 为协方差矩阵
        clusterCov /= weights.at<double>(clusterIndex);      //式 (9-68) 的结果

        //如果是 EM::COV_MAT_GENERIC 类型, 还需要对协方差矩阵进行奇异值分解, 得到特征值和特征向
        //量, 因为在计算后验概率时, 用到的是这两个变量
        if(covMatType == EM::COV_MAT_GENERIC)
        {
            SVD svd(covs[clusterIndex], SVD::MODIFY_A + SVD::FULL_UV);  //奇异值分解
            covsEigenValues[clusterIndex] = svd.w;      //特征值
            covsRotateMats[clusterIndex] = svd.u;      //特征向量
        }
        //防止协方差矩阵的特征值 (covsEigenValues) 过小
        max(covsEigenValues[clusterIndex], minEigenValue, covsEigenValues[clusterIndex]);

        // 更新 invCovsEigenValues
        //得到协方差矩阵特征值的倒数
        invCovsEigenValues[clusterIndex] = 1./covsEigenValues[clusterIndex];
    }
    //遍历所有高斯成分
    for(int clusterIndex = 0; clusterIndex < nclusters; clusterIndex++)
    {
        //在前面计算均值和协方差时, 没有考虑权值因子很小这种情况, 下面计算这种情况下的相应值
        if(weights.at<double>(clusterIndex) <= minPosWeight)
        {
            //clusterMean 指向当前高斯成分的均值向量
            Mat clusterMean = means.row(clusterIndex);
            //用第 minWeightClusterIndex 个高斯成分的均值、协方差矩阵、特征值、特征向量和特
            //征值的倒数代替这种情况下的均值、协方差矩阵、特征值、特征向量和特征值的倒数
            means.row(minWeightClusterIndex).copyTo(clusterMean);
            covs[minWeightClusterIndex].copyTo(covs[clusterIndex]);
            covsEigenValues[minWeightClusterIndex].copyTo(covsEigenValues[clusterIndex]);
            if(covMatType == EM::COV_MAT_GENERIC)
                covsRotateMats[minWeightClusterIndex].copyTo(covsRotateMats[clusterIndex]);
            invCovsEigenValues[minWeightClusterIndex].copyTo(invCovsEigenValues[c
lusterIndex]);
        }
    }

    //前面计算的权值因子式 (9-66) 没有除以 n, 因为前面会反复用到没有除以 n 的权值因子, 现在需要除以 n
    weights /= trainSamples.rows;
}
```

计算式（9-83）中的 $\ln\alpha_k - \ln(|\sum_k|)/2$：

```
void EM::computeLogWeightDivDet()
{
    CV_Assert(!covsEigenValues.empty());      //确保 covsEigenValues 有值

    Mat logWeights;      //表示权值因子的对数
    cv::max(weights, DBL_MIN, weights);      //确保权值因子不能过小
    log(weights, logWeights);      //得到权值因子的对数, 即 lnαk
    //logWeightDivDet 为全局变量, 数据类型为 Mat, 定义该变量的大小为 1×K
    //logWeightDivDet = lnαk-ln(|∑k|)/2
    logWeightDivDet.create(1, nclusters, CV_64FC1);
    // note: logWeightDivDet = log(weight_k) - 0.5 * log(|det(cov_k)|)
    //遍历所有高斯成分
    for(int clusterIndex = 0; clusterIndex < nclusters; clusterIndex++)
    {
        double logDetCov = 0.;      //表示 ln(|∑k|)
        //得到当前高斯成分的协方差矩阵的特征值的总数
        const int evalCount = static_cast<int>(covsEigenValues[clusterIndex].total());
        //计算 ln(|∑k|), 即式 (9-88) 再取对数 ln(|∑k|) = ∑i ln(wi)
        for(int di = 0; di < evalCount; di++)
            logDetCov+=std::log(covsEigenValues[clusterIndex].at<double>(covMatTy
pe != EM::COV_MAT_SPHERICAL ? di : 0));
        //计算 logWeightDivDet, 即 lnαk-ln(|∑k|)/2
        logWeightDivDet.at<double>(clusterIndex) = logWeights.at<double>(clusterIndex) -
```

```
0.5 * logDetCov;
      }
}
```

计算训练过程中，每次迭代以后的每个样本的后验概率，即式（9-69），预测时，也调用了该函数。

```
Vec2d EM::computeProbabilities(const Mat& sample, Mat* probs) const
//sample 表示需要计算的后验概率的样本
//probs 表示样本 sample 的后验概率
//该函数返回含两个值的相量，一个是该次迭代后样本 sample 的对数似然函数值，另一个是最大后验概率所对应
//的类别标签，即最有可能属于的高斯成分的索引
{
    // L_ik = log(weight_k) - 0.5 * log(|det(cov_k)|) - 0.5 *(x_i - mean_k)' cov_k^(-1)
(x_i - mean_k)]
    // q = arg(max_k(L_ik))
    // probs_ik = exp(L_ik - L_iq) / (1 + sum_j!=q (exp(L_ij - L_iq))
    // see Alex Smola's blog http://blog.smola.org/page/2 for
    // details on the log-sum-exp trick
    //确保 means 和 sample 变量的相关类型正确
    CV_Assert(!means.empty());
    CV_Assert(sample.type() == CV_64FC1);
    CV_Assert(sample.rows == 1);
    CV_Assert(sample.cols == means.cols);

    int dim = sample.cols;      //得到特征属性的数量
    //定义矩阵 L，大小为 1×K，该变量表示式（9-83）中的 LN'k
    Mat L(1, nclusters, CV_64FC1);
    //label 表示当前样本的所有高斯成分中，LN'k 最大值所对应的类别标签
    int label = 0;
    //遍历所有高斯成分
    for(int clusterIndex = 0; clusterIndex < nclusters; clusterIndex++)
    {
        //计算 xi-μk，即式（9-86）中的 D
        const Mat centeredSample = sample - means.row(clusterIndex);
        //如果是 EM::COV_MAT_GENERIC 类型，则应用式（9-86），即 rotatedCenteredSample 等于
        //DU^T；如果是其他类型，则应用式（9-88），即 rotatedCenteredSample 就等于 D
        Mat rotatedCenteredSample = covMatType != EM::COV_MAT_GENERIC ?
                centeredSample : centeredSample * covsRotateMats[clusterIndex];
        //Lval 表示(x-μk)^T∑k^-1(x-μk)
        double Lval = 0;
        for(int di = 0; di < dim; di++)      //遍历所有的特征属性
        {
            //得到当前特征属性的协方差矩阵的特征值的倒数，即式（9-87）中的 1/wi
            double w = invCovsEigenValues[clusterIndex].at<double>(covMatType !=
            EM::COV_MAT_SPHERICAL ? di : 0);
            double val = rotatedCenteredSample.at<double>(di); //表示式（9-87）中的 ai
            Lval += w * val * val;      //式（9-87）
        }
        CV_DbgAssert(!logWeightDivDet.empty());      //确保 logWeightDivDet 有值
        //式（9-83）
        L.at<double>(clusterIndex) = logWeightDivDet.at<double>(clusterIndex) - 0.5 * Lval;
        //得到最大值的 LN'k 的类别标签
        if(L.at<double>(clusterIndex) > L.at<double>(label))
            label = clusterIndex;
    }
    //得到最大值 LN'k 值，即"log-sum-exp"技巧中的 c 式（9-75）
    double maxLVal = L.at<double>(label);
    //定义 expL_Lmax，大小与 L 相同，它表示式（9-77）
    Mat expL_Lmax = L; // exp(L_ij - L_iq)
    //遍历所有高斯成分，计算式（9-77）
    for(int i = 0; i < L.cols; i++)
        expL_Lmax.at<double>(i) = std::exp(L.at<double>(i) - maxLVal);
    //得到式（9-78）
    double expDiffSum = sum(expL_Lmax)[0]; // sum_j(exp(L_ij - L_iq))
    //计算后验概率
    if(probs)
    {
        probs->create(1, nclusters, CV_64FC1);      //定义 probs 的大小，为 1×K
        double factor = 1./expDiffSum;      //式（9-81）的分母
```

```
        expL_Lmax *= factor;      //计算式（9-81），最终得到当前样本的后验概率
        expL_Lmax.copyTo(*probs);      //复制
    }

    Vec2d res;      //函数返回值变量
    //式（9-71），但这里还含有"log-sum-exp"技巧
    res[0] = std::log(expDiffSum)  + maxLVal - 0.5 * dim * CV_LOG2PI;
    res[1] = label;      //最大后验概率所对应的类别标签

    return res;      //函数返回值
}
```

EM 算法的训练过程就介绍到这里，下面是 EM 算法的预测，它可以得到预测样本的后验概率、对数似然值，以及它最有可能属于的高斯成分的索引。

```
Vec2d EM::predict(InputArray _sample, OutputArray _probs) const
//_sample 表示待预测的一个样本，它必须是单通道的 1×d 或 d×1 的矩阵
//_probs 表示得到的预测样本的后验概率
//该函数返回一个包含两个元素的向量，第一个元素是预测样本的对数似然值，第二个元素是预测样本最有可能属
//于的高斯成分的索引
{
    Mat sample = _sample.getMat();      //得到预测样本数据
    CV_Assert(isTrained());      //确保在预测前已完成了 EM 算法

    CV_Assert(!sample.empty());      //确保预测样本有值
    //使预测样本的数据类型为 CV_64FC1
    if(sample.type() != CV_64FC1)
    {
        Mat tmp;
        sample.convertTo(tmp, CV_64FC1);
        sample = tmp;
    }
    sample.reshape(1, 1);      //使样本为单通道，1×d 的形式

    Mat probs;      //表示样本的后验概率
    //如果需要计算后验概率，则设置正确的格式
    if( _probs.needed() )
    {
        _probs.create(1, nclusters, CV_64FC1);
        probs = _probs.getMat();
    }

    //调用 computeProbabilities 函数，得到后验概率、对数似然值和索引值
    return computeProbabilities(sample, !probs.empty() ? &probs : 0);
}
```

9.3 应用实例

EM 是一种无监督的机器学习方法，它还可以用于聚类处理上。下面的应用实例是用 EM 算法对图像进行分割，它只是对图像数据进行聚类计算，而无须对新的数据进行预测。对于三通道的彩色图像而言，每个像素就是一个样本数据，而每个样本包括 3 个特征属性，也就是红、绿、蓝 3 个通道的强度值。

```
#include "opencv2/core/core.hpp"
#include "opencv2/highgui/highgui.hpp"
#include "opencv2/imgproc/imgproc.hpp"
#include "opencv2/legacy/legacy.hpp"

#include <iostream>
using namespace cv;
using namespace std;

int main( int argc, char** argv )
{
    Mat src = imread("MyDaughter.jpg");      //读取图像
```

```
    namedWindow( "my daughter", WINDOW_AUTOSIZE );
    imshow( "my daughter", src);        //显示原始图像（图 9-2）
    //data 为样本数据，labels 为样本数据的类别标签
    Mat data, labels;
    //由彩色图像转换为 EM 算法所需的样本数据
    for (int i = 0; i < src.rows; i++)
    {
          for (int j = 0; j < src.cols; j++)
          {
                Vec3b point = src.at<Vec3b>(i, j);       //提取出当前像素的彩色值
                //3 个颜色强度值转换为一个样本数据
                Mat tmp = (Mat_<float>(1, 3) << point[0], point[1], point[2]);
                data.push_back(tmp);      //存储当前样本
          }
    }

    int clusters = 4;       //表示要分割的数量，即一共分 4 个类
    EM em = EM(clusters);       //实例化 EM
    em.train(data, noArray(), labels, noArray());       //训练样本，得到样本的类别标签 labels
    //不同的类用不同的颜色代替
    Vec3b colorTab[] =
    {
         Vec3b(0, 0, 255),
         Vec3b(0, 255, 0),
         Vec3b(255, 100, 100),
         Vec3b(255, 0, 255),
         Vec3b(0, 255, 255)
    };

    int n = 0;       //样本数据的索引
    for (int i = 0; i < src.rows; i++)
    {
          for (int j = 0; j < src.cols; j++)
          {
                int clusterIdx = labels.at<int>(n);       //得到当前像素的类别标签
                src.at<Vec3b>(i, j) = colorTab[clusterIdx];       //赋上相应的颜色值
                n++;
          }
    }

    namedWindow( "EM", WINDOW_AUTOSIZE );
    imshow( "EM", src);       //显示分割结果（图 9-3）

    waitKey(0);

    return 0;
}
```

▲图 9-2　原图

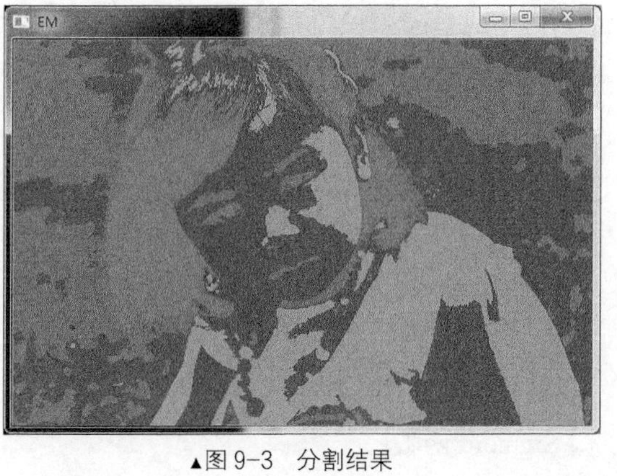

▲图 9-3　分割结果

第 10 章　神经网络

10.1 原理分析

神经网络（Neural Networks）是一种模仿生物神经系统的机器学习算法。该算法的提出最早可追溯至 20 世纪 40 年代，这几乎与电子计算机的历史同步。但它的发展并非一帆风顺，也经历了初创阶段—黄金阶段—停滞阶段—复兴阶段，直到目前的高速发展阶段。2016 年年初，由 Google 公司开发的神经网络围棋——AlphaGo 击败世界围棋冠军李世石，使神经网络技术更是受到世人的注目，因为它的意义要远大于 1997 年 IBM 的超级计算机——深蓝击败国际象棋大师卡斯帕罗夫。

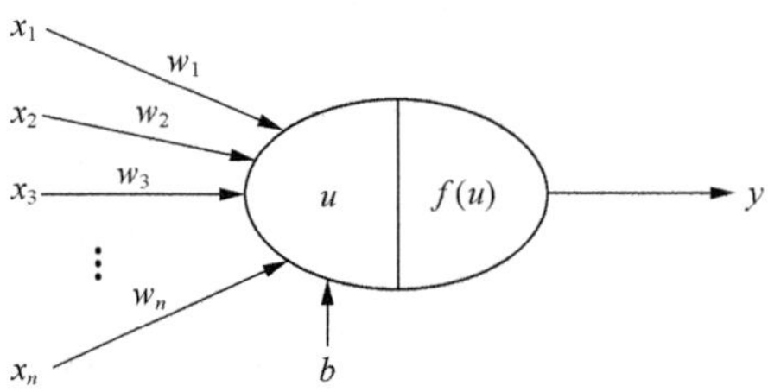

▲图 10-1　神经元

与生物神经系统相似，人工神经网络也由若干个神经元构成。如图 10-1 所示，x_1、x_2、…、x_n 为该神经元的输入，y 为该神经元的输出。显然，不同的输入对神经元的作用是不同的，因此用权值 w_1、w_2、…、w_n 来表示这种影响程度的不同。神经元内部包括两个部分，第一个部分是对输入的加权求和；第二个部分是对求和的结果进行“激活”，得到输出。加权求和的公式为：

$$u=\sum_{i=1}^{n}\left(w_i x_i\right)+b \tag{10-1}$$

式中，b 为偏移量，该偏移量也可以定义为输入恒为 1 的权值 w_0，即权值也包括偏移量，因此式（10-1）可以改写为：

$$u=\sum_{i=0}^{n}\left(w_i x_i\right)，\text{其中} x_0 \equiv 1 \tag{10-2}$$

激活的公式为：

$$y=f(u) \tag{10-3}$$

式中，$f(\cdot)$称为激活函数。激活函数可以有多种形式，如线性函数：

$$f(x)=x \tag{10-4}$$

阈值函数：

$$f(x)=\begin{cases}1, & x \geqslant \theta \\ 0, & x<\theta\end{cases} \tag{10-5}$$

Sigmoid 函数：

$$f(x)=\frac{1}{1+\mathrm{e}^{-x}} \tag{10-6}$$

对称 Sigmoid 函数：

$$f(x)=\beta\frac{1-\mathrm{e}^{-\alpha x}}{1+\mathrm{e}^{-\alpha x}} \tag{10-7}$$

双曲正切函数：

$$f(x)=\frac{\mathrm{e}^{x}-\mathrm{e}^{-x}}{\mathrm{e}^{x}+\mathrm{e}^{-x}} \tag{10-8}$$

高斯函数：

$$f(x)=\beta\mathrm{e}^{-\alpha^2x^2} \tag{10-9}$$

式（10-7）和式（10-9）中的 α 和 β 均为函数的系数。

前馈神经网络是神经网络的一种，也是最常用的一种神经网络。它包括一个输入层，一个输出层和若干个隐含层，因此具有该种拓扑结构的神经网络又称为多层感知器（MLP）。如图 10-2 所示，该 MLP 包括一个输入层、一个输出层和一个隐含层，其中某一层的神经元只能通过一个方向连接到下一层的神经元。

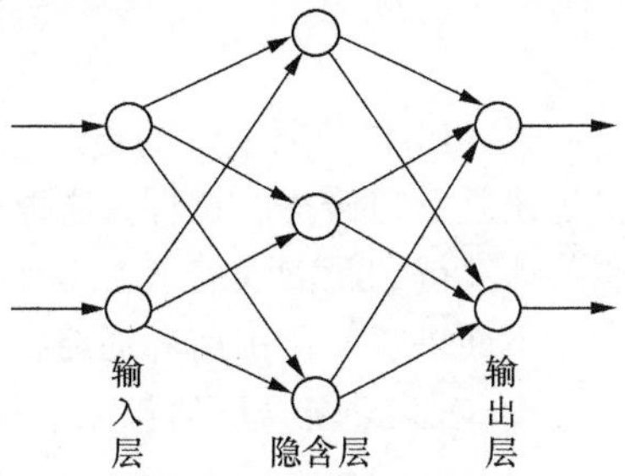

▲图 10-2　前馈神经网络

对于 MLP，可以用 Backprop（backward propagation of errors，误差的反向传播，简称 BP）算法实现它的建模，该算法具有结构简单、易于实现等特点。

Backprop 算法是一种监督的机器学习算法，输入层的神经元数量一般为样本的特征属性的数量，输出层的神经元的数量一般为样本的所有的可能目标值的数量，如果是分类问题，则为样本的分类数量，因此，与其他机器学习算法不同，在 MLP 中，样本对应的响应值应该是一个相量，相量的维数与输出层的神经元的数量一致。而隐含层的层数以及各层神经元的数量则根据实际情况进行选取。Backprop 算法的核心思想是：通过前向通路（箭头的方向）得到误差，再把该误差反向传播，实现权值 w 的修正。

MLP 的误差可以用平方误差函数进行表示。设某个样本 x 对应的目标值为 t，样本 x 有 n 个特征属性，即 $x=\{x_1, x_2,\cdots, x_n\}$，目标值 t 有 J 种可能的值，即 $t=\{t_1, t_2,\cdots, t_J\}$，因此该 MLP 的输入层（即第一层）一共有 n 个神经元，输出层（即第 L 层，设 MLP 一共有 L 层）一共有 J 个神经元。设样本 x 经过前向通路得到的最终输出为 $y=\{y_1^L, y_2^L,\cdots, y_J^L\}$，输出 y 的下标表示 y 所在层的神经元索引，上标表示 y 所在的层，则该样本的平方误差为：

$$E=\frac{1}{2}\sum_{j=1}^{J}\left(t_j-y_j^L\right)^2 \tag{10-10}$$

之所以式（10-10）中的平方误差函数要除以 2，是为了便于后面的求导运算，因为它并不影响误差的变化趋势。

显然，MLP 算法的目标就是使 E 最小。由图 10-1 可知，式（10-10）中的 y_j^L 是由上一层（即第 $L-1$ 层）所有神经元的输出经加权激活后得到，而第 $L-1$ 层神经元的输出又由第 $L-2$ 层的所有神经元的输出经加权激活后得到，因此可以说误差 E 是全体权值 w 的函数，通过改变权值 w，就可达到使误差 E 最小的目的。

Backprop 算法是一种迭代的方法，也就是不必通过一次改变权值 w 来达到使 E 最小的目的，我们只需渐进地减小 E 即可。w 和 E 的关系可以形象地比作山坡，山的高度是误差，平面的维度空间是权值，山坡越陡（误差大），平面维度空间的变化（权值的变化）就越大，权值的变化与误差有关，而当权值改变时，误差就要重新计算。这样两者相互作用，即不断迭代，直到误差小于某个值（即收敛）为止。该方法就是我们常用的梯度下降法。

误差 E 对权值 w 的导数为 w 的变化率，即：

$$\Delta w=-\eta\frac{\mathrm{d}E}{\mathrm{d}w} \tag{10-11}$$

式中，η 表示学习效率，它的取值在 0 和 1 之间，它起到控制收敛速度和准确性的作用。如果 η 过大，导致振荡，则很难收敛；如果 η 过小，则需要更长的时间收敛。为了改变因 η 选取得不好而带来的问题，又引入了被称为"动量（momentum）"的参数 μ，则 w 的变化率改写为：

$$\Delta w(t)=-\eta\frac{\mathrm{d}E}{\mathrm{d}w}(t)+\mu\Delta w(t-1) \tag{10-12}$$

式中，t 表示当前，t–1 表示上一次，而 t+1 表示下一次，因此本次的 w 变化率不仅与 E 的导数有关，还与上次 w 的变化率有关。参数 μ 的作用是提供了一些惯性，使之平滑权值的随机波动。由 Δw 更新当前的权值 w，即：

$$w(t+1)=w(t)+\Delta w(t) \tag{10-13}$$

式（10-13）所表示的更新权值的过程是从输出层经过隐含层，向输入层逐层推进的过程，也就是误差反向传播的过程，这也是 Backprop 算法名称的由来。当所有的权值更新完后，再由前向通路计算得到新的误差 E，此时就完成了一次迭代。

下面讲解如何由前向通路得到误差 E，又如何计算 w 的变化率，及由反向通路更新 w 的过程。

设 w_{kh}^{l} 表示第 l 层的第 k 个神经元与第 l–1 层的第 h 个神经元之间连接时的权值。由式（10-1）和式（10-3）可知，第 l 层的第 k 个神经元的输出 y_k^l 为：

$$y_k^l=f\left(u_k^l\right)=f\left(\sum\nolimits_{h=1}^{H}\left(w_{kh}^{l}y_h^{l-1}\right)+b_k^l\right) \tag{10-14}$$

式中，u_k^l 表示第 l 层的第 k 个神经元的加权和；b_k^l 表示第 l 层的第 k 个神经元的偏移量，即：

$$u_k^l=\sum\nolimits_{h=1}^{H}\left(w_{kh}^{l}y_h^{l-1}\right)+b_k^l \tag{10-15}$$

这里设第 l 层一共有 K 个神经元，第 l–1 层一共有 H 个神经元，则第 l 层的所有 K 个神经元的加权和 u^l 可以比较方便地用矩阵的形式表示：

$$u^l=\begin{pmatrix}u_1^l\\u_2^l\\\vdots\\u_K^l\end{pmatrix}=\begin{pmatrix}w_{11}^l & w_{12}^l & \cdots & w_{1H}^l\\w_{21}^l & w_{22}^l & \cdots & w_{2H}^l\\\vdots & \vdots & & \vdots\\w_{K1}^l & w_{K2}^l & \cdots & w_{KH}^l\end{pmatrix}\begin{pmatrix}y_1^{l-1}\\y_2^{l-1}\\\vdots\\y_H^{l-1}\end{pmatrix}+\begin{pmatrix}b_1^l\\b_2^l\\\vdots\\b_K^l\end{pmatrix} \tag{10-16}$$

则第 l 层的所有 K 个神经元输出 y^l 为：

$$y^l=\begin{pmatrix}y_1^l\\y_2^l\\\vdots\\y_K^l\end{pmatrix}=\begin{pmatrix}f\left(u_1^l\right)\\f\left(u_2^l\right)\\\vdots\\f\left(u_K^l\right)\end{pmatrix}=f\left(u^l\right) \tag{10-17}$$

把每层的输出 y^l 级联在一起，就构成了 MLP 的前向通路，则当一个样本 x 添加到 MLP 的输入层时，经过层层计算，最终得到了 MLP 的输出 y^L，把 y^L 代入式（10-10）中，就得到了该样本 x 的误差。

前向通路的计算过程总结为：样本经过权值的计算后，再经过激活函数得到输出，最终得到误差，即：

$$w_{kh}^l \to u_k^l \to y_k^l \to E \tag{10-18}$$

下面计算权值的变化率，即对误差求导。由链式法则可知，样本 x 的误差 E 对权值 w_{kh}^l 的偏导数可以表示为：

$$\frac{\partial E}{\partial w_{kh}^l} = \frac{\partial E}{\partial y_k^l}\frac{\partial y_k^l}{\partial u_k^l}\frac{\partial u_k^l}{\partial w_{kh}^l} \tag{10-19}$$

由式（10-19）可知，要想得到误差的导数，只需要计算等式右侧的 3 个偏导即可。式（10-19）中右侧的前两个偏导又可以定义为 δ_k^l，即：

$$\delta_k^l = \frac{\partial E}{\partial y_k^l}\frac{\partial y_k^l}{\partial u_k^l} = \frac{\partial E}{\partial u_k^l} \tag{10-20}$$

由式（10-1）可以得到式（10-19）右侧的第三个偏导：

$$\begin{aligned}\frac{\partial u_k^l}{\partial w_{kh}^l} &= \frac{\partial}{\partial w_{kh}^l}\left[\sum_{h=1}^{H}\left(w_{kh}^l y_h^{l-1}\right) + b_k^l\right] \\ &= \frac{\partial}{\partial w_{kh}^l}\left(w_{k1}^l y_1^{l-1} + w_{k2}^l y_2^{l-1} + \quad + w_{kh}^l y_h^{l-1} + \quad + w_{kH}^l y_H^{l-1} + b_k^l\right) \\ &= y_h^{l-1}\end{aligned} \tag{10-21}$$

式(10-21)表示求导的结果为第 l–1 层的第 h 个神经元的输出，如果第 l–1 层为输入层，则 y_h^{l-1} 为样本的第 h 个特征属性值 x_h。

式（10-19）右侧的第二个偏导为：

$$\frac{\partial y_k^l}{\partial u_k^l} = \frac{\partial f\left(u_k^l\right)}{\partial u_k^l} = f'\left(u_k^l\right) \tag{10-22}$$

式（10-22）中的 $f(\cdot)$就是式（10-4）～式（10-9）给出的激活函数。式（10-4）所表示的函数的导数为：

$$\frac{\mathrm{d}f(x)}{\mathrm{d}x} = \frac{\mathrm{d}}{\mathrm{d}x}x = 1 \tag{10-23}$$

式（10-6）表示的函数的导数为：

$$\frac{\mathrm{d}f(x)}{\mathrm{d}x} = \frac{\mathrm{d}}{\mathrm{d}x}\left(\frac{1}{1+\mathrm{e}^{-x}}\right) = \frac{\mathrm{e}^{-x}}{\left(1+\mathrm{e}^{-x}\right)^2} = \frac{1}{1+\mathrm{e}^{-x}}\left(1-\frac{1}{1+\mathrm{e}^{-x}}\right) = f(x)\left(1-f(x)\right) \tag{10-24}$$

式（10-7）表示的函数的导数为：

$$\frac{\mathrm{d}f(x)}{\mathrm{d}x} = \frac{\mathrm{d}}{\mathrm{d}x}\left(\beta\frac{1-\mathrm{e}^{-\alpha x}}{1+\mathrm{e}^{-\alpha x}}\right) = \beta\left[\frac{\alpha\mathrm{e}^{-\alpha x}}{1+\mathrm{e}^{-\alpha x}} + \frac{\alpha\left(1-\mathrm{e}^{-\alpha x}\right)\mathrm{e}^{-\alpha x}}{\left(1+\mathrm{e}^{-\alpha x}\right)^2}\right] = 2\alpha\beta\frac{\mathrm{e}^{-\alpha x}}{\left(1+\mathrm{e}^{-\alpha x}\right)^2} \tag{10-25}$$

式（10-8）表示的函数的导数为：

$$\frac{\mathrm{d}f(x)}{\mathrm{d}x} = \frac{\mathrm{d}}{\mathrm{d}x}\left(\frac{\mathrm{e}^x-\mathrm{e}^{-x}}{\mathrm{e}^x+\mathrm{e}^{-x}}\right) = \frac{\left(\mathrm{e}^x+\mathrm{e}^{-x}\right)\left(\mathrm{e}^x+\mathrm{e}^{-x}\right)-\left(\mathrm{e}^x-\mathrm{e}^{-x}\right)\left(\mathrm{e}^x-\mathrm{e}^{-x}\right)}{\left(\mathrm{e}^x+\mathrm{e}^{-x}\right)^2}$$

$$=1-\left(\frac{\mathrm{e}^{x}-\mathrm{e}^{-x}}{\mathrm{e}^{x}+\mathrm{e}^{-x}}\right)^{2}=1-f^{2}(x) \tag{10-26}$$

式（10-9）表示的函数的导数为：

$$\frac{\mathrm{d}f(x)}{\mathrm{d}x}=\frac{\mathrm{d}}{\mathrm{d}x}\left(\beta\mathrm{e}^{-\alpha^{2}x^{2}}\right)=-2\alpha^{2}\beta x\mathrm{e}^{-\alpha^{2}x^{2}} \tag{10-27}$$

下面计算式（10-19）右侧的第一个偏导。当 y_k^l 为输出层的输出时，即 y_j^L，则该项的偏导很简单：

$$\begin{aligned}\frac{\partial E}{\partial y_j^L}&=\frac{\partial}{\partial y_j^L}\left[\frac{1}{2}\sum_{j=1}^{J}\left(t_j-y_j^L\right)^2\right]\\&=\frac{\partial}{\partial y_j^L}\left[\frac{1}{2}\left(t_1-y_1^L\right)^2+\frac{1}{2}\left(t_2-y_2^L\right)^2+\cdots+\frac{1}{2}\left(t_j-y_j^L\right)^2+\cdots+\frac{1}{2}\left(t_J-y_J^L\right)^2\right]\\&=y_j^L-t_j\end{aligned} \tag{10-28}$$

因此，基于输出层的权值 y_{jh}^L 的误差导数，即式（10-19）为：

$$\frac{\partial E}{\partial w_{jh}^L}=\left(y_j^L-t_j\right)f'\left(u_j^L\right)y_h^{L-1} \tag{10-29}$$

其中，

$$\delta_j^L=\left(y_j^L-t_j\right)f'\left(u_j^L\right) \tag{10-30}$$

而当 y_k^l 为 MLP 内部神经元的输出时，要想计算式（10-19）右侧的第一个偏导，就略显复杂。因为我们不知道内部神经元的输出误差，只知道输出层的误差，所以需要把内部神经元误差传递到输出层。很显然，所有接受到前面神经元输出的后续神经元都会受到该神经元误差的影响，而后续的神经元都直接或间接地与前面的神经元连接，因此内部所有神经元的误差最终都会传递到输出层的所有神经元上。

设 y_h^l 为中间第 l 层的第 h 个神经元的输出，则：

$$\frac{\partial E}{\partial y_h^l}=\frac{\partial}{\partial y_h^l}\left[E\left(u_1^{l+1}\right),E\left(u_2^{l+1}\right),\cdots,E\left(u_k^{l+1}\right),\cdots E\left(u_K^{l+1}\right)\right] \tag{10-31}$$

式中，$E(u_k^{l+1})$ 表示误差 E 是 u_k^{l+1} 的函数。式（10-31）表明，第 l 层的第 h 个神经元的输出误差传递到第 l+1 层内的所有 K 个神经元内，则：

$$\frac{\partial E}{\partial y_h^l}=\sum\nolimits_{k=1}^{K}\left(\frac{\partial E}{\partial u_k^{l+1}}\frac{\partial u_k^{l+1}}{\partial y_h^l}\right) \tag{10-32}$$

由式（10-15）可以得到式（10-32）中右侧第二个偏导为：

$$\begin{aligned}\frac{\partial u_k^{l+1}}{\partial y_h^l}&=\frac{\partial}{\partial y_h^l}\left[\sum\nolimits_{h=1}^{H}\left(w_{kh}^{l+1}y_h^l\right)+b_k^{l+1}\right]\\&=\frac{\partial}{\partial y_h^l}\left(w_{k1}^{l+1}y_1^l+w_{k2}^{l+1}y_2^l+\cdots+w_{kh}^{l+1}y_h^l+\cdots+w_{kH}^{l+1}y_H^l+b_k^{l+1}\right)\\&=w_{kh}^{l+1}\end{aligned} \tag{10-33}$$

由式（10-20）可以得到式（10-32）中右侧第一个偏导为：

$$\frac{\partial E}{\partial u_k^{l+1}} = \delta_k^{l+1} \tag{10-34}$$

因此，基于中间层的权值 w_{kh}^l 的误差导数，即式（10-19）为：

$$\frac{\partial E_p}{\partial w_{kh}^l} = \left[\sum_{k=1}^{K}\left(w_{kh}^{l+1}\delta_k^{l+1}\right)\right] f'\left(u_k^l\right) y_h^{l-1} \tag{10-35}$$

因为是通过反向传播的方式计算式（10-19），即先得到最后层（即输出层）的结果，再计算倒数第二层，依次类推，所以计算第 l 层误差导数时，事先一定会得到第 l+1 层的 δ_k^{l+1}，从而保证式（10-35）能够顺利计算。现在把式（10-29）和式（10-35）写在一起，完整放得到误差导数：

$$\frac{\partial E}{\partial w_{kh}^l} = \delta_k^l y_h^{l-1}，\text{其中}\delta_k^l = \begin{cases} \left(y_k^l - t_k\right) f'\left(u_k^l\right), & l\text{为输出层} \\ \left[\sum_{k=1}^{K}\left(w_{kh}^{l+1}\delta_k^{l+1}\right)\right] f'\left(u_k^l\right), & l\text{为中间层} \end{cases} \tag{10-36}$$

由式（10-36）就得到了基于 w_{kh}^l 的误差导数，再把该结果代入式（10-11）或式（10-12）中，就得到了该权值的变化率，最后由式（10-13）得到更新后的权值。在反向传播的过程中，所有权值都经过上述计算后，就得到了更新后的所有权值。用新得到的权值计算下一个样本，依次类推，直至所有样本都经过 MLP 计算为止，此时就完成了所有样本的一次迭代过程。每次迭代完成后，可以比较两次迭代的误差大小，如果两个误差之差满足我们的设计要求，则可以终止迭代，否则继续下一次迭代。该方法也称为在线方法，因为样本是一个一个地进入 MLP，每完成一个样本的计算，就更新一次权值。为了增加鲁棒性，每次迭代之前，可以把全体样本打乱顺序，这样在每次迭代的过程中，提取样本的顺序就会不相同。除了在线方法外，还有一种方法称为批量方法，即把所有样本的误差累加在一起，用该累加误差计算误差的导数，进而得到权值的变化率。

在完成上述计算的过程之前，首先要解决的问题就是初始化权值，即第一次权值如何选择。一般的做法是随机选择很小的值作为初始权值，但这样做收敛较慢。比较好的方法是采用 Nguyen-Widrow 算法初始化权值。它的基本思想是：每个神经元都有属于自己的一个区间范围，通过初始化权值就可以限制它的区间位置，当改变权值时，该神经元也只是在自己的区间范围内变化，因此该方法可以大大提高收敛速度。

Nguyen-Widrow 算法初始化 MLP 权值的方法为：对于所有连接输出层的权值和偏移量，初始值为一个在−1～1 之间的随机数。对于中间层的权值，初始为：

$$w_{kh}^l = \frac{v_h}{\sum_{h=1}^{H}\left|v_h\right|} \tag{10-37}$$

式中，v_h 是一个−1～1 之间的随机数，H 为第 l−1 层神经元的数量。而中间层的偏移量初始为：

$$b_k^l = \left(\frac{2k}{K} - 1\right) v_k G \tag{10-38}$$

式中，v_k 是一个−1～1 之间的随机数，K 为第 l 层神经元的数量，而 G 为：

$$G = 0.7H^{\frac{1}{K-1}} \tag{10-39}$$

以上介绍了经典的 Backprop 算法，该算法还有一些不足之处。首先，它的学习效率 η 是需要我们事先确定好的；另外，权值的变化是基于误差梯度的变化率，虽然这点乍一看似乎没有问题，但我们不敢保证它永远正确有效。为此，Riedmiller 等人提出了 RPROP 算法（resilient backpropagation），用以改善 Backprop 算法。

RPROP 算法的权值变化率并不是基于误差梯度的变化率，而是基于它的符号：

$$\Delta w(t)=\begin{cases}-\Delta(t),\dfrac{\partial E}{\partial w}(t)>0\\ +\Delta(t),\dfrac{\partial E}{\partial w}(t)<0\\ 0,\quad\text{其他}\end{cases}\tag{10-40}$$

式中，$\Delta(t)$为：

$$\Delta(t)=\begin{cases}\eta^{+}\Delta(t-1),\dfrac{\partial E}{\partial w}(t-1)\dfrac{\partial E}{\partial w}(t)>0\\ \eta^{-}\Delta(t-1),\dfrac{\partial E}{\partial w}(t-1)\dfrac{\partial E}{\partial w}(t)<0\\ \Delta(t-1),\text{其他}\end{cases}\tag{10-41}$$

式中，常数η^+必须大于 1，常数η^-必须在 0～1 之间。式（10-40）和式（10-41）中的$\partial E/\partial w$由式（10-36）得到。

关于式（10-40）和式（10-41），还有一些问题需要解决，那就是$\Delta(t)$的初始值和它的变化范围。Riedmiller 等人已经给出了$\Delta(0)$初始化为 0.1 是比较正确的选择，而$\Delta_{max}(t)=50$，$\Delta_{min}(t)=10^{-6}$可以有效地防止溢出。

10.2 源码解析

OpenCV 的神经网络实现了 MLP 算法，具体为 BACKPROP 算法和 RPROP 算法两种，BACKPROP 算法使用的是在线方法，RPROP 算法使用的是批量方法。

结构 CvANN_MLP_TrainParams 表示 MLP 训练算法所需的参数，它的构造函数为：

```
CvANN_MLP_TrainParams::CvANN_MLP_TrainParams()
{
    //表示训练迭代的终止条件，默认为迭代次数（大于 1000）和权值变化率（小于 0.01）
    term_crit = cvTermCriteria( CV_TERMCRIT_ITER + CV_TERMCRIT_EPS, 1000, 0.01 );
    //具体应用的 MLP 算法，默认为 RPROP
    train_method = RPROP;
    //bp_dw_scale 为式（10-12）中的 η，bp_moment_scale 为式（10-12）中的 μ
    bp_dw_scale = bp_moment_scale = 0.1;
    //RPROP 算法所需的参数（式（10-40）和式（10-41）)，依次为 Δ(0)、η+、η-、Δmin(t)、Δmax(t)
    rp_dw0 = 0.1; rp_dw_plus = 1.2; rp_dw_minus = 0.5;
    rp_dw_min = FLT_EPSILON; rp_dw_max = 50.;
}

CvANN_MLP_TrainParams::CvANN_MLP_TrainParams( CvTermCriteria _term_crit,
                                              int _train_method,
                                              double _param1, double _param2 )
{
    term_crit = _term_crit;
    train_method = _train_method;
    bp_dw_scale = bp_moment_scale = 0.1;
    rp_dw0 = 1.; rp_dw_plus = 1.2; rp_dw_minus = 0.5;
    rp_dw_min = FLT_EPSILON; rp_dw_max = 50.;

    if( train_method == RPROP )      //RPROP 算法
```

```
    {
          rp_dw0 = _param1;      //输入参数_param1 表示Δ(0)
          if( rp_dw0 < FLT_EPSILON )         //Δ(0)不能太小
               rp_dw0 = 1.;
          rp_dw_min = _param2;      //输入参数_param2 表示Δmin(t)
          rp_dw_min = MAX( rp_dw_min, 0 );      //Δmin(t)不能小于 0
    }
    else if( train_method == BACKPROP )       //BACKPROP 算法
    {
          bp_dw_scale = _param1;      //输入参数_param1 表示η
          //确保η在一个合理的范围内
          if( bp_dw_scale <= 0 )
               bp_dw_scale = 0.1;
          bp_dw_scale = MAX( bp_dw_scale, 1e-3 );
          bp_dw_scale = MIN( bp_dw_scale, 1 );
          bp_moment_scale = _param2;      //输入参数_param2 表示μ
          //确保μ在一个合理的范围内
          if( bp_moment_scale < 0 )
               bp_moment_scale = 0.1;
          bp_moment_scale = MIN( bp_moment_scale, 1 );
    }
    //如果输入参数_train_method 为除了 RPROP 和 BACKPROP 以外的值，则程序给出的算法为 RPROP
    else
          train_method = RPROP;
}
```

类 CvANN_MLP 实现了 MLP 模型，不像其他的机器学习模型，MLP 模型的构建和训练是由两个不同步骤完成的。下面先给出 CvANN_MLP 类的一个构造函数：

```
CvANN_MLP::CvANN_MLP( const CvMat* _layer_sizes,
                      int _activ_func,
                      double _f_param1, double _f_param2 )
//*_layer_sizes 用整型相量的形式表示 MLP 中一共有几层（包括一个输入层，一个输出层，以及若干个隐含层），每层有多少个神经元，相量的维数表示层数，相量元素的值表示对应层的神经元的数量*//
//*_activ_func 表示激活函数的类型，可以为 CvANN_MLP::IDENTITY，CvANN_MLP::SIGMOID_SYM 或 CvANN_MLP::GAUSSIAN，分别表示线性激活函数（式（10-4）），对称 SIGMOID 激活函数（式（10-7））和高斯激活函数（式（10-9）），对于所有的神经元，都须采用同一个激活函数*//
//_f_param1 和_f_param2 分别表示激活函数中的参数α和β
{
    //layer_sizes 与输入参数_layer_sizes 的含义相同，wbuf 表示存储权值的空间
    layer_sizes = wbuf = 0;
    //输出层规范化用到的一些变量
    min_val = max_val = min_val1 = max_val1 = 0.;
    weights = 0;      //用来表示权值
    rng = &cv::theRNG();      //表示随机数
    default_model_name = "my_nn";
    //调用 create 函数，构建 MLP 模型，该函数在后面有详细介绍
    create( _layer_sizes, _activ_func, _f_param1, _f_param2 );
}
```

构建 MLP 模型：

```
void CvANN_MLP::create( const CvMat* _layer_sizes, int _activ_func,
                        double _f_param1, double _f_param2 )
{
    CV_FUNCNAME( "CvANN_MLP::create" );

    __BEGIN__;
    //l_count 表示 MLP 的层数，buf_sz 表示开辟存储权值的内存空间的大小
    int i, l_step, l_count, buf_sz = 0;
    int *l_src, *l_dst;

    clear();      //清除和初始化一些全局变量
    //判断_layer_sizes 的格式、数据类型是否正确，_layer_sizes 必须是相量形式，数据类型必须为
    //CV_32SC1，不对则报错
    if( !CV_IS_MAT(_layer_sizes) ||
         (_layer_sizes->cols != 1 && _layer_sizes->rows != 1) ||
         CV_MAT_TYPE(_layer_sizes->type) != CV_32SC1 )
```

```
            CV_ERROR( CV_StsBadArg,
            "The array of layer neuron counters must be an integer vector" );
        //调用 set_activ_func 函数，设置激活函数，该函数在后面有详细介绍
        CV_CALL( set_activ_func( _activ_func, _f_param1, _f_param2 ));
        //l_count 为相量_layer_sizes 的维数，即 MLP 的层数 L
        l_count = _layer_sizes->rows + _layer_sizes->cols - 1;
        l_src = _layer_sizes->data.i;      //_layer_sizes 的首地址指针
        //_layer_sizes 元素的步长
        l_step = CV_IS_MAT_CONT(_layer_sizes->type) ? 1 :
                    _layer_sizes->step / sizeof(l_src[0]);
        //创建相量 layer_sizes
        CV_CALL( layer_sizes = cvCreateMat( 1, l_count, CV_32SC1 ));
        l_dst = layer_sizes->data.i;      //layer_sizes 的首地址指针

        max_count = 0;       //表示某层中最多的神经元的数量
        for( i = 0; i < l_count; i++ )      //遍历 MLP 的所有层
        {
            int n = l_src[i*l_step];      //得到当前层的神经元的数量
            //*满足条件：0 < i && i < l_count-1，说明 i 为隐含层，该 if 语句的作用是，如果是隐含层，
则神经元的数量一定要大于 1，如果是输入层或输出层，则神经元的数量至少应为 1，否则程序报错*//
            if( n < 1 + (0 < i && i < l_count-1))
                CV_ERROR( CV_StsOutOfRange,
                "there should be at least one input and one output "
                "and every hidden layer must have more than 1 neuron" );
            //把当前层的神经元的数量赋值给变量 layer_sizes 所对应的层
            l_dst[i] = n;
            //记录下 MLP 层中数量最多的神经元的数量
            max_count = MAX( max_count, n );
            //统计该 MLP 一共有多少个权值，其中也包括偏移量
            if( i > 0 )
                buf_sz += (l_dst[i-1]+1)*n;
        }
        //l_dst[0]表示输入层神经元的数量，l_dst[l_count-1]表示输出层神经元的数量
        buf_sz += (l_dst[0] + l_dst[l_count-1]*2)*2;
        //创建相量 wbuf，用于存储权值
        CV_CALL( wbuf = cvCreateMat( 1, buf_sz, CV_64F ));
        //为 weights 开辟内存空间
        CV_CALL( weights = (double**)cvAlloc( (l_count+2)*sizeof(weights[0]) ));
        //weights[0]指向 wbuf 的首地址，它表示输入层规范化所用到的系数
        weights[0] = wbuf->data.db;
        //定义 weights[1]首地址
        weights[1] = weights[0] + l_dst[0]*2;
        //weights[1]至 weights[l_count]表示 MLP 相应层的所有权值，包括偏移量（即代码中的+ 1），它存
        //放在数组的最后一个位置上
        for( i = 1; i < l_count; i++ )
            weights[i+1] = weights[i] + (l_dst[i-1] + 1)*l_dst[i];
        //weights[l_count]和 weights[l_count+1]都表示输出层规范化所用到的系数，训练时用的是
        //weights[l_count+1]内的值，预测时用的是 weights[l_count]内的值
        weights[l_count+1] = weights[l_count] + l_dst[l_count-1]*2;

        __END__;
}
```

设置激活函数：

```
void CvANN_MLP::set_activ_func( int _activ_func, double _f_param1, double _f_param2 )
{
        CV_FUNCNAME( "CvANN_MLP::set_activ_func" );

        __BEGIN__;
        //判断激活函数是否为线性函数、对称 SIGMOID 函数或高斯函数中的一种
        if( _activ_func < 0 || _activ_func > GAUSSIAN )
            CV_ERROR( CV_StsOutOfRange, "Unknown activation function" );

        activ_func = _activ_func;       //赋值

        switch( activ_func )       //根据不同的激活函数类型，赋予不同的参数
        {
        case SIGMOID_SYM:       //对称 SIGMOID 激活函数
```

```
        max_val = 0.95; min_val = -max_val;
        max_val1 = 0.98; min_val1 = -max_val1;
        //如果用户定义的对称 SIGMOID 激活函数的参数过小，则重新赋值
        if( fabs(_f_param1) < FLT_EPSILON )
            _f_param1 = 2./3;
        if( fabs(_f_param2) < FLT_EPSILON )
            _f_param2 = 1.7159;
        break;
    case GAUSSIAN:      //高斯激活函数
        max_val = 1.; min_val = 0.05;
        max_val1 = 1.; min_val1 = 0.02;
        //如果用户定义的高斯激活函数的参数过小，则重新赋值
        if( fabs(_f_param1) < FLT_EPSILON )
            _f_param1 = 1.;
        if( fabs(_f_param2) < FLT_EPSILON )
            _f_param2 = 1.;
        break;
    default:     //线性激活函数
        min_val = max_val = min_val1 = max_val1 = 0.;
        _f_param1 = 1.;
        _f_param2 = 0.;
    }

    f_param1 = _f_param1;       //赋值 α
    f_param2 = _f_param2;       //赋值 β

    __END__;
}
```

训练 MLP 模型：

```
int CvANN_MLP::train( const CvMat* _inputs, const CvMat* _outputs,
                      const CvMat* _sample_weights, const CvMat* _sample_idx,
                      CvANN_MLP_TrainParams _params, int flags )
//_inputs 表示 MLP 的输入数据，即待训练的样本数据
//_outputs 表示 MLP 的输出数据，即待训练的样本响应值或分类标签
//_sample_weights 表示事先定义好的样本的权值
//_sample_idx 表示真正被用于训练的样本数据的索引，即有一部分样本不用于训练 MLP
//_params 表示 MLP 模型参数
//*flags 表示控制算法的参数，可以为 UPDATE_WEIGHTS、NO_INPUT_SCALE 和 NO_OUTPUT_SCALE，以及它们的组合，这些变量的含义为：UPDATE_WEIGHTS 表示算法需要更新网络的权值；NO_INPUT_SCALE 表示算法无需规范化 MLP 的输入数据，规范化的意思就是使输入样本的特征属性均值为 0，标准方差为 1；NO_OUTPUT_SCALE 表示算法无需归一化 MLP 的输出数据*//
//该函数返回迭代次数
{
    const int MAX_ITER = 1000;      //表示最大迭代次数
    const double DEFAULT_EPSILON = FLT_EPSILON;      //定义一个常数

    double* sw = 0;      //表示样本的权值
    CvVectors x0, u;      //分别表示 MLP 的输入数据和输出数据
    int iter = -1;     //表示训练 MLP 所需的迭代次数
    //初始化首地址指针
    x0.data.ptr = u.data.ptr = 0;

    CV_FUNCNAME( "CvANN_MLP::train" );

    __BEGIN__;

    int max_iter;
    double epsilon;

    params = _params;      //MLP 模型参数

    // 初始化 training data
    //调用 prepare_to_train 函数，为 MLP 模型的训练准备参数，该函数在后面有详细介绍
    CV_CALL( prepare_to_train( _inputs, _outputs, _sample_weights,
                               _sample_idx, &x0, &u, &sw, flags ));

    // ... and link weights
```

```
    //如果没有定义 UPDATE_WEIGHTS，则需要调用 init_weights 函数进行权值的初始化，该函数在后面有详
    //细介绍
    if( !(flags & UPDATE_WEIGHTS) )
           init_weights();
    //得到最大迭代次数
    max_iter = params.term_crit.type & CV_TERMCRIT_ITER ? params.term_crit.max_iter : MAX_ITER;
    max_iter = MAX( max_iter, 1 );      //最大迭代次数必须大于等于 1
    //得到用前后两次误差之差来判断终止迭代的系数
    epsilon = params.term_crit.type & CV_TERMCRIT_EPS ? params.term_crit.epsilon :
    DEFAULT_EPSILON;
    epsilon = MAX(epsilon, DBL_EPSILON);
    //重新定义终止 MLP 训练的条件
    params.term_crit.type = CV_TERMCRIT_ITER + CV_TERMCRIT_EPS;
    params.term_crit.max_iter = max_iter;
    params.term_crit.epsilon = epsilon;
    //如果是 BACKPROP 算法，则调用 train_backprop 函数，如果是 RPROP 算法，则调用 train_rprop 函
    //数，这两个函数在后面有详细介绍
    if( params.train_method == CvANN_MLP_TrainParams::BACKPROP )
    {
          CV_CALL( iter = train_backprop( x0, u, sw ));
    }
    else
    {
         CV_CALL( iter = train_rprop( x0, u, sw ));
    }

    __END__;
    //释放内存空间
    cvFree( &x0.data.ptr );
    cvFree( &u.data.ptr );
    cvFree( &sw );

    return iter;      //返回迭代次数
}
```

为训练 MLP 模型准备参数：

```
bool CvANN_MLP::prepare_to_train( const CvMat* _inputs, const CvMat* _outputs,
            const CvMat* _sample_weights, const CvMat* _sample_idx,
            CvVectors* _ivecs, CvVectors* _ovecs, double** _sw, int _flags )
{
     bool ok = false;              //该函数正确返回的标识
     CvMat* sample_idx = 0;        //表示样本数据的索引
     CvVectors ivecs, ovecs;       //分别表示输入层和输出层的数据
     double* sw = 0;               //表示样本的权值
     int count = 0;

     CV_FUNCNAME( "CvANN_MLP::prepare_to_train" );

     ivecs.data.ptr = ovecs.data.ptr = 0;      //初始化为 0
     assert( _ivecs && _ovecs );      //确保输入参数_ivecs 和_ovecs 有效

     __BEGIN__;

     const int* sidx = 0;      //该指针指向 sample_idx
     //sw_type 和 sw_count 分别表示样本权值数据的类型和数量
     int i, sw_type = 0, sw_count = 0;
     int sw_step = 0;      //表示样本权值数据的步长
     double sw_sum = 0;      //表示样本权值的累加和
     //通过判断 layer_sizes 是否被正确赋值，来确保 MLP 模型是否被构建好
     if( !layer_sizes )
            CV_ERROR( CV_StsError,
            "The network has not been created. Use method create or the appropriate
             constructor" );
     //判断输入参数_inputs 是否正确
     if( !CV_IS_MAT(_inputs) || (CV_MAT_TYPE(_inputs->type) != CV_32FC1 &&
           CV_MAT_TYPE(_inputs->type)!=CV_64FC1)||_inputs->cols!=layer_sizes->data.i[0])
           CV_ERROR( CV_StsBadArg,
           "input training data should be a floating-point matrix with"
```

```
        "the number of rows equal to the number of training samples and "
        "the number of columns equal to the size of 0-th (input) layer" );
//判断输入参数_outputs 是否正确
if( !CV_IS_MAT(_outputs) || (CV_MAT_TYPE(_outputs->type) != CV_32FC1 &&
        CV_MAT_TYPE(_outputs->type) != CV_64FC1) ||
        _outputs->cols != layer_sizes->data.i[layer_sizes->cols - 1] )
        CV_ERROR( CV_StsBadArg,
        "output training data should be a floating-point matrix with"
        "the number of rows equal to the number of training samples and "
        "the number of columns equal to the size of last (output) layer" );
//确保样本输入和输出的数量一致，即每个样本都必须有一个响应值或分类标签
if( _inputs->rows != _outputs->rows )
        CV_ERROR(CV_StsUnmatchedSizes,"The numbers of input and output samples do not match" );
//如果定义了_sample_idx，则需要掩码一些样本数据
if( _sample_idx )
{
        //得到真正用于训练的样本
        CV_CALL( sample_idx = cvPreprocessIndexArray( _sample_idx, _inputs->rows ));
        sidx = sample_idx->data.i;      //指针赋值
        count = sample_idx->cols + sample_idx->rows - 1;      //得到训练样本的数量
}
else
        count = _inputs->rows;      //得到训练样本的数量

if( _sample_weights )      //如果定义了_sample_weights
{
        if( !CV_IS_MAT(_sample_weights) )      //确保_sample_weights 格式正确
            CV_ERROR(CV_StsBadArg,"sample_weights(if passed)must be a valid matrix" );
        sw_type = CV_MAT_TYPE(_sample_weights->type);      //数据类型
        sw_count = _sample_weights->cols + _sample_weights->rows - 1;      //数量
        //判断 sw_type 格式是否正确，sw_count 是否与样本的数量一致
        if( (sw_type != CV_32FC1 && sw_type != CV_64FC1) ||
            (_sample_weights->cols != 1 && _sample_weights->rows != 1) ||
            (sw_count != count && sw_count != _inputs->rows) )
            CV_ERROR( CV_StsBadArg,
            "sample_weights must be 1d floating-point vector containing weights "
            "of all or selected training samples" );

        sw_step = CV_IS_MAT_CONT(_sample_weights->type) ? 1 :
            _sample_weights->step/CV_ELEM_SIZE(sw_type);      //得到步长

        CV_CALL( sw = (double*)cvAlloc( count*sizeof(sw[0]) ));      //为 sw 分配空间
}
//为 MLP 的输入和输出数据开辟一块内存空间
CV_CALL( ivecs.data.ptr = (uchar**)cvAlloc( count*sizeof(ivecs.data.ptr[0]) ));
CV_CALL( ovecs.data.ptr = (uchar**)cvAlloc( count*sizeof(ovecs.data.ptr[0]) ));

ivecs.type = CV_MAT_TYPE(_inputs->type);      //指定类型
ovecs.type = CV_MAT_TYPE(_outputs->type);      //指定类型
ivecs.count = ovecs.count = count;      //相量的长度，即维数

for( i = 0; i < count; i++ )      //遍历所有的待训练样本数据
{
        int idx = sidx ? sidx[i] : i;      //表示样本索引值
        //给 MLP 的输入和输出数据赋值
        ivecs.data.ptr[i] = _inputs->data.ptr + idx*_inputs->step;
        ovecs.data.ptr[i] = _outputs->data.ptr + idx*_outputs->step;
        if( sw )      //如果 sw 被定义
        {
            int si = sw_count == count ? i : idx;      //得到样本索引值
            double w = sw_type == CV_32FC1 ?      //得到当前样本的权值
                (double)_sample_weights->data.fl[si*sw_step] :
                _sample_weights->data.db[si*sw_step];
            sw[i] = w;      //赋值
            if( w < 0 )      //权值不能小于 0
                CV_ERROR( CV_StsOutOfRange, "some of sample weights are negative" );
            sw_sum += w;      //权值累加
        }
}
```

```
        if( sw )        //如果 sw 被定义，归一化样本权值
        {
            sw_sum = sw_sum > DBL_EPSILON ? 1./sw_sum : 0;      //倒数
            for( i = 0; i < count; i++ )
                sw[i] *= sw_sum;       //归一化
        }
        //调用 calc_input_scale 和 calc_output_scale 函数，依据_flags 分别对输入数据（样本值）和输
        //出数据（样本响应值）进行规范化处理，这两个函数在后面会有详细介绍
        calc_input_scale( &ivecs, _flags );
        CV_CALL( calc_output_scale( &ovecs, _flags ));

        ok = true;       //标识函数返回值

        __END__;

        if( !ok )       //没有正确对训练过程进行预处理，则清空一些变量
        {
            cvFree( &ivecs.data.ptr );
            cvFree( &ovecs.data.ptr );
            cvFree( &sw );
        }

        cvReleaseMat( &sample_idx );       //释放空间
        *_ivecs = ivecs;       //赋值
        *_ovecs = ovecs;       //赋值
        *_sw = sw;             //赋值

        return ok;
}
```

对输入数据进行规范化处理：

```
void CvANN_MLP::calc_input_scale( const CvVectors* vecs, int flags )
//vecs 表示 MLP 的输入层数据，即样本
//flags 为 UPDATE_WEIGHTS、NO_INPUT_SCALE 或 NO_OUTPUT_SCALE
{
        //reset_weights 表示没有定义 UPDATE_WEIGHTS
        bool reset_weights = (flags & UPDATE_WEIGHTS) == 0;
        //no_scale 表示定义了 NO_INPUT_SCALE
        bool no_scale = (flags & NO_INPUT_SCALE) != 0;
        double* scale = weights[0];       //表示输入层规范化所用到的系数
        int count = vecs->count;       //表示样本数据的数量
        //没有定义 UPDATE_WEIGHTS，则权值需要初始化
        if( reset_weights )
        {
            //vcount 表示 MLP 输入层的神经元数量，即样本的特征属性的数量
            int i, j, vcount = layer_sizes->data.i[0];
            int type = vecs->type;       //输入数据的类型
            //定义了 NO_INPUT_SCALE，则 a 为 1，否则为 0
            double a = no_scale ? 1. : 0.;
            //遍历所有的特征属性，初始化数组 scale，即 weights[0]，它的空间大小为 vcount×2
            for( j = 0; j < vcount; j++ )
                scale[2*j] = a, scale[j*2+1] = 0.;
            //定义了 NO_INPUT_SCALE，则无需后面的操作，函数直接返回
            if( no_scale )
                return;

            for( i = 0; i < count; i++ )       //遍历所有的样本
            {
                //得到当前样本的两种不同数据类型的形式
                const float* f = vecs->data.fl[i];
                const double* d = vecs->data.db[i];
                for( j = 0; j < vcount; j++ )       //遍历所有的特征属性
                {
                    //如果数据类型是 CV_32F，则用 f，否则用 d，t 为当前的特征属性值
                    double t = type == CV_32F ? (double)f[j] : d[j];
                    scale[j*2] += t;       //累加所有样本的当前特征属性值
                    scale[j*2+1] += t*t;       //平方累加所有样本的当前特征属性值
```

```
            }
        }
        //再次遍历所有的特征属性，使特征属性规范化为均值为 0，标准方差为 1 的值
        for(j = 0; j < vcount; j++ )
        {
            double s = scale[j*2], s2 = scale[j*2+1];
            double m = s/count, sigma2 = s2/count - m*m;
            scale[j*2] = sigma2 < DBL_EPSILON ? 1 : 1./sqrt(sigma2);
            scale[j*2+1] = -m*scale[j*2];
        }
    }
}
```

对输出数据进行规范化处理：

```
void CvANN_MLP::calc_output_scale( const CvVectors* vecs, int flags )
//vecs 表示 MLP 的输出层数据，即样本的响应值
//flags 为 UPDATE_WEIGHTS、NO_INPUT_SCALE 或 NO_OUTPUT_SCALE
{
    //vcount 表示 MLP 输出层的神经元数量
    int i, j, vcount = layer_sizes->data.i[layer_sizes->cols-1];
    int type = vecs->type;      //样本响应值的类型
    double m = min_val, M = max_val, m1 = min_val1, M1 = max_val1;
    //reset_weights 表示没有定义 UPDATE_WEIGHTS
    bool reset_weights = (flags & UPDATE_WEIGHTS) == 0;
    //no_scale 表示定义了 NO_OUTPUT_SCALE
    bool no_scale = (flags & NO_OUTPUT_SCALE) != 0;
    int l_count = layer_sizes->cols;      //MLP 的层数
    //scale 和 inv_scale 都表示输出层规范化所用到的系数，两者互为倒数
    double* scale = weights[l_count];
    double* inv_scale = weights[l_count+1];
    int count = vecs->count;      //样本数量

    CV_FUNCNAME( "CvANN_MLP::calc_output_scale" );

    __BEGIN__;
    //没有定义 UPDATE_WEIGHTS
    if( reset_weights )
    {
        double a0 = no_scale ? 1 : DBL_MAX, b0 = no_scale ? 0 : -DBL_MAX;

        for( j = 0; j < vcount; j++ )      //先初始化输出层规范化系数
        {
            scale[2*j] = inv_scale[2*j] = a0;
            scale[j*2+1] = inv_scale[2*j+1] = b0;
        }
        //定义了 NO_OUTPUT_SCALE，则无需后面的操作，函数直接返回
        if( no_scale )
            EXIT;
    }

    for( i = 0; i < count; i++ )      //遍历所有样本
    {
        //得到当前样本的两种不同数据类型的形式
        const float* f = vecs->data.fl[i];
        const double* d = vecs->data.db[i];

        for( j = 0; j < vcount; j++ )      //遍历所有的输出层神经元
        {
            //如果数据类型是 CV_32F，则用 f，否则用 d
            double t = type == CV_32F ? (double)f[j] : d[j];

            if( reset_weights )      //没有定义 UPDATE_WEIGHTS
            {
                double mj = scale[j*2], Mj = scale[j*2+1];
                if( mj > t ) mj = t;      //得到最小值
                if( Mj < t ) Mj = t;      //得到最大值

                scale[j*2] = mj;      //赋值
```

```
                        scale[j*2+1] = Mj;      //赋值
                    }
                    else        //定义了 UPDATE_WEIGHTS
                    {
                        //计算一个新的值，并判断该值是否在要求的范围内
                        t = t*inv_scale[j*2] + inv_scale[2*j+1];
                        if( t < m1 || t > M1 )
                            CV_ERROR( CV_StsOutOfRange,
                            "Some of new output training vector components run exceed
                            the original range too much" );
                    }
                }
            }

        if( reset_weights )        //没有定义 UPDATE_WEIGHTS
            //遍历所有输出层的神经元，计算输出层的规范化系数
            for( j = 0; j < vcount; j++ )
            {
                // map mj..Mj to m..M
                double mj = scale[j*2], Mj = scale[j*2+1];
                double a, b;
                double delta = Mj - mj;
                if( delta < DBL_EPSILON )
                    a = 1, b = (M + m - Mj - mj)*0.5;
                else
                    a = (M - m)/delta, b = m - mj*a;
                inv_scale[j*2] = a; inv_scale[j*2+1] = b;
                a = 1./a; b = -b*a;
                scale[j*2] = a; scale[j*2+1] = b;
            }

        __END__;
}
```

初始化权值：

```
void CvANN_MLP::init_weights()
{
    int i, j, k;

    for( i = 1; i < layer_sizes->cols; i++ )        //遍历除输入层以外的 MLP 的所有层
    {
        int n1 = layer_sizes->data.i[i-1];        //当前层的前一层的神经元的数量
        int n2 = layer_sizes->data.i[i];        //当前层的神经元的数量
        //val 表示-1～1 之间的一个随机数，G 为式（10-39）中的 G
        double val = 0, G = n2 > 2 ? 0.7*pow((double)n1,1./(n2-1)) : 1.;
        double* w = weights[i];        //w 表示当前层的权值

        //利用 Nguyen-Widrow 算法初始化权值
        for( j = 0; j < n2; j++ )        //遍历当前层的所有神经元
        {
            double s = 0;
            for( k = 0; k <= n1; k++ )        //遍历连接当前神经元的所有权值，包括偏移量
            {
                val = rng->uniform(0., 1.)*2-1.;        //得到-1～1 之间的一个随机数
                w[k*n2 + j] = val;        //权值先赋一个初始值
                s += fabs(val);        //计算所有随机数的累加和
            }
            //如果当前层不是最后一层，即输出层，则输出层的权值是由上面的 for 循环直接得到的
            if( i < layer_sizes->cols - 1 )
            {
                //把偏移量的随机数去掉后，得到式（10-37）的分母部分
                s = 1./(s - fabs(val));
                for( k = 0; k <= n1; k++ )
                    w[k*n2 + j] *= s;        //得到中间层的初始权值，即式（10-37）
                w[n1*n2 + j] *= G*(-1+j*2./n2);  //得到偏移量的初始值，即式（10-38）
            }
        }
    }
```

```
}
```

BACKPROP 算法的具体训练过程：

```
int CvANN_MLP::train_backprop( CvVectors x0, CvVectors u, const double* sw )
//x0 表示输入样本
//u 表示样本响应值
//sw 表示样本的权值
{
    CvMat* dw = 0;
    CvMat* buf = 0;
    double **x = 0, **df = 0;
    CvMat* _idx = 0;
    //iter 表示训练 MLP 所需的迭代次数，count 表示训练样本的数量
    int iter = -1, count = x0.count;

    CV_FUNCNAME( "CvANN_MLP::train_backprop" );

    __BEGIN__;
    //ivcount 表示输入层的神经元的数量，ovcount 表示输出层的神经元的数量，l_count 表示 MLP 的层数，
    //total 表示 MLP 模型的所有神经元的数量
    int i, j, k, ivcount, ovcount, l_count, total = 0, max_iter;
    double *buf_ptr;      //该指针指向矩阵 buf
    //E 表示误差，prev_E 表示前一次迭代的误差
    double prev_E = DBL_MAX*0.5, E = 0, epsilon;
    //得到最大迭代次数，乘以 count 表示每个样本都要计算
    max_iter = params.term_crit.max_iter*count;
    epsilon = params.term_crit.epsilon*count;      //得到两次迭代的最小误差变化

    l_count = layer_sizes->cols;              //得到 MLP 的层数
    ivcount = layer_sizes->data.i[0];         //得到输入层的神经元的数量
    ovcount = layer_sizes->data.i[l_count-1];      //得到输出层的神经元的数量

    // allocate buffers
    //得到 MLP 模型的所有神经元的数量
    for( i = 0; i < l_count; i++ )
        total += layer_sizes->data.i[i] + 1;
    //定义矩阵 dw 的大小及数据类型，与 wbuf 一致，dw 表示权值的变化率
    CV_CALL( dw = cvCreateMat( wbuf->rows, wbuf->cols, wbuf->type ));
    cvZero( dw );       //dw 矩阵初始化为 0
    //定义矩阵 buf 的大小及数据类型，表示所有神经元及样本的存储空间
    CV_CALL( buf = cvCreateMat( 1, (total + max_count)*2, CV_64F ));
    //定义矩阵_idx 的大小及数据类型，表示样本索引
    CV_CALL( _idx = cvCreateMat( 1, count, CV_32SC1 ));
    for( i = 0; i < count; i++ )
        _idx->data.i[i] = i;      //初始化_idx
    //为 x 分配内存空间，表示所有神经元
    CV_CALL( x = (double**)cvAlloc( total*2*sizeof(x[0]) ));
    df = x + total;      //赋予指针 df 的具体指向，表示激活函数的导数
    buf_ptr = buf->data.db;      //定义指针

    for( j = 0; j < l_count; j++ )      //遍历所有 MLP 的层
    {
        x[j] = buf_ptr;      //当前层的 x 指针指向对应的 buf 空间的相应位置
        df[j] = x[j] + layer_sizes->data.i[j];      //当前层的 df 指针指向 x 的下一层
        buf_ptr += (df[j] - x[j])*2;      //移动 buf 的指针
    }

    // run back-propagation loop
    /*
       y_i = w_i*x_{i-1}
       x_i = f(y_i)
       E = 1/2*||u - x_N||^2
       grad_N = (x_N - u)*f'(y_i)
       dw_i(t) = momentum*dw_i(t-1) + dw_scale*x_{i-1}*grad_i
       w_i(t+1) = w_i(t) + dw_i(t)
       grad_{i-1} = w_i^t*grad_i
    */
    for(iter = 0; iter < max_iter; iter++ )      //进入 MLP 算法的迭代
```

```
{
        int idx = iter % count;        //得到当前训练样本的索引
        double* w = weights[0];        //表示输入层规范化系数
        double sweight = sw ? count*sw[idx] : 1.;        //得到样本权值
        CvMat _w, _dw, hdr1, hdr2, ghdr1, ghdr2, _df;
        CvMat *x1 = &hdr1, *x2 = &hdr2, *grad1 = &ghdr1, *grad2 = &ghdr2, *temp;
        //如果样本是当前迭代的第一个训练样本，则需要判断是否满足迭代的终止条件，并且要打乱样本的次序
        if( idx == 0 )
        {
            //printf("%d. E = %g\n", iter/count, E);
            //比较两次误差的变化率，如果满足要求，则退出迭代
            if( fabs(prev_E - E) < epsilon )
                break;
            prev_E = E;        //重新赋值
            E = 0;        //初始化当前误差为 0

            // shuffle indices
            //遍历所有的样本，打乱样本的先后次序
            for( i = 0; i < count; i++ )
            {
                int tt;
                j = (*rng)(count);        //得到两个小于 count 的随机数
                k = (*rng)(count);
                CV_SWAP( _idx->data.i[j], _idx->data.i[k], tt );        //交换位置
            }
        }

        idx = _idx->data.i[idx];        //真正得到当前的训练样本的索引
        //样本进入 MLP 的输入层
        if( x0.type == CV_32F )        //如果样本是 CV_32F 数据类型
        {
            const float* x0data = x0.data.fl[idx];        //得到当前样本
            //输入数据进行规范化处理，w[j*2]和 w[j*2 + 1]由 calc_input_scale 函数得到
            for( j = 0; j < ivcount; j++ )
                x[0][j] = x0data[j]*w[j*2] + w[j*2 + 1];
        }
        else        //如果样本是 CV_64F 数据类型
        {
            const double* x0data = x0.data.db[idx];        //得到当前样本
            //输入数据进行规范化处理，w[j*2]和 w[j*2 + 1]由 calc_input_scale 函数得到
            for( j = 0; j < ivcount; j++ )
                x[0][j] = x0data[j]*w[j*2] + w[j*2 + 1];
        }
        //初始化矢量 x1，表示输入层的输出
        cvInitMatHeader( x1, 1, ivcount, CV_64F, x[0] );

        // forward pass, compute y[i]=w*x[i-1], x[i]=f(y[i]), df[i]=f'(y[i])
        //前向传播步骤，遍历所有的层，得到当前样本经 MLP 处理后的输出
        for( i = 1; i < l_count; i++ )
        {
            //初始化矢量 x2，表示当前层的输出
            cvInitMatHeader( x2, 1, layer_sizes->data.i[i], CV_64F, x[i] );
            //初始化矩阵_w，表示权值 W^l_kh
            cvInitMatHeader( &_w, x1->cols, x2->cols, CV_64F, weights[i] );
            //实现 x1×&_w = x2，即式（10-16），这里的 x2 为加权和
            cvGEMM( x1, &_w, 1, 0, 0, x2 );
            _df = *x2;        //赋值指针
            _df.data.db = df[i];        //赋值指针
            //计算激活函数及它的导数，该函数在后面会有详细介绍
            calc_activ_func_deriv( x2, &_df, _w.data.db + _w.rows*_w.cols );
            //交换 x1 和 x2 的位置，即此次的输出作为下次的输入
            CV_SWAP( x1, x2, temp );
        }
        //初始化矢量 grad1，表示式（10-30）中的 δ
        cvInitMatHeader( grad1, 1, ovcount, CV_64F, buf_ptr );
        *grad2 = *grad1;        //变量赋值，两者具有相同的类型
        grad2->data.db = buf_ptr + max_count;        //定义 grad2 的指针

        w = weights[l_count+1];        //w 表示输出规范化所用到的系数
```

```
        //计算输出层误差
        if( u.type == CV_32F )        //如果样本响应值是 CV_32F 数据类型
        {
            const float* udata = u.data.fl[idx];      //得到当前样本的响应值
            //遍历输出层的所有神经元，即样本的所有可能值
            for( k = 0; k < ovcount; k++ )
            {
                //udata[k]*w[k*2] + w[k*2+1]表示规范化后的输出层的输出，w[k*2]和
                //w[k*2+1]由 calc_output_scale 函数得到
                double t = udata[k]*w[k*2] + w[k*2+1] - x[l_count-1][k]; //得到误差
                grad1->data.db[k] = t*sweight;      //误差乘以样本权值
                E += t*t;      //误差平方的累加，式（10-10）
            }
        }
        else      //如果样本响应值是 CV_64F 数据类型
        {
            const double* udata = u.data.db[idx];      //得到当前样本的响应值
            //遍历输出层的所有神经元，即样本的所有可能值
            for( k = 0; k < ovcount; k++ )
            {
                //udata[k]*w[k*2] + w[k*2+1]表示规范化后的输出层的输出，w[k*2]和
                //w[k*2+1]由 calc_output_scale 函数得到
                double t = udata[k]*w[k*2] + w[k*2+1] - x[l_count-1][k]; //得到误差
                grad1->data.db[k] = t*sweight;      //误差乘以样本权值
                E += t*t;      //误差平方的累加，式（10-10）
            }
        }
        E *= sweight;      //再乘以样本权值

        //反向步骤，计算权值的变化率及更新权值
        for( i = l_count-1; i > 0; i-- )      //遍历 MLP 的所有层，输入层除外
        {
            //n1 为前一层的神经元的数量，n2 为当前层的神经元的数量
            int n1 = layer_sizes->data.i[i-1], n2 = layer_sizes->data.i[i];
            //初始化矩阵_df，它指向 df[i]，表示激活函数的导数
            cvInitMatHeader( &_df, 1, n2, CV_64F, df[i] );
            //实现 grad1 和&_df 中的对应元素相乘，并再次赋值给 grad1，即得到式（10-36）中的 δk^l
            cvMul( grad1, &_df, grad1 );
            //初始化矩阵_w，表示权值
            cvInitMatHeader( &_w, n1+1, n2, CV_64F, weights[i] );
            //初始化矩阵_dw，表示权值的变化率
            cvInitMatHeader(&_dw,n1+1,n2,CV_64F,dw->data.db+(weights[i]-weights[0]));
            //初始化 x1，表示前一层的输出
            cvInitMatHeader( x1, n1+1, 1, CV_64F, x[i-1] );
            x[i-1][n1] = 1.;      //初始化为 1，它的含义相当于式（10-2）中的 x0
            //实现 params.bp_dw_scale×x1×grad1＋params.bp_moment_scale×
            &_dw = &_dw，即式（10-12）
            cvGEMM( x1, grad1, params.bp_dw_scale, &_dw, params.bp_moment_scale, &_dw );
            //实现&_w＋&_dw = &_w，即式（10-13）
            cvAdd( &_w, &_dw, &_w );
            if( i > 1 )      //计算中间层的式（10-36）中的∑k wδ 部分
            {
                grad2->cols = n1;      //前一层的神经元数量
                _w.rows = n1;      //权值的行
                //实现了 grad1×(&_w 的转置) = grad2，即得到式（10-36）中的∑k wδ 部分
                cvGEMM( grad1, &_w, 1, 0, 0, grad2, CV_GEMM_B_T );
            }
            //交换 grad1 和 grad2 的位置，因为下次循环要用 grad1
            CV_SWAP( grad1, grad2, temp );
        }
    }

    iter /= count;      //得到真正的迭代次数

    __END__;
    //释放内存空间
    cvReleaseMat( &dw );
    cvReleaseMat( &buf );
```

```
    cvReleaseMat( &_idx );
    cvFree( &x );

    return iter;        //返回迭代次数
}
```

计算激活函数及它的导数：

```
void CvANN_MLP::calc_activ_func_deriv( CvMat* _xf, CvMat* _df,
                                        const double* bias ) const
//_xf 作为输入变量表示式（10-15）中的∑部分，经该函数处理后该变量表示激活函数的结果，即式（10-14）中的 y_k^l
//_df 表示激活函数的导数
//bias 表示偏移量，即式（10-15）中的 b_k^l
{
    //n 其实就是 1，cols 表示该层的神经元的数量
    int i, j, n = _xf->rows, cols = _xf->cols;
    double* xf = _xf->data.db;        //指针赋值
    double* df = _df->data.db;        //指针赋值
    //scale 表示由激活函数的参数 α 得到的常数，scale2 表示激活函数的参数 β
    double scale, scale2 = f_param2;
    //确保_xf 和_df 的类型一致
    assert( CV_IS_MAT_CONT( _xf->type & _df->type ) );

    if( activ_func == IDENTITY )        //线性激活函数
    {
        for( i = 0; i < n; i++, xf += cols, df += cols )
            for( j = 0; j < cols; j++ )        //遍历该层的所有神经元
            {
                xf[j] += bias[j];        //加上偏移量后，得到激活函数的输出结果
                df[j] = 1;        //线性激活函数的导数，式（10-23）
            }
        return;
    }
    else if( activ_func == GAUSSIAN )        //高斯激活函数
    {
        scale = -f_param1*f_param1;        //得到-α²
        scale2 *= scale;        //得到-α²β
        for( i = 0; i < n; i++, xf += cols, df += cols )
            for( j = 0; j < cols; j++ )        //遍历该层的所有神经元
            {
                double t = xf[j] + bias[j];        //加上偏移量后，得到激活函数的输入
                df[j] = t*2*scale2;        //得到-2α²βx
                xf[j] = t*t*scale;        //得到-α²x²
            }
        cvExp( _xf, _xf );        //计算式（10-9）中的 e 指数部分

        n *= cols;        //其实等于 cols
        xf -= n; df -= n;        //重新定义 xf 和 df 的指针

        for( i = 0; i < n; i++ )
            df[i] *= xf[i];        //得到激活函数的导数，即式（10-27）
    }
    else        //对称 Sigmoid 激活函数
    {
        scale = f_param1;        //参数 α
        for( i = 0; i < n; i++, xf += cols, df += cols )
            for( j = 0; j < cols; j++ )        //遍历该层的所有神经元
            {
                xf[j] = (xf[j] + bias[j])*scale;        //得到 αx，其中 x 包含偏移量
                df[j] = -fabs(xf[j]);        //得到-|αx|
            }

        cvExp( _df, _df );        //得到式（10-7）中的 e 指数部分

        n *= cols;        //其实等于 cols
        xf -= n; df -= n;        //重新定义 xf 和 df 的指针

        // ((1+exp(-ax))^-1)'=a*((1+exp(-ax))^-2)*exp(-ax);
        // ((1-exp(-ax))/(1+exp(-ax)))'=(a*exp(-ax)*(1+exp(-ax)) + a*exp(-ax)*(1-
```

```
            //exp(-ax)))/(1+exp(-ax))^2=
            // 2*a*exp(-ax)/(1+exp(-ax))^2
            scale *= 2*f_param2;        //得到 2αβ
            for( i = 0; i < n; i++ )
            {
                //如果 αx 大于 0，则 s0 为 1，否则为-1
                int s0 = xf[i] > 0 ? 1 : -1;
                double t0 = 1./(1. + df[i]);      //得到式（10-25）中的分母部分
                double t1 = scale*df[i]*t0*t0;     //得到式（10-25）
                t0 *= scale2*(1. - df[i])*s0;      //得到式（10-7），但要根据 αx 赋予正负号
                df[i] = t1;       //激活函数的导数
                xf[i] = t0;       //激活函数的结果输出
            }
        }
}
```

RPROP 算法的具体训练过程：

```
int CvANN_MLP::train_rprop( CvVectors x0, CvVectors u, const double* sw )
{
    const int max_buf_size = 1 << 16;
    CvMat* dw = 0;
    CvMat* dEdw = 0;
    CvMat* prev_dEdw_sign = 0;
    CvMat* buf = 0;
    double **x = 0, **df = 0;
    int iter = -1, count = x0.count;        //count 表示样本的数量

    CV_FUNCNAME( "CvANN_MLP::train" );

    __BEGIN__;

    int i, ivcount, ovcount, l_count, total = 0, max_iter, buf_sz, dcount0;
    double *buf_ptr;
    double prev_E = DBL_MAX*0.5, epsilon;
    double dw_plus, dw_minus, dw_min, dw_max;
    double inv_count;

    max_iter = params.term_crit.max_iter;
    epsilon = params.term_crit.epsilon;
    dw_plus = params.rp_dw_plus;
    dw_minus = params.rp_dw_minus;
    dw_min = params.rp_dw_min;
    dw_max = params.rp_dw_max;

    l_count = layer_sizes->cols;        //得到 MLP 的层数
    ivcount = layer_sizes->data.i[0];        //得到输入层的神经元的数量
    ovcount = layer_sizes->data.i[l_count-1];        //得到输出层的神经元的数量

    // allocate buffers
    for( i = 0; i < l_count; i++ )
        total += layer_sizes->data.i[i];        //统计所有神经元的数量
    //初始化矩阵 dw，表示式（10-41）中的 Δ(t)
    CV_CALL( dw = cvCreateMat( wbuf->rows, wbuf->cols, wbuf->type ));
    cvSet( dw, cvScalarAll(params.rp_dw0) );        //初始化 Δ(0)
    //初始化 dEdw，表示误差变化率，即∂E/∂w
    CV_CALL( dEdw = cvCreateMat( wbuf->rows, wbuf->cols, wbuf->type ));
    cvZero( dEdw );        //dEdw 清零
    //初始化 prev_dEdw_sign，表示上一次∂E/∂w 的符号
    CV_CALL( prev_dEdw_sign = cvCreateMat( wbuf->rows, wbuf->cols, CV_8SC1 ));
    cvZero( prev_dEdw_sign );        //prev_dEdw_sign 清零

    inv_count = 1./count;        //得到样本数量的倒数
    dcount0 = max_buf_size/(2*total);        //dcount0 表示计算误差时用到的样本数量
    dcount0 = MAX( dcount0, 1 );        //保证 dcount0 必须大于 1
    dcount0 = MIN( dcount0, count );        //保证 dcount0 必须小于样本的总数
    buf_sz = dcount0*(total + max_count)*2;        //定义存储空间的大小
    //定义矩阵 buf，表示神经元的存储空间大小
    CV_CALL( buf = cvCreateMat( 1, buf_sz, CV_64F ));
```

```
//为 x 分配空间，表示所有的神经元数据
CV_CALL( x = (double**)cvAlloc( total*2*sizeof(x[0]) ));
df = x + total;
buf_ptr = buf->data.db;      //定义 buf 的指针

for( i = 0; i < l_count; i++ )      //为每层分配 x 和 df 的空间
{
      x[i] = buf_ptr;
      df[i] = x[i] + layer_sizes->data.i[i]*dcount0;
      buf_ptr += (df[i] - x[i])*2;
}

// run rprop loop
/*
     y_i(t) = w_i(t)*x_{i-1}(t)
     x_i(t) = f(y_i(t))
     E = sum_over_all_samples(1/2*||u - x_N||^2)
     grad_N = (x_N - u)*f'(y_i)

               MIN(dw_i{jk}(t)*dw_plus,dw_max),if dE/dw_i{jk}(t)*dE/dw_I{jk}(t-1)>0
     dw_i{jk}(t) = MAX(dw_i{jk}(t)*dw_minus, dw_min), if dE/dw_i{jk}(t)*dE/dw_i{jk}(t-1) < 0
                    dw_i{jk}(t-1) else

     if (dE/dw_i{jk}(t)*dE/dw_i{jk}(t-1) < 0)
          dE/dw_i{jk}(t)<-0
     else
          w_i{jk}(t+1) = w_i{jk}(t) + dw_i{jk}(t)
     grad_{i-1}(t) = w_i^t(t)*grad_i(t)
*/
for( iter = 0; iter < max_iter; iter++ )      //循环迭代
{
      int n1, n2, j, k;
      double E = 0;      //表示误差

      //并行处理所有样本，计算误差的导数，该部分在后面有详细介绍
      cv::parallel_for_(cv::Range(0, count),
          rprop_loop(this, weights, count, ivcount, &x0, l_count, layer_sizes,
                    ovcount, max_count, &u, sw, inv_count, dEdw, dcount0, &E, buf_sz)
      );

      //遍历所有的层（输入层除外），更新权值
      for( i = 1; i < l_count; i++ )
      {
            //n1 为前一层的神经元数量，n2 为当前层的神经元数量
            n1 = layer_sizes->data.i[i-1]; n2 = layer_sizes->data.i[i];
            for( k = 0; k <= n1; k++ )      //遍历前一层的所有神经元
            {
                  double* wk = weights[i]+k*n2;      //得到当前神经元的权值首地址
                  size_t delta = wk - weights[0];      //得到偏移地址大小
                  double* dwk = dw->data.db + delta;      //得到 Δ 值首地址
                  double* dEdwk = dEdw->data.db + delta;      //得到误差变化率首地址
                  //前一次误差变化率的符号的首地址
                  char* prevEk = (char*)(prev_dEdw_sign->data.ptr + delta);

                  for( j = 0; j < n2; j++ )      //遍历当前层的所有神经元
                  {
                        double Eval = dEdwk[j];      //得到当前误差变化率的值
                        double dval = dwk[j];      //得到前一次的 Δ 值
                        double wval = wk[j];      //得到当前的权值
                        int s = CV_SIGN(Eval);      //得到当前误差变化率的符号
                        //得到前后两次误差变化率符号的乘积，即式（10-41）的条件项
                        int ss = prevEk[j]*s;
                        if( ss > 0 )      //式（10-41）的第一项
                        {
                              dval *= dw_plus;      //式（10-41）的第一项：Δ(t)=η⁺Δ(t-1)
                              dval = MIN( dval, dw_max );      //Δ(t)不能过大
                              dwk[j] = dval;      //重新赋值，Δ(t)作为下一次的Δ(t-1)
                              //得到更新后的权值，式（10-13），其中 dval*s 为式（10-40）
                              wk[j] = wval + dval*s;
```

```
                    }
                    else if( ss < 0 )       //式（10-41）的第二项
                    {
                        dval *= dw_minus;  //式（10-41）的第二项：Δ(t)=η-Δ(t-1)
                        dval = MAX( dval, dw_min );       //Δ(t)不能过小
                        prevEk[j] = 0;      //重新赋值，作为下一次使用
                        dwk[j] = dval;      //重新赋值，Δ(t)作为下一次的Δ(t-1)
                        //得到更新后的权值，式（10-13），其中dval*s为式（10-40）
                        wk[j] = wval + dval*s;
                    }
                    else      //式（10-41）的第三项
                    {
                        prevEk[j] = (char)s;      //重新赋值，作为下一次使用
                        wk[j] = wval + dval*s;    //得到更新后的权值，式（10-13）
                    }
                    dEdwk[j] = 0.;      //误差变化率清零
                }
            }
        }

        //printf("%d. E = %g\n", iter, E);
        //如果两次误差之差小于某值，则退出迭代
        if( fabs(prev_E - E) < epsilon )
            break;
        prev_E = E;      //更新上一次误差
        E = 0;      //当前误差清零，以备下一次迭代使用
    }

    __END__;
    //清空一些变量
    cvReleaseMat( &dw );
    cvReleaseMat( &dEdw );
    cvReleaseMat( &prev_dEdw_sign );
    cvReleaseMat( &buf );
    cvFree( &x );

    return iter;      //返回迭代次数
}
```

并行处理 RPROP 算法的批量方法：

```
struct rprop_loop : cv::ParallelLoopBody {
  rprop_loop(const CvANN_MLP* _point, double**& _weights, int& _count, int& _ivcount,
CvVectors* _x0,
     int& _l_count, CvMat*& _layer_sizes, int& _ovcount, int& _max_count,
     CvVectors* _u, const double*& _sw, double& _inv_count, CvMat*& _dEdw, int& _dcount0,
double* _E, int _buf_sz)
  {
     point = _point;
     weights = _weights;      //权值
     count = _count;          //样本的数量
     ivcount = _ivcount;      //输入层的神经元的数量
     x0 = _x0;                //样本
     l_count = _l_count;      //MLP的层数
     layer_sizes = _layer_sizes;     //MLP结构
     ovcount = _ovcount;      //输出层的神经元的数量
     max_count = _max_count;  //样本数量
     u = _u;                  //样本的响应值
     sw = _sw;                //样本权值
     inv_count = _inv_count;  //样本数量的倒数
     dEdw = _dEdw;            //误差变化率
     dcount0 = _dcount0;      //计算误差用到的样本数量
     E = _E;      //误差
     buf_sz = _buf_sz;      //存储空间的大小
  }

  const CvANN_MLP* point;
  double** weights;
  int count;
```

```
int ivcount;
CvVectors* x0;
int l_count;
CvMat* layer_sizes;
int ovcount;
int max_count;
CvVectors* u;
const double* sw;
double inv_count;
CvMat* dEdw;
int dcount0;
double* E;
int buf_sz;

//重载( )运算符
void operator()( const cv::Range& range ) const
{
    double* buf_ptr;
    double** x = 0;
    double **df = 0;
    int total = 0;

    for(int i = 0; i < l_count; i++ )
            total += layer_sizes->data.i[i];        //统计 MLP 所有的神经元的数量
    CvMat* buf;
    buf = cvCreateMat( 1, buf_sz, CV_64F );      //定义矩阵 buf
    x = (double**)cvAlloc( total*2*sizeof(x[0]) );       //为 x 分配空间
    df = x + total;      //定义指针指向
    buf_ptr = buf->data.db;      //为指针赋值
    for(int i = 0; i < l_count; i++ )      //为每层分配 x 和 df 的空间
    {
            x[i] = buf_ptr;
            df[i] = x[i] + layer_sizes->data.i[i]*dcount0;
            buf_ptr += (df[i] - x[i])*2;
    }

    for(int si = range.start; si < range.end; si++ )      //循环
    {
            if (si % dcount0 != 0) continue;      //防止后面的变量 dcount 为 0
            int n1, n2, k;
            double* w;
            CvMat _w, _dEdw, hdr1, hdr2, ghdr1, ghdr2, _df;
            CvMat *x1, *x2, *grad1, *grad2, *temp;
            int dcount = 0;      //表示每次循环计算的样本数量
            //定义 dcount 大小，表示计算误差用到的样本数量
            dcount = MIN(count - si , dcount0 );
            w = weights[0];      //表示输入层规范化所用到的参数
            grad1 = &ghdr1; grad2 = &ghdr2;      //表示式(10-30)中的 δ
            x1 = &hdr1; x2 = &hdr2;      //表示神经元的输出或输入

            // grab and preprocess input data
            if( x0->type == CV_32F )      //样本为 CV_32F 数据类型
            {
                    for(int i = 0; i < dcount; i++ )      //提取出 dcount 个样本
                    {
                            const float* x0data = x0->data.fl[si+i];      //得到当前样本
                            double* xdata = x[0]+i*ivcount;      //得到存放的地址
                            for(int j = 0; j < ivcount; j++ )//遍历特征属性，得到规范化的输入值
                                xdata[j] = x0data[j]*w[j*2] + w[j*2+1];
                    }
            }
            else      //样本为 CV_64F 数据类型
                    for(int i = 0; i < dcount; i++ )      //提取出 dcount 个样本
                    {
                           const double* x0data = x0->data.db[si+i];      //得到当前样本
                           double* xdata = x[0]+i*ivcount;      //得到存放的地址
                           for(int j = 0; j < ivcount; j++ ) //遍历特征属性，得到规范化的输入值
                               xdata[j] = x0data[j]*w[j*2] + w[j*2+1];
                    }
```

```
//初始化矩阵 x1，表示本次循环所用的样本集合
cvInitMatHeader( x1, dcount, ivcount, CV_64F, x[0] );

// forward pass, compute y[i]=w*x[i-1], x[i]=f(y[i]), df[i]=f'(y[i])
//前向传播步骤，遍历所有的层，得到当前样本经 MLP 处理后的输出
for(int i = 1; i < l_count; i++ )        //遍历所有的层
{
    //初始化矩阵 x2，表示当前层的输出
    cvInitMatHeader( x2, dcount, layer_sizes->data.i[i], CV_64F, x[i] );
    //初始化矩阵_w，表示权值w^l_kh
    cvInitMatHeader( &_w, x1->cols, x2->cols, CV_64F, weights[i] );
    //实现 x1×&_w = x2，即式（10-16），这里的 x2 为加权和，即所有样本的加权和矩阵
    cvGEMM( x1, &_w, 1, 0, 0, x2 );
    _df = *x2;      //赋值指针
    _df.data.db = df[i];      //赋值指针
    //计算激活函数及它的导数，该函数已在前面给出了详细介绍
    point->calc_activ_func_deriv( x2, &_df, _w.data.db + _w.rows*_w.cols );
    //交换 x1 和 x2 的位置，此次的输出作为下一次的输入
    CV_SWAP( x1, x2, temp );
}
//初始化矢量 grad1，表示式（10-30）中的 δ
cvInitMatHeader( grad1, dcount, ovcount, CV_64F, buf_ptr );

w = weights[l_count+1];      //表示输出层规范化系数
grad2->data.db = buf_ptr + max_count*dcount;      //定义 grad2 的指针

//计算输出层误差
if( u->type == CV_32F )      //如果样本响应值是 CV_32F 数据类型
    for(int i = 0; i < dcount; i++ )      //遍历本次循环的所有样本
    {
        const float* udata = u->data.fl[si+i];      //得到当前样本的响应值
        const double* xdata = x[l_count-1] + i*ovcount;//得到当前样本的输出
        double* gdata = grad1->data.db + i*ovcount;      //得到指针
        double sweight = sw ? sw[si+i] : inv_count, E1 = 0;//得到样本权值
        //遍历输出层的所有神经元，即样本的所有可能值
        for(int j = 0; j < ovcount; j++ )
        {
            //udata[j]*w[j*2] + w[j*2+1]表示输出数据进行规范化处理
            double t = udata[j]*w[j*2] + w[j*2+1] - xdata[j];//得到误差
            gdata[j] = t*sweight;      //误差乘以该样本权值
            E1 += t*t;      //误差平方的累加，式（10-10）
        }
        *E += sweight*E1;      //所有样本的误差累加，此时还需要乘以样本权值
    }
else      //如果样本响应值是 CV_64F 数据类型
    for(int i = 0; i < dcount; i++ )      //遍历本次循环的所有样本
    {
            //udata[j]*w[j*2] + w[j*2+1]表示输出数据进行规范化处理
        const double* udata = u->data.db[si+i];      //得到当前样本的响应值
        const double* xdata = x[l_count-1] + i*ovcount;//得到当前样本的输出
        double* gdata = grad1->data.db + i*ovcount;      //得到指针
        double sweight = sw ? sw[si+i] : inv_count, E1 = 0;//得到样本权值
        //遍历输出层的所有神经元，即样本的所有可能值
        for(int j = 0; j < ovcount; j++ )
        {
            double t = udata[j]*w[j*2] + w[j*2+1] - xdata[j];//得到误差
            gdata[j] = t*sweight;      //误差乘以该样本权值
            E1 += t*t;      //误差平方的累加，式（10-10）
        }
        *E += sweight*E1;      //所有样本的误差累加，此时还需要乘以样本权值
    }

//反向传播，更新误差的变化率，即∂E/∂w
static cv::Mutex mutex;      //定义互斥

for(int i = l_count-1; i > 0; i-- )      //遍历 MLP 的所有层，输入层除外
{
    //n1 为前一层的神经元的数量，n2 为当前层的神经元的数量
    n1 = layer_sizes->data.i[i-1]; n2 = layer_sizes->data.i[i];
```

```
                //初始化矩阵_df，它指向df[i]，表示激活函数的导数
                cvInitMatHeader( &_df, dcount, n2, CV_64F, df[i] );
                //实现grad1和&_df中的对应元素相乘，并再次赋值给grad1，即得到式（10-36）中的δk1
                cvMul( grad1, &_df, grad1 );

                {
                    cv::AutoLock lock(mutex);    //锁定
                    //初始化_dEdw，表示当前层的误差变化率
                    cvInitMatHeader( &_dEdw, n1, n2, CV_64F, dEdw->data.db+(weights[i]
                    -weights[0]) );
                    //初始化x1，表示前一层神经元的输出
                    cvInitMatHeader( x1, dcount, n1, CV_64F, x[i-1] );
                    //实现(x1的转置)×grad1+&_dEdw = &_dEdw，计算当前层的误差变化率，
                    //并累加所有的误差变化率
                    cvGEMM( x1, grad1, 1, &_dEdw, 1, &_dEdw, CV_GEMM_A_T );

                    //更新偏移量
                    for( k = 0; k < dcount; k++ )
                    {
                          double* dst = _dEdw.data.db + n1*n2;
                          const double* src = grad1->data.db + k*n2;
                          for(int j = 0; j < n2; j++ )
                               dst[j] += src[j];
                    }

                    if (i > 1)
                           cvInitMatHeader( &_w, n1, n2, CV_64F, weights[i] );//初始化_w
                }

                cvInitMatHeader( grad2, dcount, n1, CV_64F, grad2->data.db );//初始化grad2
                if( i > 1 )      //计算中间层的式（10-36）中的∑k wδ部分
                      //实现了grad1×(&_w的转置) = grad2，即得到式（10-36）中的∑k wδ部分
                      cvGEMM( grad1, &_w, 1, 0, 0, grad2, CV_GEMM_B_T );
                //交换grad1和grad2的位置，因为下一次循环要用grad1
                CV_SWAP( grad1, grad2, temp );
            }
        }
        cvFree(&x);
        cvReleaseMat( &buf );
    }

};
```

前面介绍 MLP 模型的创建和训练的过程，下面介绍 MLP 的预测过程。

MLP 的预测：

```
float CvANN_MLP::predict( const CvMat* _inputs, CvMat* _outputs ) const
//_inputs为待预测的样本
//_outputs为预测结果
{
     int i, j, n, dn = 0, l_count, dn0, buf_sz, min_buf_sz;
     //通过检测layer_sizes，用以判断MLP模型是否创建好
     if( !layer_sizes )
           CV_Error( CV_StsError, "The network has not been initialized" );
     //确保输入参数_inputs和_outputs格式正确
     if( !CV_IS_MAT(_inputs) || !CV_IS_MAT(_outputs) ||
           !CV_ARE_TYPES_EQ(_inputs,_outputs) ||
           (CV_MAT_TYPE(_inputs->type) != CV_32FC1 &&
           CV_MAT_TYPE(_inputs->type) != CV_64FC1) ||
           _inputs->rows != _outputs->rows )
           CV_Error( CV_StsBadArg, "Both input and output must be floating-point matrices "
                                    "of the same type and have the same number of rows" );
     //确保待预测样本的特征属性与MLP的输入层的神经元数量相等
     if( _inputs->cols != layer_sizes->data.i[0] )
           CV_Error( CV_StsBadSize, "input matrix must have the same number of columns as "
                                      "the number of neurons in the input layer" );
     //确保可能的样本预测结果的数量与MLP的输出层的神经元数量相等
     if( _outputs->cols != layer_sizes->data.i[layer_sizes->cols - 1] )
```

```
        CV_Error( CV_StsBadSize, "output matrix must have the same number of columns as "
                        "the number of neurons in the output layer" );
    n = dn0 = _inputs->rows;      //表示待预测的样本的数量
    min_buf_sz = 2*max_count;
    buf_sz = n*min_buf_sz;     //分配内存空间大小

    if( buf_sz > max_buf_sz )
    {
        dn0 = max_buf_sz/min_buf_sz;
        dn0 = MAX( dn0, 1 );
        buf_sz = dn0*min_buf_sz;
    }

    cv::AutoBuffer<double> buf(buf_sz);     //开辟内存空间
    l_count = layer_sizes->cols;      //MLP 的层数
    //遍历所有待预测样本，每次循环所需的样本数为 dn
    for( i = 0; i < n; i += dn )
    {
        CvMat hdr[2], _w, *layer_in = &hdr[0], *layer_out = &hdr[1], *temp;
        dn = MIN( dn0, n - i );      //得到本次循环的样本数量
        //提取出本次 dn 个样本，放入矩阵 layer_in 中
        cvGetRows( _inputs, layer_in, i, i + dn );
        //初始化 layer_out，用于存放预测结果
        cvInitMatHeader( layer_out, dn, layer_in->cols, CV_64F, &buf[0] );
        //对预测样本的特征属性进行规范化处理，该函数在后面会有详细介绍
        scale_input( layer_in, layer_out );
        CV_SWAP( layer_in, layer_out, temp );     //交换 layer_in 和 layer_out

        for( j = 1; j < l_count; j++ )     //遍历 MLP 的所有层，计算响应值
        {
            double* data = buf + (j&1 ? max_count*dn0 : 0);
            int cols = layer_sizes->data.i[j];     //得到当前层的神经元数量
            //初始化 layer_out，
            cvInitMatHeader( layer_out, dn, cols, CV_64F, data );
            //初始化_w，它表示权值
            cvInitMatHeader( &_w, layer_in->cols, layer_out->cols, CV_64F, weights[j] );
            //计算 layer_in×_w = layer_out，得到加权和
            cvGEMM( layer_in, &_w, 1, 0, 0, layer_out );
            //得到经过激活后的结果，该函数后面有详细介绍
            calc_activ_func( layer_out, _w.data.db + _w.rows*_w.cols );

            CV_SWAP( layer_in, layer_out, temp );     //交换 layer_in 和 layer_out
        }
        //得到 dn 个样本的响应值
        cvGetRows( _outputs, layer_out, i, i + dn );
        //对预测样本的响应值进行规范化处理，该函数后面有详细介绍
        scale_output( layer_in, layer_out );
    }

    return 0.f;      //该函数的返回值没有任何意义
}
```

对预测样本的特征属性进行规范化处理：

```
void CvANN_MLP::scale_input( const CvMat* _src, CvMat* _dst ) const
{
    int i, j, cols = _src->cols;      //cols 为特征属性的数量
    double* dst = _dst->data.db;      //表示规范化处理的结果
    const double* w = weights[0];      //表示规范化处理的常数
    int step = _src->step;      //步长

    if( CV_MAT_TYPE( _src->type ) == CV_32F )      //数据类型为 CV_32F
    {
        const float* src = _src->data.fl;      //表示预测样本
        step /= sizeof(src[0]);      //得到步长

        for( i = 0; i < _src->rows; i++, src += step, dst += cols )//遍历所有预测样本
            for( j = 0; j < cols; j++ )      //遍历所有特征属性
                dst[j] = src[j]*w[j*2] + w[j*2+1];      //规范化处理
```

```
        }
        else        //数据类型为 CV_64F
        {
            const double* src = _src->data.db;      //表示预测样本
            step /= sizeof(src[0]);     //得到步长

            for( i = 0; i < _src->rows; i++, src += step, dst += cols )//遍历所有预测样本
                for( j = 0; j < cols; j++ )     //遍历所有特征属性
                    dst[j] = src[j]*w[j*2] + w[j*2+1];      //规范化处理
        }
}
```

对预测样本的输出进行规范化处理：

```
void CvANN_MLP::scale_output( const CvMat* _src, CvMat* _dst ) const
{
    int i, j, cols = _src->cols;     //cols 为输出层神经元的数量，即可能的响应值数量
    const double* src = _src->data.db;      //表示响应值
    const double* w = weights[layer_sizes->cols];      //表示规范化处理的常数
    int step = _dst->step;      //步长

    if( CV_MAT_TYPE( _dst->type ) == CV_32F )      //数据类型为 CV_32F
    {
        float* dst = _dst->data.fl;      //表示规范化处理后的响应值
        step /= sizeof(dst[0]);      //得到步长

        for( i = 0; i < _src->rows; i++, src += cols, dst += step )//遍历所有预测样本
            for( j = 0; j < cols; j++ )      //遍历所有可能的响应值
                dst[j] = (float)(src[j]*w[j*2] + w[j*2+1]);      //规范化处理
    }
    else      //数据类型为 CV_64F
    {
        double* dst = _dst->data.db;      //表示规范化处理后的响应值
        step /= sizeof(dst[0]);      //得到步长

        for( i = 0; i < _src->rows; i++, src += cols, dst += step )//遍历所有预测样本
            for( j = 0; j < cols; j++ )      //遍历所有可能的响应值
                dst[j] = src[j]*w[j*2] + w[j*2+1];      //规范化处理
    }
}
```

预测样本时用到的计算激活函数：

```
void CvANN_MLP::calc_activ_func( CvMat* sums, const double* bias ) const
//sums 表示加权和
//bias 表示偏移量
{
    //n 表示预测样本的数量，cols 表示该层神经元的数量
    int i, j, n = sums->rows, cols = sums->cols;
    double* data = sums->data.db;      //得到加权和数据
    //scale 表示激活函数中有关 α 的参数，scale2 表示 β
    double scale = 0, scale2 = f_param2;
    //根据不同的激活函数，确定 scale
    switch( activ_func )
    {
    case IDENTITY:      //线性激活函数
        scale = 1.;
        break;
    case SIGMOID_SYM:      //对称 SIGMOID 激活函数
        scale = -f_param1;      //-α
        break;
    case GAUSSIAN:      //高斯激活函数
        scale = -f_param1*f_param1;      //-α²
        break;
    default:
        ;
    }
```

```
    assert( CV_IS_MAT_CONT(sums->type) );        //确保sums的类型正确

    if( activ_func != GAUSSIAN )        //激活函数是线性或对称SIGMOID的函数
    {
        for( i = 0; i < n; i++, data += cols )
            for( j = 0; j < cols; j++ )
                //线性激活函数，则为x；对称SIGMOID激活函数，则为-αx
                data[j] = (data[j] + bias[j])*scale;
        //如果是线性激活函数，则无须执行下面的代码，直接返回
        if( activ_func == IDENTITY )
            return;
    }
    else        //高斯激活函数
    {
        for( i = 0; i < n; i++, data += cols )
            for( j = 0; j < cols; j++ )
            {
                double t = data[j] + bias[j];
                data[j] = t*t*scale;        //-α²x²
            }
    }

    cvExp( sums, sums );        //得到e指数

    n *= cols;
    data -= n;

    switch( activ_func )
    {
    case SIGMOID_SYM:        //对称激活函数
        for( i = 0; i <= n - 4; i += 4 )
        {
            double x0 = 1.+data[i], x1 = 1.+data[i+1], x2 = 1.+data[i+2], x3 = 1.+data[i+3];
            double a = x0*x1, b = x2*x3, d = scale2/(a*b), t0, t1;
            a *= d; b *= d;
            t0 = (2 - x0)*b*x1; t1 = (2 - x1)*b*x0;
            data[i] = t0; data[i+1] = t1;
            t0 = (2 - x2)*a*x3; t1 = (2 - x3)*a*x2;
            data[i+2] = t0; data[i+3] = t1;
        }

        for( ; i < n; i++ )
        {
            double t = scale2*(1. - data[i])/(1. + data[i]);        //得到式(10-7)
            data[i] = t;
        }
        break;

    case GAUSSIAN:        //高斯激活函数
        for( i = 0; i < n; i++ )
            data[i] = scale2*data[i];        //得到式(10-9)
        break;

    default:
        ;
    }
}
```

10.3 应用实例

下面给出一个具体的MLP的实例，该实例与第3章的实例相同。

```
#include "opencv2/core/core.hpp"
#include "opencv2/highgui/highgui.hpp"
```

```
#include "opencv2/imgproc/imgproc.hpp"
#include "opencv2/ml/ml.hpp"
#include <iostream>
using namespace cv;
using namespace std;

int main( int argc, char** argv )
{
    //训练样本数据
    double trainingData[60][4] = {{5.1,3.5,1.4,0.2}, {4.9,3.0,1.4,0.2}, {4.7,3.2,1.3,0.2},
                        {4.6,3.1,1.5,0.2}, {5.0,3.6,1.4,0.2}, {5.4,3.9,1.7,0.4}, {4.6,3.4,1.4,0.3},
                        {5.0,3.4,1.5,0.2}, {4.4,2.9,1.4,0.2}, {4.9,3.1,1.5,0.1}, {5.4,3.7,1.5,0.2},
                        {4.8,3.4,1.6,0.2}, {4.8,3.0,1.4,0.1}, {4.3,3.0,1.1,0.1}, {5.8,4.0,1.2,0.2},
                        {5.7,4.4,1.5,0.4}, {5.4,3.9,1.3,0.4}, {5.1,3.5,1.4,0.3}, {5.7,3.8,1.7,0.3},
                        {5.1,3.8,1.5,0.3},
                                {7.0,3.2,4.7,1.4}, {6.4,3.2,4.5,1.5}, {6.9,3.1,4.9,1.5},
                        {5.5,2.3,4.0,1.3}, {6.5,2.8,4.6,1.5}, {5.7,2.8,4.5,1.3}, {6.3,3.3,4.7,1.6},
                        {4.9,2.4,3.3,1.0}, {6.6,2.9,4.6,1.3}, {5.2,2.7,3.9,1.4}, {5.0,2.0,3.5,1.0},
                        {5.9,3.0,4.2,1.5}, {6.0,2.2,4.0,1.0}, {6.1,2.9,4.7,1.4}, {5.6,2.9,3.6,1.3},
                        {6.7,3.1,4.4,1.4}, {5.6,3.0,4.5,1.5}, {5.8,2.7,4.1,1.0}, {6.2,2.2,4.5,1.5},
                        {5.6,2.5,3.9,1.1},
                                {6.3,3.3,6.0,2.5}, {5.8,2.7,5.1,1.9}, {7.1,3.0,5.9,2.1},
                        {6.3,2.9,5.6,1.8}, {6.5,3.0,5.8,2.2}, {7.6,3.0,6.6,2.1}, {4.9,2.5,4.5,1.7},
                        {7.3,2.9,6.3,1.8}, {6.7,2.5,5.8,1.8}, {7.2,3.6,6.1,2.5}, {6.5,3.2,5.1,2.0},
                        {6.4,2.7,5.3,1.9}, {6.8,3.0,5.5,2.1}, {5.7,2.5,5.0,2.0}, {5.8,2.8,5.1,2.4},
                        {6.4,3.2,5.3,2.3}, {6.5,3.0,5.5,1.8}, {7.7,3.8,6.7,2.2}, {7.7,2.6,6.9,2.3},
                        {6.0,2.2,5.0,1.5}  };
    Mat trainingDataMat(60, 4, CV_32FC1, trainingData);
    //响应值，{1, 0, 0}表示setosa类，{0, 1, 0}表示versicolor类，{0, 0, 1}表示virginica类
    float responses[60][3] = {{1, 0, 0}, {1, 0, 0}, {1, 0, 0}, {1, 0, 0}, {1, 0, 0},
    {1, 0, 0}, {1, 0, 0},
                        {1, 0, 0}, {1, 0, 0}, {1, 0, 0}, {1, 0, 0}, {1, 0, 0}, {1, 0, 0}, {1, 0, 0},
                        {1, 0, 0}, {1, 0, 0}, {1, 0, 0}, {1, 0, 0}, {1, 0, 0}, {1, 0, 0},
                            {0, 1, 0}, {0, 1, 0}, {0, 1, 0}, {0, 1, 0}, {0, 1, 0}, {0, 1, 0}, {0, 1, 0},
                        {0, 1, 0}, {0, 1, 0}, {0, 1, 0}, {0, 1, 0}, {0, 1, 0}, {0, 1, 0}, {0, 1, 0},
                        {0, 1, 0}, {0, 1, 0}, {0, 1, 0}, {0, 1, 0}, {0, 1, 0}, {0, 1, 0},
                            {0, 0, 1}, {0, 0, 1}, {0, 0, 1}, {0, 0, 1}, {0, 0, 1}, {0, 0, 1}, {0, 0, 1},
                      {0, 0, 1}, {0, 0, 1}, {0, 0, 1}, {0, 0, 1}, {0, 0, 1}, {0, 0, 1}, {0, 0, 1},
                      {0, 0, 1}, {0, 0, 1}, {0, 0, 1}, {0, 0, 1}, {0, 0, 1}, {0, 0, 1}    };
    Mat responsesMat(60, 3, CV_32FC1, responses);

    CvANN_MLP_TrainParams params(
        cvTermCriteria(CV_TERMCRIT_ITER + CV_TERMCRIT_EPS, 1000, 0.000001),//终止条件
        CvANN_MLP_TrainParams::BACKPROP,      // BACKPROP算法
        0.1, 0.1);      //激活函数的两个参数
    //3层MLP，输入层有4个神经元，隐藏层有5个神经元，输出层有3个神经元
    Mat layerSizes = (Mat_<int>(1, 3) << 4, 5, 3);

    CvANN_MLP bp;      //实例化MLP
    //创建MLP模型，选用的激励函数为对称SIGMOID函数
    bp.create(layerSizes,CvANN_MLP::SIGMOID_SYM);
    bp.train(trainingDataMat, responsesMat, Mat(),Mat(), params);  //训练MLP模型

    double sampleData[4] = {4.6, 3.2, 1.4, 0.2};      //待预测的样本数据
    Mat sampleMat(1, 4, CV_32FC1, sampleData);
    Mat predictions(1, 3, CV_32FC1);      //定义预测结果变量
    bp.predict(sampleMat, predictions);      //MLP预测

    Point maxLoc;      //表示预测结果的索引值
    minMaxLoc( predictions, NULL, NULL, NULL, &maxLoc );      //得到预测结果的索引值
    //输出预测结果
    if(maxLoc.x==0)
```

```
        cout<<"result: setosa"<<endl;
    else if(maxLoc.x==1)
        cout<<"result: versicolor"<<endl;
    else
        cout<<"result: virginica"<<endl;

    return 0;
}
```

输出结果为：

```
result: setosa
```

附录 A　Win7 系统下 OpenCV 2.4.9 与 Visual Studio 2012 编译环境的配置

本文介绍的 Win7 系统为 32 位，而且 Visual Studio 2012 已经安装完成，并能够正常使用。所以，这里主要完成的是 OpenCV 2.4.9 的配置，共需要以下 3 个步骤。

（1）下载 opencv-2.4.9.exe 文件，双击该文件，出现如图 A-1 所示的自解压对话框。在对话框内填写要解压到的目录，这里是解压到 C 盘的根目录下，然后单击“Extract”按钮。解压完成后，指定的目录内会多出一个 opencv 的目录，并且在该目录下又有两个文件夹：build 和 sources。

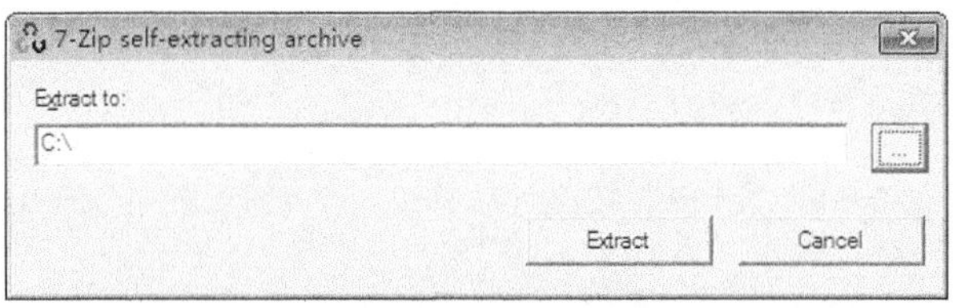

▲图 A-1　“自解压”对话框

（2）配置环境变量。打开控制面板，选择“系统”，再选择“高级系统设置”。在打开的“系统属性”对话框内选择“高级”，再单击“环境变量”按钮。在出现的“环境变量”对话框内单击用户变量下的“新建”按钮，则出现如图 A-2 所示的对话框，在“变量名”处填写 OpenCV，在“变量值”处填写 C:\opencv\build\x86\vc11\bin。需要注意的是，32 位系统选择 x86 文件夹，64 位系统选择 x64 文件夹；vc10 对应 Visual Studio 2010，vc11 对应 Visual Studio 2012，vc12 对应 Visual Studio 2013。最后把 OpenCV 变量添加进 Path 中，如图 A-3 所示，在“变量值”处填写%OpenCV%。如果没有 Path 变量，则需要添加该变量，如果已有该变量，则编辑该变量即可。最终的环境变量对话框如图 A-4 所示。另外，要想使上面设置的变量生效，还必须重启计算机。

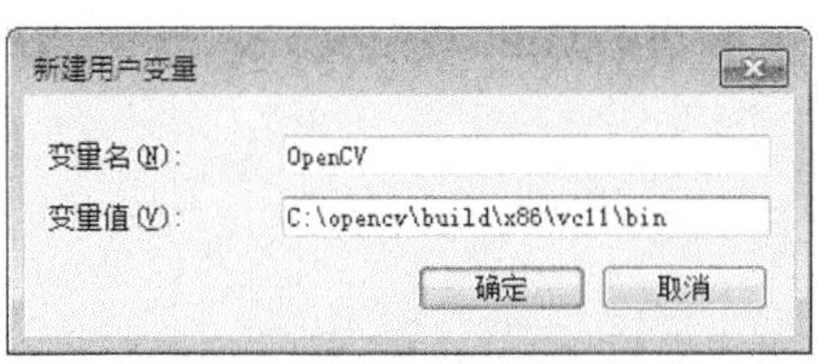

▲图 A-2　“新建用户变量”对话框

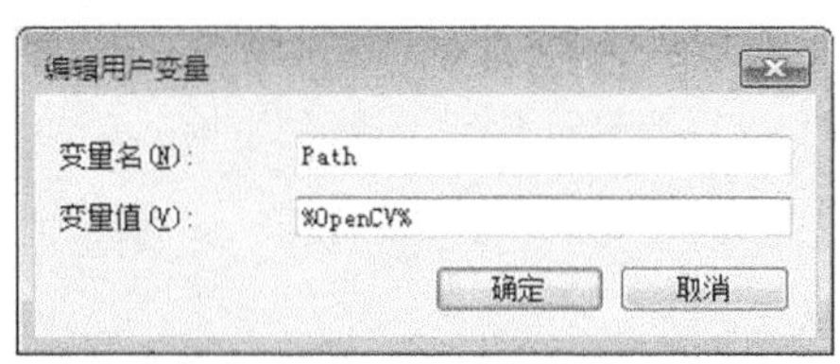

▲图 A-3　为 Path 添加 OpenCV 变量

（3）配置 Visual Studio 2012。新建一个如图 A-5 所示的 Win32 控制台应用程序。单击“确定”按钮后，在出现的对话框内单击“下一步”按钮，在新出现的对话框内选择“空项目”。此时一个新项目创建完成。打开该项目的属性页，如图 A-6 所示。在属性页对话框的左侧选择“VC++目录”，在右侧分别选择“包含目录”和“库目录”，编辑的内容分别如图 A-7 和图 A-8 所示。然后在如图 A-9 所示的属性页中，左侧选择“输入”，右侧选择“附加依赖项”，在 Debug 下添加：

```
opencv_calib3d249d.lib
opencv_contrib249d.lib
opencv_core249d.lib
opencv_features2d249d.lib
opencv_flann249d.lib
opencv_gpu249d.lib
opencv_highgui249d.lib
opencv_imgproc249d.lib
opencv_legacy249d.lib
opencv_ml249d.lib
opencv_nonfree249d.lib
opencv_objdetect249d.lib
opencv_photo249d.lib
opencv_stitching249d.lib
opencv_ts249d.lib
opencv_video249d.lib
opencv_videostab249d.lib
```

▲图 A-4　最终的环境变量对话框

在 Release 下添加：

```
opencv_calib3d249.lib
opencv_contrib249.lib
opencv_core249.lib
opencv_features2d249.lib
opencv_flann249.lib
opencv_gpu249.lib
opencv_highgui249.lib
opencv_imgproc249.lib
opencv_legacy249.lib
opencv_ml249.lib
opencv_nonfree249.lib
opencv_objdetect249.lib
opencv_photo249.lib
opencv_stitching249.lib
opencv_ts249.lib
opencv_video249.lib
opencv_videostab249.lib
```

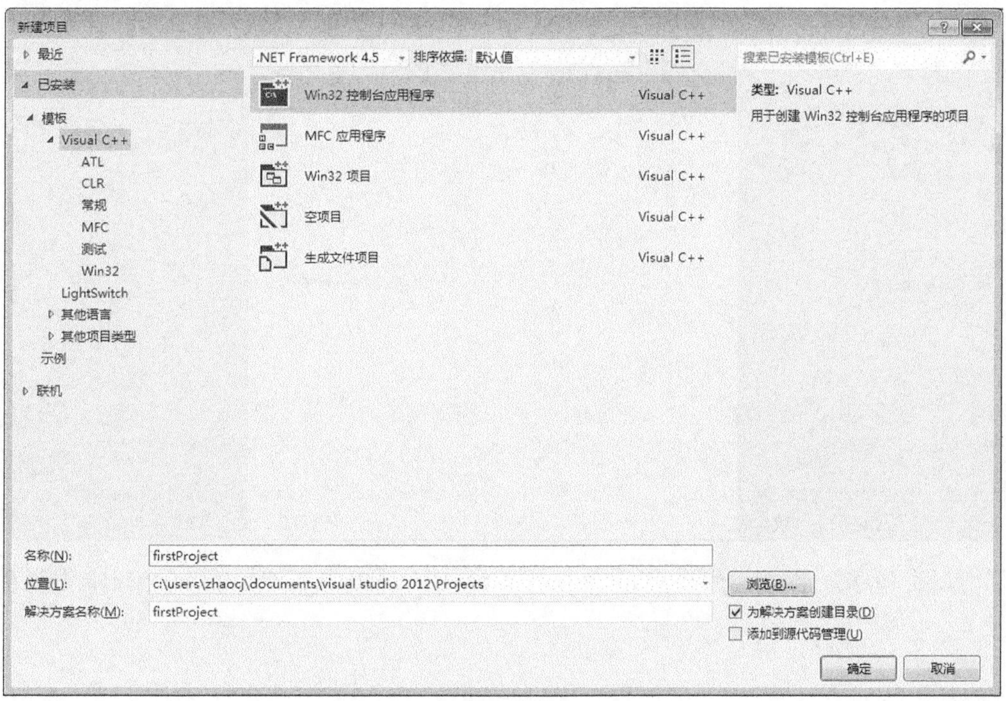

▲图 A-5　新建 Win32 控制台应用程序

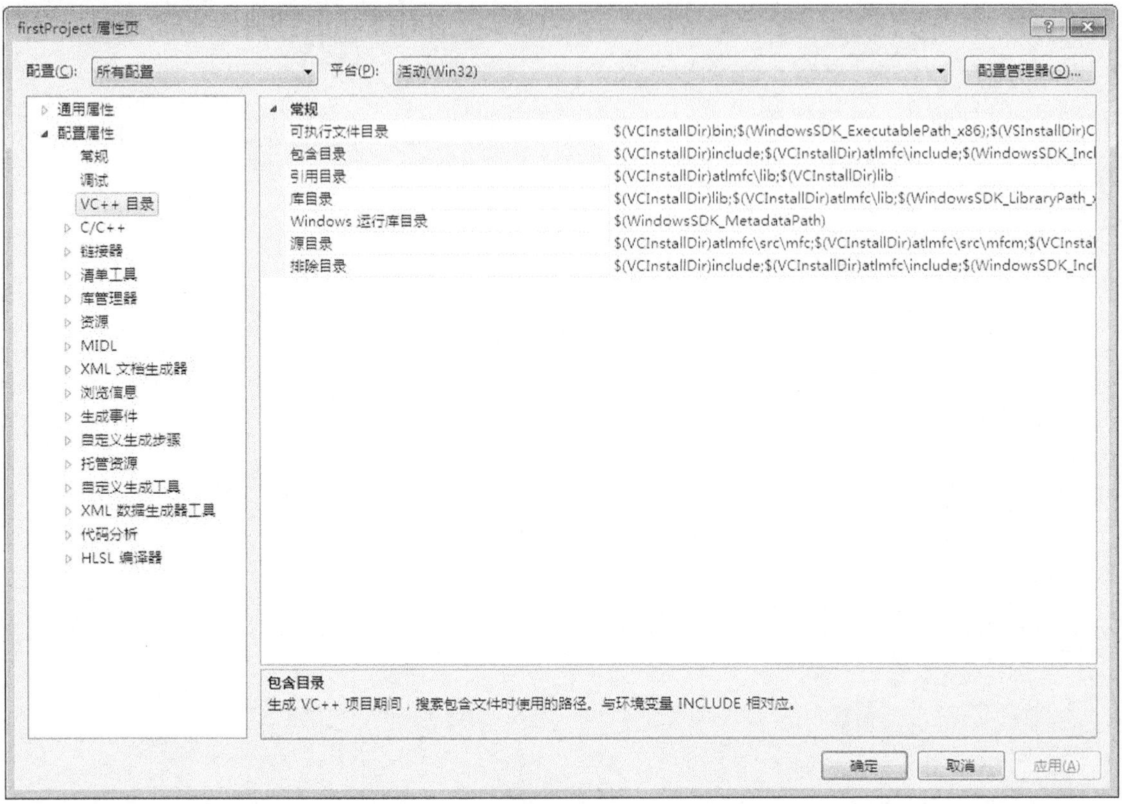

▲图 A-6　项目属性页的 VC++目录项

▲图 A-7　包含目录

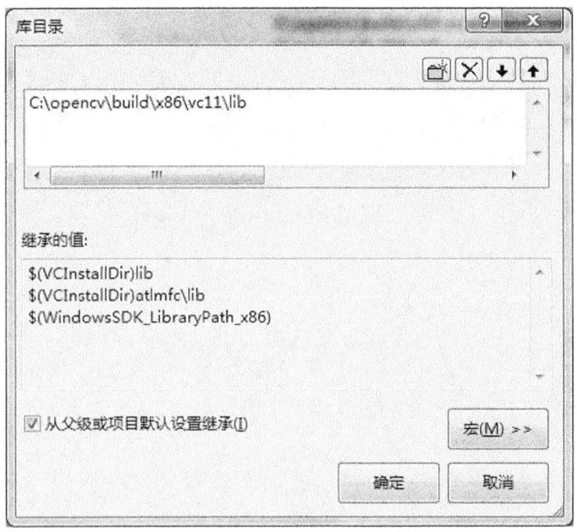

▲图 A-8　库目录

通过以上步骤，最终完成了 Win7 系统下 OpenCV 2.4.9 与 Visual Studio 2012 编译环境的搭建。

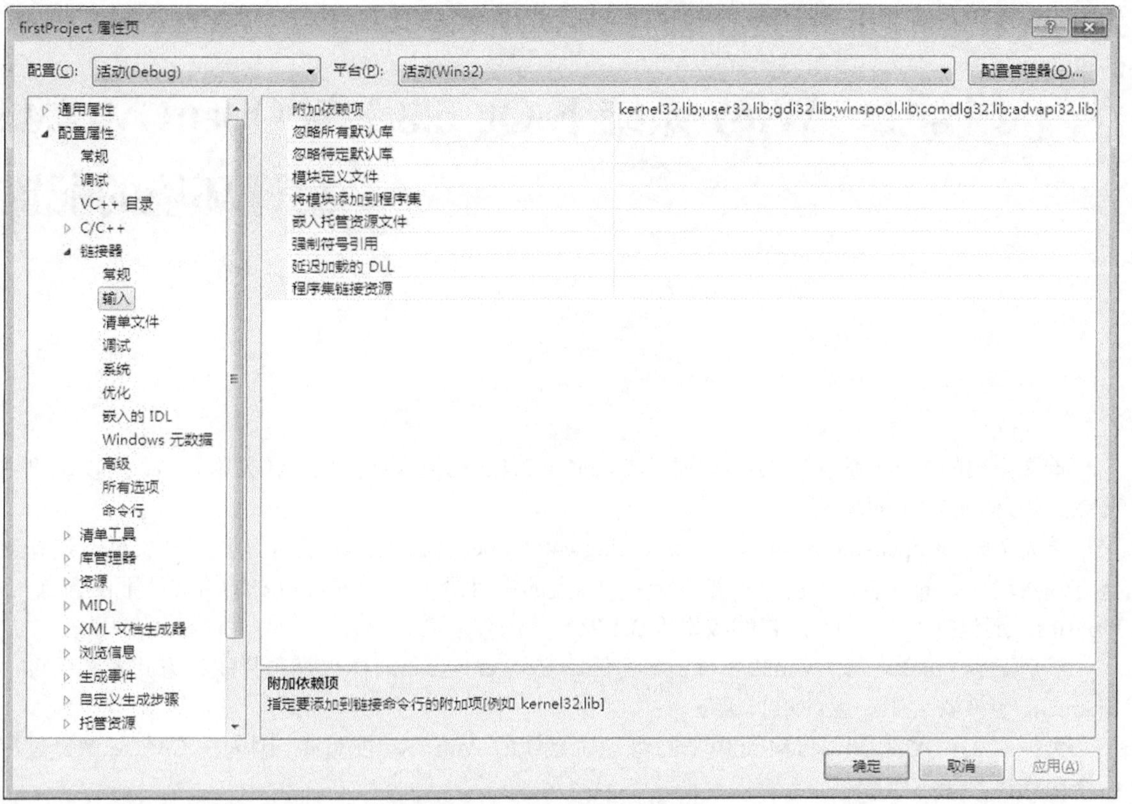

▲图 A-9　项目属性页的输入项

附录 B　Win7 系统下 Qt 5.3.1 与 OpenCV 2.4.9 编译环境的配置

本文介绍的 Win7 系统为 32 位，而且 OpenCV 2.4.9 已经安装完成，详见附录 A，所以这里主要完成的是 Qt 5.3.1 的配置。

首先下载 qt-opensource-windows-x86-mingw482_opengl-5.3.1.exe 文件，执行该文件，选择默认方式实现 Qt 的安装，此时 Qt 被安装在 C 盘的根目录下。所下载和安装的文件不仅含有 Qt libraries，还包括 Qt Creator，它的版本为 3.1.2。

然后下载 cmake-3.0.1-win32-x86.exe 文件，安装 cmake，同样也是选择默认方式安装即可，则 cmake 也被安装在 C 盘的根目录下。

再把 C:\Qt\Qt5.3.1\Tools\MinGW\bin 添加进系统的 Path 环境变量中，因为在 CMake 编译过程中会用到该目录下的库。

在桌面上单击 CMake(cmake-gui)图标，执行 CMake，则打开如图 B-1 所示的窗口，在 Where is the source code 栏和 Where to build the binaries 栏中填写如图 B-1 所示的内容，C:/opencv/soureces 为 opencv 的源码，C:/opencv/MinGW 为编译后库文件所存放的目录，该目录需要事先自己创建。

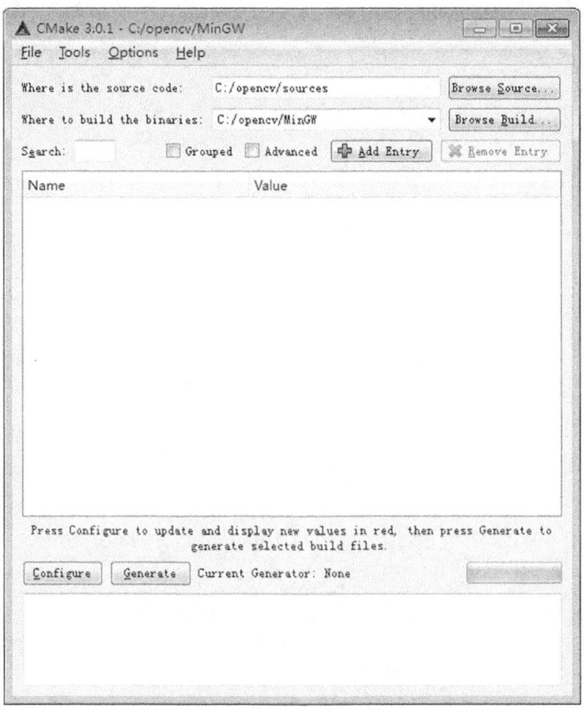

▲图 B-1　CMake 窗口

然后单击“Configure”按钮，打开如图 B-2 所示的窗口，按照该图所示的内容填写。

再单击“Next”按钮，打开如图 B-3 所示的窗口，其中在 C 一栏中填写 C:/Qt/Qt5.3.1/Tools/mingw482_32/bin/gcc.exe，在 C++一栏中填写 C:/Qt/Qt5.3.1/Tools/mingw482_32/bin/g++.exe。

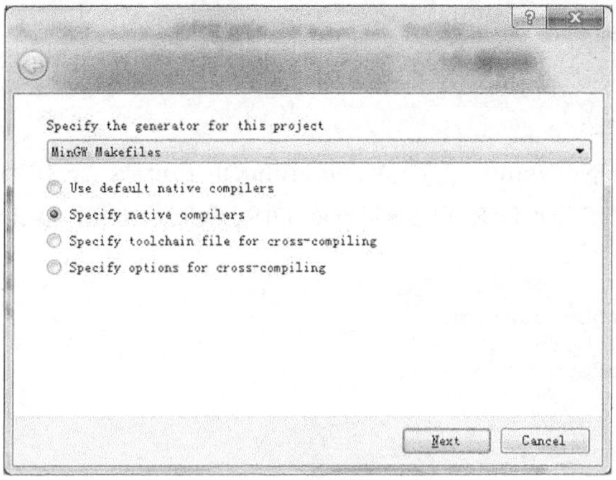

▲图 B-2　配置窗口 1

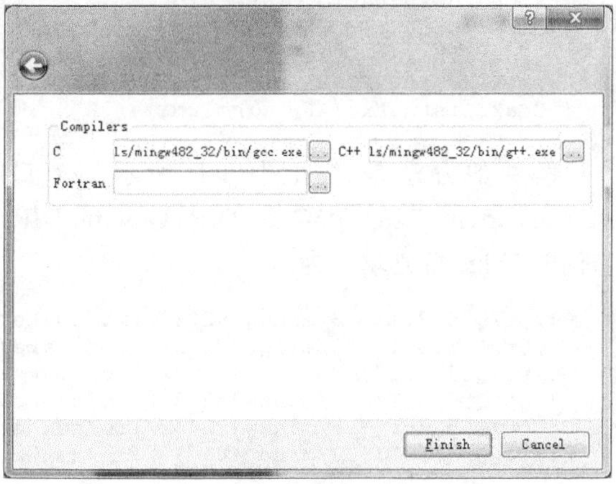

▲图 B-3　配置窗口 2

最后单击“Finish”按钮，开始配置，这时会出现如下的类似错误提示：

```
CMake Error: CMake was unable to find a build program corresponding to "MinGW Makefiles".
CMAKE_MAKE_PROGRAM is not set.  You probably need to select a different build tool.
CMake Error: CMake was unable to find a build program corresponding to "MinGW Makefiles".
CMAKE_MAKE_PROGRAM is not set.  You probably need to select a different build tool.
CMake Error: Error required internal CMake variable not set, cmake may be not be built
correctly.
Missing variable is:
CMAKE_CXX_COMPILER_ENV_VAR
CMake  Error:  Could  not  find  cmake  module  file:  C:/opencv/MinGW/CMakeFiles/3.0.1/
CMakeCXXCompiler.cmake
CMake Error: Error required internal CMake variable not set, cmake may be not be built
correctly.
Missing variable is:
CMAKE_C_COMPILER_ENV_VAR
CMake  Error:  Could  not  find  cmake  module  file:  C:/opencv/MinGW/CMakeFiles/3.0.1/
CMakeCCompiler.cmake
Configuring incomplete, errors occurred!
```

解决的办法是在如图 B-1 所示的窗口内的 Name 一栏找到 CMAKE_MAKE_PROGRAM 项，把它的 Value 填写为 C:/Qt/Qt5.3.1/Tools/mingw482_32/bin/mingw32-make.exe。再次单击“Configure”按钮，这时不会提示任何错误，表明配置成功。

此时需要把 QT 加上，在如图 B-1 所示的窗口内的 Name 一栏找到 WITH 项，把它下面的 WITH_QT 和 WITH_OPENGL 选上，再次单击“Configure”按钮。这时会出现类似下面的错误提示：

```
CMake Error at C:/Cmake/share/cmake-3.0/Modules/FindQt4.cmake:1316 (message):
  Found unsuitable Qt version “” from NOTFOUND, this code requires Qt 4.x
Call Stack (most recent call first):
  cmake/OpenCVFindLibsGUI.cmake:34 (find_package)
  CmakeLists.txt:466 (include)
```

解决的办法是在如图 B-1 所示的窗口内的 Name 一栏找到 QT_QMAKE_EXECUTABLE，它的值填写为 C:/Qt/Qt5.3.1/5.3/mingw482_32/bin/qmake.exe；找到 QT_MKSPECS_DIR，它的值填写为 C:/Qt/Qt5.3.1/5.3/mingw482_32/mkspecs；找到 QT_QTCORE_LIBRARY_DEBUG，它的值填写为 C:/Qt/Qt5.3.1/5.3/mingw482_32/bin/Qt5Cored.dll；找到 QT_QTCORE_LIBRARY_RELEASE，它的值填写为 C:/Qt/Qt5.3.1/5.3/mingw482_32/bin/Qt5Core.dll；找到 QT_QTCORE_INCLUDE_DIR，

它的值填写为 C:/Qt/Qt5.3.1/5.3/mingw482_32/include/QtCore/5.3.1/QtCore。再次单击“Configure”按钮，这时会出现类似下面的错误提示：

```
CMake Error at C:/CMake/share/cmake-3.0/Modules/FindQt4.cmake:1316 (message):
  Found unsuitable Qt version "5.3.1" from
  C:/Qt/Qt5.3.1/5.3/mingw482_32/bin/qmake.exe, this code requires Qt 4.x
Call Stack (most recent call first):
  cmake/OpenCVFindLibsGUI.cmake:34 (find_package)
  CMakeLists.txt:466 (include)
```

解决的办法是在如图 B-1 所示的窗口内的 Name 一栏的 Ungrouped Entries 下找到 Qt5Concurrent_DIR，Qt5Core_DIR，Qt5Gui_DIR，Qt5Test_DIR，Qt5Widgets_DIR，Qt5OpenGL_DIR，它们的 Value 分别填写为：

```
C:/Qt/Qt5.3.1/5.3/mingw482_32/lib/cmake/Qt5Concurrent
C:/Qt/Qt5.3.1/5.3/mingw482_32/lib/cmake/Qt5Core
C:/Qt/Qt5.3.1/5.3/mingw482_32/lib/cmake/Qt5Gui
C:/Qt/Qt5.3.1/5.3/mingw482_32/lib/cmake/Qt5Test
C:/Qt/Qt5.3.1/5.3/mingw482_32/lib/cmake/Qt5Widgets
C:/Qt/Qt5.3.1/5.3/mingw482_32/lib/cmake/Qt5OpenGL
```

再次单击“Configure”按钮，这时配置成功，不会出现任何错误提示，如图 B-4 所示。

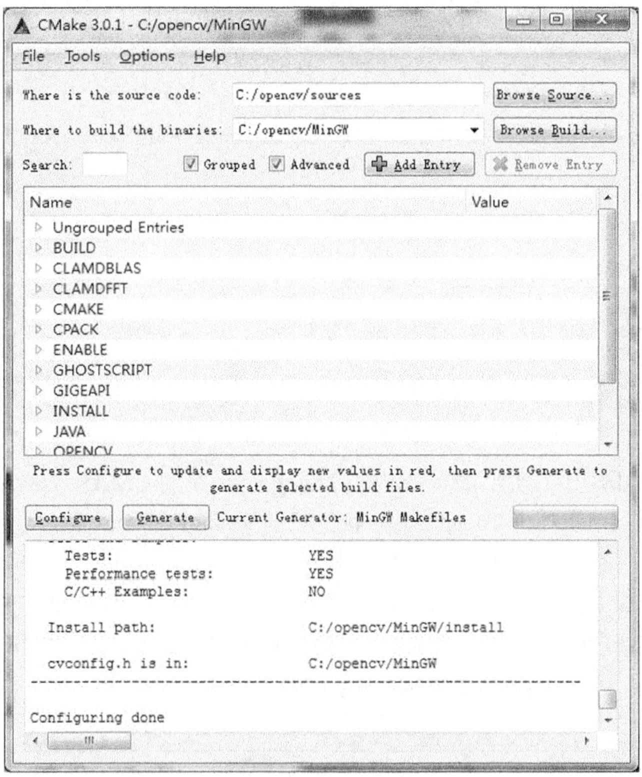

▲图 B-4　配置成功

虽然此时会有一些警告，如 This warning is for project developers.　Use -Wno-dev to suppress it.，但不用去管它们，单击“Generate”按钮。Generate 完成后，关闭 CMake 窗口。

打开系统的命令终端，进入 C:\opencv\MinGW 目录，执行 mingw32-make 命令，等待一段时间，在该命令执行完后，再执行 mingw32-make install 命令。这样可用于 Qt 的 OpenCV 库文件就生成了。为了能够方便地使用它，还需要再次添加系统的 Path 环境变量，内容为 c:\Qt\Qt5.3.1\5.3\

mingw482_32\bin;c:\opencv\MinGW\bin。

以后当我们用 Qt Creator 编译 OpenCV 的时候，在创建一个新工程后，还需要在该工程的工程文件，即.pro 文件内添加下列语句：

```
INCLUDEPATH+=c:\opencv\build\include\opencv\
        c:\opencv\build\include\opencv2\
        c:\opencv\build\include

LIBS+=c:\opencv\MinGW\lib\libopencv_calib3d249.dll.a\
    c:\opencv\MinGW\lib\libopencv_contrib249.dll.a\
    c:\opencv\MinGW\lib\libopencv_core249.dll.a\
    c:\opencv\MinGW\lib\libopencv_features2d249.dll.a\
    c:\opencv\MinGW\lib\libopencv_flann249.dll.a\
    c:\opencv\MinGW\lib\libopencv_gpu249.dll.a\
    c:\opencv\MinGW\lib\libopencv_highgui249.dll.a\
    c:\opencv\MinGW\lib\libopencv_imgproc249.dll.a\
    c:\opencv\MinGW\lib\libopencv_legacy249.dll.a\
    c:\opencv\MinGW\lib\libopencv_ml249.dll.a\
    c:\opencv\MinGW\lib\libopencv_objdetect249.dll.a\
    c:\opencv\MinGW\lib\libopencv_video249.dll.a
```

附录 C　级联分类器

1. 原理分析

物体识别，尤其是人脸识别，是近二三十年里计算机视觉领域一个热门的课题。它的应用范围极广，目前成熟的算法也较多。OpenCV 也集成了一个物体识别的算法，它主要是基于 Viola 和 Jones 这两个人于 2001 年提出的震惊业界的 Viola & Jones 算法，该算法最初用于人脸识别，但在对其他刚性物体的识别上，效果也极佳。

Viola & Jones 算法的创新之处在于，它把下面 3 种方法首次集成，用于人脸识别中。

（1）应用 HAAR 状特征，并采用积分图像的方法计算该特征值。

（2）应用 AdaBoost 算法选择适用于人脸的 HAAR 状特征。

（3）把各类由 AdaBoost 算法得到的强分类器级联起来，得到最终的级联分类器。

这 3 种方法整合在一起，大大提高了最终的级联分类器的准确率和速度。下面详细讲解 Viola & Jones 算法。

Viola & Jones 算法采用大量的正样本图像和负样本图像来训练级联分类器。正样本图像是各种人脸图像，负样本图像是任意非人脸图像。我们要从正、负样本中找到区别于其他物体的人脸特征。Viola & Jones 算法不是采用基于像素的特征，而是采用 HAAR 状特征。图 C-1 呈现了一些常用于人脸识别的 HAAR 状特征。

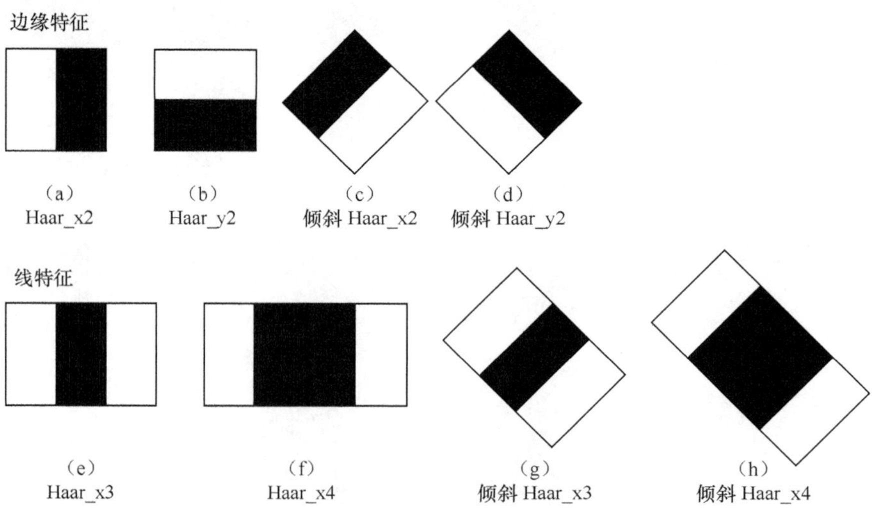

▲图 C-1　HAAR 状特征

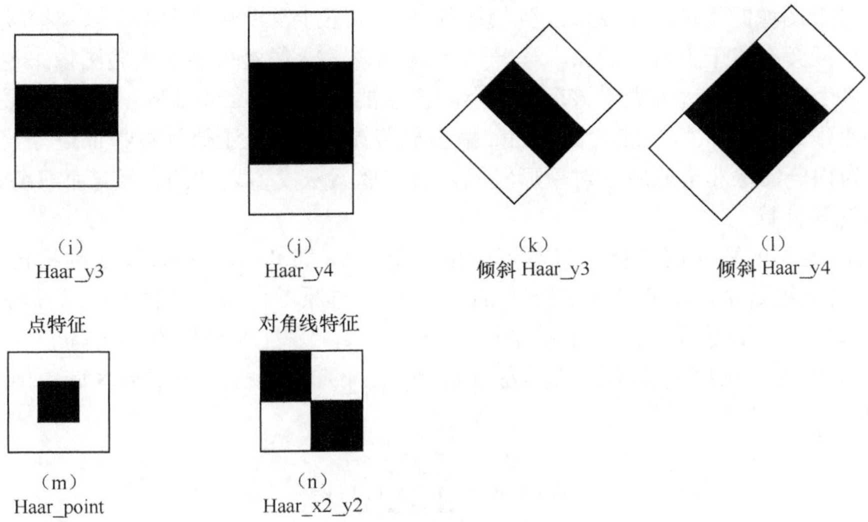

▲图 C-1 HAAR 状特征（续）

从图 C-1 可以看出，每个 HAAR 状特征就是一个模板，模板内包括黑色区域和白色区域。例如，如果想检测图像中的边缘，则用代表边缘的 HAAR 状特征模板对图像进行扫描，分别计算模板所覆盖的白色区域内和黑色区域内的所有像素灰度值之和，然后两者相减，这个差值就是该模板在该位置上的特征值。只要把该特征值与事先设置好的阈值相比较，就可以判断出该位置是否为边缘像素。特征值判断的一般公式为：

$$h(x)=\begin{cases}1, & 如果f(x)\geqslant\theta \\ 0, & 如果f(x)\geqslant\theta\end{cases} \tag{C-1}$$

式中，x 表示图像，$f(x)$表示该图像的特征值，θ 为阈值，$h(x)$表示该图像最终的分类结果。一般情况下，很难得到这个阈值 θ，或者说根本不存在这样一个能准确分类图像的值。因此，只要把使分类错误程度最小的那个值作为阈值即可。

很显然，HAAR 状特征不仅有类别的差异，还有大小的不同，即模板的大小尺寸也是可以变化的。图 C-2 表现了一些 HAAR 状特征对人脸检测的示例。

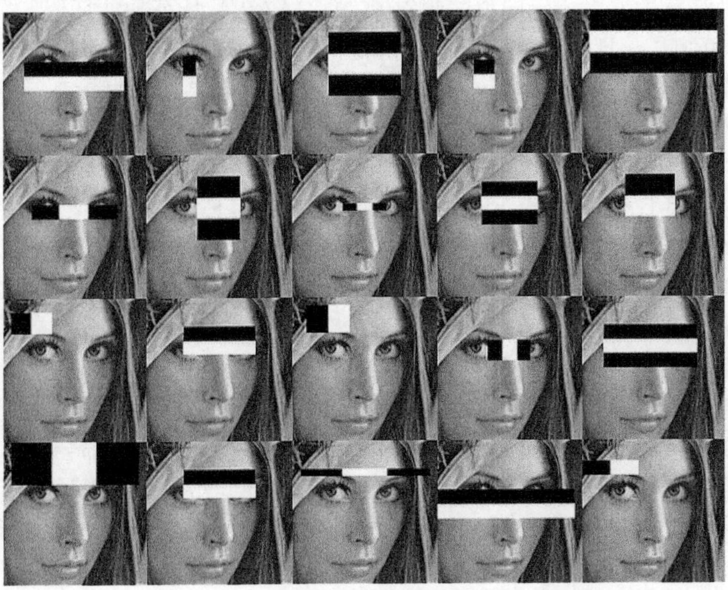

▲图 C-2 人脸检测用到的 HAAR 状特征的示例

因此，对于图像的特征，不仅涉及到模板的类型，还涉及模板的大小，以及模板的位置。这样，图像的特征会有成千上万。例如，对于一个 24 像素×24 像素大小的人脸图像来说，它共有大约 180 000 多个特征，这远远大于该尺寸大小的像素的数量（24×24=576）。但如果采用积分图像的方法，则计算 HAAR 状特征的特征值的效率会显著提高，以至于比计算特征是像素的方法还要快。这是因为积分图像非常适用于对矩形区域内所有像素灰度值之和的计算，而 HAAR 状特征的特征值正是这类计算。

积分图像很早就被应用在计算机图形学中，但直到 Viola & Jones 算法的提出，才把它应用到计算机视觉领域中。积分图像 $I_\Sigma(x, y)$的大小尺寸与原图像 $I(x, y)$的大小尺寸相等，而积分图像在（x, y）处的值等于原图像中横坐标小于等于 x，并且纵坐标也小于等于 y 的所有像素灰度值之和，也就是在原图像中，从其左上角到（x, y）处所构成的矩形区域内所有像素灰度值之和，即：

$$I_\Sigma(x,y)=\sum_{i=0}^{i\leqslant x}\sum_{j=0}^{j\leqslant 0}I(x,y) \tag{C-2}$$

事实上，积分图像的计算十分简单，只需要对原图像进行一次扫描，就可以得到一幅完整的积分图像，它的计算公式有几种，下列公式是其中的一种：

$$I_\Sigma(x,y)=I(x,y)+I_\Sigma(x-1,y)+I_\Sigma(x,y-1)-I_\Sigma(x-1,y-1) \tag{C-3}$$

式中，$I_\Sigma(x-1, y)$、$I_\Sigma(x, y-1)$和 $I_\Sigma(x-1, y-1)$都是在计算 $I_\Sigma(x, y)$之前得到的值。

利用积分图像可以计算原图像中任意矩形内的像素灰度值之和。如图 C-3 所示，某图像 $I(x, y)$中有 4 个点，它们的坐标分别为 $A=(x_0, y_0)$，$B=(x_1, y_0)$，$C=(x_0, y_1)$和 $D=(x_1, y_1)$。由这 4 个点组成了矩阵 W，该 W 内的像素灰度之和为：

$$\sum_{\substack{x_0<x\leqslant x_1\\ y_0<y\leqslant y_1}}I(x,y)=I_\Sigma(\mathrm{D})+I_\Sigma(\mathrm{A})-I_\Sigma(\mathrm{B})-I_\Sigma(\mathrm{C}) \tag{C-4}$$

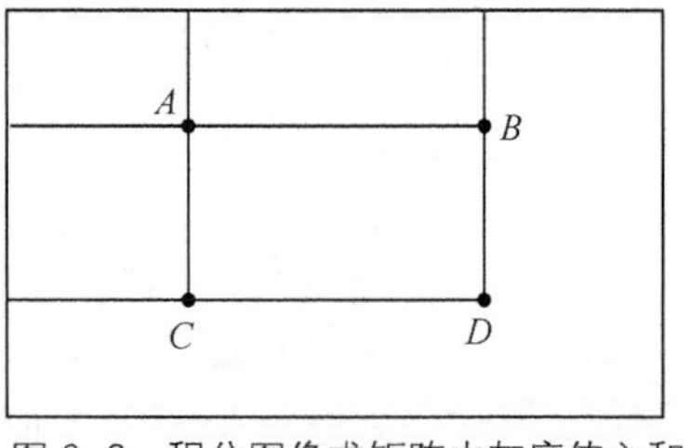

▲图 C-3　积分图像求矩阵内灰度值之和

式中，I_Σ为 I 的积分图像。Lienhart 等人又在此基础上，提出了旋转积分图像的计算方法，这样就可以更方便地计算图 C-1 所示的那些倾斜 45°的 HAAR 状特征的特征值。

由式（C-4）可知，一旦图像的积分图像确定下来，图像中任意矩阵区域内的灰度值之和就可以很容易地得到。更重要的是，无论矩阵面积多大，所需要的运算量都是相同的。因此，当算法中需要大量重复的计算不同矩阵区域内的灰度值之和时，应用积分图像就可以大大地提高效率。

如前所述，如果用 HAAR 状特征，则表征图像的就不再是常用的图像像素，而是每个 HAAR 状特征的特征值。但特征值太多，并不是每个特征都是人脸所固有的特征，我们怎样从大量的特征中选取那些待识别物体与其他物体不同的特征呢？Viola & Jones 算法采用了改进的 AdaBoost 算法。

AdaBoost 算法可以通过一系列弱分类器的线性组合得到一个强分类器。尽管弱分类器的分类效果可能仅仅比猜想的要好一点点，但最终的强分类器却可以得到令人吃惊的分类效果。

之所以会出现这种现象，是因为在每次循环迭代生成弱分类器后，都会对样本权值重新赋值，即把分类正确的样本的权值变小，而把分类错误的样本权值增大，这样就能保证在下一个迭代生成弱分类器时，会把更多的关注分配给前一个弱分类器分类错误的样本上，以至于出现了最终的强分类器会随着弱分类器数量的增加而性能提高这一特点。

常规的 AdaBoost 算法共有 4 种：Discrete Adaboost、Real AdaBoost、LogitBoost 和 Gentle AdaBoost，这几种算法的主要区别就是样本权值的计算，以及弱分类器的线性组合上。Viola & Jones 算法应用的是不同于以上 4 种算法的另一种改进的 AdaBoost 算法，它的执行步骤如下。

（1）给出样本$(x_1, y_1), (x_2, y_2), \cdots, (x_n, y_n)$，其中正样本的数量为 l，负样本为 m，定义正样本的响应值为 1，负样本为 0。

（2）为样本初始化权值，第 i 个样本的权值 $w_{1,i}$ 为：

$$w_{1,i} = \begin{cases} \dfrac{1}{2m}，\text{当} y_i = 0 \\ \dfrac{1}{2l}, \text{当} y_i = 1 \end{cases}$$

（3）迭代循环 t=1,…,T。

- 归一化权值：

$$w_{t,i} \leftarrow \frac{w_{t,i}}{\sum_{j=1}^{n} w_{t,j}}$$

- 为每一个特征 j，训练一个分类器 h_j，即 h_j 只能用于特征 j，而该特征 j 的基于权值的误差 ε_j 为：

$$\varepsilon_j = \sum_{i=1}^{n} w_{t,i} \left| h_j(x_i) - y_i \right|$$

- 在所有误差中最小的那个误差 ε_t 对应的分类器作为此次迭代得到的弱分类器 h_t。
- 更新权值：

$$w_{t+1,i} = \begin{cases} w_{t,i}\beta_t，x_i\text{分类正确} \\ w_{t,i}，\text{其他情况} \end{cases}，\text{其中} \beta_t = \frac{\varepsilon_t}{1-\varepsilon_t}$$

（4）最终的强分类器为：

$$C(x) = \begin{cases} 1, \sum_{t=1}^{T} \alpha_t h_t(x) \geqslant \dfrac{1}{2} \sum_{t=1}^{T} \alpha_t \\ 0，\text{其他情况} \end{cases}，\text{其中} \alpha_t = \log \frac{1}{\beta_t}$$

弱分类器 h_t 是基于单个特征的，它的形式如式（C-1）所示。简单地说，训练弱分类器的过程就是得到最佳特征以及它对应的阈值的过程。这种弱分类器可以看成是仅仅有一个节点的决策树，即树墩形（stump）的决策树。由于每次迭代，样本的权值不同，分类错误的程度会发生变化，所以每次迭代的阈值不同。图 C-2 中呈现的特征就是迭代初期所选取得到的主要 HAAR 状特征。

由 AdaBoost 算法得到的强分类器用于人脸识别还远远不够，因为这里还会涉及两个问题。第一个问题是，在实际识别过程中，人脸图像的数量会远远小于非人脸图像的数量，我们应该首先剔除掉那些明显不是人脸的图像，即我们不应该把过多的精力花费到对非人脸图像的识别上。第二个问题是，我们在提高识别率的同时，错误率也会显著提高，即识别率和错误率具有相同的变化趋势和程度。这里的识别率指的是能够正确识别物体的程度，而错误率指的是把非待识别物体当成识别物体的程度。例如，一共有 200 个样本，正、负样本各 100 个，我们能够把正样本全部识别出来，此时的识别率为 100%，但同时有 50 个负样本也被当成正样本，则此时的错误率为 50%。

为了解决上述两个问题，Viola & Jones 算法使用了级联分类器这一概念，如图 C-4 所示。

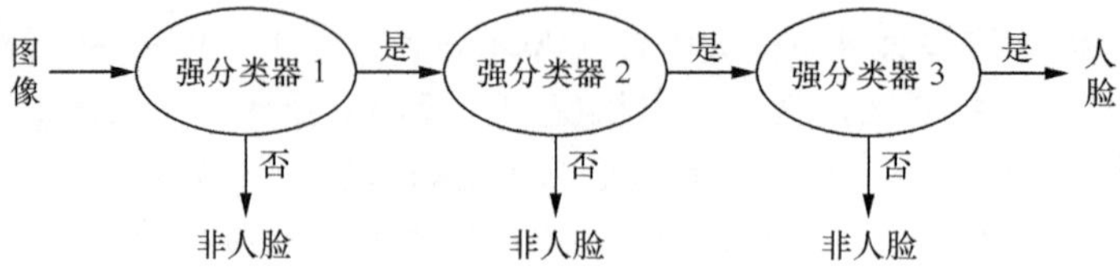

▲图 C-4　级联分类器

级联分类器的每级都是一个强分类器，它只把它认为是正样本的图像传递给下一级，而把负样本直接抛弃，因此如果每级强分类器具有相同的识别率和错误率，那么后一级的强分类器一定会比前一级的强分类器具有更复杂的结构，即后一级的强分类器具有更多的弱分类器，由于弱分类器就是对单一特征的判断，所以级联分类器的每一级强分类器需要的特征是递增的。另外，级联分类器的识别率和错误率分别是每一级强分类器的识别率和错误率的乘积，因此只要保证每级强分类器具有接近 100%的识别率，最终级联分类器的识别率也会很高，而级联分类器的错误率却可以达到极低的水平。例如，每级强分类器的识别率和错误率分别都是 99%和 50%，那么由 10 级强分类器构成的级联分类器的识别率和错误率分别为 90.4%和 0.098%。

下面是训练级联分类器的过程。

- 定义每级强分类器的最小识别率和最大错误率分别为 d 和 f，定义最终所要得到的级联分类器的错误率为 F_{target}。
- 设 D_i 和 F_i 分别表示级联分类器的识别率和错误率，下标 i 表示该级联分类器的级数，P 和 N 分别表示全体正样本集和负样本集，n_i 表示第 i 个强分类器的弱分类器的数量，即该强分类器利用 n_i 个特征来识别物体。
- 初始化 D_i=1.0，F_i=1.0，i=0。
- 在 $F_i > F_{target}$ 条件下循环。
- $i \leftarrow i+1$
- n_i=0；$F_i=F_{i-1}$
- 在 $F_i > f \times F_{i-1}$ 条件下循环。
- $n_i \leftarrow n_{i+1}$
- 在 P 和 N 下，利用 AdaBoost 算法训练得到具有 n_i 个弱分类器的一个强分类器。
- 评估当前级联分类器，在验证集合中得到 D_i 和 F_i。
- 降低第 i 个强分类器的阈值，直至 D_i 至少等于 $d \times D_{i-1}$ 为止，降低阈值也一定会影响到 F_i。
- 设 N 为空集。
- 如果 $F_i > F_{target}$，则用当前级联分类器评估负样本集，把识别得到的所有错误率下的样本放入 N 中。

在级联分类器的训练过程中，需要注意的是，每训练一个 AdaBoost 强分类器，都需要重新更新训练样本集，也就是一定要满足后一个强分类器训练的样本必须为前一个强分类器识别分类为正样本的那些样本。具体的做法是，用当前得到的级联分类器对正、负样本进行识别，选取满足一定数量要求的仍然被分类为正样本的那些正样本作为此次 AdaBoost 强分类器的正训练样本集，以及被错误分类为正样本的那些负样本作为负训练样本集。由于设定的 d 都较高，因此可以对正训练样本集无须更新，仅把正样本集作为正训练样本集即可。

当级联分类器训练好后，就可以对目标进行识别了。但往往待识别图像比训练样本图像要大，这时就需要用级联分类器对待识别图像进行扫描，并不断改变级联分类器的尺寸大小，因为 Viola & Jones 算法认为改变 HAAR 状特征的尺寸要比改变待识别图像的尺寸容易。

以上给出了完整的 Viola & Jones 人脸识别算法。Opencv 的级联分类器是基于该算法的，但也做了一些改进。首先，弱分类器不再是树墩形的决策树，而是更广义的决策树。也就是说，一个弱分类器可以同时判断多个特征，我们可以通过设定决策树的深度来控制它的特征判断的数量，但此时级联分类器的错误率不再仅仅是所有强分类的错误率的乘积，而需要再除以这个决策树的深度。当决策树的深度为 1 时，它就是树墩形的决策树。

第二个重要的改进是特征不再仅仅是 HAAR 状特征，还包括了 LBP 特征和 HOG 特征。下面介绍后两种特征。

局部二值模式（Local Binary Patterns，LBP）是在计算机视觉领域中用于分类的一种可视描述符，是一种用于图像纹理分类的特征。LBP 的最初定义是，在一个 3×3 的窗体内，以中心像素的灰度值为阈值，比较其 8 邻域内的其他像素的灰度值，大于阈值则重新赋值为 1，否则为 0，然后从左上角开始按逆时针排序，组成的二进制数（即编码）就是中心像素的 LBP 特征的特征值，如图 C-5 所示，它的特征值为 01111100，它对应的十进制数为 124。

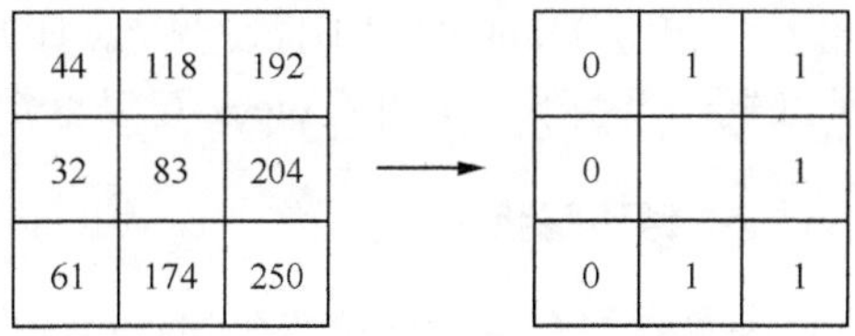

▲图 C-5　LBP 编码

通过这种二进制 LBP 编码，可以看出中心像素的一些特征。8 邻域像素经比较后如果是 1，则表示为黑，是 0 则为白。如图 C-6 所示，可以直观地看出 LBP 能够很好地表现点、线、边缘、角等的特征。

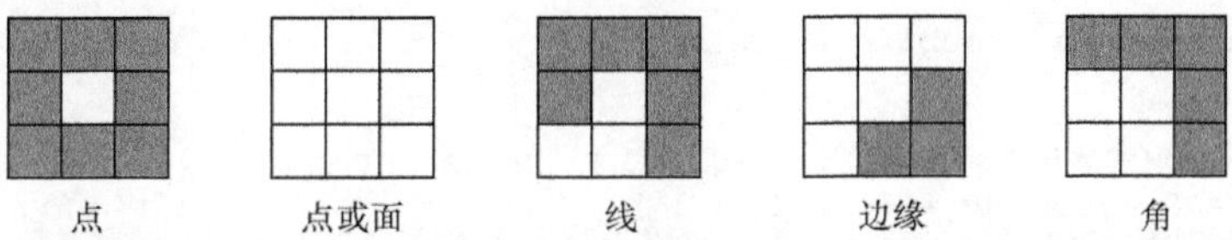

▲图 C-6　LBP 特征

广义上，可以把像素扩展为一个大小相同的由多个像素组成的矩形区域，区域的值为该区域内所有像素灰度值之和，而阈值比较和二进制编码与图 C-5 所示的方法相同。这样就得到了尺寸大小不同的 LBP 特征。

如图 C-7 所示，中心区域 4 的 8 个邻域分别为区域 0～区域 3 和区域 5～区域 8，这 9 个区域可以是面积相同的任意矩形。由 p0、p1、p4 和 p5 这 4 个像素所组成的区域 0 的值可以由前面介绍的积分图像的方法求得，其他区域的值的计算方法相同。

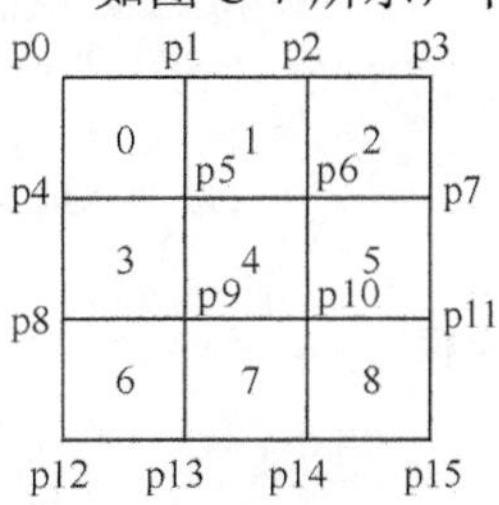

▲图 C-7　广义 LBP 编码

方向梯度直方图（Histogram of Oriented Gradient，HOG）也是一种用于物体识别的特征描述符。该方法的本质是图像中局部目标或形状可以用强度梯度或边缘方向的分布加以描述。我们可以把图像分割为若干个称为 cell 的小区域，对于 cell 内的像素，可以得到它们的梯度方向的直方图。而为了降低图像局部的阴影和光照变化的影响，我们可以得到被称为 block 的大区域，对 block 内的所有 cell 进行归一化处理。

下面详细介绍 HOG 算法。首先计算像素的梯度，它可以应用下列算子分别得到水平梯度 G_x 和垂直梯度 G_y：

$$[-1, 0, 1] \text{ 和 } [-1, 0, 1]^{\mathrm{T}} \tag{C-5}$$

则该像素的梯度幅值 G 和角度 θ 为（可以把 θ 限制在 0～π）：

$$G = \sqrt{G_x^2 + G_y^2} \tag{C-6}$$

$$\theta = \operatorname{arc}\left(\frac{G_y}{G_x}\right) \tag{C-7}$$

然后计算 cell 的直方图。我们把 π 分隔成 9 份，每一份称为 bin，即 0～π 之间共有 9 个 bin。统计 cell 内所有像素梯度角度是属于这 9 个 bin 中的哪一个，并把属于该 bin 的所有像素的梯度幅值累加作为该 bin 的值，这样就得到了该 cell 的梯度方向直方图。

最后在 block 内进行归一化处理，简单的方法是把 block 内的所有 cell 的所有 bin 值都除以该 block 内所有像素梯度幅值之和。

这里，每一 block 就是一个 HOG 特征。block 可以是矩形，也可以是圆形。当是矩形时，每个 block 一般包括 4 个 cell，因此一个 HOG 特征包含 36（4×9）个 bin 值，这个 bin 值又称为特征成分（component）。cell 的大小可以为 $t×t$，$2t×t$ 或 $t×2t$，t 为 8 的整数倍，即 8，16，24，……随着 t 的变化，block 的大小也在变化，HOG 特征的尺寸也随之变化，以适应不同大小的目标识别。而在同一尺度下，不同的 block 可以重叠交错，即同一个 cell 可以属于不同的 block。

2. 源码解析

训练级联分类器的源码在 opencv/sources/app/traincascade 目录下。

首先给出级联分类器的特征类型的相关类和函数。

CvHaarFeatureParams、CvLBPFeatureParams 和 CvHOGFeatureParams 分别表示 HAAR 状特征、LBP 特征和 HOG 特征的参数类，它们都继承于 CvFeatureParams。

```
class CvFeatureParams : public CvParams
{
public:
      //级联分类器能够使用 3 种特征类型用于训练样本：HAAR、LBP 和 HOG
      enum { HAAR = 0, LBP = 1, HOG = 2 };
      //默认构造函数，赋值 maxCatCount 为 0，featSize 为 1
      CvFeatureParams();
      //初始化 maxCatCount 和 featSize
      virtual void init( const CvFeatureParams& fp );
      //表示向 params.xml 文件写入一些信息：maxCatCount 和 featSize 的值
      virtual void write( cv::FileStorage &fs ) const;
      //表示从 params.xml 文件内读取一些信息：maxCatCount 和 featSize 的值
      virtual bool read( const cv::FileNode &node );
      //*构建相应的特征参数，即级联分类器具体使用哪种特征，如果输入参数 featureType=0，则应用 HAAR，该函
数返回 CvHaarFeatureParams 的指针；如果 featureType=1，则应用 LBP，该函数返回 CvLBPFeatureParams 的
指针；如果 featureType=2，则应用 HOG，该函数返回 CvHOGFeatureParams 的指针*//
      static cv::Ptr<CvFeatureParams> create( int featureType );
      //表示样本特征的类别数，如果该值为 0，则表示特征是数值的形式，对于 HAAR 和 HOG，该值为 0，对于
      //LBP，该值被赋值为 256
      int maxCatCount; // 0 in case of numerical features
      //表示一个特征所包含的特征成分的数量，HAAR 和 LBP 为 1，HOG 为 36，即 HOG 特征包含 36（9×4）个特
      //征成分
      int featSize; // 1 in case of simple features (HAAR, LBP) and N_BINS(9)*N_CELLS(4)
in case of Dalal's HOG features
};
```

CvHaarEvaluator、CvLBPEvaluator 和 CvHOGEvaluator 分别表示 HAAR 状特征、LBP 特征和 HOG 特征的计算评估特征值的类，它们都继承于 CvFeatureEvaluator 类：

```
class CvFeatureEvaluator
{
public:
      virtual ~CvFeatureEvaluator() {}       //析构函数
      //*初始化一些变量：featureParams、winSize、numFeatures、cls，另外还调用了 generateFeatures
函数，而 CvFeatureEvaluator 类的子类的 init 函数主要完成各自特征的初始化参数的任务*//
      virtual void init(const CvFeatureParams *_featureParams,
                              int _maxSampleCount, cv::Size _winSize );
      //确保样本图像 img 的尺寸正确，并且设置该图像的类别标签 clsLabel，而 CvFeatureEvaluator 类的
      //子类的 setImage 函数主要完成积分图像或梯度方向直方图的计算
      virtual void setImage(const cv::Mat& img, uchar clsLabel, int idx);
      //表示向 xml 文件写入一些内容
```

```
    virtual void writeFeatures( cv::FileStorage &fs, const cv::Mat& featureMap ) const = 0;
    //*重载( )运算符，CvFeatureEvaluator 类的子类 CvHaarEvaluator 和 CvHOGEvaluator 完成了第
sampleIdx 个样本图像的第 featureIdx 个特征的特征值的计算，而 CvHOGEvaluator 完成的是第 sampleIdx
个样本图像的第 featureIdx 个特征成分的方向直方图的计算*//
    virtual float operator()(int featureIdx, int sampleIdx) const = 0;
    //*构建相应特征的特征值计算，即级联分类器具体使用哪种特征，如果输入参数 type=0，则应用 HAAR，
该函数返回 CvHaarEvaluator 的指针；如果 type=1，则应用 LBP，该函数返回 CvLBPEvaluator 的指针；如
果 type=2，则应用 HOG，该函数返回 CvHOGEvaluator 的指针*//
    static cv::Ptr<CvFeatureEvaluator> create(int type);
    //得到 numFeatures 值
    int getNumFeatures() const { return numFeatures; }
    //得到 CvFeatureParams:: maxCatCount 值
    int getMaxCatCount() const { return featureParams->maxCatCount; }
    //得到 CvFeatureParams:: featSize 值
    int getFeatureSize() const { return featureParams->featSize; }
    //得到 cls 值
    const cv::Mat& getCls() const { return cls; }
    //得到矩阵 cls 中的第 si 个元素的值，即得到第 si 个样本的类别标签
    float getCls(int si) const { return cls.at<float>(si, 0); }
protected:
    //虚函数，执行子类的 generateFeatures 函数，产生 HAAR、LBP 或 HOG 的各自特征
    virtual void generateFeatures() = 0;

    int npos, nneg;      //分别表示正、负样本的数量
    int numFeatures;      //表示特征数量
    //表示正样本图像的尺寸大小，负样本图像的尺寸是根据正样本图像的尺寸进行剪切的
    cv::Size winSize;
    CvFeatureParams *featureParams;      //特征变量
    cv::Mat cls;      //表示样本的类别标签，即样本的响应值
};
```

在 HAAR、LBP 和 HOG 这 3 种特征的参数类和评估类中，最重要的是评估类中的 setImage 函数、generateFeatures 函数和重载运算符，它们的作用分别是计算积分图像或梯度方向直方图、产生特征，以及计算特征值。下面分别给出这 3 种特征的相关函数的解释。

HAAR 状特征：

```
void CvHaarEvaluator::setImage(const Mat& img, uchar clsLabel, int idx)
//img 表示待处理的样本图像
//clsLabel 表示 img 图像的类别标签，即 img 图像是正样本，还是负样本
//idx 表示 img 在所有样本图像的索引值
{
    //sum 和 tlited 分别表示所有样本图像的积分图像和旋转积分图像，normfactor 表示特征值的归一化因
    //子，这 3 个变量在 init 函数中定义，这里再次确认这 3 个变量是否已定义好
    CV_DbgAssert( !sum.empty() && !tilted.empty() && !normfactor.empty() );
    //调用父类的 setImage 函数，确定图像 img 尺寸大小是否正确，并赋值类别标签
    CvFeatureEvaluator::setImage( img, clsLabel, idx);
    //sum 和 titled 包含的单一图像的积分图像和旋转积分图像都是以相量的形式存储的，在这里都须转换为
    //矩阵的形式，以便于积分图像的计算
    Mat innSum(winSize.height + 1, winSize.width + 1, sum.type(), sum.ptr<int>((int)idx));
    Mat innTilted(winSize.height + 1, winSize.width + 1, tilted.type(), tilted.ptr<int>
((int)idx));
    Mat innSqSum;
    //计算图像 img 的灰度积分图像 innSum，灰度平方的积分图像 innSqSum，旋转的积分图像 innTlited
    integral(img, innSum, innSqSum, innTlited);
    //得到特征值的归一化因子，一个样本图像只有一个归一化因子
    normfactor.ptr<float>(0)[idx] = calcNormFactor( innSum, innSqSum );
}

void CvHaarEvaluator::generateFeatures()
{
    //*得到 HAAR 状特征的模式，即 HAAR 状特征模板是 BASIC、CORE，还是 ALL，该值由用户定义。BASIC
为图 C-1 中的(a)、(b)、(e)、(i)和(n)，CORE 为 BASIC 模式再加上图 C-1 中的(f)、(j)和(m)，ALL 为
图 C-1 中的全部模板*//
    int mode = ((const CvHaarFeatureParams*)((CvFeatureParams*)featureParams))->mode;
    //*偏移量，就是积分图像的宽(在程序中，积分图像的宽和高都要比原图像的宽和高多 1)，用于计算图像中
的某一点的像素从图像左上角开始扫描的位置，如坐标(x,y)在图像的位置是 x+y×offset，这是因为积分图像是
以相量的形式存储的，必须通过这种形式，才能从相量中提取出积分图像中某一像素的积分值*//
```

```
int offset = winSize.width + 1;
//遍历样本图像的所有像素
//x 和 y 表示 HAAR 状特征模板在样本图像中左上角的坐标
for( int x = 0; x < winSize.width; x++ )
{
    for( int y = 0; y < winSize.height; y++ )
    {
        //得到以(x, y)为左上角坐标的所有不同大小、不同类型的 HAAR 状特征模板
        for( int dx = 1; dx <= winSize.width; dx++ )
        {
            for( int dy = 1; dy <= winSize.height; dy++ )
            {
                // haar_x2
                //图 C-1(a)
                //判断 HAAR 状特征矩形模板是否超出了样本图像的边界
                if ( (x+dx*2 <= winSize.width) && (y+dy <= winSize.height) )
                {
                    //*得到一个 HAAR 状特征模板，把它放入表示特征模板变量的 features
                    向量队列中，Feature 是 CvHaarEvaluator 类中的一个类，该类在后面
                    有详细介绍*//
                    features.push_back( Feature( offset, false,
                        x,      y, dx*2, dy, -1,
                        x+dx, y, dx  , dy, +2 ) );
                }
                // haar_y2
                //图 C-1(b)
                if ( (x+dx <= winSize.width) && (y+dy*2 <= winSize.height) )
                {
                    features.push_back( Feature( offset, false,
                        x,      y, dx, dy*2, -1,
                        x, y+dy, dx, dy,   +2 ) );
                }
                // haar_x3
                //图 C-1(e)
                if ( (x+dx*3 <= winSize.width) && (y+dy <= winSize.height) )
                {
                    features.push_back( Feature( offset, false,
                        x,      y, dx*3, dy, -1,
                        x+dx, y, dx  , dy, +3 ) );
                }
                // haar_y3
                //图 C-1(i)
                if ( (x+dx <= winSize.width) && (y+dy*3 <= winSize.height) )
                {
                    features.push_back( Feature( offset, false,
                        x, y,      dx, dy*3, -1,
                        x, y+dy, dx, dy,   +3 ) );
                }
                if( mode != CvHaarFeatureParams::BASIC )
                {
                    // haar_x4
                    //图 C-1(f)
                    if ( (x+dx*4 <= winSize.width) && (y+dy <= winSize.height) )
                    {
                        features.push_back( Feature( offset, false,
                            x,      y, dx*4, dy, -1,
                            x+dx, y, dx*2, dy, +2 ) );
                    }
                    // haar_y4
                    //图 C-1(j)
                    if ( (x+dx <= winSize.width ) && (y+dy*4 <= winSize.height) )
                    {
                        features.push_back( Feature( offset, false,
                            x, y,      dx, dy*4, -1,
                            x, y+dy, dx, dy*2, +2 ) );
                    }
                }
                // x2_y2
                //图 C-1(n)
```

```
if ( (x+dx*2 <= winSize.width) && (y+dy*2 <= winSize.height) )
{
    features.push_back( Feature( offset, false,
        x,      y,      dx*2, dy*2, -1,
        x,      y,      dx,   dy,   +2,
        x+dx, y+dy, dx,   dy,   +2 ) );
}
if (mode != CvHaarFeatureParams::BASIC)
{
    //图 C-1(m)
    if ( (x+dx*3 <= winSize.width) && (y+dy*3 <= winSize.height) )
    {
        features.push_back( Feature( offset, false,
            x   , y   , dx*3, dy*3, -1,
            x+dx, y+dy, dx  , dy  , +9) );
    }
}
if (mode == CvHaarFeatureParams::ALL)
{
    // tilted haar_x2
    //图 C-1(c)
    if((x+2*dx<= winSize.width)&&(y+2*dx+dy<=winSize.height) &&
    (x-dy>= 0) )
    {
        features.push_back( Feature( offset, true,
            x, y, dx*2, dy, -1,
            x, y, dx,   dy, +2 ) );
    }
    // tilted haar_y2
    //图 C-1(d)
    if((x+dx<= winSize.width) && (y+dx+2*dy <= winSize.height) &&
    (x-2*dy>= 0) )
    {
        features.push_back( Feature( offset, true,
            x, y, dx, 2*dy, -1,
            x, y, dx, dy,   +2 ) );
    }
    // tilted haar_x3
    //图 C-1(g)
    if((x+3*dx<= winSize.width)&&(y+3*dx+dy<=winSize.height) &&
    (x-dy>= 0) )
    {
        features.push_back( Feature( offset, true,
            x,      y,      dx*3, dy, -1,
            x+dx, y+dx, dx,   dy, +3 ) );
    }
    // tilted haar_y3
    //图 C-1(k)
    if((x+dx<= winSize.width) && (y+dx+3*dy <= winSize.height) &&
    (x-3*dy>= 0) )
    {
        features.push_back( Feature( offset, true,
            x,      y,      dx, 3*dy, -1,
            x-dy, y+dy, dx, dy,   +3 ) );
    }
    // tilted haar_x4
    //图 C-1(h)
    if((x+4*dx<= winSize.width)&&(y+4*dx+dy<=winSize.height) &&
    (x-dy>= 0) )
    {
        features.push_back( Feature( offset, true,
            x,      y,      dx*4, dy, -1,
            x+dx, y+dx, dx*2, dy, +2 ) );
    }
    // tilted haar_y4
    //图 C-1(l)
    if((x+dx <=winSize.width)&&(y+dx+4*dy <= winSize.height) &&
    (x-4*dy>= 0) )
    {
```

```
                                            features.push_back( Feature( offset, true,
                                                 x,     y,     dx, 4*dy, -1,
                                                 x-dy, y+dy, dx, 2*dy, +2 ) );
                                        }
                                   }
                              }
                         }
                    }
          }
          numFeatures = (int)features.size();      //得到 HAAR 状特征的数量
}
```

得到一个 HAAR 状特征矩形模板：

```
CvHaarEvaluator::Feature::Feature( int offset, bool _tilted,
                                        int x0, int y0, int w0, int h0, float wt0,
                                        int x1, int y1, int w1, int h1, float wt1,
                                        int x2, int y2, int w2, int h2, float wt2 )
//offset 表示偏移量，即积分图像的宽
//_tilted 表示是否倾斜
//*x0、y0、w0、h0 和 wt0，x1、y1、w1、h1 和 wt1 以及 x2、y2、w2、h2 和 wt2 分别表示 HAAR 状特征模板
内 3 个不同矩形的左上角坐标、宽、高和它的权重，HAAR 状特征模板最多包含 3 个矩形，其中 x2、y2、w2、h2
和 wt2 这 5 个参数默认为 0，用于表示此时的 HAAR 状特征模板内只有 2 个矩形*//
{
     tilted = _tilted;      //赋值，表示该模板是否倾斜
     //给 HAAR 状特征模板内的 3 个矩形左上角坐标、宽、高和权重赋值
     rect[0].r.x = x0;
     rect[0].r.y = y0;
     rect[0].r.width  = w0;
     rect[0].r.height = h0;
     rect[0].weight   = wt0;

     rect[1].r.x = x1;
     rect[1].r.y = y1;
     rect[1].r.width  = w1;
     rect[1].r.height = h1;
     rect[1].weight   = wt1;

     rect[2].r.x = x2;
     rect[2].r.y = y2;
     rect[2].r.width  = w2;
     rect[2].r.height = h2;
     rect[2].weight   = wt2;

     if( !tilted )       //模板不倾斜
     {
          //CV_HAAR_FEATURE_MAX 等于 3，表示 HAAR 状特征模板内矩形的最多数量
          for( int j = 0; j < CV_HAAR_FEATURE_MAX; j++ )    //遍历 HAAR 状特征内的所有矩形
          {
               if( rect[j].weight == 0.0F )       //权值为 0，表示没有该矩形
                    break;
               //*CV_SUM_OFFSETS 为宏定义，作用是把模板内的矩形 rect 的 4 个顶点坐标转换为以图像左
               上角为起点开始扫描的位置（如坐标(x, y)在图像的位置是 x+y×offset），并把它们赋值到
               fastRect 结构内*//
               CV_SUM_OFFSETS(fastRect[j].p0,fastRect[j].p1,fastRect[j].p2,fastRect[
                j].p3, rect[j].r, offset )
          }
     }
     else       //模板倾斜 45°
     {
          for( int j = 0; j < CV_HAAR_FEATURE_MAX; j++ )
          {
               if( rect[j].weight == 0.0F )
                    break;
               //*CV_TILTED_OFFSETS 为宏定义，作用是把模板内的倾斜矩形 rect 的 4 个顶点坐标转换为
                 以图像左上角为起点开始扫描的位置（如坐标(x, y)在图像中的位置是 x+y×offset），并
                 把它们赋值到 fastRect 结构内*//
               CV_TILTED_OFFSETS(  fastRect[j].p0,   fastRect[j].p1,   fastRect[j].p2,
fastRect[j].p3, rect[j].r, offset )
```

```
        }
    }
}

inline float CvHaarEvaluator::operator()(int featureIdx, int sampleIdx) const
//计算第 sampleIdx 个样本图像的第 featureIdx 个特征的特征值
{
    float nf = normfactor.at<float>(0, sampleIdx);      //提取出该样本图像的归一化因子
    //调用 calc 函数，计算特征值，并进行归一化处理
    return !nf ? 0.0f : (features[featureIdx].calc( sum, tilted, sampleIdx)/nf);
}
```

计算 HAAR 状特征的特征值：

```
inline float CvHaarEvaluator::Feature::calc( const cv::Mat &_sum, const cv::Mat &_tilted,
size_t y) const
//_sum 表示第 y 个图像的积分图像
//_tilted 表示第 y 个图像的旋转积分图像
{
    //如果是计算倾斜的 HAAR 状特征的特征值，则 img 为_tilted，否则为_sum
    const int* img = tilted ? _tilted.ptr<int>((int)y) : _sum.ptr<int>((int)y);
    //计算 HAAR 状特征中的由矩形 0 和矩形 1 组成的特征的特征值
    float ret = rect[0].weight * (img[fastRect[0].p0] - img[fastRect[0].p1] - img[fastRect
[0].p2] + img[fastRect[0].p3] ) +
        rect[1].weight * (img[fastRect[1].p0] - img[fastRect[1].p1] - img[fastRect
[1].p2] + img[fastRect[1].p3] );
    //如果 HAAR 状特征还有第 3 个矩形，则把该矩形也计算在内，一起构成特征的特征值
    if( rect[2].weight != 0.0f )
        ret += rect[2].weight * (img[fastRect[2].p0] - img[fastRect[2].p1] - img[fastRect
[2].p2] + img[fastRect[2].p3] );
    return ret;       //返回特征值
}
```

LBP 特征：

```
void CvLBPEvaluator::setImage(const Mat &img, uchar clsLabel, int idx)
{
    //sum 表示所有样本图像的积分图像，它在 init 函数中定义，这里再次确认该变量是否定义好
    CV_DbgAssert( !sum.empty() );
    //调用父类的 setImage 函数，确定图像 img 尺寸大小是否正确，并赋值类别标签
    CvFeatureEvaluator::setImage( img, clsLabel, idx );
    Mat innSum(winSize.height + 1, winSize.width + 1, sum.type(), sum.ptr<int>((int)idx));
    integral( img, innSum );      //计算当前图像 img 的积分图像
}

void CvLBPEvaluator::generateFeatures()
{
    int offset = winSize.width + 1;      //得到偏移量，即积分图像的宽
    //得到 LBP 特征，(x, y)为图 C-7 中 p0 点的坐标
    for( int x = 0; x < winSize.width; x++ )
        for( int y = 0; y < winSize.height; y++ )
            //w 和 h 为图 C-7 中区域 0（当然也是其他区域）的宽和高
            for( int w = 1; w <= winSize.width / 3; w++ )
                for( int h = 1; h <= winSize.height / 3; h++ )
                    //判断 LBP 模板是否超出了样本图像的边界
                    if ( (x+3*w <= winSize.width) && (y+3*h <= winSize.height) )
                        //*得到一个 LBP 特征，把它放入表示特征变量的 features 向量队
                        列中，Feature 是 CvLBPEvaluator 类中的一个类，该类在后面有
                        详细介绍*//
                        features.push_back( Feature(offset, x, y, w, h ) );
    numFeatures = (int)features.size();      //得到 LBP 特征的数量
}
```

得到一个 LBP 特征：

```
CvLBPEvaluator::Feature::Feature( int offset, int x, int y, int _blockWidth, int
_blockHeight )
{
```

```
    Rect tr = rect = cvRect(x, y, _blockWidth, _blockHeight);     //给出区域 0
    //得到 p0、p1、p4 和 p5 的坐标的相对位置
    CV_SUM_OFFSETS( p[0], p[1], p[4], p[5], tr, offset )
    tr.x += 2*rect.width;      //得到区域 2
    //得到 p2、p3、p6 和 p7 的坐标的相对位置
    CV_SUM_OFFSETS( p[2], p[3], p[6], p[7], tr, offset )
    tr.y +=2*rect.height;      //得到区域 8
    //得到 p10、p11、p14 和 p15 的坐标的相对位置
    CV_SUM_OFFSETS( p[10], p[11], p[14], p[15], tr, offset )
    tr.x -= 2*rect.width;      //得到区域 6
    //得到 p8、p9、p12 和 p13 的坐标的相对位置
    CV_SUM_OFFSETS( p[8], p[9], p[12], p[13], tr, offset )
}

virtual float operator()(int featureIdx, int sampleIdx) const
//计算第 sampleIdx 个样本图像的第 featureIdx 个特征的特征值
    { return (float)features[featureIdx].calc( sum, sampleIdx); }      //调用 calc 函数
```

计算一个 LBP 特征的特征值：

```
inline uchar CvLBPEvaluator::Feature::calc(const cv::Mat &_sum, size_t y) const
{
    const int* psum = _sum.ptr<int>((int)y);      //得到第 y 个图像的积分图像
    //得到区域 4（即中心区域）的区域值
    int cval = psum[p[5]] - psum[p[6]] - psum[p[9]] + psum[p[10]];
    //计算特征值，8 个区域分布对应于 8 位二进制编码的一位
                        //区域 0 的值对应于二进制 LBP 编码的值
    return (uchar)((psum[p[0]] - psum[p[1]] - psum[p[4]] + psum[p[5]] >= cval ? 128 : 0) |  // 0
        //区域 1 的值对应于二进制 LBP 编码的值
        (psum[p[1]] - psum[p[2]] - psum[p[5]] + psum[p[6]] >= cval ? 64 : 0) |      // 1
        //区域 2 的值对应于二进制 LBP 编码的值
        (psum[p[2]] - psum[p[3]] - psum[p[6]] + psum[p[7]] >= cval ? 32 : 0) |      // 2
        //区域 5 的值对应于二进制 LBP 编码的值
        (psum[p[6]] - psum[p[7]] - psum[p[10]] + psum[p[11]] >= cval ? 16 : 0) |  // 5
        //区域 8 的值对应于二进制 LBP 编码的值
        (psum[p[10]] - psum[p[11]] - psum[p[14]] + psum[p[15]] >= cval ? 8 : 0) | // 8
        //区域 7 的值对应于二进制 LBP 编码的值
        (psum[p[9]] - psum[p[10]] - psum[p[13]] + psum[p[14]] >= cval ? 4 : 0) |  // 7
        //区域 6 的值对应于二进制 LBP 编码的值
        (psum[p[8]] - psum[p[9]] - psum[p[12]] + psum[p[13]] >= cval ? 2 : 0) |   // 6
        //区域 3 的值对应于二进制 LBP 编码的值
        (psum[p[4]] - psum[p[5]] - psum[p[8]] + psum[p[9]] >= cval ? 1 : 0));      // 3
}
```

HOG 特征：

```
void CvHOGEvaluator::setImage(const Mat &img, uchar clsLabel, int idx)
{
    //*hist 表示所有样本图像的梯度方向直方图，每个 cell 都有 9 个不同梯度方向的 hist，表示 cell 内像
素的梯度方向被分配到不同的 bin 中，hist 在 init 函数中定义，这里再次确认该变量是否定义好*//
    CV_DbgAssert( !hist.empty());
    //调用父类的 setImage 函数，确定图像 img 尺寸大小是否正确，并赋值类别标签
    CvFeatureEvaluator::setImage( img, clsLabel, idx );
    vector<Mat> integralHist;      //表示梯度方向直方图的积分图像
    for (int bin = 0; bin < N_BINS; bin++)      //遍历 9 个不同的 bin，N_BINS 为 9
    {
        //把表示图像 img 的 hist 放到 integralHist 相量队列中
        integralHist.push_back( Mat(winSize.height + 1, winSize.width + 1,
        hist[bin].type(), hist[bin].ptr<float>((int)idx)) );
    }
    //定义 integralNorm，表示梯度幅度的积分图像
    Mat integralNorm(winSize.height+1,winSize.width+1,normSum.type(),
    normSum.ptr<float>((int)idx));
    //计算图像 img 的梯度方向 bin 和梯度幅度的积分图像
    integralHistogram(img, integralHist, integralNorm, (int)N_BINS);
}
```

分别计算图像 img 的梯度方向 bin 和梯度幅度的积分图像——histogram 和 norm。

```
void CvHOGEvaluator::integralHistogram(const Mat &img, vector<Mat> &histogram, Mat &norm,
int nbins) const
{
    //确保样本图像的数据类型为 CV_8U 或 CV_8UC3
    CV_Assert( img.type() == CV_8U || img.type() == CV_8UC3 );
    int x, y, binIdx;

    Size gradSize(img.size());      //得到样本图像的尺寸
    //得到某一 bin 的尺寸，也就相当于是样本图像的尺寸
    Size histSize(histogram[0].size());
    Mat grad(gradSize, CV_32F);       //表示样本图像像素的梯度幅度
    Mat qangle(gradSize, CV_8U);       //表示样本图像像素的梯度角度的 bin 索引值

    AutoBuffer<int> mapbuf(gradSize.width + gradSize.height + 4);    //开辟一块内存空间
    //分别表示图像行和列的映射
    int* xmap = (int*)mapbuf + 1;
    int* ymap = xmap + gradSize.width + 2;
    //BORDER_REPLICATE 为 1，表示通过复制的方式映射图像的行和列
    const int borderType = (int)BORDER_REPLICATE;
    //得到图像行和列的映射值
    for( x = -1; x < gradSize.width + 1; x++ )
        xmap[x] = borderInterpolate(x, gradSize.width, borderType);
    for( y = -1; y < gradSize.height + 1; y++ )
        ymap[y] = borderInterpolate(y, gradSize.height, borderType);

    int width = gradSize.width;
    AutoBuffer<float> _dbuf(width*4);      //开辟一块内存空间
    float* dbuf = _dbuf;      //指针赋值
    Mat Dx(1, width, CV_32F, dbuf);      //表示样本图像的某一行像素的水平梯度 Gx
    Mat Dy(1, width, CV_32F, dbuf + width);      //表示样本图像的某一行像素的垂直梯度 Gy
    Mat Mag(1, width, CV_32F, dbuf + width*2);      //表示样本图像的某一行像素的梯度幅度
    Mat Angle(1, width, CV_32F, dbuf + width*3);      //表示样本图像的某一行像素的梯度角
    //表示每一 bin 所表示的角度范围的倒数，为 9/π
    float angleScale = (float)(nbins/CV_PI);

    for( y = 0; y < gradSize.height; y++ )      //遍历样本图像的行
    {
        const uchar* currPtr = img.data + img.step*ymap[y];      //表示当前行
        const uchar* prevPtr = img.data + img.step*ymap[y-1];      //表示前一行
        const uchar* nextPtr = img.data + img.step*ymap[y+1];      //表示后一行
        float* gradPtr = (float*)grad.ptr(y);      //梯度幅度矩阵的首地址
        uchar* qanglePtr = (uchar*)qangle.ptr(y);      //梯度角度的 bin 矩阵的首地址

        for( x = 0; x < width; x++ )      //遍历当前行的所有像素
        {
            //得到当前像素的水平导数，式（C-5）的前一项
            dbuf[x] = (float)(currPtr[xmap[x+1]] - currPtr[xmap[x-1]]);
            //得到当前像素的垂直导数，式（C-5）的后一项
            dbuf[width + x] = (float)(nextPtr[xmap[x]] - prevPtr[xmap[x]]);
        }
        //通过调用 cartToPolar 函数（直角坐标转换为极坐标），得到当前行的所有像素的梯度幅度和梯度
        //角度，即式（C-6）和式（C-7）
        cartToPolar( Dx, Dy, Mag, Angle, false );
        for( x = 0; x < width; x++ )      //遍历当前行的所有像素
        {
            float mag = dbuf[x+width*2];      //得到当前像素的梯度幅度
            float angle = dbuf[x+width*3];      //得到当前像素的梯度角度
            angle = angle*angleScale - 0.5f;      //即 θ×9/π
            //向下取整，得到当前像素的梯度角所属的 bin 索引
            int bidx = cvFloor(angle);
            angle -= bidx;
            //把梯度角限制在 0～π 范围内
            if( bidx < 0 )      //说明梯度角在-π～0 之间
                bidx += nbins;      //调整到 0～π 范围内
            else if( bidx >= nbins )      //说明梯度角在 π～2π 之间
                bidx -= nbins;      //调整到 0～π 范围内

            qanglePtr[x] = (uchar)bidx;      //给梯度角度的 bin 赋值
            gradPtr[x] = mag;      //给梯度幅度赋值
```

```
        }
    }
    //对梯度幅度图像 grad 进行积分图像处理，结果为 norm
    integral(grad, norm, grad.depth());

    float* histBuf;             //表示直方图
    const float* magBuf;        //表示梯度幅度
    const uchar* binsBuf;       //表示 bin
    //分别得到不同数据的步长
    int binsStep = (int)( qangle.step / sizeof(uchar) );
    int histStep = (int)( histogram[0].step / sizeof(float) );
    int magStep = (int)( grad.step / sizeof(float) );
    for( binIdx = 0; binIdx < nbins; binIdx++ )      //遍历所有 bin
    {
        histBuf = (float*)histogram[binIdx].data;   //得到当前 bin 的直方图
        magBuf = (const float*)grad.data;           //得到样本图像的梯度幅度
        binsBuf = (const uchar*)qangle.data;        //得到样本图像的梯度角度的 bin

        memset( histBuf, 0, histSize.width * sizeof(histBuf[0]) );  //直方图第一行清零
        histBuf += histStep + 1;       //第二行
        for( y = 0; y < qangle.rows; y++ )          //遍历所有的行
        {
            histBuf[-1] = 0.f;                      //行首元素赋值为 0
            float strSum = 0.f;                     //用于表示当前行的幅度累加
            for( x = 0; x < qangle.cols; x++ )      //遍历当前行的所有像素
            {
                if( binsBuf[x] == binIdx )        //如果当前像素的 bin 等于当前遍历的 bin
                    strSum += magBuf[x];          //当前行的在 x 之前的像素梯度幅度累加
                //得到属于当前 bin 的直方图的幅度积分图像
                histBuf[x] = histBuf[-histStep + x] + strSum;
            }
            //分别指向下一行
            histBuf += histStep;
            binsBuf += binsStep;
            magBuf += magStep;
        }
    }
}

void CvHOGEvaluator::generateFeatures()
{
    int offset = winSize.width + 1;        //得到偏移量，即积分图像的宽
    Size blockStep;
    int x, y, t, w, h;
    //遍历不同大小的 cell，t 表示 cell 的尺寸，它的变化趋势为 8，16，32，…
    for (t = 8; t <= winSize.width/2; t+=8) //t = size of a cell. blocksize = 4*cellSize
    {
        //表示 block 在样本图像的扫描步长，即每隔 4 个像素移动一次 block
        blockStep = Size(4,4);
        //此时 cell 的大小为 t×t，而 block 的大小为 2t×2t
        w = 2*t; //width of a block
        h = 2*t; //height of a block
        //以 blockStep 为步长扫描样本图像
        for (x = 0; x <= winSize.width - w; x += blockStep.width)
        {
            for (y = 0; y <= winSize.height - h; y += blockStep.height)
            {
                //得到一个 HOG 特征，即一个 block
                features.push_back(Feature(offset, x, y, t, t));
            }
        }
        //此时 cell 的大小为 t×2t，而 block 的大小为 2t×4t
        w = 2*t;
        h = 4*t;
        for (x = 0; x <= winSize.width - w; x += blockStep.width)
        {
            for (y = 0; y <= winSize.height - h; y += blockStep.height)
            {
                features.push_back(Feature(offset, x, y, t, 2*t));
```

```
            }
        }
        //此时 cell 的大小为 2t×t，而 block 的大小为 4t×2t
        w = 4*t;
        h = 2*t;
        for (x = 0; x <= winSize.width - w; x += blockStep.width)
        {
            for (y = 0; y <= winSize.height - h; y += blockStep.height)
            {
                features.push_back(Feature(offset, x, y, 2*t, t));
            }
        }
    }

    numFeatures = (int)features.size();      //HOG 特征的数量
}
```

得到一个 HOG 特征：

```
CvHOGEvaluator::Feature::Feature( int offset, int x, int y, int cellW, int cellH )
{
    //4 个 cell 组成 1 个 block
    rect[0] = Rect(x, y, cellW, cellH); //cell0
    rect[1] = Rect(x+cellW, y, cellW, cellH); //cell1
    rect[2] = Rect(x, y+cellH, cellW, cellH); //cell2
    rect[3] = Rect(x+cellW, y+cellH, cellW, cellH); //cell3

    for (int i = 0; i < N_CELLS; i++)      //遍历 1 个 block 内的 4 个 cell
    {
        //得到 rect[i]所表示的 cell 矩形的 4 个顶点的相对左上角像素的位置
        CV_SUM_OFFSETS(fastRect[i].p0, fastRect[i].p1, fastRect[i].p2, fastRect[i].p3,
        rect[i], offset);
    }
}
```

与 HAAR 和 LBP 不同，HOG 的重载运算符的第一个输入参数为特征变量索引，HOG 的一个特征就是一个 block，而特征变量是指 block 中的某个 cell 的某个 bin 的值：

```
inline float CvHOGEvaluator::operator()(int varIdx, int sampleIdx) const
{
    //得到该特征变量 varIdx 索引所对应的特征 block 索引
    int featureIdx = varIdx / (N_BINS * N_CELLS);      //求商，N_BINS 为 9，N_CELLS 为 4
    int componentIdx = varIdx % (N_BINS * N_CELLS);     //求余数
    //return features[featureIdx].calc( hist, sampleIdx, componentIdx);
    //得到特征变量索引 varIdx 所对应的值
    return features[featureIdx].calc( hist, normSum, sampleIdx, componentIdx);
}
```

计算某个特征 block 内第 featComponent 个特征成分的值。

```
inline float CvHOGEvaluator::Feature::calc( const std::vector<cv::Mat>& _hists, const
cv::Mat& _normSum, size_t y, int featComponent ) const
{
    float normFactor;
    float res;

    int binIdx = featComponent % N_BINS;        //得到 featComponent 所对应的 bin 索引
    int cellIdx = featComponent / N_BINS;       //得到 featComponent 所对应的 cell 索引
    //得到第 y 个样本图像梯度幅度的第 binIdx 个 bin 的直方图的积分图像
    const float *phist = _hists[binIdx].ptr<float>((int)y);
    //得到当前特征 block 内第 cellIdx 个 cell 内第 binIdx 个 bin 的所有像素梯度幅度之和
    res=phist[fastRect[cellIdx].p0]-phist[fastRect[cellIdx].p1]-
    phist[fastRect[cellIdx].p2] + phist[fastRect[cellIdx].p3];
    //得到第 y 个样本图像的梯度幅度的积分图像
    const float *pnormSum = _normSum.ptr<float>((int)y);
    //得到当前特征 block 内所有像素的梯度幅度之和
    normFactor=(float)(pnormSum[fastRect[0].p0]-pnormSum[fastRect[1].p1]-
```

```
        pnormSum[fastRect[2].p2] + pnormSum[fastRect[3].p3]);
        //归一化
        res = (res > 0.001f) ? ( res / (normFactor + 0.001f) ) : 0.f; //for cutting negative
values, which apper due to floating precision
        //返回当前特征 block 内的第 featComponent 个特征成分的归一化的值
        return res;
}
```

下面介绍级联分类器的强分类器的程序部分。

表示级联分类器的每级 AdaBoost 强分类器的参数结构为：

```
struct CvCascadeBoostParams : CvBoostParams
{
    //识别率和错误率的定义见原理部分
    float minHitRate;      //强分类器的最小识别率
    float maxFalseAlarm;   //强分类器的最大错误率

    CvCascadeBoostParams();
    CvCascadeBoostParams( int _boostType, float _minHitRate, float _maxFalseAlarm,
                          double _weightTrimRate, int _maxDepth, int _maxWeakCount );
    virtual ~CvCascadeBoostParams() {}
    //表示向 xml 文件写入一些内容：弱分类器的数量、阈值、用到的特征
    void write( cv::FileStorage &fs ) const;
    //表示从 xml 文件内读取一些内容：弱分类器的数量、阈值、用到的特征
    bool read( const cv::FileNode &node );
    virtual void printDefaults() const;     //向终端输出一些必要的信息
    virtual void printAttrs() const;        //向终端输出一些用到的参变量
    //用于扫描执行训练样本命令时所附带的一些参数，从而为 CvCascadeBoostParams 赋值
    virtual bool scanAttr( const std::string prmName, const std::string val);
};
```

AdaBoost 强分类器的类 CvCascadeBoost 中的训练样本的函数 train：

```
bool CvCascadeBoost::train( const CvFeatureEvaluator* _featureEvaluator,
                            int _numSamples,
                            int _precalcValBufSize, int _precalcIdxBufSize,
                            const CvCascadeBoostParams& _params )
//_featureEvaluator 表示特征评估
//_numSamples 表示训练样本数
//_precalcValBufSize 表示缓存大小，用于存储预先计算的特征值，单位为 MB
//_precalcIdxBufSize 表示缓存大小，用于存储预先计算的特征索引，单位为 MB
//_params 表示 AdaBoost 所需的参数
{
    bool isTrained = false;      //表示该函数的返回标志变量
    CV_Assert( !data );      //确保训练样本数据变量准备好
    clear();      //释放一些全局变量
    //*实例化 CvCascadeBoostTrainData 结构，主要是调用 CvCascadeBoostTrainData::setData 函
数设置 AdaBoost 强分类器的数据，在 setData 函数内还调用了 precalculate 函数，它的作用是提前并行计算
所有训练图像的特征值，并存储在 valCache 矩阵中，提前计算特征值的数量由输入参数_precalcValBufSize
决定，而那些没有计算完的特征值是在构建决策树时调用 CvCascadeBoostTrainData::get_ord_var_data 函
数（HAAR 状特征和 HOG 特征调用此函数）或 CvCascadeBoostTrainData::get_cat_var_data 函数（LBP 特
征调用此函数）来完成，因此原则上_precalcValBufSize 和_precalcIdxBufSize 值越大，真正用于构建决策
树的时间越短*//
    data = new CvCascadeBoostTrainData( _featureEvaluator, _numSamples,
                                        _precalcValBufSize, _precalcIdxBufSize,
                                        _params );
    CvMemStorage *storage = cvCreateMemStorage();      //开辟一块内存空间
    //weak 表示弱分类器队列，用于存放 AdaBoost 强分类器的各个弱分类器
    weak = cvCreateSeq( 0, sizeof(CvSeq), sizeof(CvBoostTree*), storage );
    storage = 0;

    set_params( _params );      //设置 CvCascadeBoostParams 参数
    //如果 AdaBoost 强分类器的类型为 Logit AdaBoost 或 Gentle AdaBoost，则需要生成一个样本响应
    //值的副本
    if ( (_params.boost_type == LOGIT) || (_params.boost_type == GENTLE) )
        data->do_responses_copy();
    //这里是第一次调用 update_weights() 函数，它的作用是初始化权值
    update_weights( 0 );
```

```
    cout << "+----+---------+---------+" << endl;
    cout << "|  N |    HR   |    FA   |" << endl;
    cout << "+----+---------+---------+" << endl;

    do      //进入 AdaBoost 迭代中
    {
        //实例化 CvCascadeBoostTree 类，tree 表示弱分类器，也就是一个决策树
        CvCascadeBoostTree* tree = new CvCascadeBoostTree;
        //训练决策树，CvCascadeBoostTree 类没有实现 train 函数，则调用它的父类 CvBoostTree 中
        //的 train 函数
        if( !tree->train( data, subsample_mask, this ) )
        {
            //如果没有得到该次迭代的决策树，则退出迭代循环
            delete tree;        //删除该弱分类器
            break;              //退出循环
        }
        cvSeqPush( weak, &tree );       //把决策树放入弱分类器队列中
        update_weights( tree );         //更新样本权值，用于下一次迭代循环
        //裁剪去掉那些权值太小的训练样本数据，权值越小，该样本被分类错误的可能性越低
        trim_weights();
        //计算样本中没有被置 1 的数量，如果为零，则说明下次迭代将没有训练样本
        if( cvCountNonZero(subsample_mask) == 0 )
            break;      //退出迭代
    }
    //如果错误率满足了要求，或者达到了决策树的最大数量，则退出迭代循环
    while( !isErrDesired() && (weak->total < params.weak_count) );

    if(weak->total > 0)     //得到了 AdaBoost 强分类器
    {
        data->is_classifier = true;     //重新赋值，表示是分类树
        data->free_train_data();      //释放一些矩阵变量
        isTrained = true;       //标志变量
    }
    else    //没有得到 AdaBoost 强分类器
        clear();

    return isTrained;       //返回标志变量
}
```

计算错误率：

```
bool CvCascadeBoost::isErrDesired()
{
    int sCount = data->sample_count,      //训练样本的数量
        //numPos 和 numNeg 分别表示正、负样本的数量，numPosTrue 表示正样本中被正确分类的数量，
numFalse 表示负样本中被错误分类为正样本的数量
        numPos = 0, numNeg = 0, numFalse = 0, numPosTrue = 0;
    vector<float> eval(sCount);

    for( int i = 0; i < sCount; i++ )       //遍历所有样本
        //得到正训练样本集
        if( ((CvCascadeBoostTrainData*)data)->featureEvaluator->getCls( i ) == 1.0F )
            //得到当前样本的预测结果，并且正样本数量累计
            eval[numPos++] = predict( i, true );
    icvSortFlt( &eval[0], numPos, 0 );      //对正样本的预测结果按从小到大的顺序进行排序
    //计算识别率对应于正样本的阈值索引
    int thresholdIdx = (int)((1.0F - minHitRate) * numPos);
    threshold = eval[ thresholdIdx ];       //得到识别率对应的阈值
    numPosTrue = numPos - thresholdIdx;       //得到分类正确的正样本的数量
    //把那些样本预测值与阈值十分接近的样本也算作是分类正确的样本
    for( int i = thresholdIdx - 1; i >= 0; i--)
        if ( abs( eval[i] - threshold) < FLT_EPSILON )
            numPosTrue++;
    float hitRate = ((float) numPosTrue) / ((float) numPos);   //计算当前强分类器的识别率

    for( int i = 0; i < sCount; i++ )       //遍历所有样本
    {
        //得到负训练样本集
```

```
            if( ((CvCascadeBoostTrainData*)data)->featureEvaluator->getCls( i ) == 0.0F )
            {
                numNeg++;      //负样本数量累计
                if( predict( i ) )      //负样本被预测为正样本
                    numFalse++;      //错误分类的负样本数量累计
            }
        }
        float falseAlarm = ((float) numFalse) / ((float) numNeg); //计算当前强分类器的错误率
        //在终端输出信息
        cout << "|"; cout.width(4); cout << right << weak->total;      //弱分类器数量
        cout << "|"; cout.width(9); cout << right << hitRate;      //识别率
        cout << "|"; cout.width(9); cout << right << falseAlarm;      //错误率
        cout << "|" << endl;
        cout << "+----+---------+---------+" << endl;
        //当前错误率与设置的错误率比较，前者大，则返回 false，否则返回 true
        return falseAlarm <= maxFalseAlarm;
}
```

最后，给出最终构成的级联分类器。

级联分类器所需参数的类——CvCascadeParams。

```
class CvCascadeParams : public CvParams
{
public:
    //表示级联分类器每个级的类型，即强分类器的类型，目前只实现了强分类器是 AdaBoost 这一种类型
    enum { BOOST = 0 };
    static const int defaultStageType = BOOST;
    //表示特征类型，默认的类型是 HAAR
    static const int defaultFeatureType = CvFeatureParams::HAAR;

    CvCascadeParams();      //默认构造函数
    //构造函数，_stageType 表示强分类器类型，_featureType 表示特征类型
    CvCascadeParams( int _stageType, int _featureType );
    //表示向 params.xml 文件写入一些内容：强分类器类型，特征类型，正样本图像的宽、高
    void write( cv::FileStorage &fs ) const;
    //表示从 params.xml 文件内读取一些内容：强分类器类型，特征类型，正样本图像的宽、高
    bool read( const cv::FileNode &node );

    void printDefaults() const;      //向终端输出一些必要的信息
    //向终端输出强分类器类型，特征类型，正样本图像的宽、高等信息
    void printAttrs() const;
    //用于扫描执行训练样本命令时所附带的一些参数，从而为 CvCascadeParams 赋值
    bool scanAttr( const std::string prmName, const std::string val );

    int stageType;      //级联分类器的强分类器类型
    int featureType;    //级联分类器的特征类型
    cv::Size winSize;   //正样本图像的尺寸大小
};
```

级联分类器的类 CvCascadeClassifier 中最重要的函数是 train。

```
bool CvCascadeClassifier::train( const string _cascadeDirName,
                                 const string _posFilename,
                                 const string _negFilename,
                                 int _numPos, int _numNeg,
                                 int _precalcValBufSize, int _precalcIdxBufSize,
                                 int _numStages,
                                 const CvCascadeParams& _cascadeParams,
                                 const CvFeatureParams& _featureParams,
                                 const CvCascadeBoostParams& _stageParams,
                                 bool baseFormatSave )
//_cascadeDirName 表示文件目录名，用于存放训练好的级联分类器的 xml 文件
//_posFilename 和_negFilename 分别表示正、负样本的文件名
//_numPos 和_numNeg 分别表示每级分类器的正、负训练样本集的数量
//_precalcValBufSize 表示缓存大小，用于存储预先计算的特征值，单位为 MB
//_precalcIdxBufSize 表示缓存大小，用于存储预先计算的特征值的索引，单位为 MB
//_numStages 表示级联分类器的级数
//_cascadeParams、_featureParams 和_stageParams 分别表示级联、特征和 AdaBoost 所需的参数
```

```
//*baseFormatSave 表示级联分类器文件的存储格式类型，如果为 false，则以老的格式存储用 HAAR 特征训练
的级联分类器，否则以新的格式存储用 LBP 和 HOG 特征训练的级联分类器*//
{
    // Start recording clock ticks for training time output
    const clock_t begin_time = clock();        //读取当前的系统时间，用于计时
    //判断这 3 个输入参数是否存在
    if( _cascadeDirName.empty() || _posFilename.empty() || _negFilename.empty() )
        CV_Error( CV_StsBadArg, "_cascadeDirName or _bgfileName or _vecFileName is NULL" );
    //得到级联分类器文件所在的目录名
    string dirName;
    if (_cascadeDirName.find_last_of("/\\") == (_cascadeDirName.length() - 1) )
        dirName = _cascadeDirName;
    else
        dirName = _cascadeDirName + '/';
    //赋值
    numPos = _numPos;
    numNeg = _numNeg;
    numStages = _numStages;
    //读取存有正、负样本的文件，得到一些信息，如正样本的数量，正样本图像的大小等
    if ( !imgReader.create( _posFilename, _negFilename, _cascadeParams.winSize ) )
    {
        cout << "Image reader can not be created from -vec " << _posFilename
                << " and -bg " << _negFilename << "." << endl;
        return false;
    }
    //加载在此次训练之前已生成的级联分类器，如果现在还没有级联分类器，则进入 if 语句，为一些变量赋值
    if ( !load( dirName ) )
    {
        cascadeParams = _cascadeParams;        //级联参数
        //由特征类型（HAAR、LBP，还是 HOG），得到相应的特征参数类
        featureParams = CvFeatureParams::create(cascadeParams.featureType);
        featureParams->init(_featureParams);        //初始化特征参数
        stageParams = new CvCascadeBoostParams;        //实例化 AdaBoost 参数类
        *stageParams = _stageParams;        //赋值
        //由特征类型（HAAR、LBP，还是 HOG），得到相应的特征评估类
        featureEvaluator = CvFeatureEvaluator::create(cascadeParams.featureType);
        //初始化特征评估类，这里关键是调用了前面介绍过的 generateFeatures 函数，得到不同的特征
        featureEvaluator->init( (CvFeatureParams*)featureParams, numPos + numNeg,
        cascadeParams.winSize );
        //为级联分类器相量队列预留 numStages 个空间大小
        stageClassifiers.reserve( numStages );
    }
    //在终端显示一些信息
    cout << "PARAMETERS:" << endl;
    cout << "cascadeDirName: " << _cascadeDirName << endl;
    cout << "vecFileName: " << _posFilename << endl;
    cout << "bgFileName: " << _negFilename << endl;
    cout << "numPos: " << _numPos << endl;
    cout << "numNeg: " << _numNeg << endl;
    cout << "numStages: " << numStages << endl;
    cout << "precalcValBufSize[Mb] : " << _precalcValBufSize << endl;
    cout << "precalcIdxBufSize[Mb] : " << _precalcIdxBufSize << endl;
    cascadeParams.printAttrs();
    stageParams->printAttrs();
    featureParams->printAttrs();
    //得到已有的级联分类器的级别数量
    int startNumStages = (int)stageClassifiers.size();
    //在终端显示目前级联分类器的级别数量
    if ( startNumStages > 1 )
        cout << endl << "Stages 0-" << startNumStages-1 << " are loaded" << endl;
    else if ( startNumStages == 1)
        cout << endl << "Stage 0 is loaded" << endl;
    //得到级联分类器的最大错误率，它等于所有强分类器错误率的乘积，再除以决策树（弱分类器）的深度
    double requiredLeafFARate = pow( (double) stageParams->maxFalseAlarm, (double)
    numStages ) /(double)stageParams->max_depth;
    double tempLeafFARate;        //表示当前得到的级联分类器的错误率
    //训练级联分类器的各个级的强分类器
    for( int i = startNumStages; i < numStages; i++ )
    {
```

```
cout << endl << "===== TRAINING " << i << "-stage =====" << endl;
cout << "<BEGIN" << endl;
//updateTrainingSet 函数用于得到当前要训练的强分类器的正、负训练样本集，并且调用
//setImage 函数得到这些样本图像的积分图像，还得到了当前级联分类器的错误率
//*当前强分类器的正训练样本集是用当前级联分类器从正样本集中，预测正确的那些样本构成，而负
训练样本集则是用当前级联分类器从负样本集中，预测错误（即预测为正样本）的那些负样本构成*//
if ( !updateTrainingSet( tempLeafFARate ) )
{
     cout << "Train dataset for temp stage can not be filled. "
          "Branch training terminated." << endl;
     break;
}
//如果当前级联分类器的错误率满足要求，则退出训练迭代
if( tempLeafFARate <= requiredLeafFARate )
{
     cout << "Required leaf false alarm rate achieved. "
           "Branch training terminated." << endl;
     break;
}
//实例化 CvCascadeBoost，表示当前要训练的 AdaBoost 强分类器
CvCascadeBoost* tempStage = new CvCascadeBoost;
//训练级联分类器的 AdaBoost 强分类器
bool isStageTrained = tempStage->train( (CvFeatureEvaluator*)featureEvaluator,
                      curNumSamples, _precalc ValBufSize, _precalcIdxBufSize,
                      *((CvCascadeBoostParams*)stageParams) );
cout << "END>" << endl;

if(!isStageTrained)       //如果训练不成功，则退出循环
     break;
//把当前训练得到的 AdaBoost 强分类器添加进级联分类器内
stageClassifiers.push_back( tempStage );

//i 等于 0 表示还没有为级联分类器建立任何 xml 存储文件，因此需要建立文件，用于保存级联分类器
if( i == 0)
{
     //*params.xml 文件，用于存储级联分类器的参数信息，如强分类器的类别，特征类别，正样
     本图像的高和宽，AdaBoost 类型，最小识别率，最大错误率，决策树的深度，弱分类器的数量等*//
     std::string paramsFilename = dirName + CC_PARAMS_FILENAME;
     FileStorage fs( paramsFilename, FileStorage::WRITE);      //定义该文件

     if ( !fs.isOpened() )       //打开文件
     {
          cout << "Parameters can not be written, because file " << paramsFilename
                << " can not be opened." << endl;
          return false;
     }
     fs << FileStorage::getDefaultObjectName(paramsFilename) << "{";
     writeParams( fs );       //写入参数信息
     fs << "}";
}
//保存当前级的 AdaBoost 强分类器
char buf[10];
sprintf(buf, "%s%d", "stage", i );
//文件名为 stage?.xml，其中？代表级联分类器的级数，如 stage0.xml、stage1.xml 等，即每
//一个强分类器就有一个这样的 xml 文件
string stageFilename = dirName + buf + ".xml";
FileStorage fs( stageFilename, FileStorage::WRITE );      //定义该文件
if ( !fs.isOpened() )       //打开该文件
{
     cout << "Current stage can not be written, because file " << stageFilename
            << " can not be opened." << endl;
     return false;
}
fs << FileStorage::getDefaultObjectName(stageFilename) << "{";
tempStage->write( fs, Mat() );      //写入 AdaBoost 强分类器信息
fs << "}";

//得到训练时间
float seconds = float( clock () - begin_time ) / CLOCKS_PER_SEC;
```

```
        int days = int(seconds) / 60 / 60 / 24;
        int hours = (int(seconds) / 60 / 60) % 24;
        int minutes = (int(seconds) / 60) % 60;
        int seconds_left = int(seconds) % 60;
        cout << "Training until now has taken " << days << " days " << hours << " hours
" << minutes << " minutes " << seconds_left <<" seconds." << endl;  //向终端输出训练时间
    }     //级联分类器训练完毕

    if(stageClassifiers.size() == 0)      //如果没有得到级联分类器
    {
        cout << "Cascade classifier can't be trained. Check the used training
        parameters." << endl;
        return false;
    }
    //把前面得到的 params.xml、stage0.xml、stage1.xml、…文件整合为一个 cascade.xml 文件，该
    //文件就是训练后最终得到的 xml 文件
    save( dirName + CC_CASCADE_FILENAME, baseFormatSave );

    return true;
}
```

在训练 AdaBoost 强分类器之前，需更新正、负训练样本集。

```
bool CvCascadeClassifier::updateTrainingSet( double& acceptanceRatio)
//acceptanceRatio 表示接受率，也就是级联分类器的错误率
{
    //posConsumed 和 negConsumed 分别表示正、负样本所消耗的数量，也就是说，从这么多个样本中，才能
    //得到本次用于训练的正、负样本
    int64 posConsumed = 0, negConsumed = 0;
    imgReader.restart();      //启动图像阅读器，即开始选择样本图像
    //posCount 为本次真正用于训练的正样本的数量，fillPassedSamples 函数见后面分析
    int posCount = fillPassedSamples( 0, numPos, true, posConsumed );
    if( !posCount )       //没有得到正训练样本集，则退出
        return false;
    cout << "POS count : consumed   " << posCount << " : " << (int)posConsumed << endl;
    //计算需要的负样本数，它等于每级应该有的负样本数乘以真正的每级正样本数与每级应该有的正样本数之
    //比，即保持选取训练样本的正、负样本比例不变
    int proNumNeg = cvRound( ( ((double)numNeg) * ((double)posCount) ) / numPos ); //
apply only a fraction of negative samples. double is required since overflow is possible
    //negCount 为本次真正用于训练的负样本的数量，即从 negConsumed 个负样本中得到了 negCount 个预
    //测错误的样本
    int negCount = fillPassedSamples( posCount, proNumNeg, false, negConsumed );
    if ( !negCount )
        return false;
    //得到当前正、负训练样本的总数
    curNumSamples = posCount + negCount;
    //计算负样本的接受率，也就是级联分类器的错误率，表示负样本预测错误的比例
    acceptanceRatio = negConsumed == 0 ? 0 : ( (double)negCount/(double)(int64)
negConsumed );
    cout << "NEG count : acceptanceRatio    " << negCount << " : " << acceptanceRatio
<< endl;
    return true;
}
```

选取样本 fillPassedSamples 函数：

```
int CvCascadeClassifier::fillPassedSamples( int first, int count, bool isPositive, int64&
consumed )
//first 表示选取样本的起始点
//count 表示应该选取的样本数
//isPositive 为 true 表示选取正样本，为 false 表示选取负样本
//consumed 表示消耗的样本数量
{
    int getcount = 0;      //表示真正用于训练的样本数
    Mat img(cascadeParams.winSize, CV_8UC1);      //定义图像
    for( int i = first; i < first + count; i++ )      //开始选取
    {
        for( ; ; )      //死循环
        {
```

```
            //由 isPositive 的不同，得到一个正样本图像或一个负样本图像
            bool isGetImg = isPositive ? imgReader.getPos( img ) :
                                            imgReader.getNeg( img );
            if( !isGetImg )      //如果没有得到样本，则退出该函数
                return getcount;
            consumed++;       //累加
            //得到 img 图像的积分图像或直方图，该函数在前面已给出了详细介绍
            featureEvaluator->setImage( img, isPositive ? 1 : 0, i );
            //*利用已经得到的级联分类器，预测此次选取图像的类别，当预测的结果为正样本时，则进入
该 if 语句，即表示该样本通过了当前的级联分类器，可以用于下一个强分类器的训练。如果 fillPassedSamples
函数是用于对正样本的选取，则进入该 if 语句表明预测正确；如果 fillPassedSamples 函数是用于对负样本的
选取，则进入该 if 语句表明预测错误*//
            //这里的预测 predict 函数比较简单，因为预测图像和样本图像的大小是相同的，只需依次通
            //过级联分类器、AdaBoost 强分类器、决策树的预测即可
            if( predict( i ) == 1.0F )
            {
                getcount++;      //累加
                printf("%s current samples: %d\r", isPositive ? "POS":"NEG", getcount);
                break;      //退出死循环
            }
        }
    }
    return getcount;      //返回
}
```

以上是级联分类器的训练源码。当级联分类器训练好后，就会得到一个 cascade.xml 文件，利用该文件就可以检测物体。

检测不同尺寸大小的物体的源码是在 opencv/sources/modules/objdetect/src 目录下的 cascadedetect.cpp 文件内，具体为 CascadeClassifier 类。它的一个构造函数为：

```
CascadeClassifier::CascadeClassifier(const string& filename)
{
    load(filename);
}
```

其中，输入参数 filename 为训练生成的 cascade.xml 文件。

当 CascadeClassifier 类加载了 cascade.xml 文件后，就可以利用 detectMultiScale 函数检测输入图像中是否有待识别物体，该物体不必与训练时的样本图像大小相同，只需比它大即可，因为比样本图像小的物体是无法被检测到的。

```
void CascadeClassifier::detectMultiScale( const Mat& image, vector<Rect>& objects,
                                          vector<int>& rejectLevels,
                                          vector<double>& levelWeights,
                                          double scaleFactor, int minNeighbors,
                                          int flags, Size minObjectSize, Size
maxObjectSize,
                                          bool outputRejectLevels )
//image 为待检测的输入图像，它的类型必须为 CV_8U
//objects 为检测得到的物体，是向量的形式，向量中的元素是一个矩形数据类型，矩形包括的区域就是一个物体
//scaleFactor 表示检测窗口尺寸变化的因子，该参数的默认值为 1.1
//minNeighbors 表示候选矩形的最小数量，小于该值，则舍弃该候选矩形，即该矩形所指示的区域不是待识别物
//体，这是因为在检测窗口扫描输入图像时，同一个物体一定会在不同的扫描位置被多次检测到，只有被检测次数
//大于 minNeighbors 值，才被认为是待识别物体，该参数的默认值为 3
//flags 用于旧版本的级联分类器，新版本的 Opencv 已不再使用该值，该参数的默认值为 0
//minObjectSize 和 maxObjectSize 分别表示检测得到的物体的、尺寸范围，只有物体的尺寸大小在这两个值
//之间，才被确定为检测物体，这两个参数的默认值都为 Size()，即相当于 minObjectSize 为训练样本的大小，
//maxObjectSize 为输入图像的大小
//rejectLevels、levelWeights 和 outputRejectLevels 这 3 个参数用于最后如何处理 objects 中的矩形
//元素（即检测到的物体），这里不做讨论
{
    const double GROUP_EPS = 0.2;      //阈值
    //确保输入参数 scaleFactor 和 image 正确
    CV_Assert( scaleFactor > 1 && image.depth() == CV_8U );
    //判断是否已加载了 xml 文件，如果没有，则退出
    if( empty() )
```

```
            return;

        if( isOldFormatCascade() )        //旧版本的级联分类器
        {
            MemStorage storage(cvCreateMemStorage(0));
            CvMat _image = image;
            CvSeq* _objects = cvHaarDetectObjectsForROC( &_image, oldCascade, storage,
rejectLevels, levelWeights, scaleFactor, minNeighbors, flags, minObjectSize, maxObjectSize,
outputRejectLevels );
            vector<CvAvgComp> vecAvgComp;
            Seq<CvAvgComp>(_objects).copyTo(vecAvgComp);
            objects.resize(vecAvgComp.size());
            std::transform(vecAvgComp.begin(),vecAvgComp.end(),objects.begin(),getRect ());
            return;
        }

        objects.clear();      //输入参数 object 向量清空

        if (!maskGenerator.empty()) {
             maskGenerator->initializeMask(image);
        }

        //如果输入参数 maxObjectSize 的宽或高设置的是 0，则调整 maxObjectSize 的值为输入图像的尺寸
        if( maxObjectSize.height == 0 || maxObjectSize.width == 0 )
             maxObjectSize = image.size();
        //如果输入图像是彩色图像，则须转换为灰度图像
        Mat grayImage = image;
        if( grayImage.channels() > 1 )
        {
             Mat temp;
             cvtColor(grayImage, temp, CV_BGR2GRAY);
             grayImage = temp;
        }

        Mat imageBuffer(image.rows + 1, image.cols + 1, CV_8U);      //开辟一块内存空间
        vector<Rect> candidates;      //该参数用于存储得到的候选检测物体
        //依据尺寸变化因子，改变检测窗口尺寸，并在该尺寸下检测物体
        for( double factor = 1; ; factor *= scaleFactor )
        {
            //得到原始的检测窗口尺寸，即训练时的正样本尺寸
            Size originalWindowSize = getOriginalWindowSize();
            //得到当前检测窗口尺寸
            Size windowSize( cvRound(originalWindowSize.width*factor), cvRound(original
            WindowSize.height*factor) );
            //调整当前尺寸下的输入图像的尺寸大小
            Size scaledImageSize( cvRound( grayImage.cols/factor ), cvRound( grayImage.
            rows/factor ) );
            //得到当前尺寸下，输入图像能够被处理的区域大小
            Size processingRectSize( scaledImageSize.width - originalWindowSize.width,
            scaledImageSize.height - originalWindowSize.height );
            //processingRectSize 的宽和高必须都大于 0
            if( processingRectSize.width <= 0 || processingRectSize.height <= 0 )
                 break;      //退出 for 循环
            //检测窗口 windowSize 的大小必须在输入参数 maxObjectSize 和 minObjectSize 之间，这样
            //就保证了得到的检测物体的尺寸在 maxObjectSize 和 minObjectSize 之间
            if(windowSize.width>maxObjectSize.width||windowSize.height>maxObjectSize.height )
                 break;      //退出 for 循环
            if(windowSize.width<minObjectSize.width||windowSize.height<minObjectSize.height )
                 continue;      //继续 for 循环，因为 windowSize 会随着 factor 的增大而增大
            //缩小输入图像，得到 scaledImage
            Mat scaledImage( scaledImageSize, CV_8U, imageBuffer.data );
            resize( grayImage, scaledImage, scaledImageSize, 0, 0, CV_INTER_LINEAR );

            //表示检测窗口在输入图像上扫描的步长，水平和垂直扫描的步长都是该值
            int yStep;
            if( getFeatureType() == cv::FeatureEvaluator::HOG )      //特征为 HOG
            {
                 yStep = 4;
            }
```

```
            else      //其他特征的情况
            {
                yStep = factor > 2. ? 1 : 2;
            }

            //*为了加快运行速度，在单一尺寸下，程序把被检测图像分割成 stripCount 个横条，每个横条的
             宽就是被检测图像的宽，而高是 stripSize，这样就可以并行处理这些 stripCount 个横条*//
            int stripCount, stripSize;

            const int PTS_PER_THREAD = 1000;
            stripCount = ((processingRectSize.width/yStep)*(processingRectSize.height +
             yStep-1)/yStep + PTS_PER_THREAD/2)/PTS_PER_THREAD;//得到 stripCount 值
            //确保 stripCount 大于 1，并小于 100
            stripCount = std::min(std::max(stripCount, 1), 100);
            stripSize = (((processingRectSize.height + stripCount - 1)/stripCount +
            yStep-1)/yStep)*yStep;//得到 stripSize 值

            //调用 detectSingleScale 函数，在单一尺寸下检测物体
            if( !detectSingleScale( scaledImage, stripCount, processingRectSize,
stripSize, yStep, factor, candidates, rejectLevels, levelWeights, outputRejectLevels ) )
                break;      //检测不成功，则退出 for 循环
        }

        //使 objects 的数量（即检测到的物体）等于 candidates 的数量
        objects.resize(candidates.size());
        std::copy(candidates.begin(), candidates.end(), objects.begin());     //复制

        if( outputRejectLevels )
        {
            groupRectangles(objects,rejectLevels,levelWeights,minNeighbors,GROUP_EPS );
        }
        else
        {
            //根据 minNeighbors 和 GROUP_EPS，进一步调整 objects，即剔除或合并一些候选检测物体
            groupRectangles( objects, minNeighbors, GROUP_EPS );
        }
}
```

在单一尺寸下检测物体：

```
bool CascadeClassifier::detectSingleScale( const Mat& image, int stripCount, Size
processingRectSize, int stripSize, int yStep, double factor, vector<Rect>& candidates,
vector<int>& levels, vector<double>& weights, bool outputRejectLevels )
{
        //计算 image 图像的积分图像或梯度方向直方图
        if( !featureEvaluator->setImage( image, data.origWinSize ) )
            return false;

#if defined (LOG_CASCADE_STATISTIC)
        logger.setImage(image);
#endif

        Mat currentMask;
        if (!maskGenerator.empty()) {
            currentMask=maskGenerator->generateMask(image);
        }

        vector<Rect> candidatesVector;
        vector<int> rejectLevels;
        vector<double> levelWeights;
        Mutex mtx;
        //并行检测每个横条
        if( outputRejectLevels )
        {
            parallel_for_(Range(0,   stripCount),   CascadeClassifierInvoker(   *this,
processingRectSize, stripSize, yStep, factor,
                candidatesVector, rejectLevels, levelWeights, true, currentMask, &mtx));
            levels.insert( levels.end(), rejectLevels.begin(), rejectLevels.end() );
            weights.insert( weights.end(), levelWeights.begin(), levelWeights.end() );
```

```
        }
        else
        {
            parallel_for_(Range(0, stripCount), CascadeClassifierInvoker( *this, processing
            RectSize, stripSize, yStep, factor,
                candidatesVector,rejectLevels,levelWeights, false, currentMask, &mtx));
        }
        //把检测到的候选物体放入 candidates 向量中
        candidates.insert( candidates.end(), candidatesVector.begin(), candidatesVector.end() );

#if defined (LOG_CASCADE_STATISTIC)
        logger.write();
#endif

        return true;
}
```

在并行处理中，调用了 CascadeClassifierInvoker 类中的重载( )运算符，该函数的关键内容是调用了 CascadeClassifier::runAt 函数，它的作用是基于不同的特征（HAAR、LBP 或 HOG）来预测当前位置是否为被检测物体。而在预测中，就用到了前面提到的 cascade.xml 文件，即读取 cascade.xml 文件内的值，进行预测判断。

3. 应用实例

下面以车牌识别为例，具体讲解 OpenCV 的级联分类器的用法。这里只对蓝底白字的普通车牌进行识别判断，其他车牌不在考虑范围内。而且车牌是正面照，略微倾斜可以，倾斜程度太大也不在识别范围内。

我们通过不同渠道共收集了 1545 幅符合要求的、带有车牌图像的照片，通过 ACDSee 软件手工把车牌图像从照片中剪切出来，并统一保存为 jpg 格式。为便于后续处理，我们把文件名按照数字顺序命名，如图 C-8 所示。然后把这些车牌图像保存到 pos 文件夹内。

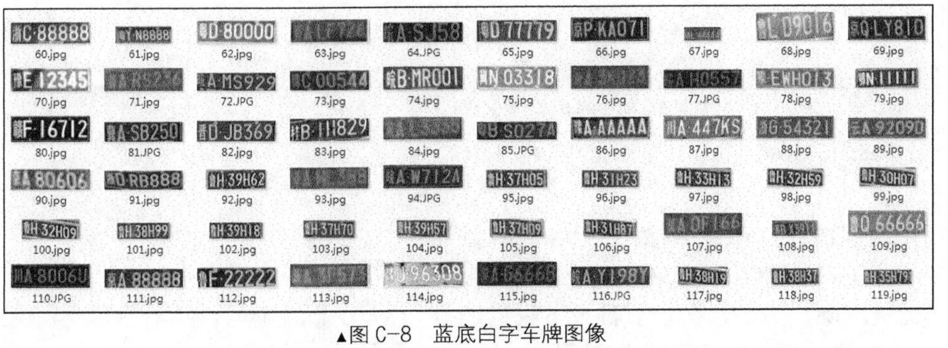

▲图 C-8　蓝底白字车牌图像

需要注意的是，这里没必要把车牌图像缩放成统一的尺寸（即正样本图像的大小），更没有必要把它们转换成灰度图像，这些工作完全可以由系统完成。我们只需要告诉系统车牌图像文件、车牌的位置，以及车牌的尺寸大小即可。

为了高效地完成上述工作，我们编写了以下代码：

```
#include "opencv2/core/core.hpp"
#include "opencv2/highgui/highgui.hpp"
#include "opencv2/imgproc/imgproc.hpp"

#include <iostream>
#include <fstream>
#include <string>
using namespace cv;
using namespace std;
```

```
int main( int argc, char** argv )
{
     ofstream postxt("pos.txt",ios::out);      //创建 pox.txt 文件
     if ( !postxt.is_open() )
     {
          cout<<"can not creat pos txt file!";
          return false;
     }
     //N 表示车牌图像的总数，c 表示最终可以利用的车牌样本图像的数量
     int N = 1545, c = 0;
     int width, height, i;
     String filename;

     Mat posimage;

     for(i=0;i<N;i++)       //遍历所有车牌图像
     {
          filename = to_string(i) + ".jpg";       //得到当前车牌图像的文件名
          posimage = imread("pos\\" + filename);       //打开当前车牌图像
          if (posimage.empty() )
          {
               cout<<"can not open "+ filename +" file!"<<endl;
               continue;
          }

          width = posimage.size().width;       //当前车牌图像的宽
          height = posimage.size().height;       //当前车牌图像的高
          //如果当前车牌图像的宽小于 60，或高小于 20，则剔除该车牌图像
          if(width < 60 || height < 20)
          {
               cout<<filename +" too small!"<<endl;
               continue;
          }
          //把当前车牌图像的信息写入 pos.txt 文件内
          postxt<<"pos/" + filename + " 1 0 0 " + to_string(width) + " " +
to_string(height)<<endl;

          c++;      //累计

     }
     cout<<c;      //终端输出 c 值
     postxt.close();      //关闭 pos.txt 文件

     return 0;
}
```

执行完该程序后，在终端输出得到的 c 值为 1390，这说明有 155（1545～1390）个车牌图像由于尺寸过小而被剔除。另外，在当前目录下我们还得到了 pos.txt 文件，该文件正是系统需要的，它的文件内容如图 C-9 所示。

▲图 C-9　pos.txt 文件

在 pos.txt 文件中，每一行代表一个图像文件。以第一行为例，pos/0.jpg 它表示 pos 文件夹内的 0.jpg 文件，后面的“1”表示该文件只有一个样本图像（即车牌），再后面的“0　0”表示该样本图像的左上角坐标，由于我们已经对图像进行了剪切，每个 jpg 文件就是一幅完成的车牌，所以所有行的这 3 个变量都是“1　0　0”。最后的“450　140”表示 0.jpg 文件的宽和高。

我们收集了 10589 幅大小不同且不含车牌图像的无水印、无 logo、无日期的照片。这些照片

统一转换为jpg格式，并且也是按照数字的顺序命名，如图C-10所示。然后把这些照片放入neg文件夹内。

▲图C-10　不含车牌图像的照片

这些照片的尺寸没有要求，只要大于正样本图像的尺寸即可，因为系统是对这些照片进行剪切，从而得到与正样本图像尺寸相同的负样本图像，所以一幅照片可以得到若干个负样本图像。这些照片尽量保证多样性，并且每幅照片的内容尽可能丰富。当然，最重要的是不能含有车牌信息。

我们还需要为系统提供一个保存有这些照片信息的文本文件。同样，我们也写了一段简单的程序，来完成这项工作。

```
#include "opencv2/core/core.hpp"
#include "opencv2/highgui/highgui.hpp"
#include "opencv2/imgproc/imgproc.hpp"

#include <iostream>
#include <fstream>
#include <string>
using namespace cv;
using namespace std;

int main( int argc, char** argv )
{
     ofstream negtxt("neg.txt",ios::out);      //创建neg.txt文件
     if (!negtxt.is_open() )
     {
           cout<<"can not creat neg txt file!";
           return false;
     }
     //N表示照片的总数，c表示最终得到的，照片的数量
     int N = 10589, c=0;
     int i;
     String filename;

     Mat posimage;

     for(i=0;i<N;i++)
     {
          filename = to_string(i) + ".jpg";      //照片文件名
          posimage = imread("neg\\" + filename);      //打开当前照片
          if ( posimage.empty() )
          {
```

```
                cout<<"can not open "+ filename +" file!"<<endl;
                continue;
            }

            negtxt<<"neg/" + filename<<endl;      //向 neg.txt 文件写入照片文件名

            c++;      //累加

        }
        cout<<c;      //终端输出 c 值
        negtxt.close();      //关闭 neg.txt 文件

        return 0;
}
```

执行完该程序后，在当前目录下得到了 neg.txt 文件，它的文件内容如图 C-11 所示。

以上内容准备好后，就可以利用 OpenCV 提供的相关程序得到能够识别车牌的级联分类器了。

▲图 C-11　neg.txt 文件

首先在 D 盘下新建 plate 文件夹，我们把前面提到的保存有大量照片图像的 pos 和 neg 这两个文件夹，以及 pos.txt 和 neg.txt 这两个文本文件复制到 plate 文件夹内，再在 plate 文件夹内新建 data 文件夹（后面需要）。由于计算机是 64 位 win7 系统，编译器使用的是 Microsoft Visual Studio 2012，因此需要从 opencv/build/x64/vc11/bin 文件夹内复制 opencv_createsamples.exe 和 opencv_traincascade.exe 这两个文件到 plate 文件夹内。opencv_createsamples.exe 用于创建系统所需的正样本 vec 文件，opencv_traincascade.exe 用于训练级联分类器。这两个文件都需要在命令行下运行。

opencv_createsamples.exe 所需的参数较多，这里只讲解要用到的参数。

-info：用于表示含有车牌照片的文本文件，即 pos.txt。

-bg：用于表示不含车牌照片的文本文件，即 neg.txt。

-vec：输出的正样本 vec 文件名，我们把这个文件命名为 pos.vec。

-num：车牌照片图像的数量，即 1390。

-w：正样本图像的宽（像素）。

-h：正样本图像的高（像素）。

后两个参数需要根据实际情况填写，由于我们只对蓝底白字的车牌进行识别，这类车牌的实际尺寸为 440mm×140mm，必须保持正样本图像的宽和高也是这个比例，而且宽和高不能过大，更不能过小。综合考虑，选择：-w 为 58，-h 为 18。

前面我们准备车牌照片时，并没有把车牌缩放成 58mm×18mm 这个尺寸，这是因为 opencv_createsamples.exe 会根据-w 和-h 这两个参数对图像进行统一缩放处理的，所以前面就没有处理。

最终的 opencv_createsamples.exe 命令为：

```
opencv_createsamples.exe  -info  pos.txt  -bg  neg.txt  -vec  pos.vec  -num  1390  -w
58  -h  18
```

为方便起见，我们把这个命令保存到 createsamples.bat 批处理文件中，这样只要执行该文件即可。执行的结果如图 C-12 所示，并且在 plate 文件夹内会生成 pos.vec 文件。

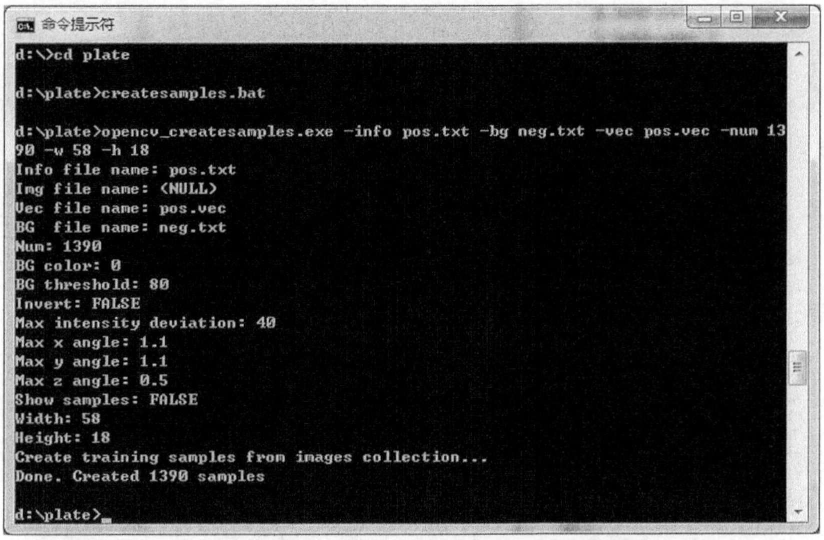

▲图 C-12　opencv_createsamples.exe 执行结果

下面就要执行 opencv_traincascade.exe 来训练级联分类器，该命令所需要的参数也较多，但都很重要，它们的含义如下。

-data：文件夹名，用于保存训练生成的各种 xml 文件，该文件夹一定要事先创建好，否则系统会报错，这里，我们定义该文件夹名为 data，它在前面已创建好了。

-vec：由 opencv_createsamples.exe 程序生成的正样本 vec 文件，即 pos.vec。

-bg：用于表示不含车牌照片的文本文件，即 neg.txt。

-numPos：训练级联分类器的每一级分类器（即强分类器）时所用的正样本数目。

-numNeg：训练级联分类器的每一级分类器（即强分类器）时所用的负样本数目。

-numStages：最终得到的级联分类器的级数，我们设置为 12。

-precalcValBufSize：用于存储预先计算特征值的内存空间大小，单位为 MB。

-precalcIdxBufSize：用于存储预先计算特征索引的内存空间大小，单位为 MB。

-stageType：强分类器的类型，目前只实现了 AdaBoost，因此唯一的值（默认值）为 BOOST。

-featureType：特征类型，HAAR（默认值），LBP 或 HOG。

-w：正样本图像的宽，必须与 opencv_createsamples.exe 命令的参数一致，即 58。

-h：正样本图像的高，必须与 opencv_createsamples.exe 命令的参数一致，即 18。

-bt：AdaBoost 的类型，DAB、RAB、LB 或 GAB（默认值）。

-minHitRate：原理部分提到的每级分类器的最小识别率。

-maxFalseAlarmRate：原理部分提到的每级分类器的最大错误率。

-weightTrimRate：用于决策树的剪枝，默认值为 0.95。

-maxDepth：决策树的最大深度，默认值为 1，即该决策树为二叉树（树墩形）。

-maxWeakCount：强分类器所包含的最大决策树的数量，该值也与最大错误率有关，我们定义该值为 150。

-mode：如果特征为 HAAR，则该参数决定了使用哪种 HAAR 状特征（见图 1），BASIC（默认值）、CORE 或 ALL。

下面重点介绍几个重要参数的选取。由于目前使用的计算机的内存为 16GB，为了最大化地利用该内存，我们把-precalcValBufSize 和-precalcIdxBufSize 这两个参数值都定义为 5000，即 5GB。最小识别率和最大错误率决定了训练时间的长短和识别的质量，我们定义这两个值分别为 0.999

和 0.25。-numPos 指的是训练强分类器时所用的正样本数量，它并不是全体正样本的数量，原则上该值越大，分类器的质量越好，但还要考虑识别率，如果识别率设置得不高，会有一些正样本被识别为负样本，因此要有一定的冗余。当然，系统也考虑到了这一点，即如果正样本都用完了，并且还没有达到 numPos 所指定的数量，则系统会调整该值为实际的数量（详细内容见前面的源码分析部分）。我们设置该值为 1300。-numNeg 设置为多大似乎还没有定论，但通过阅读 Viola & Jones 算法的原文发现，他们使用 9832 个正样本（4916 个人脸图像，再加上它们的垂直镜像图像）和 10000 个负样本，正、负样本的数量接近 1:1，因此我们设置 numNeg 为 1350。

最终的 opencv_traincascade.exe 命令为：

```
opencv_traincascade.exe -data data -vec pos.vec -bg neg.txt -numPos 1300
-numNeg 1350 -numStages 12 -precalcValBufSize 5000 -precalcIdxBufSize 5000 -w
58 -h 18 -maxWeakCount 150 -mode ALL -minHitRate 0.999 -maxFalseAlarmRate 0.25
```

同理，也把这个命令保存到批处理文件 train.bat 中。这里还需要注意的是：一定要区分参数的大小写，否则系统会出错。

执行该命令时，终端首先输出一些参数信息，如图 C-13 所示。然后输出级联分类器的每级强分类器的训练信息，因为设置了 numStages 为 12，所以一共有 12 个强分类器：0-stage～11-stage。图 C-14 所示为第 3 级强分类器的信息。下面逐条分析这些信息的含义：

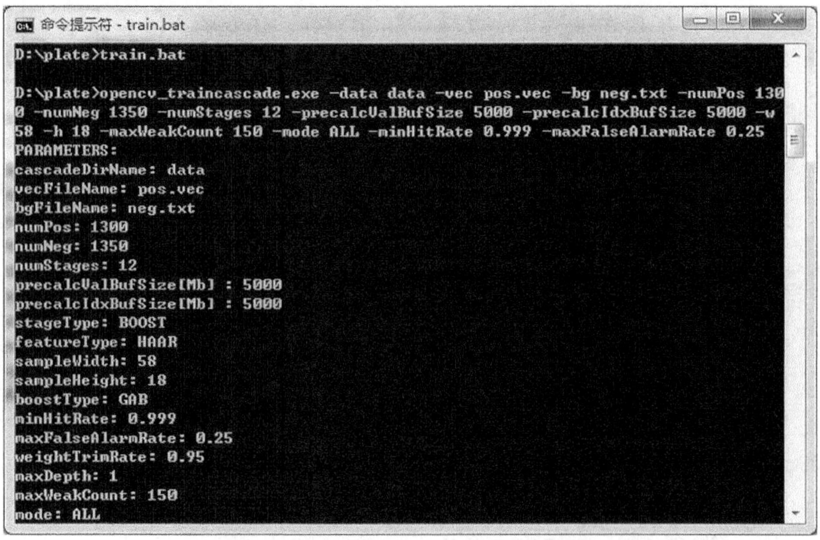

▲图 C-13　opencv_traincascade.exe 执行过程中输出的参数信息

```
===== TRAINING 3-stage =====
<BEGIN
```

在图 C-14 中，下面内容表示开始训练第 3 级强分类器。

```
POS count : consumed   1300 : 1302
```

训练本级强分类器时，能够使用 1300 个正样本图像，而这 1300 个正样本图像是从 1302 个正样本图像集中选取出来的，也就是说，此时有两个正样本没有被识别出来。前面的 1300 正是 opencv_traincascade.exe 命令中参数 numPos 指定的数量，有时这个值会小于 numPos，说明 numPos 设置得过大，并且最小识别率设置得较小，从而导致正样本图像数量不足。后面的 1302 可以用来表示当前级联分类器的识别率，即由 0-stage、1-stage、2-stage 组成的级联分类器的识别率。此时的识别率为 99.846%，因为 1300÷1302=0.99846。

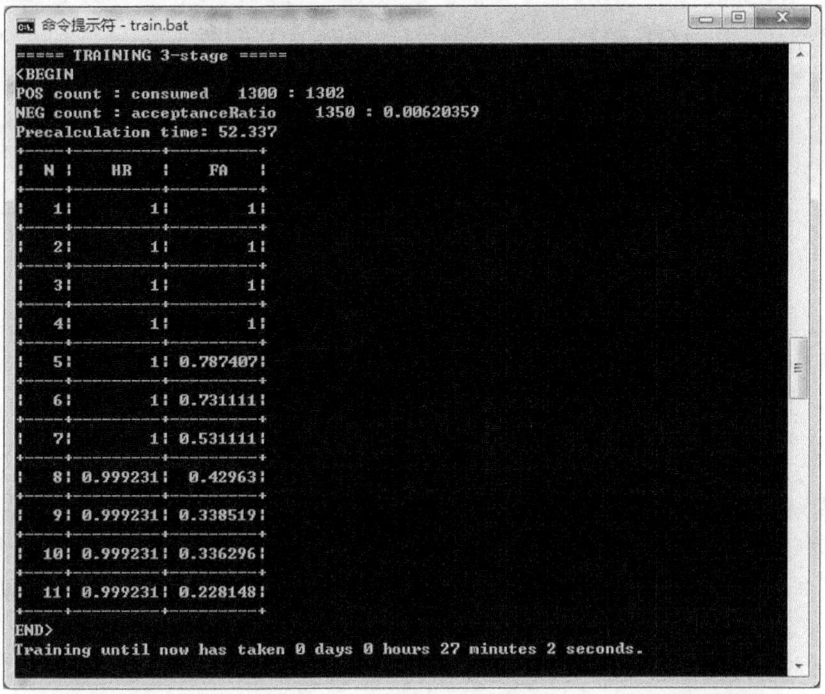

▲图 C-14　opencv_traincascade.exe 执行过程中输出的第 3 级强分类器的信息

```
NEG count : acceptanceRatio      1350 : 0.00620359
```

训练本级强分类器时，能够使用 1350 个负样本图像，这个数正是 opencv_traincascade.exe 命令中参数 numNeg 指定的数量，当然，这个数也有可能小于 numNeg，这是因为前面信息中 POS count 的数值不等于 numPos 所致，具体数值的大小见源码分析。后面的 0.00620359 表示负样本的接受率，也就是当前强分类器之前的所有强分类器（0-stage、1-stage、2-stage）构成的级联分类器的错误率，即经过当前级联分类器预测后，这些被预测为正样本而实际为负样本的 1350 幅图像是从多少个负样本图像中得到的。级联分类器的特点是：后一级的强分类器只接收那些前面分类器认为是正样本的数据，把负样本预测为正样本，这种情况会随着训练级数的增加，困难程度也在增加，当然，这种困难程度还与 opencv_traincascade.exe 命令中设置的最大错误率 maxFalseAlarmRate 有关，错误率设置得越低，困难程度会越大。

以本级为例，这 1350 个负样本是从 20 多万个负样本中选择出来的，计算公式为：1350÷0.00620359≈217615。在本例的最后一级强分类器的训练中，这个数值甚至会高达十亿。所以，训练过程中的时间消耗主要在这里。在没有显示该行信息之前，终端输出的是下列信息：NEG current samples: XXXX。XXXX 代表当前时刻得到的负样本数量，这个数值会逐渐增加，当增加到 1350 时，则会正常显示上面的信息。当此时得到的级联分类器的错误率小于我们所设置的错误率时（以此时为例，当前已得到了 3 个强分类器：0-stage、1-stage、2-stage。现在要训练第 4 个强分类器 3-stage，当这个强分类器训练好后，这 4 个强分类器构成的级联分类器应该满足的最大错误率为：0.25×0.25×0.25×0.25=0.00390625），则系统会停止训练，因为当前得到的级联分类器已经满足了要求，无须再训练下去了。

```
Precalculation time:  52.337
```

表示预先计算特征值所消耗的时间，即在没有构建强分类器之前，就把一部分特征值计算好了，该值与 opencv_traincascade.exe 命令中的参数 precalcValBufSize 和 precalcIdxBufSize 有关，也就是我们事先为此开辟的内存越大，所保存的特征值就越多，因此计算这些特征值花费的时间就越长。由于在构建强分类器之前，要用到的特征值都已计算好了，所以构建强分类器的时间就大大缩短了。

```
+------+-------------+-------------+
|  N   |     HR      |     FA      |
+------+-------------+-------------+
|  1   |            1|            1|
+------+-------------+-------------+
|  2   |            1|            1|
+------+-------------+-------------+
      ......      ......
+------+-------------+-------------+
|  10  |     0.999231|  0.336296   |
+------+-------------+-------------+
|  11  |     0.999231|  0.228148   |
+------+-------------+-------------+
```

N 表示当前强分类器的弱分类器（即决策树）的训练得到的数量，HR 表示当前强分类器的识别率，FA 表示当前强分类器的错误率。从倒数第 2 行开始，此时训练得到了 10 棵决策树，识别率为 99.9231%，错误率为 33.6296%，识别率满足了要求，即大于最小识别率 99.9%，但错误率不满足要求，即它大于最大错误率 25%，所以还需要继续训练，当又得到了一棵决策树时（即此时有 11 棵决策树），识别率和错误率都满足了要求（99.9231%>99.9%，22.8148%<25%）。

```
END>
```

表示此时该级的强分类器已经得到，因为识别率和错误率都满足了要求，所以此级强分类器的训练结束。

```
Training until now has taken 0 days 0 hours 27 minutes 2 seconds.
```

表示到目前为止，训练级联分类器共用时 27'2"。

图 C-15 显示了整个级联分类器训练完成后的界面，可以看出一共训练了 10 多个小时。目前使用的计算机的 CPU 是 Intel Core i5-4690K。如果把识别率和错误率分别改为 0.9995 和 0.2，则需要一天多的时间，如果再把级数调整为 13 级，则需要 6 天。

当训练结束后，在 data 文件夹内会得到 cascade.xml 文件，这正是我们需要的级联分类器数据，利用它可以识别出车牌。

下面的程序是一个简单的应用：

```
#include "opencv2/core/core.hpp"
#include "opencv2/highgui/highgui.hpp"
#include "opencv2/imgproc/imgproc.hpp"
#include "opencv2/objdetect/objdetect.hpp"

#include <iostream>
#include <fstream>
#include <string>
using namespace cv;
using namespace std;


int main( int argc, char** argv )
{
     CascadeClassifier classifier("cascade.xml");      //实例化级联分类器
     Mat img = imread("car.jpg");      //读取照片
     vector<Rect> plates;      //代表车牌区域
```

```
    //车牌识别，默认识别的最小车牌为正样本的面积（这里就是 58mm×18mm），最大为整幅照片的面积，即只
    //能识别面积为 58mm×18mm 以上的车牌
    classifier.detectMultiScale(img, plates);
    for(int I = 0; i < plates.size(); i++)      //画出车牌区域
        rectangle(img, plates[i], Scalar(255, 0, 255), 2);

    imshow("plates", img);
    waitKey(0);

    return 0;
}
```

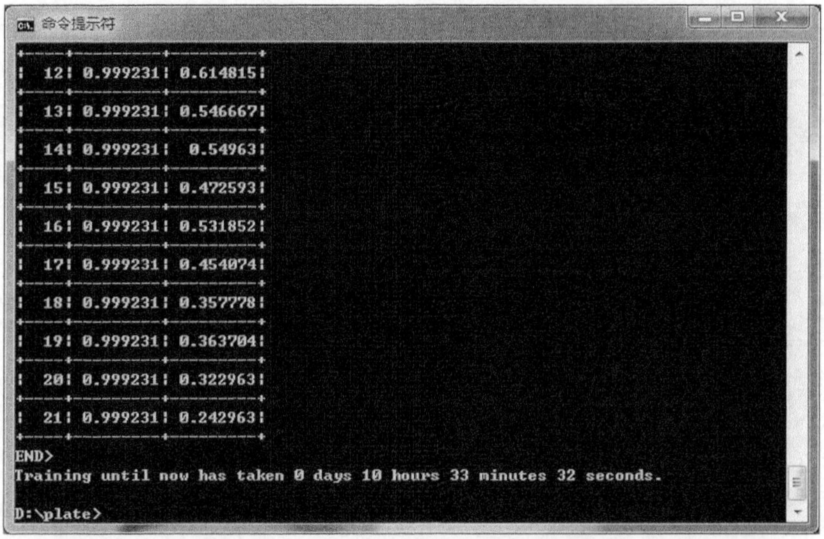

▲图 C-15　opencv_traincascade.exe 命令执行结束

图 C-16 为识别效果。由于手上的车牌照片不多，无法对识别效果做全面的衡量，但从不多的实验结果来看，虽然有错检的情况，检测到的车牌也有不完整的现象，但基本上能够满足要求。通过一些实验发现，单纯地提高识别率或降低错误率，以及增加级数似乎都不能改善上述问题，我认为只有增大正样本的数量，才是提高识别质量的有效方法。

▲图 C-16　识别结果

下面对视频文件进行车牌识别：

```
#include "opencv2/core/core.hpp"
#include "opencv2/highgui/highgui.hpp"
#include "opencv2/imgproc/imgproc.hpp"
#include "opencv2/objdetect/objdetect.hpp"

#include <iostream>
#include <fstream>
#include <string>
using namespace cv;
using namespace std;


int main( int argc, char** argv )
{
     VideoCapture vedio("cars.avi");      //读取视频
     if(!vedio.isOpened())
     {
          cout<<"视频打开失败! "<<endl;
          return 1;
     }
     double rate= vedio.get(CV_CAP_PROP_FPS);      //得到帧频
     int delay= int(1000/rate);      //定义一个延时时间

     Mat frame;

     Size size = Size(int(vedio.get( CV_CAP_PROP_FRAME_WIDTH )), int(vedio.get ( CV_CAP_
     PROP_FRAME_HEIGHT )));      //视频图像的尺寸
     //定义一个写入视频文件
     VideoWriter writer("plates.avi", CV_FOURCC('M','J','P','G'), rate, size, true);
     if (!writer.isOpened())
     {
          cout << "初始化 VideoWriter 失败! " << endl;
          return 1;
     }

     CascadeClassifier classifier("cascade.xml");

     while(true)
     {
          if (!vedio.read(frame))
                break;

          vector<Rect> plates;
          //车牌检测，这里设定车牌的最大尺寸为 190mm×60mm
          classifier.detectMultiScale(frame, plates, 1.1, 3, 0, Size(), Size(190, 60));

          for(int i = 0; i < plates.size(); i++)
               rectangle(frame, plates[i], Scalar(255, 0, 255), 2);
          //加上文字
putText(frame,"http://blog.csdn.net/zhaocj",Point(50,60),CV_FONT_HERSHEY_COMPLEX,0.7
,Scalar(255,0,0), 2);
          writer.write(frame);      //写视频

          if (cv::waitKey(delay)>=0)
                break;
     }
     vedio.release();
     return 0;
}
```

我把 cascade.xml 文件也上传到 CSDN 中了，读者可以到“CSDN 下载”界面中搜索“用于 Open CV 的车牌识别 xml 文件”进行下载和使用。

参考文献

[1] The OpenCV Reference Manual, Release 2.4.9.0.

[2] 米歇尔．机器学习［M］．曾华军，张银奎，译．北京：机械工业出版社，2003.

[3] 阿培丁．机器学习导论［M］范明，昝红英，译．北京：机械工业出版社，2014.

[4] 黑斯蒂，提布施瓦尼，弗里德曼．统计学习基础：数据挖掘、推理与预测[M]．范明，柴玉梅，昝红英，等译．北京：电子工业出版社，2004.

[5] 李航．统计学习方法［M］．北京：清华大学出版社，2012.

[6] Nilsson N J. Introduction to Machine Learning. An early draft of a proposed textbook[J]. 1996.

[7] Rish I. An empirical study of the naive Bayes classifier[J]. Journal of Universal Computer Science, 2001, 1(2):127.

[8] Pernkopf F, Wohlmayr M. Large Margin Learning of Bayesian Classifiers Based on Gaussian Mixture Models.[C]// Machine Learning and Knowledge Discovery in Databases, European Conference, Ecml Pkdd 2010, Barcelona, Spain, September 20-24, 2010, Proceedings. DBLP, 2010:50-66.

[9] Chen Y A, Lin Y L, Chang L W. A Systolic Algorithm for the k-Nearest Neighbors Problem[M]. IEEE Computer Society, 1992.

[10] Dudani S A. The Distance-Weighted k-Nearest-Neighbor Rule[J]. IEEE Trans Systems Man & Cybernetics, 1976, 6(4):325-327.

[11] Zhang M L, Zhou Z H. A k-nearest neighbor based algorithm for multi-label classification[C]// IEEE International Conference on Granular Computing. IEEE, 2005:718-721 Vol. 2.

[12] 邓乃扬, 田英杰. 支持向量机:理论、算法与拓展[M]. 北京：科学出版社, 2009.

[13] Andrew A M. An Introduction to Support Vector Machines and Other Kernel - based Learning Methods[M]. Printed in the United Kingdom at the University Press, 2000.

[14] Moore A W. Support Vector Machines[J]. Information Science & Statistics, 2001, 8(6):1-28.

[15] Hsu C W. A practical guide to support vector classification[J]. 2013, 67(5).

[16] Chen P H, Fan R E, Lin C J. A study on SMO-type decomposition methods for support vector machines[J]. IEEE Transactions on Neural Networks, 2006, 17(4):893-908.

[17] Burges C J C. A Tutorial on Support Vector Machines for Pattern Recognition[M]. Data Mining and Knowledge Discovery, 1998.

[18] Smola A J. A tutorial on support vector regression[M]. Kluwer Academic Publishers, 2004.

[19] Chen P H, Lin C J, Schölkopf B. A tutorial on ν - support vector machines[J]. Applied Stochastic Models in Business & Industry, 2005, 21(2):111-136.

[20] Ben-Hur A, Weston J. A User's Guide to Support Vector Machines[M]// Data Mining Techniques for the Life Sciences. Humana Press, 2010:223-239.

[21] Ivanciuc O. Applications of Support Vector Machines in Chemistry[M]// Reviews in

Computational Chemistry, Volume 23. John Wiley & Sons, Inc. 2007:291-400.

[22] Senf A, Chen X W, Zhang A. Comparison of One-Class SVM and Two-Class SVM for Fold Recognition[M]// Neural Information Processing. Springer Berlin Heidelberg, 2006:140-149.

[23] Keerthi S S, Gilbert E G. Convergence of a Generalized SMO Algorithm for SVM Classifier Design[J]. Machine Learning, 2002, 46(1-3):351-360.

[24] Bi J, Bennett K P. Duality, Geometry, and Support Vector Regression[J]. Advances in Neural Information Processing Systems, 2002, 4(9):593-600.

[25] Flake G W, Lawrence S. Efficient SVM Regression Training with SMO[J]. Machine Learning, 2002, 46(1-3):271-290.

[26] Bach F R, Lanckriet G R G, Jordan M I. Fast kernel learning using sequential minimal optimization[J]. 2004.

[27] Juszczak P, Tax D M J, Duin R P W. Feature Scaling in Support Vector Data Description[J]. Machine Learning, 2007, 54(1):45-66.

[28] Law M. A Simple Introduction to Support Vector Machines[J]. 2015.

[29] Cristianini N. Kernel Methods for Pattern Analysis[C]// IEEE International Conference on TOOLS with Artificial Intelligence. IEEE Computer Society, 2003:.21.

[30] Rifkin R, Mukherjee S, Tamayo P, et al. An Analytical Method for Multiclass Molecular Cancer Classification[J]. Siam Review, 2003, 45(4):706-723.

[31] Lkopf B, Smola A J, Williamson R C, et al. New Support Vector Algorithms[J]. Neural Computation, 2000, 12(5):1207-1245.

[32] Chen Y, Zhou X S, Huang T S. One-class SVM for learning in image retrieval[C]// International Conference on Image Processing, 2001. Proceedings. IEEE, 2001:34-37 vol.1.

[33] Manevitz L M, Yousef M. One-class svms for document classification[J]. Journal of Machine Learning Research, 2002, 2(1):139-154.

[34] Farag A, Mohamed R M. Regression Using Support Vector Machines: Basic Foundations[J]. 2004.

[35] Platt J C. Sequential Minimal Optimization: A Fast Algorithm for Training Support Vector Machines[C]// Advances in Kernel Methods-support Vector Learning. 1999:págs. 212-223.

[36] Reviewer-Chen Y, Reviewer-Councill I G. Review of "An introduction to support vector machines and other Kernel-based learning methods" by Nello Cristianini and John Shawe-Taylor, New York, Cambridge University press, 2000[M]. American Association for Artificial Intelligence, 2003.

[37] Tax D M J, Duin R P W. Support vector domain description[J]. Pattern Recognit Lett, 1999, 20(11–13):1191-1199.

[38] Nguyen L. Tutorial on Support Vector Machine[J]. 2006.

[39] Fletcher T. Support Vector Machines Explained[J]. Tutorial Paper, 2009.

[40] Brereton R G, Lloyd G R. Support vector machines for classification and regression.[J]. Analyst, 2010, 135(2):230.

[41] Mayoraz E, Alpaydin E. Support vector machines for multi-class classification[J]. Microelectronics & Computer, 2004, 1607(10):833-842.

[42] Hearst M A, Dumais S T, Osman E, et al. Support vector machines[M]. IEEE Educational Activities Department, 1998.

[43] Chang, ChihChung, Lin, et al. Training ν -Support Vector Classifiers: Theory and

Algorithms[J]. Neural Computation, 2001, 13(9):2119-2147.

[44] Chang C C, Lin C J. Training nu-support vector regression: theory and algorithms.[J]. Neural Computation, 2002, 14(8):1959-1977.

[45] Fan R E, Chen P H, Lin C J. Working Set Selection Using Second Order Information for Training Support Vector Machines[J]. Journal of Machine Learning Research, 2005, 6(4):1889-1918.

[46] Esposito F, Malerba D, Semeraro G. A Comparative Analysis of Methods for Pruning Decision Trees[J]. IEEE Transactions on Pattern Analysis & Machine Intelligence, 1997, 19(5):476-491.

[47] Pinder J P. Chapter 3 – Decision Trees[J]. Introduction to Business Analytics Using Simulation, 2017:47-69.

[48] Loh W Y. Classification and regression trees[J]. Wiley Interdisciplinary Reviews Data Mining & Knowledge Discovery, 2011, 1(1):14-23.

[49] Prodromidis A L, Stolfo S J. Cost complexity-based pruning of ensemble classifiers[J]. Knowledge & Information Systems, 2001, 3(4):449-469.

[50] Frank E. Pruning Decision Trees and Lists[J]. 2000.

[51] Ian Fasel. AdaBoost[J]. 2001.

[52] Jason Corso. Boosting and AdaBoost[J]. 2014.

[53] Luis De Alba. Boosting & AdaBoost[J]. 2010.

[54] Rojas R. AdaBoost and the Super Bowl of Classifiers A Tutorial Introduction to Adaptive Boosting[J]. 2013.

[55] Yoav Freund, Robert, Schapire E. A Short Introduction to Boosting[M]. Journal of Japanese Society for Artificial Intelligence, 14(5):771-780, September, 1999.

[56] Mason L, Baxter J, Bartlett P, et al. Boosting algorithms as gradient descent[C]// International Conference on Neural Information Processing Systems. MIT Press, 1999:512-518.

[57] Ye J, Chow J H, Chen J, et al. Stochastic gradient boosted distributed decision trees.[C]// Acm Conference on Information & Knowledge Management. 2009:2061-2064.

[58] Friedman J H. Stochastic Gradient Boosting[J]. Computational Statistics & Data Analysis, 2002, 38(4):367-378.

[59] Wolpert D H, Macready W G. An Efficient Method To Estimate Bagging's Generalization Error[C]// Santa Fe Institute, 1996:41-55.

[60] Breiman L. Bagging predictors[M]. Kluwer Academic Publishers, 1996.

[61] Veaux R D. Bagging and Boosting[M]// Encyclopedia of Biostatistics. John Wiley & Sons, Ltd, 2005.

[62] Ho T K. Random decision forests[C]// International Conference on Document Analysis and Recognition. IEEE Computer Society, 1995:278.

[63] Cutler D R, Jr E T, Beard K H, et al. Random forests for classification in ecology[J]. Ecology, 2007, 88(11):2783-2792.

[64] Breiman L. Random Forests[J]. Machine Learning, 2001, 45(1):5-32.

[65] Shi T, Horvath S. Unsupervised learning with random forest predictors[J]. Journal of Computational & Graphical Statistics, 2006, 15(1):118-138.

[66] Geurts P, Ernst D, Wehenkel L. Extremely randomized trees[J]. Machine Learning, 2006, 63(1):3-42.

[67] Geurts P, Louppe G. Learning to rank with extremely randomized trees[C]// JMLR: Workshop

and Conference Proceedings. 2011:49-61.

[68] Bilmes J A. A gentle tutorial of the em algorithm and its application to parameter estimation for Gaussian mixture and hidden Markov models[J]. Technical Report, 1998.

[69] Zhai C X. A Note on the Expectation-Maximization (EM) Algorithm[J]. Journal De Radiologie, 2004, 86(10):1310-1310.

[70] Roche A. EM algorithm and variants: an informal tutorial[J]. Statistics, 2012.

[71] Demystified E M, Chen Y, Gupta M R. EM Demystified: An Expectation-Maximization Tutorial[J]. 2010.

[72] Borman S. The Expectation Maximization Algorithm A short tutorial[J]. 2009.

[73] Singh A K. The EM Algorithm and Related Statistical Models[J]. Technometrics, 2006, 48(1):148-148.

[74] Dinov I D. Expectation Maximization and Mixture Modeling Tutorial[J]. Statistics Online Computational Resource, 2008.

[75] Lei M, Han C, Liu P. Expectation Maximization (EM) algorithm-based nonlinear target tracking with adaptive state transition matrix and noise covariance[C]// International Conference on Information Fusion. IEEE, 2007:1-7.

[76] Xu R Y D, Kemp M. Fitting Multiple Connected Ellipses to an Image Silhouette Hierarchically[J]. IEEE Transactions on Image Processing A Publication of the IEEE Signal Processing Society, 2010, 19(7):1673-82.

[77] Talvitie J. Expectation Maximization[J]. Encyclopedia of Neuroscience, 2009:1491.

[78] Dempster A P, Laird N M, Rubin D B. Maximum Likelihood from Incomplete Data via the EM Algorithm[J]. Journal of the Royal Statistical Society, 1977, 39(1):1-38.

[79] Piater J H. Mixture Models and Expectation-Maximization[J]. 2002.

[80] Iatan I. the expectation maximization algorithm[C]// International Conference on NETWORKING and Information Technology. 2010.

[81] Kriesel D. A Brief Introduction to Neural Networks[M]// Computational Intelligence. Springer London, 2007:383-383.

[82] Sathyanarayana S. A Gentle Introduction to Backpropagation[J]. 2014.

[83] Pavelka A, Procházka A. Algorithms for initialization of neural network weights[C]// Neural Networks, 2002. IJCNN '02. Proceedings of the 2002 International Joint Conference on. IEEE, 2004:1228 - 1233.

[84] Bohte S M, Poutre J A L, Kok J N. Error-backpropagation in temporally encoded networks of spiking neurons[M]. CWI (Centre for Mathematics and Computer Science), 2000.

[85] Igcl C, Hiiskcn M, Igel C. Improving the Rprop Learning Algorithm[J]. Proceedings of the Second International Symposium on Neural Computation, 2000.